“十四五”高等职业教育新形态一体化系列教材

信息技术应用基础

（Windows 10+Office 2016）

赖伟科　王　超　尹旭熙◎主　编
黄　楠　肖健南　杨利杰　张娜娜　蔡钰莹◎副主编
龚芳海◎主　审

中国铁道出版社有限公司
CHINA RAILWAY PUBLISHING HOUSE CO., LTD.

内 容 简 介

本书是“十四五”高等职业教育新形态一体化系列教材之一，按照教育部《高等职业教育专科信息技术基础课程标准（2021年版）》基础模块相关要求编写。全书共设七个模块，讲解了信息技术的基础知识，信息技术在文档处理、数据统计与分析、演示文稿制作中的应用，信息检索技术，新一代信息技术以及信息素养与社会责任等内容。每个模块都配有丰富的案例和实践项目，以帮助读者深入理解信息技术的应用场景和工作原理。通过对这些模块的学习，读者可以掌握信息技术的基本操作技能，提高信息素养，增强社会责任感。

本书适合作为高等职业院校信息技术及相关课程的教材，也可以作为对信息技术感兴趣、希望提高信息素养和社会责任感的广大读者的参考书。

图书在版编目（CIP）数据

信息技术应用基础 / 赖伟科，王超，尹旭熙主编. 北京 ：中国铁道出版社有限公司，2024. 12. --（“十四五”高等职业教育新形态一体化系列教材）. -- ISBN 978-7-113-31343-2

Ⅰ. TP3

中国国家版本馆 CIP 数据核字第 2024Q6G721 号

书　　名：信息技术应用基础
作　　者：赖伟科　王　超　尹旭熙

策　　划：唐　旭　　编辑部电话：（010）51873090
责任编辑：刘丽丽
封面设计：刘　颖
责任校对：苗　丹
责任印制：赵星辰

出版发行：中国铁道出版社有限公司（100054，北京市西城区右安门西街8号）
网　　址：https://www.tdpress.com/51eds
印　　刷：北京联兴盛业印刷股份有限公司
版　　次：2024年12月第1版　2024年12月第1次印刷
开　　本：787 mm×1 092 mm 1/16　印张：16.75　字数：429千
书　　号：ISBN 978-7-113-31343-2
定　　价：55.00元

前言

在数智时代，信息技术已成为社会发展的重要驱动力，尤其对于高职院校的学生而言，掌握基础的信息技术应用能力不仅是学习的需要，更是未来职业发展的重要基石。本书正是在这样的背景下，按照教育部《高等职业教育专科信息技术基础课程标准（2021 年版）》基础模块相关要求编写，旨在为学生提供一个系统的学习平台，帮助他们建立扎实的信息技术基础，培养其信息素养和社会责任感。

本书遵循以学生为本的教学理念，强调知识的应用性和实践性。通过对信息技术基础知识的系统讲解，结合行业发展的最新动态，引导学生主动学习，积极探索，不断提高自身的信息技术应用能力。特别是通过案例驱动的教学方法，将理论知识与实际案例相结合，提高学生的学习兴趣和实践能力。同时，本书还注重信息素养的培养和社会责任感的提升，全面提升学生的综合素质。

本书共分为七个模块，主要讲解信息技术的基础知识，信息技术在文档处理、数据统计与分析、演示文稿制作中的应用，信息检索技术，新一代信息技术以及信息素养与社会责任等内容。每个模块都配有丰富的案例和实践项目，以帮助学生深入理解信息技术的应用场景和工作原理。例如，信息检索技术模块讲解了如何有效检索和利用网络资源；信息素养与社会责任模块则强调了信息技术对社会发展的影响和责任。

为方便读者阅读学习，本书提供相关学习视频和图表，读者可扫描书中二维码观看学习。本书配有丰富的教学资源，如教学计划、教学 PPT 课件、Office 案例素材、知识测评答案等，读者可登录“中国铁道出版社教育资源数字化平台”（https://www.tdpress.com/51eds）下载。同时，本书配套的微课视频、教学课件、多层次练习内容等课程资源已同步发布在广东省高等教学考试管理中心自主研发的“5Y 学习平台”中，可实现自动化测评。

本书可有效提升读者的信息技术应用能力，使其适应数字化时代的工作要求，适合作为高等职业院校信息技术相关课程的教材，也可以作为对信息技术感兴趣、希望提高信息素养和社会责任感的广大读者的参考书。

本书编写团队由来自广州华商职业学院的资深教师组成，每位编者都在自己负责的领域内具有深厚的专业知识和丰富的教学经验，保证了教材内容的权威性和实用性。本书由赖伟科、王超、尹旭熙任主编，黄楠、肖健南、杨利杰、张娜娜、蔡钰莹任副主编，龚芳海主审。

在本书编写过程中，许多同行、家人以及学生提供了无私的支持和帮助，在此表示衷心的感谢。

我们深知本书在内容和形式上仍有许多不足之处，期待读者的反馈和建议，以便我们在未来的工作中不断进行改进和完善。

编　者

2024 年 11 月

目 录

模块一 信息技术基础

信息技术是当今社会不可或缺的一部分，现已发展到一个新的阶段，不断地推动着社会的发展和进步，改变着人们的生活和工作方式。

计算机系统是信息技术的核心。深入了解计算机系统的组成，可以帮助我们更好地理解信息技术的本质，从而学会利用计算机来满足我们的需求。

Windows 10操作系统是人们常用的操作系统，具有许多优秀的特性和功能，满足人们的多样化需求。掌握Windows 10操作系统的基本操作，能够帮助我们更好地利用计算机来提高工作效率。

在本模块中，我们将详细讲解信息技术的发展历程、计算机系统的组成，以及Windows 10操作系统的基本操作。通过学习这些内容，我们能够更好地了解信息技术的本质，学会如何利用计算机，如何保护计算机系统，避免它受到各种安全威胁的侵害。

知识目标

①了解计算机硬件发展的主要阶段；

②了解中国计算机的发展历程；

③了解计算机组成的主要部分及其作用；

④了解计算机软件技术的主要类型；

⑤了解Windows 10的基本功能；

⑥了解Windows 10的个性化设置方式。

能力目标

①能利用计算机硬件和软件完成基本的数据录入、处理和管理任务；

②能自行安装Windows 10操作系统，并按需进行个性化设置；

③能使用Windows 10进行基本的文件操作和系统维护；

④能使用信息化工具自行拓展知识范畴。

素质目标

①具备信息意识，能够自觉利用信息技术解决生活、学习和工作中的问题；

②具备团队协作精神，能够与他人合作共享信息，实现信息的更大价值；
③具备数字化创新与发展意识，能够运用信息技术解决实际问题；
④具备信息安全意识与防护能力，了解并能防范常见的信息安全威胁；
⑤具备计算思维，能够利用信息技术分析问题、建立模型、组织数据、管理数据。

项目一　了解信息技术的发展

信息技术作为现代社会的重要支柱，已渗透到各行各业和人们的生活中。了解信息技术的发展历程、计算机硬件和软件技术的发展趋势及计算机的应用领域，对于更好地利用信息技术解决实际问题具有重要意义。

一、项目描述

本项目将带领大家回顾信息技术的发展历程，包括五次信息革命的关键事件和影响，并探讨计算机硬件和软件技术的发展趋势。通过学习不同类型计算机的特点和适用场景，我们将深入了解计算机在不同应用领域的优势和挑战。最后，我们将探讨如何运用基本的信息技术知识解决实际问题，以培养大家运用信息技术服务社会的意识和能力。让我们共同走进信息技术基础课程，开启探索信息技术的旅程。

二、知识准备

（一）信息技术的五次革命

人类，作为一种社会性的动物，从其诞生起就依赖于信息的交流。这种交流方式从最初的语言、文字，发展到造纸术、印刷术，再到电报、电话，直至当代的互联网、区块链、人工智能等，信息技术一直在不断进化，迄今为止，已经历了五次重大的信息革命。

1. 第一次信息革命——语言的出现

人类语言的出现是人类进化和文明发展的重要转折点，它显著提高了人类的思维能力，并成为交流思想和信息的有效工具。语言的起源一直是一个争论颇多的话题。伯克利加州大学的语言学家约翰娜·尼科尔斯利用统计学方法推测，人类语言大约出现在10万年前。

2. 第二次信息革命——文字的创造

文字的发明是信息传递方式的重大进步，它使得知识和经验能够长期保存，并克服了信息交流的时空限制。最早的文字之一是公元前5 000多年由古埃及人发明的象形文字。随后，圣书体、楔形文字、玛雅文字、甲骨文等相继出现，为不同文明的信息记录和传播奠定了基础。

3. 第三次信息革命——印刷术的发明

印刷术的发明是信息共享和文化普及的关键。中国古代的雕版印刷术起源于唐朝，后经宋代的毕昇改进，发明了活字印刷术。这项技术的出现极大地促进了书籍和报纸的制作与传播。

4. 第四次信息革命——电报、电话、广播、电视的出现

20世纪初起，电报、电话、广播、电视等通讯手段的广泛应用，对人类的经济和文化生活产生了巨大影响，加速了信息的传播速度和范围。

5. 第五次信息革命——计算机与互联网的普及

20世纪60年代起，以电子计算机的应用和计算机与现代通信技术的结合为标志，信息技术

迎来了飞速发展的时期。信息技术的进步不仅推动了社会进步，也为人们带来了丰富多样的成果。

（二）计算机的诞生

计算机的诞生可以追溯到20世纪初，是现代科技发展史上的一项里程碑。计算机的概念和实现过程中，许多科学家和工程师作出了重要贡献，其发展历程反映了人类智慧和创新精神的结晶。

在计算机的早期发展中，英国数学家查尔斯·巴贝奇的贡献不容忽视。19世纪30年代，巴贝奇设计了“差分机”（差分机现代复原模型见图1-1），后又构思出更先进的“分析机”。尽管这些机器在他的有生之年未能完全实现，但他们的设计原理预示了现代计算机的一些基本特征，如程序和内存的概念。

在20世纪40年代，计算机技术取得了显著进展，其中最具标志性的成就是ENIAC（见图1-2）的诞生。ENIAC（electronic numerical integrator and computer，电子数值积分计算机）是由美国宾夕法尼亚大学的约翰·莫克利和约翰·普雷斯珀·艾克特设计并建造的，于1946年完工。作为第一台全电子式通用计算机，ENIAC的设计使用了约1.8万个真空管，占据了180m^{2}的面积，重达30t。尽管其体积庞大，耗电量巨大，但ENIAC的计算速度远远超过了之前任何机械计算机，能够在数秒内完成复杂的数学计算，主要用于军事领域，如弹道表的计算。

图 1-1　差分机现代复原模型

图 1-2　ENIAC

ENIAC的诞生也为后续计算机设计提供了重要的参考。在此基础上，匈牙利裔美国数学家约翰·冯·诺依曼提出了一种划时代的计算机设计原则，即“冯·诺依曼结构”。这一结构的核心思想在于计算机程序的存储方式。在此之前，计算机程序通常是通过改变硬件连接或使用插线板来设置的。冯·诺依曼提出将程序以电子形式存储在计算机内存中，使得计算机可以按照存储在内存中的指令序列自动运行。这一创新极大地提高了计算机的灵活性和效率，几乎所有现代计算机都采用了这一架构。冯·诺依曼结构还包括了处理单元、存储单元、控制单元、输入和输出设备等基本组成部分，为后续计算机的发展奠定了坚实的基础。

随着ENIAC和冯·诺依曼结构的出现，计算机技术进入了一个新的时代。这些创新不仅加速了计算机的研发和普及，还为后续电子设备的发展提供了重要的技术支持。从20世纪中叶开始，计算机开始被广泛应用于科研、工业、教育和政府管理等多个领域，极大地推动了现代社会的进步。

（三）中国早期计算机的发展

1949年新中国成立之初，计算机学科和专业人才、计算机研制在中国尚属空白。在这关键时期，众多海归科学家投身于新中国的建设，其中包括被誉为中国计算机事业奠基人的著名数学家华罗庚。华罗庚在1946年至1950年美国访问期间，深入研究计算机的重要性，特别是二战期间计算机在弹道计算、核武器研制、密码破译等方面的关键作用，深刻认识到计算机对国家发展的重要性。

1952年，华罗庚任中国科学院数学研究所所长时，提出建立计算数学方向并着手开展计算机研究。他强调计算数学对科学技术的重要服务功能，并于同年召开中国第一次计算机工作会议，明确提出成立计算机工作组。1953年，华罗庚从清华大学调来闵乃大、夏培肃、王传英组建中国最早的计算机研究团队，闵乃大担任组长。

这支团队迅速展开工作，1953年闵乃大编写了《电子计算机研究的设想和规划》，并于同年4月提出制造电子管串行计算机的计划，拉开中国计算机研制的序幕。他们开始设计计算机的核心部件，如逻辑电路、运算器、控制器和存储器。

1954年，吴几康在《光明日报》发表《漫谈计算机》。1955年，闵乃大在《人民日报》发表《一个新的科学部门——自动快速电子计算机》，向公众介绍这一新兴技术。从1953年至1956年，计算机组从零起步，为中国早期计算机研制做了有益探索。

在此期间，华罗庚等科学家积极推动计算技术发展，提出建立计算数学研究所。钱三强主张先从简单的计算机开始研制，吴有训提出结合计算机研究发展计算数学和培养人才。1956年，周恩来总理在报告中提到电子自动控制机器的重要性，并强调“计算机是新的技术革命”，显示了国家对计算技术的高度重视。

1958年中国的第一台通用电子管计算机——103型电子计算机的诞生。随后在1960年，中国自主设计的第一台通用电子计算机——107型电子计算机也宣告成功。

（四）计算机的发展

计算机硬件的发展历程大致遵循了从电子管到晶体管，再到集成电路（integrated circuit, IC）和超大规模集成电路（very large scale integration, VLSI）的路径，每个阶段都标志着技术上的重大突破和计算能力的显著提升。

1. 电子管时代（20世纪40—50年代初）

在这个时代，计算机如ENIAC使用的是电子管。电子管体积大、耗电量高、发热量大，且易于损坏，限制了计算机的性能和可靠性。尽管如此，电子管计算机在处理速度上相对于机械计算机有了显著提升。

2. 晶体管时代（20世纪50—60年代初）

晶体管在1947年被发明，并很快被用于计算机的设计中。相比电子管，晶体管更小、更可靠、耗电更少、散热更低。晶体管的应用极大地减小了计算机的体积，提高了计算机的性能和稳定性。第一台使用晶体管的计算机是美国空军的AN/FSQ-7。

3. 集成电路时代（20世纪60—70年代）

集成电路是将许多晶体管和其他电子元件集成到一块小型的硅芯片上。这一技术的发展使得计算机的组件更加微型化，使计算机的体积进一步减小，性能大幅提升。集成电路的出现使得更复杂的电子系统成为可能，为个人计算机的发展奠定了基础。

4. 超大规模集成电路时代（20世纪70年代至今）

超大规模集成电路是指在一块芯片上集成了数千甚至数百万个晶体管。这一技术的发展极大地增强了计算机的计算能力和存储能力，同时降低了成本。VLSI的出现推动了微处理器的发展，使得计算机更加强大且经济实惠。今天的计算机、智能手机和其他电子设备都是基于超大规模集成电路的。

这一发展路径不仅展示了计算机硬件技术的进步，也反映了摩尔定律的实际应用，即每隔一定时间，集成电路上可容纳的晶体管数量会翻倍，性能也随之提升。随着技术的不断进步，计算机的体积不断缩小，性能却不断提升，深刻地影响了计算机的设计和应用。

（五）中国计算机的发展历程

1. 电子管时代（20世纪50—60年代初）

中国的电子管计算机研发始于20世纪50年代，标志性的事件是1958年中国的第一台通用电子管计算机——103型电子计算机（见图1-3）的诞生。随后在1960年，中国自主设计的第一台通用电子计算机——107型电子计算机（见图1-4）也宣告成功。

图 1-3　103 型电子管计算机

图 1-4　107 型电子管计算机

2. 晶体管时代（20世纪60—70年代初）

晶体管计算机的时代在中国开始于20世纪60年代。1964年，中国研制成功第一台晶体管计算机——441-B型晶体管计算机（见图1-5），标志着中国计算机技术进入晶体管时代。这是中国计算机发展史上的一个重要里程碑，表明中国开始掌握当时的先进计算机技术。

图 1-5　441-B 型晶体管计算机

3. 集成电路时代（20世纪70—80年代初）

进入集成电路时代，中国的计算机技术取得了显著进步。20世纪70年代，中国成功研制出第一台集成电路计算机——银河系列计算机，这标志着中国计算机技术的一个重要跃进。银河系列计算机的研制，大大提高了中国计算机的运算速度和可靠性。

4. 超大规模集成电路时代（20世纪80年代至今）

在超大规模集成电路时代，中国计算机技术进一步发展，尤其是在20世纪80年代和90年代，中国计算机工业快速发展。中国在这一时期研发的标志性产品包括长城0520CH型微型计算机（见图1-6）。进入21世纪，中国在超大规模集成电路领域取得了显著成就，例如“龙芯”处理器（见图1-7）的研发，这些成就标志着中国在高性能计算机领域的自主创新能力不断增强。随着RISC-V指令集在中国得到广泛应用，代表着新一代的芯片设计企业，如阿里巴巴的平头哥，正取得显著的进展，并有潜力跻身世界一流芯片设计公司之列。

图 1-6　长城 0520CH 型微型计算机

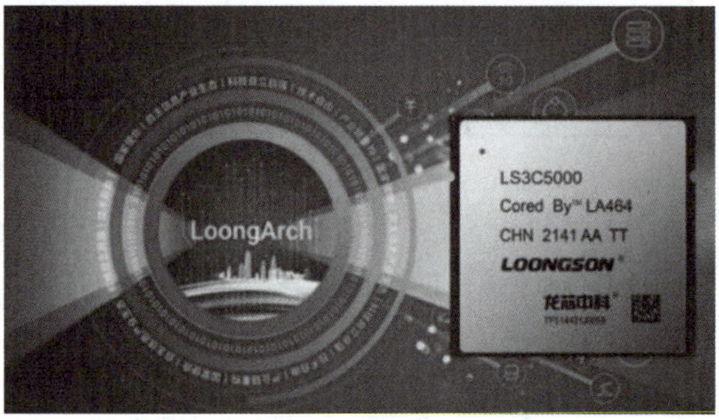

图 1-7　龙芯 LS3C5000 处理器

整体来看，中国的计算机技术虽然起步较晚，但在各个发展阶段都取得了显著的进步和突破，逐步缩小了与国际先进水平的差距，并在某些领域实现了自主创新。

（六）计算机的发展趋势

计算机科技的迅猛发展已成为现代社会的显著特征之一。随着硬件性能的提升和软件技术的创新，计算机系统正在不断演化，以适应不断增长的计算需求和多样化的应用场景。

1. 硬件技术发展

随着摩尔定律的推进，处理器的性能持续增强。超大规模集成电路技术使得处理器能在更小的芯片上集成更多的晶体管，从而提高计算能力和能源效率。

（1）量子计算：利用量子位（qubits）进行计算，能在特定问题上大大超越传统计算机的处理能力。尽管目前还处于研发早期阶段，量子计算被认为是未来计算技术的一个重要发展方向。

（2）光子计算：利用光信号处理信息。相比电子计算，它在速度和能效上具有潜在优势。光子计算技术的发展可能会带来计算机硬件的根本性变革。

2. 软件技术发展

（1）人工智能与机器学习：软件开发正日益集成人工智能（artificial intelligence, AI）和机器学习算法，用于数据分析、预测建模和自动决策支持。随着计算能力的提升和算法的优化，AI将更加智能和高效。特别是2022年以来，大语言模型（large language model, LLM）飞速发展，已经隐约提供了一条通往通用人工智能的路径。

（2）云计算与边缘计算：云计算提供了强大的远程数据处理能力，边缘计算则将数据处理分散到网络边缘，降低延迟，提高响应速度。这两种计算模式的结合将使计算资源更加灵活和高效。

（3）软件定义一切：软件定义的概念正在扩展到更多领域，包括网络（software-defined networking, SDN）、存储（software-defined storage, SDS）和数据中心（software-defined data center, SDDC）。这种趋势意味着硬件功能越来越多地被软件控制和优化，提高了系统的灵活性和可扩展性。

计算机科技的发展呈现出处理能力提升、计算方式多样化和软件智能化的趋势。未来的计算机将更加强大、高效、智能，能够应对更为复杂和多变的计算任务。这些进步不仅将推动科技的发展，还将深刻影响社会经济和日常生活的方方面面。计算机领域的最新技术已经成为支撑中国“十四五”规划实现数字化和智能化目标的关键力量，为建设一个更加繁荣昌盛、民众富裕的新时代提供强大动力。

（七）计算机的特点

当代计算机的特点可以概括为高性能、多功能性、智能化、互联互通、用户定制性和环境友好性，这些特点共同推动着社会的快速发展和技术的革新。

（1）高性能：现代计算机拥有前所未有的处理能力和存储容量。这得益于先进的微处理器技术和存储技术，使得计算机能够高效地处理复杂的运算任务，同时存储和访问大量数据。这种高性能体现在强大的中央处理器、高速的图形处理器（graphics processing unit, GPU）、大容量的随机存取存储器（random access memory, RAM）和快速的固态硬盘（solid state drive, SSD）上。

（2）多功能性：当代计算机不再仅限于基本的数据处理功能。它们能够执行多种任务，包括复杂的图形处理、音频和视频编辑、大规模的数据分析、机器学习任务等。多功能性使得计算机能够满足从个人用户到大型企业的多样化需求。

（3）智能化：随着人工智能和机器学习技术的集成，现代计算机在智能化方面取得了巨大进步。它们能够学习用户的使用习惯，根据用户的行为和偏好自动优化操作，提供更加智能的用户体验。此外，智能算法能够在数据分析、预测建模和自动决策支持等领域发挥重要作用。

（4）互联互通：当代计算机通过高速互联网连接，实现了与全球信息网络的无缝对接。云计算和边缘计算技术进一步加强了计算机的互联互通能力，使得用户可以随时随地访问数据和计算资源，实现远程工作和协作。

（5）用户定制性：现代计算机提供了高度的可定制性。用户可以根据自己的需求选择不同的硬件配置、操作系统和应用软件。这种定制性不仅适用于个人用户，还适用于需要特定计算资源的企业和研究机构。

（6）环境友好性：在可持续发展的大背景下，环境友好性成为当代计算机设计的一个重要方面。这包括使用低功耗组件、提高能效比、减少有害物质的排放等。环保设计不仅有助于减少能源消耗，还有助于减轻对环境的影响。

（八）计算机的分类

计算机作为现代技术的核心组成部分，其分类多样且各具特点。根据不同的标准和需求，计算机可以被分为多种类型，主要包括超级计算机、大型计算机、小型计算机、工作站、个人计算机、微型计算机、嵌入式计算机等。

（1）超级计算机：这类计算机在处理能力上处于最顶尖的水平，能够执行每秒数十亿至数千亿次的计算。超级计算机通常应用于需要极大计算能力的领域，如气候研究、核能模拟、生物医药研究等。由于其昂贵的成本和维护需求，一般仅限于政府、大型研究机构和大学。

（2）大型计算机：也称为主机，通常用于大型商业计算需求，如银行系统、航空订票系统等。它们能够处理大量数据，同时支持多用户同时使用。虽然不如超级计算机那么强大，但它们在数据处理和事务处理方面非常可靠。

（3）小型计算机：也称为迷你计算机，在大型计算机和个人计算机之间，适用于中等规模的企业。它们比大型计算机便宜，维护相对容易，同时具有不错的处理能力。

（4）工作站：是一种高性能个人计算机，通常用于工程设计、图形设计、科学计算等专业应用。它们拥有比普通个人计算机更强的处理能力、更好的图形处理能力和更大的存储容量。

（5）个人计算机（personal computer, PC）：是最常见的计算机类型，用于个人和商业目的。它们体积适中，价格合理，适用于办公、教育、娱乐等日常应用。

（6）微型计算机：是指体积更小，通常用于特定任务的计算机，如笔记本计算机、平板电脑和智能手机。它们易于携带，适合移动使用，虽然处理能力可能不如台式计算机，但足以满足日常需求。

（7）嵌入式计算机：通常被集成到其他设备中，如汽车、智能家居设备、医疗设备等。它们专为执行特定任务而设计，通常体积小，能效高，成本低。

每种类型的计算机都有其特定的应用领域和用户群体。随着技术的发展，计算机的种类和功能正在不断扩展和深化，满足社会各领域对计算能力日益增长的需求。

（九）计算机的应用领域

当代计算机的应用领域广泛且多样，几乎渗透到社会的每个角落，从基础科学研究到日常生活应用，计算机技术的影响深远而显著。以下是一些主要的应用领域：

（1）教育：计算机在教育领域的应用正在彻底改变传统的教学和学习方式。在线教育平台、虚拟课堂和数字化教材提供了灵活多样的学习资源。计算机辅助教学软件和应用程序使得个性化学习成为可能。

（2）医疗健康：计算机技术用于疾病诊断、治疗规划、患者数据管理和远程医疗。人工智能和机器学习算法的运用正在提高医疗诊断的准确性和效率。

（3）商业和金融：计算机在商业和金融行业中发挥着核心作用，用于交易处理、数据分析、金融模型的构建和市场预测。在线交易、电子支付和数字货币都是计算机技术的直接产物。

（4）科学研究：计算机用于数据收集、分析和模拟实验。它们在物理学、化学、生物学等众多科学领域中，都是不可或缺的工具。

（5）工程设计：计算机辅助设计（computer aided design, CAD）软件广泛用于建筑、机械、电子和汽车行业。这些工具提高了设计的精确性和效率，同时减少了物理原型的需求。

（6）制造业：计算机控制的机器人和自动化生产线正在提高生产效率和质量。计算机集成制造系统（computer integrated manufacturing system, CIMS）使得整个生产过程更加智能化和高效。

（7）政府管理：政府部门使用计算机进行数据管理、公共服务提供和政策决策。电子政务系统提供了便捷的在线服务，使得政府运作更加透明和高效。

（8）交通运输：计算机技术用于交通管理、航班控制、车辆定位和自动驾驶系统。这些技术提高了交通效率，减少了事故发生率。

（9）娱乐和媒体：计算机技术被用于影视制作、音乐制作、数字游戏和社交媒体。高清视频编辑、3D动画制作和虚拟现实技术等都依赖于强大的计算能力。

（10）环境监测和气候研究：计算机被广泛用于环境监控、天气预报和气候变化研究。通过收集和分析大量的环境数据，计算机帮助科学家更好地理解和预测气候变化。

拓展阅读一　中国在计算机硬件发展中的贡献

1. 量子计算机——超导量子计算机“本源悟空”

2024年1月6日，中国推出了第三代自主超导量子计算机“本源悟空”（见图1-8）。该量子计算机搭载了72位自主超导量子芯片“悟空芯”，共198个量子比特，包括72个工作量子比特和126个耦合量子比特。这标志着中国在量子计算领域的重大进展，是目前中国最先进的可编程、可交付超导量子计算机。

2. 超级计算机

截至2023年11月，中国在超级计算机领域的发展有很大收获。据报道，国家超级计算无锡中心正在建造的新神威•海洋之光系统预计将使用1 920万个核心，覆盖49 230个计算节点。该系统的核心数量是当前世界排名第一的超算Frontier的2.2倍。

中国正在开发的E级超算（每秒浮点运算百亿亿次）显示出显著性能。例如，神威E级超算在HPL基准上的峰值预计约为1.3 exaflops（每秒浮点运算百亿亿次），而“天河三号”E级则能够达到1.7 exaflops的峰值。这些性能指标均超过了当前世界排名第一的超算Frontier的1.102 exaflops。神威•海洋之光配备了49 230个SW26010-Pro处理器，而天河-3超级计算机（见图1-9）则配备了飞腾的FT-2000 CPU和Matrix 2000 DSP加速器。

图 1-8　“本源悟空”超导量子计算机

图 1-9　天河三号 E 级超级计算机

拓展阅读二　中国在计算机软件发展中的成果

在制造业方面，中国的计算产业规模约占电子信息制造业的20%以上。2022年，计算产业规模达到了2.6万亿元，计算机领域的发明申请接近2万件。这些数据反映出中国在计算技术领域的快速发展和创新能力的提升。此外，计算机视觉和机器学习技术推动了人工智能在制造业的应用。预计到2025年，人工智能的云部署市场规模将达到60亿元人民币，占整体人工智能应用市场的43%，为制造企业提供了开发新服务和新商业模式的机会。工信部数据显示，中国制造业的数字化、网络化和智能化水平在“十三五”期间显著提升，试点示范项目的生产效率平均提高了45%，产品研制周期平均缩短了35%。根据《“十四五”智能制造发展规划》，到2025年，规模以上制造业企业将基本普及数字化，重点行业骨干企业将初步实现智能转型。

在电子政务方面，中国的数字政务协同服务效能得到了大幅提升。从2012年到2022年，中国电子政务发展指数的国际排名从第78位上升到第43位，成为上升最快的国家之一。国家电子政务外网实现了地市、县级全覆盖，乡镇也得到了覆盖。此外，根据联合国电子政务调查报告，中国电子政务在线服务指数的全球排名从2012年的第78位提升至第9位。这表明中国的电子政务系统在提供便捷高效的服务方面取得了显著进展，全国一体化政务服务平台已基本建成。

三、项目实现

制作中国计算机发展史的思维导图，要求如下：

（1）为了使内容更加详尽，可以利用网络搜索引擎进行深入研究，以搜集更多相关信息，从而提升思维导图的信息量和实用性。

（2）利用Microsoft Word或PowerPoint内置的绘图工具，设计一个专注于扩展阅读的思维导图。此图可通过SmartArt功能中的层次结构选项来构建，以便清晰地展现不同层级的信息。

四、技巧与提高

使用思维导图软件绘制思维导图，要求如下：

（1）利用思维导图工具（例如百度脑图）来创作图表，以便可视化地组织和呈现上述信息。

（2）为了丰富思维导图的内容，可以采取在线搜索的方式，或是借助先进的人工智能大型模型来进一步细化思维导图中的各个节点。

五、测评

（一）知识测评

（1）印刷术起源于________朝，后来经过毕昇的改进，发展出活字印刷术。

（2）第一台全电子式通用计算机ENIAC诞生于________年，使用了约1.8万个真空管。

（3）冯·诺依曼结构的核心思想是什么？

（4）中国的第一台通用电子管计算机是________型电子计算机，诞生于1958年。

（5）计算机硬件的发展经历了哪几个主要过程？

（6）量子计算机利用________进行计算，能在特定问题上大大超越传统计算机的处理能力。

（7）当代计算机的特点包括哪些？

（8）________计算机通常用于大型商业计算需求，如银行系统、航空订票系统等。

（二）能力测评

按表1-1中所列操作要求，对自己完成的文档进行检查，操作完成得满分，未完成或错误适当扣减分数。

表 1-1　能力测评表

序号	操作要求（具体见项目实现）	分值	完成情况	自评分
1	能在思维导图中体现信息技术发展的历史背景和未来趋势	25		
2	能在思维导图中体现不同类型计算机的特点和适用场景	25		
3	能在思维导图中体现计算机在不同领域应用的优势和挑战	25		
4	能绘制思维导图时认识到工具的重要性以及选取工具的能力	25		
总　分				

（三）素质测评

针对表1-2中所列出的素质与素养观察点，反思项目实现的过程，思考总结相关项目，做到即得满分，未做到适当扣减分数。

表 1-2　素质测评表

序号	素质与素养	分值	总结与反思	得分
1	具备信息技术发展历史和计算机科学的兴趣	25		
2	具备良好的信息素养，能主动获取和整理相关知识，在基本知识的基础上使用多种信息检索方式进一步学习	25		
3	具备良好的团队协作和沟通能力，能在小组活动中贡献自己的力量。在获取拓展知识的过程中，和其他同学分享讨论额外内容	25		
4	具备创新思维和批判性思考能力，能在学习过程中提出新的观点和问题。在实践项目的基础上进一步思考是否有更加有效的方式进行知识总结	25		
总　分				

六、拓展训练

利用生成式AI来辅助高效总结互联网上与信息技术发展相关的内容，并生成思维导图，具体要求如下：

（1）选择并注册一个国产大型模型，如智谱清言、文心一言、通义千问或讯飞星火等。向该模型提供计算机应用领域的相关文本，并指定输出结果为Markdown格式。

（2）将生成的Markdown格式文本复制到剪贴板，并使用文本编辑器创建一个新文件，将剪贴板内容粘贴到文件中，保存时选择“Markdown文件”或带有“.md”扩展名的文件类型。

（3）打开百度脑图或其他支持Markdown文件导入的思维导图软件，通过“打开文件”功能选择并导入之前保存的“.md”文件。软件将根据Markdown文本的结构和内容自动生成思维导图。

项目二　掌握计算机系统组成

在当今的信息时代，计算机已经成为工作和生活中不可或缺的一部分。它们不仅改变了我们的生活方式，还极大地提高了工作效率。计算机是一种复杂的电子设备，它由许多不同的部件组成，这些部件协同工作，使得计算机能够执行各种复杂的任务。了解计算机的组成部分对于理解计算机的工作原理和如何使用计算机是非常重要的。

计算机的组成部分可以分为两大类：硬件（hardware）和软件（software）。硬件是计算机的物理部分，包括中央处理器（central processing unit, CPU）、存储器（memory）、输入设备（input devices）、输出设备（output devices）和外部存储设备（external storage devices）等。软件是计算机的程序（program）和操作系统（operating system, OS），它们告诉计算机如何执行任务。计算机的硬件和软件是相互依赖的。没有硬件，软件无法运行；没有软件，硬件无法发挥作用。

在这里，我们将详细介绍计算机的各个组成部分，包括它们的职能、特点和它们在计算机中的作用。我们将从计算机硬件开始，介绍中央处理器、存储器、输入设备、输出设备和外部存储设备等。然后，我们将介绍计算机软件，包括操作系统、应用软件和系统软件等。最后，我们将讨论计算机硬件和软件之间的关系。

一、项目描述

在当今信息时代，计算机已成为我们生活和工作中不可或缺的一部分，它的高效运转背后是由复杂的硬件和软件系统协同工作实现的。硬件作为计算机的物理基础，包括了中央处理单元（CPU）、存储设备、输入输出设备等关键组成部分，它们确保了计算机能够高效、稳定地运行。软件系统，包括操作系统和应用程序，通过编程和数据处理为用户提供了丰富多样的功能和服务。本项目将详细探讨计算机系统的这些组成部分，深入理解它们各自的功能、特性及其在整个计算机系统中的作用，从而加深我们对计算机工作原理的理解。

二、知识准备

（一）计算机硬件

计算机硬件是计算机系统的物理组成部分，它们共同工作以执行计算机程序和任务。硬件部分可以分为几个关键组件，包括中央处理器、存储器、外部存储设备、输入设备和输出设备设备。

1. 中央处理器

中央处理器（central processing unit, CPU）是计算机的大脑，负责解释和执行程序指令。它由控制器和运算器两部分组成。控制器负责指令的读取、解释和执行；运算器负责进行算术运算和逻辑运算。CPU的性能影响计算机的运行速度和处理能力。

CPU的核心频率也称为时钟速度，是指CPU每秒钟可以执行的周期数。频率越高，CPU每秒钟可以处理的指令数越多，性能越强。然而，仅仅追求高频率并不一定能带来最佳性能，因为CPU的性能还受到其他因素的影响。

缓存是CPU内部的一种高速存储器，用于临时存储频繁访问的数据和指令。缓存的大小和速度对CPU的性能有重要影响。较大的缓存可以减少CPU访问主存储器的次数，从而提高处理速度。

CPU的核心数量指的是CPU内部包含的独立处理核心的数量。多核心CPU可以同时处理多个任务，提高计算机的多任务处理能力。然而，并不是所有的应用程序都能充分利用多核心CPU的优势，因此核心数量并不是决定性能的唯一因素。

CPU的架构指的是CPU的设计和指令集。不同的架构有不同的特点和性能表现。例如，x86架构是Intel和AMD等公司广泛使用的架构，而ARM架构则广泛应用于移动设备和嵌入式系统中。

除了上述基本组件外，CPU还包含其他重要的部分，如总线接口、内存管理单元等。总线接口负责CPU与外部设备之间的数据传输，而内存管理单元则负责管理和优化CPU对内存的访问。

随着技术的发展，CPU不断更新换代，性能不断提升。例如，Intel和AMD等公司不断推出新一代的CPU，提供更高的核心频率、更大的缓存和更多的核心数量。这些新型号的CPU在性能上有显著的提升，能更好地满足高性能计算和复杂应用的需求。

然而，随着CPU性能的提升，功耗和散热问题也日益突出。为了解决这些问题，CPU制造商采用了各种技术，如制程技术的进步、低功耗设计和高效的散热系统等。这些技术的发展使得CPU能够在更高的性能下保持合理的功耗和温度。

除了传统的CPU架构，还有一些新型的处理器架构正在发展中。例如，量子计算机和神经网络处理器等新型处理器架构，它们在处理特定类型的任务时具有独特的优势。这些新型处理器的发展可能会改变计算机硬件的未来格局。

总之，中央处理器是计算机硬件中最重要的部分之一。它负责解释和执行程序指令，对计算机的性能和运行速度有重要影响。了解CPU的组成和工作原理，对于理解计算机的工作方式和性能表现具有重要意义。随着技术的不断进步，CPU的性能将进一步提升，为计算机的应用提供更多的可能性。

2. 存储器

存储器是计算机用于存储数据和程序的地方，它对计算机的运行速度和处理能力有着重要影响。根据存储器的读写速度、容量和价格等因素，可以将存储器分为随机存储器（random access memory, RAM）和只读存储器（read-only memory, ROM）。

（1）随机存储器：是一种易失性存储器，这意味着当电源关闭时，存储在RAM中的数据会丢失。随机存储器用于临时存储正在运行或即将运行的数据和程序。它具有读写速度快的特点，使得CPU能够快速访问和修改存储在RAM中的数据。计算机启动时，操作系统和应用程序会从硬盘等永久性存储设备加载到RAM中，以便CPU快速访问。RAM的容量越大，计算机能够同时处理的任务就越多，系统的运行速度也会更快。常见的RAM类型有DDR4和DDR5，它们提供了更高的带宽和容量，满足了高性能计算和图形处理的需求。

（2）只读存储器：是一种非易失性存储器，用于存储计算机启动时所需的基本输入输出系统（basic input output system, BIOS）和其他固化程序。ROM中的数据在断电后不会丢失，因此它能够保存重要的系统信息和程序代码。BIOS是计算机启动时运行的第一个软件，它负责初始化硬件设备、检查系统配置和加载操作系统。常见的ROM类型有EEPROM和Flash Memory，它们具有可擦写功能，使得ROM中的数据可以更新和修改。

易失性存储器与非易失性存储器（如只读存储器和硬盘驱动器）形成对比，后者在断电后仍能保持数据。RAM的主要功能是作为计算机的临时工作区，它允许CPU快速访问存储在其中的指令和数据。由于RAM的访问速度远远快于只读存储器、硬盘或固态硬盘等外部存储设备，CPU可以高效地处理数据，从而提高计算机的整体性能。然而，由于RAM的易失性，计算机在关机或断电时，所有未保存的数据都会丢失。为了克服RAM的易失性，操作系统和程序员通常使用一种称为虚拟内存的技术。虚拟内存允许计算机将一部分硬盘空间作为内存使用，这样即使RAM中的数据丢失，操作系统也可以从硬盘的虚拟内存中恢复数据。RAM的易失性特性也意味着它在计算机启动时必须从硬盘或其他非易失性存储器中加载操作系统和应用程序。这个过程称为引导或启动，是计算机从关机状态到可以运行程序的初始化过程。

存储器技术的发展也在不断推动计算机性能的提升。例如，DDR4和DDR5内存技术的出现，提供了更高的带宽和容量，使得数据传输速度更快，能够满足高性能计算和图形处理的需求。同时，3D NAND闪存技术的应用，使得ROM的容量不断增加，价格不断降低，逐渐成为主流的存储设备。

在存储器的使用和管理方面，还有一些技术值得关注。例如，虚拟内存技术允许操作系统将部分硬盘空间用作虚拟内存，从而扩展RAM的容量。存储器管理单元（memory management unit, MMU）是CPU的一部分，它负责管理和优化CPU对内存的访问，提高存储器的利用效率。

总之，存储器是计算机硬件中重要的组成部分之一。它用于存储数据和程序，对计算机的运行速度和处理能力有着重要影响。了解不同类型的存储器及其特点，对于理解计算机的工作方式和性能表现具有重要意义。随着技术的不断进步，存储器的性能将进一步提升，为计算机的应用提供更多的可能性。

3. 外部存储设备

外部存储设备是用于长期存储大量数据和程序的设备。常见的外部存储设备包括硬盘（hard disk drive, HDD）和固态硬盘（solid state drive, SSD）。

（1）硬盘：是一种传统的机械存储设备，它使用旋转的磁盘和磁头来读写数据。HDD的存储原理基于磁性材料，通过改变磁盘表面的磁性状态来存储数据。HDD具有大容量、低成本的特点，适合存储大量数据和程序。然而，HDD的读写速度相对较慢，且存在机械运动部件，容易受到震动和撞击的影响。

（2）固态硬盘：是一种较新的存储设备，它使用闪存芯片来存储数据。与HDD相比，SSD具有更快的读写速度、更低的功耗和更高的可靠性。SSD没有机械运动部件，因此更加耐用和抗振动。常见的SSD类型有SATA SSD和NVMe SSD，其中NVMe SSD具有更高的读写速度，适用于对性能要求较高的场景。

除了HDD和SSD，还有一些其他外部存储设备，如U盘和光盘等。U盘是一种便携式存储设备，用于在不同计算机之间传输数据。光盘则是一种光学存储介质，用于存储音乐、电影和软件等。

外部存储设备的选择取决于用户的需求和应用场景。对于需要存储大量数据和预算有限的用户来说，HDD是一个不错的选择。对于需要高性能和便携性的用户来说，SSD则更加适合。U盘和光盘则适用于小规模的数据传输和存储。

随着技术的发展，外部存储设备在不断进步。例如，SSD的容量和读写速度不断提高，价格逐渐降低，使得SSD逐渐成为主流的存储设备。同时，新的存储技术也在不断涌现，如基于新型存储材料的存储设备，它们具有更高的存储密度和更低的功耗。

4. 输入设备

输入设备是计算机系统的重要组成部分，用于将外部信息输入计算机。输入设备包括键盘、鼠标、扫描仪、摄像头等。了解不同类型的输入设备及其工作原理，对于学习计算机知识和技能具有重要意义。

（1）键盘：是计算机最常用的输入设备之一，用于输入文本和命令。键盘的工作原理是通过按键将用户的输入转换为电信号传入计算机，然后经过计算机内部的处理和转换，最终在屏幕上显示相应的字符或执行相应的操作。键盘的种类有机械键盘、薄膜键盘和硅胶键盘等，它们在按键手感和使用寿命等方面有所不同。

（2）鼠标：是计算机的另一常用输入设备，用于操控计算机界面和选择对象。鼠标的工作原理是通过移动鼠标来控制光标的位置，然后通过按键来执行操作。鼠标的种类有光电鼠标、机械鼠标和无线鼠标等，其中无线鼠标更加便携和灵活。

（3）扫描仪：是一种将纸质文档转换为电子格式的输入设备。扫描仪的工作原理是通过光学传感器将文档的图像转换为数字信号，然后经过计算机的处理和转换，最终生成电子文档。扫描仪的分辨率越高，生成的电子文档质量越好。

（4）摄像头：是一种用于捕捉图像和视频的输入设备。摄像头的工作原理是通过光学传感器捕捉光线，然后将其转换为数字信号。摄像头的分辨率、帧率和感光度等因素决定了其性能。常见的摄像头有网络摄像头和便携式摄像头等，它们在视频会议和监控等领域有着广泛的应用。

除了上述常见的输入设备，还有一些特殊的输入设备，如触摸屏、游戏手柄、语音识别设备等。触摸屏是一种允许用户通过触摸屏幕来输入信息的设备，它广泛应用于智能手机、平板电脑等便携式设备中。游戏手柄是一种用于游戏控制的输入设备，它通过按键、摇杆等部件来模拟玩家的操作。语音识别设备是一种将语音转换为文字的输入设备，它广泛应用于语音助手、语音输入等领域。

选择合适的输入设备对于提高计算机操作的便捷性和效率至关重要。例如，对于需要频繁输入文本的用户，选择一个舒适的键盘是非常重要的。对于需要进行图像处理的用户，选择一个高分辨率的扫描仪是必要的。对于游戏爱好者，选择一个适合游戏手柄可以提升游戏体验。

5. 输出设备

输出设备是计算机系统的重要组成部分，用于将计算机处理后的信息展示给用户。输出设备包括显示器、打印机、投影仪等。了解不同类型的输出设备及其工作原理，对于学习计算机知识和技能具有重要意义。

（1）显示器：是计算机最常用的输出设备之一，用于显示计算机生成的图像和文本。显示器的工作原理是通过电压控制液晶或阴极射线管（cathode ray tube, CRT）的亮度，从而产生不同的颜色和图像。显示器的分辨率、刷新率和屏幕尺寸等因素决定了其性能。常见的显示器有液晶显示器（liquid crystal display, LCD）、有机发光二极管显示器（organic light-emitting diode, OLED）和等离子显示器等，它们在图像质量、功耗和视角等方面有所不同。

（2）打印机：是计算机用于输出文本和图像的设备。打印机的工作原理是将墨水或激光束通过纸张，从而在纸张上形成相应的图像和文字。打印机的种类有喷墨打印机、激光打印机和热敏打印机等，它们在打印速度、打印质量和成本等方面有所不同。喷墨打印机适用于家庭和办公室使用，激光打印机则适用于打印大量文本和图像的场合。

（3）投影仪：是一种将图像投射到大屏幕上的输出设备。投影仪的工作原理是将计算机生成的图像通过光学镜头投射到屏幕上，从而实现大屏幕显示。投影仪的亮度、对比度和分辨率等因素决定了其性能。投影仪广泛应用于会议室、教室和家庭影院等场景。

除了上述常见的输出设备，还有一些特殊的输出设备，如扬声器、耳机、绘图仪等。扬声器和耳机是用于播放音频的设备，它们可以将计算机生成的音频信号转换为声音。扬声器适用于公共场所，而耳机则适用于个人使用。绘图仪是一种将计算机生成的图像输出为物理图形的设备，它广泛应用于工程设计、艺术创作等领域。

选择合适的输出设备对于提高计算机操作的便捷性和效率至关重要。例如，对于需要进行图像处理的用户，选择一个高分辨率的显示器是非常重要的。对于需要输出大量文本的用户，选择一个高速度的打印机是必要的。对于需要在大屏幕上展示图像的用户，选择一个亮度和对比度高的投影仪是合适的。

计算机硬件是计算机系统的物理组成部分，包括CPU、存储器、输入设备、输出设备和外部存储设备等。CPU是计算机的核心部件，负责解释和执行程序指令，由控制器和运算器组成。存储器用于存储数据和程序，分为RAM和ROM，其中RAM是易失性存储器，而ROM是非易失性存储器。输入设备将外部信息输入计算机，包括键盘、鼠标、扫描仪、摄像头等。输出设备将计算机处理后的信息展示给用户，包括显示器、打印机、投影仪等。外部存储设备用于长期存储大量数据和程序，包括硬盘和固态硬盘。这些硬件组件的协同工作使得计算机能够执行各种复杂的任务，满足用户的需求。了解计算机硬件的组成和工作原理，对于学习计算机知识和技能具有重要意义。随着技术的不断进步，计算机硬件的性能将进一步提升，为计算机的应用提供更多的可能性。

拓展阅读 中国计算机硬件制造业的发展

中国在自主CPU的发展方面已经取得了显著的进步。自主研发的新一代通用CPU——龙芯3A6000，已经在北京发布。这款CPU采用了中国自主设计的指令系统和架构，不需要依赖国外的授权技术。龙芯3A6000在性能上有了显著的提升，其主频达到2.5GHz，集成了四个最新研发的高性能LA664处理器核，并支持同时多线程技术，全芯片共有八个逻辑核。与上一代相比，单线程通用处理性能提升了60%，多进程通用处理器性能提升了100%。此外，龙芯3A6000的自主可控程度在国产通用CPU中是首屈一指的，其自主设计的指令系统龙架构已经建成与X86、

ARM并列的Linux基础软件体系，并得到了国际软件开源社区的支持。

中国在自主存储器领域的发展现状表现出显著的进步和潜力。2023年，中国存储器产业在技术进步、市场竞争和应用领域等方面都呈现出良好的发展态势。中国的存储芯片市场规模在迅速增长。这得益于5G、XR与元宇宙、大数据算法、人工智能、家电汽车智能化、安防与智慧城市等领域的快速发展，数据产生量快速增长，进而拉动了NAND、DRAM等存储芯片的需求。中国在DRAM和NAND Flash等关键存储器领域的研发正在积极推进，旨在提高国内存储器的自给率和技术水平。长鑫存储是国内的DRAM IDM龙头，其核心技术源自奇梦达的DRAM专利，并投入大量研发费用对原有芯片架构进行了重新设计。长江存储则专注于3D NAND闪存设计制造一体化，其自主技术与国际顶尖水平的差距较小。

中国在自主显示器领域的发展呈现出积极的趋势，尤其在新型显示技术方面取得了显著的进步。2023年，中国大陆显示器市场的出货量为2 450万台，其中线上公开零售市场的销量为895万台，同比上涨2.1%。在显示器线上市场，AOC、小米和HKC位列前三名。AOC以约15%的销量占比蝉联市场第一，小米以13%的销量份额排名第二，而HKC占10%的市场份额。在技术方面，中国新型显示产业正在向高技术领域转移，强调科技创新和制造强国的发展战略。2022年，全球显示面板市场规模约1 462亿美元，预计到2027年将增长至2 551亿美元。中国已成为全球最大的面板生产基地，但面临着“大而不强”的发展局面，即产业链整体集中在中下游，上游关键材料和核心装备技术受制于国外显示产业巨头。

（二）计算机软件

1. 操作系统

操作系统（operating system, OS）是一套控制和管理计算机硬件与软件资源的程序集合，同时也提供一个或多个用户与计算机交互的界面。它是任何计算机系统中最基础的软件，无论是在个人计算机、智能手机、平板电脑，还是在大型服务器上。OS的核心功能包括启动计算机、管理计算机系统的资源（如中央处理器、内存、外部存储设备、输入/输出设备等）、执行软件应用程序、存取数据以及控制外围设备。此外，操作系统还负责数据的安全性和隐私保护，确保多个应用程序和用户之间的有效资源共享，以及提供各种网络通信的支持。

（1）操作系统具有以下作用：

①资源管理：操作系统管理计算机的处理器、内存、存储空间和外设，确保这些资源被有效分配给各个程序和用户。

②文件管理：操作系统提供文件存储、检索、共享和保护机制，用户可以方便地管理和访问文件和数据。

③任务管理：操作系统负责调度和协调计算机执行的多个任务，支持多任务和多用户操作。

④用户界面：操作系统提供与用户交互的界面，包括图形用户界面（graphical user interface, GUI）和命令行界面（command line interface, CLI），使用户能够更直观、更方便地操作计算机。

（2）常见桌面操作系统有以下几种：

①Windows：由微软公司开发，是全球使用最广泛的个人计算机操作系统之一。Windows以其友好的图形用户界面、广泛的应用程序支持和强大的兼容性而受到用户喜爱。

②macOS：由苹果公司开发，专为其Mac计算机设计。macOS以其出色的设计、稳定性和

易用性而著称，特别受到设计师和创意工作者的青睐。

③Linux：是一种自由和开源的操作系统，基于UNIX。由于其开源性质，Linux广泛应用于服务器、嵌入式系统和桌面计算机。Linux以其稳定性、安全性和灵活性在技术和开发者社区中非常受欢迎。

（3）常见移动端操作系统有以下几种：

①Android：由谷歌开发，是全球使用最广泛的移动操作系统。Android基于Linux内核，因其开源特性、广泛的硬件兼容性和庞大的应用生态系统而备受用户青睐，适用于各种类型的智能手机和平板设备。

②iOS：由苹果公司开发，专为其iPhone和iPad设备设计。iOS以其出色的用户体验、流畅的界面以及高度安全性而著称，特别受到注重设计和性能的用户欢迎。iOS还以其与苹果生态系统的无缝集成而闻名。

③HarmonyOS（鸿蒙）：由华为开发，最初针对物联网设备，现已扩展到智能手机、平板和智能家居。HarmonyOS以其分布式架构、跨设备互联互通能力和灵活的生态系统而受到关注，特别适用于华为硬件设备。

（4）操作系统的用户界面有图形用户界面和命令行界面。

①图形用户界面（GUI）：提供图形图标和窗口，用户通过鼠标和键盘与之交互，适合一般用户和日常使用。

②命令行界面（CLI）：通过文本命令与计算机交互，虽然上手难度较高，但提供了更强大的功能和灵活性，适合高级用户和专业人员。

（5）操作系统的基本操作有以下几种：

①文件和文件夹管理：学习如何创建、删除、移动和重命名文件和文件夹，以及如何使用搜索功能找到存储在计算机上的文件。

②软件安装与卸载：介绍如何在操作系统上安装新软件或应用程序，以及如何安全地卸载不再需要的软件。

③系统设置与维护：如何访问控制面板或系统设置，调整如屏幕分辨率、电源管理和用户账户等设置。

④安全与更新：强调定期更新操作系统和安装安全软件的重要性，以保护计算机免受病毒和恶意软件的攻击。

拓展阅读　中国操作系统的稳步发展

中国在操作系统领域也积极发展，旨在打造自主可控、安全可靠的操作系统。其中，鸿蒙OS（HarmonyOS）和红旗Linux（Red Flag Linux）是两个代表性的例子，它们分别体现了中国在移动互联网和传统PC、服务器操作系统领域的创新和努力。

鸿蒙OS是由华为公司开发的一个全新的操作系统，最初于2019年公开。它设计为一个跨平台的操作系统，目标是提供统一的用户体验不同类型的设备和平台，包括智能手机、穿戴设备、车载系统、智能家居设备等。鸿蒙OS的一大特色是它的微内核架构，这意味着其核心功能极为精简，有助于提高系统的安全性和稳定性。鸿蒙OS强调其“一次开发，多设备部署”的能力，通过这种方式，开发者可更容易地为多种设备创建应用，推动了物联网（Internet of things, IoT）生态系统的发展。鸿蒙OS在中国市场受到广泛关注，被视为中国在自主研发操作系统方面的重要成就之一。

红旗Linux是中国早期努力打造自己的操作系统的代表之一，由中国科学院软件研究所于1999年发起。红旗Linux基于Linux内核，旨在为中国用户提供一个完全本土化、易于使用的操作系统。它主要面向个人计算机和服务器市场，支持中文和其他多种语言，提供了丰富的应用软件和工具，包括办公软件、网络浏览器、邮件客户端等。红旗Linux在2000年代初期获得了一定的市场份额，对推动中国Linux生态和开源软件的普及做出了贡献。尽管后来由于各种原因，红旗Linux的发展遇到了挑战，但它在中国操作系统历史上占有一席之地。

除了鸿蒙OS和红旗Linux，中国还有其他一些操作系统项目，如深度操作系统（Deepin）和银河麒麟（Kylin），它们各自针对不同的市场和用户需求，展示了中国在操作系统领域的多样化尝试和创新。这些操作系统不仅强调技术创新，也注重用户体验和本土化设计，致力于满足中国乃至全球用户的需求。

总体而言，中国在操作系统领域的努力和成就标志着其在全球信息技术产业中日益增长的影响力。通过推动自主研发和创新，中国旨在建立更加安全可靠、自主可控的技术生态系统，为用户提供更多样化、个性化的选择。

2. 应用软件

应用软件是指让用户执行特定的任务或活动的程序。不同于操作系统，应用软件为用户提供了完成工作、娱乐、学习等具体功能的工具。以下是一些主要类别和示例：

（1）文档处理和办公套件。

①Microsoft Office：包括Word（文档处理）、Excel（电子表格）、PowerPoint（演示文稿）等，是最广泛使用的办公软件套件之一。

②Google Docs, Sheets and Slides：提供云存储和实时协作功能，适合团队合作和远程工作。

③WPS Office：集文档、表格、演示等多种办公功能于一体，兼容Microsoft Office格式，并提供云端存储和跨平台使用的办公软件套件。

（2）浏览器。

①Google Chrome：以其快速的性能和广泛的扩展程序库闻名。

②Mozilla Firefox：重视用户隐私和开放源代码，提供多种自定义选项。

③Microsoft Edge：Windows系统的默认浏览器，集成了Cortana（语音助手）和阅读模式。

浏览器是互联网的门户，不仅用于浏览网页，还可以通过扩展程序增加各种功能，如广告拦截、密码管理等。

（3）社交媒体和通信。

①微信：集文本、语音消息、视频通话和文件分享于一身的全能通信工具，还包含支付、社交圈（朋友圈）、小程序等功能。

②微博：一个热门的社交平台，允许用户发布消息、图片、视频，是获取娱乐新闻和社会热点的主要渠道。

③抖音：一个短视频分享平台，用户可以观看和创作短视频，特别受大众欢迎。

（4）媒体播放和编辑。

①腾讯视频：提供丰富的电视剧、电影、综艺节目等视频内容。

②美图秀秀：一款流行的图片编辑软件，提供美颜、滤镜、剪辑等功能，非常适合喜欢拍

照和美化图片的年轻人。

（5）学习和知识管理。

①有道云笔记：功能强大的笔记应用，支持文本、图片、手写笔记等，方便学习和工作记录。

②得到：一款知识分享平台，提供课程、听书、文章等多种形式的内容，涵盖个人成长、专业知识等领域。

（6）娱乐和休闲。

①腾讯游戏：提供各种类型的游戏，包括但不限于《王者荣耀》和《和平精英》，是中国最大的游戏平台之一。

②网易云音乐：流行的音乐服务平台，以其丰富的歌单和社区功能，让用户发现和分享音乐。

三、项目实现

（一）组装台式计算机

使用如京东自助装机或类似的服务组装一台台式计算机，并与类似价格的品牌机进行比较（一般都比较均衡，但由于预装操作系统和其他正版软件的原因会略贵）。

（二）使用输入/输出设备

1. 麦克风

（1）准备工作。

①确保你的智能手机麦克风正常工作。可以通过拨打电话或使用语音搜索功能来测试麦克风是否可用。

②调整手机设置，以优化录音质量。进入“设置”→“声音和振动”，根据需要调整音量和其他相关设置。

（2）打开录音应用。

大多数手机都预装了录音应用。在应用中找到“录音机”或“语音录音”应用并打开，进行录音。

①在录音应用中，找到开始录音的按钮，通常是一个麦克风图标或红色圆圈。单击该按钮开始录音。

②对着手机麦克风清晰地说话。确保周围环境相对安静，减少背景噪声的干扰。

③完成录音后，单击停止按钮，通常是一个方形图标。录音文件会自动保存在应用中或指定的文件夹里。

（3）保存和回放。

①给录音文件命名，便于未来查找和管理。大多数录音应用都允许在录音结束时或在录音列表中长按文件来重命名。

②播放录音文件，检查录音的质量，包括声音清晰度和音量。如果录音效果不佳，考虑调整麦克风的位置或改善录音环境后再次尝试。

（4）评估和改进。

①反复练习录音，尝试在不同环境和不同说话音量下进行，以便更好地掌握使用手机麦克风的技巧。

②评估自己的语速、清晰度以及录音内容的组织结构，尝试改进以提高录音质量。

2. 投影仪

（1）准备工作。

确保你的手机和投影仪或电视支持无线投屏技术。常见的无线投屏技术包括Miracast、AirPlay、DLNA等。

确保手机和投影仪（或电视）连接到同一Wi-Fi网络。

（2）步骤指南。

①对于Android用户：

启动无线投屏功能：下拉手机的通知栏，寻找“无线投屏”“智能视图”“投屏”或类似的选项。如果找不到，可能需要在设置菜单中查找“连接设备”或“显示”下的相关选项。

选择接收设备：激活无线投屏后，手机会搜索可用的投影仪或电视。从列表中选择你想要连接的设备。

连接并开始共享：选择后，手机屏幕上的内容将开始在投影仪或电视上显示。

②对于iPhone用户：

使用AirPlay：确保你的iPhone和支持AirPlay的投影仪或电视连接到同一Wi-Fi网络。

控制中心：从屏幕底部向上滑动（或在iPhone X及以上型号中从右上角向下滑动）打开控制中心。

镜像屏幕：单击“屏幕镜像”（或“AirPlay镜像”）并选择你的投影仪或电视。你的iPhone屏幕将会显示在大屏上。

（3）注意事项。

①延迟：无线投屏可能会有轻微的延迟，特别是在播放高清视频或进行游戏时。确保网络状态良好可以减少延迟。

②电源：在进行无线投屏时，手机电量消耗较快。建议在投屏过程中连接充电器。

③兼容性：不同品牌的设备之间可能存在兼容性问题。确保你的设备支持相同的无线投屏标准。

（三）使用搜索引擎和生成式AI了解软件和硬件的关系

前文介绍了计算机软硬件的基本内容，但是所有的计算机系统都需要软件和硬件相结合才能被人所使用。请使用搜索引擎和生成式AI对软件和硬件之间的关系进行进一步拓展学习。

四、技巧与提高

（一）其他辅助硬件

计算机系统除了核心组件（如CPU、存储器和输入输出设备）外，还依赖于其他一些辅助硬件以保证系统的稳定运行和性能优化。这些辅助硬件包括主板、电源和散热装置等，它们各自承担着不同的功能，并有多种类型以适应不同的使用需求和配置。

1. 主板

主板（mainboard）是计算机中最关键的辅助硬件之一，它是所有其他硬件组件连接和通信的中心枢纽。主板上集成了多种接口和插槽，包括CPU插槽、内存插槽、扩展卡槽等，以及供数据传输和电源供应的电路系统。主板的类型和规格直接影响到计算机系统的兼容性、扩展性和性能。市场上常见的主板类型按照尺寸标准划分有ATX、Micro-ATX、Mini-ITX等，用户可以根据机箱大小和需求选择合适的主板。

2. 图形处理单元

图形处理单元（graphics processing unit, GPU）是专门设计来处理图形和视频渲染任务的强大硬件，对于游戏玩家、专业图形设计师和视频编辑者来说，GPU是提升计算机图形处理能力的关键。随着技术的进步，GPU的应用范围已经扩展到深度学习和人工智能等领域，在人工智能算力方面，GPU的并行处理能力能显著加速数据分析和模型训练过程，成为推动人工智能发展的关键技术之一。市面上的GPU主要由两大品牌NVIDIA和AMD提供，它们提供从入门级到专业级不同性能级别的产品，用户可以根据自己的需求和预算选择适合的GPU型号，以获得最佳的图形处理性能。

3. 电源

电源（power supply unit, PSU）为计算机系统提供稳定的电力支持，是确保计算机稳定运行的基础。电源按照输出功率大小、效率等级和模块化设计等方面进行分类。输出功率决定了电源能为系统提供多少电力，通常从几百瓦到上千瓦不等；效率等级（如80 PLUS标准的白金、金、银、铜等级）则表示电源转换效率的高低；模块化电源允许用户根据需要来安装或移除电缆，有利于机箱内部空间的管理和通风。

4. 散热装置

散热装置用于维持计算机硬件特别是CPU和GPU等高发热部件在安全温度范围内运行。根据散热原理，散热装置主要分为风冷散热和水冷散热两种类型。风冷散热通过风扇吹送空气来带走热量，是最常见的散热方式；水冷散热则通过循环的冷却液来传导热量，再通过散热器排出，相较于风冷可以提供更静音且高效的散热性能，但成本和安装复杂度较高。

5. 其他辅助硬件

除了上述硬件外，计算机系统还可能包含其他辅助硬件，如声卡和网卡等。声卡提供音频输入、输出功能，增强计算机的音频处理能力；网卡则负责网络通信，使计算机能够连接到局域网或互联网。随着技术的发展，这些功能越来越多地被集成到主板上，但对于追求高性能或特定需求的用户，独立的扩展卡仍然是不可或缺的选择。

（二）编程语言和其他生产型软件

（1）编程语言是指导计算机执行任务的一系列命令和语法规则，它们使得开发者能够创建从简单的脚本到复杂的应用程序。编程语言是实现软件开发的基础，无论是网站、移动应用还是系统软件的开发，都离不开它们。

（2）生产型软件的范畴远超编程和软件开发，它们涵盖了多个领域，旨在提高工作效率，简化任务处理，从而帮助用户更高效地完成工作。例如：

①平面设计和图像处理软件：如Adobe Photoshop、Illustrator以及国产的美图秀秀，为设计师提供了强大的创作工具，支持广告、杂志封面、网站界面等视觉作品的创建。这些软件具备高级的图像编辑、矢量绘图和排版设计功能。

②视频编辑和制作软件：比如Adobe Premiere、Final Cut Pro，以及中国的快手视频编辑功能，提供专业级视频制作和编辑工具，支持影视制作、广告创意和个人媒体项目。

③金融和财会软件：如QuickBooks、SAP和中国的金蝶，帮助企业和个人管理账目、预算和财务规划，简化财务报告、税务处理和资金流管理，是维护企业财务健康的关键工具。

④项目管理和协作工具：如Asana、Slack和国内的钉钉，通过共享文档、任务分配和进度跟踪等功能提高团队协作效率，有助于管理复杂项目和日常任务。

五、测评

（一）知识测评

（1）中央处理器（CPU）是计算机的________，负责解释和执行程序指令。

（2）CPU的性能直接影响计算机的运行速度和处理能力，其性能由________频率、缓存大小以及________数量等因素决定。

（3）RAM是一种________存储器，用于临时存储正在运行或即将运行的数据和程序。

（4）SSD相比HDD具有更快的________速度、更低的功耗和更高的可靠性。

（5）键盘和鼠标是计算机最常用的________设备，用于输入文本和命令、操控计算机界面。

（6）显示器和打印机属于________设备，分别用于显示图像和文本、输出纸质文档。

（7）计算机的存储设备可以分为________存储器和外部存储设备，前者如RAM和ROM，后者如HDD和SSD。

（8）计算机的软件包括操作系统和应用软件。操作系统是________软件，它管理计算机硬件资源；应用软件则执行特定的任务。

（二）能力测评

按表1-3中所列的操作要求，对自己完成的文档进行检查，操作完成得满分，未完成或错误适当扣减分数。

表 1-3　能力测评表

序号	操作要求（具体见项目实现）	分值	完成情况	自评分
1	能选择合适的配件组成台式计算机	25		
2	能使用麦克风转录文字	25		
3	能使用投影仪显示手机上的内容	25		
4	能使用信息工具拓展学习	25		
总　分				

（三）素质测评

针对表1-4中所列出的素质与素养观察点，反思项目实现的过程，思考总结相关项目，做到即得满分，未做到适当扣减分数。

表 1-4　素质测评表

序号	素质与素养	分值	总结与反思	得分
1	具备使用信息工具拓展知识和帮助解决难点的意识	25		
2	具备挑战未知或不熟悉事务的热情	25		
3	具备理解需求并按需分配资源的意识	25		
4	具备基本的电器安全意识	25		
总　分				

六、拓展训练

制作一段数字人朗读唐诗《静夜思》的视频，要求如下：

（1）使用手机摄像头摄制一段视频和月夜相关的视频。

（2）使用手机麦克风录制由自己朗读的《静夜思》的音频。

（3）使用抖音的剪映或其他类似的工具去除视频中的原始音频，然后加入自己朗读的音频并生成字幕，最后使用数字人朗读字幕。

项目三　Windows 10 操作系统

一、项目描述

作为全球最广泛使用的操作系统之一，Windows 10不仅以其强大的功能吸引了无数用户，还以其友好的用户界面和高度的可定制性赢得了广泛的好评。本项目聚焦于Windows 10操作系统，通过学习其基本操作，用户能够有效地利用计算机完成日常工作与学习任务。从基本界面布局到文件管理，从系统设置到安全性能，我们将逐步探索Windows 10的各项基本功能和操作技巧。通过本项目的学习，不仅可以提高个人的信息技术应用能力，还能进一步理解操作系统在现代计算机系统中的核心作用，为深入学习信息技术打下坚实的基础。

二、知识准备

（一）Windows 10概况

Windows 10是微软公司推出的一款操作系统，于2015年7月29日正式发布。作为Windows系列的最新版本，Windows 10在继承了Windows 7和Windows 8的优点的基础上，进行了多项改进和创新，为用户带来更加便捷、高效和安全的操作体验。

Windows 10的特点如下：

（1）多平台兼容：Windows 10支持多种设备，包括PC、平板、手机、Xbox One游戏机等，实现了跨平台的无缝衔接。用户可以在不同设备上享受到相同的使用体验。

（2）“开始”菜单回归：在Windows 8中，“开始”菜单被取消，导致许多用户表示不满。Windows 10重新引入了“开始”菜单，并将其与Windows 8的开始屏幕相结合，方便用户快速找到所需的应用程序、文件和设置。

（3）Microsoft Edge浏览器：Windows 10采用了全新的浏览器Microsoft Edge，取代了老旧的Internet Explorer。Edge浏览器具有更快的加载速度、简洁的界面和实用的功能，如网页笔记、阅读视图等。

（4）多任务操作：Windows 10提供了更加便捷的多任务操作方式。用户可以通过虚拟桌面创建不同的工作环境，将不同类型的应用程序分类放置。此外，任务视图功能可以让用户快速切换和排列窗口，提高工作效率。

（5）Continuum模式：针对平板和二合一设备，Windows 10推出了Continuum模式。当用户将设备从桌面模式转换为平板模式时，系统界面会自动调整，以适应触控操作。

（6）Windows Hello：Windows 10引入了生物识别技术，支持面部识别、指纹识别等多种登录方式。通过Windows Hello，用户可以更加安全、便捷地解锁设备。

（7）更新策略：微软承诺，Windows 10将作为一款服务进行持续更新，用户可以免费获得功能和性能的升级。此举意味着Windows 10将成为一个不断进化的操作系统。

（8）应用商店：Windows 10的应用商店进行了全面改版，提供了更多类型的应用程序，包括通用应用（可以在多种设备上运行的应用）。用户可以轻松下载、安装和更新应用。

（9）安全性能：Windows 10在安全性能方面进行了加强，提供了Windows Defender防病毒、防火墙、加密等多种安全功能，保障用户数据和设备安全。

总之，Windows 10是一款具有创新性和实用性的操作系统，它为用户提供了更加丰富、便捷的功能，并在安全性、兼容性和用户体验方面进行了全面提升。随着微软不断推出更新和优化，Windows 10将继续为全球用户提供优质的服务。

（二）Windows 10的安装

在当今数字化时代，操作系统不仅是个人和企业日常运营的基石，也是国家安全的重要组成部分。特别是对特殊行业和高安全要求的情况而言，采用合法的操作系统软件，同时考虑到数据保护和国家安全的需求，尤为重要。而对于国家的某些特殊行业，应考虑到自主可控系统的重要性，以符合国家安全策略。

1. 准备工作

（1）获取安装介质：从微软官网下载Windows 10镜像文件，并使用工具（如微软的Media Creation Tool）制作USB安装盘。

（2）硬件要求：确认你的设备满足Windows 10的最低硬件要求，以保证安装顺利进行。

（3）备份数据：在进行安装前，务必备份重要文件，以避免数据丢失。

2. 安装步骤

（1）启动USB安装盘：将USB安装盘插入计算机，重启计算机并进入BIOS设置，选择从USB设备启动。

（2）安装界面设置：在Windows安装界面，选择语言、时间、货币格式和键盘或输入方法，然后单击“下一步”按钮。

（3）输入产品密钥：根据提示输入Windows 10的产品密钥。如果是重新安装，且之前已激活，可选择跳过此步骤。

（4）选择安装类型：选择“自定义：仅安装Windows（高级）”选项进行新安装。

（5）分区和格式化：选择安装Windows 10的分区。如有需要，可在此步骤对分区进行格式化（注意，这将清除分区上的所有数据）。

（6）开始安装：完成分区设置后，Windows 10将开始安装过程。安装过程中可能会自动重启几次。

3. 安装完成后的设置

完成安装后，根据引导完成初始设置，包括网络设置、账户创建和隐私设置的选择等。

（三）Windows 10的界面

Windows 10作为微软公司的一款操作系统，其界面设计旨在提供高效、直观的用户体验。Windows 10界面主要由以下几个部分组成：桌面、桌面图标、快捷方式、任务栏、“开始”菜单、窗口以及菜单和工具栏。这些组成部分共同构成了用户与计算机交互的基础。

1. 桌面

桌面是Windows 10的主要工作区域，它是首次登录系统后用户看到的界面。桌面可以放置快捷方式图标，包括软件、文件夹和文件的快捷方式，以便用户能够快速访问常用的应用程序和文档。用户可以根据个人喜好自定义桌面背景、主题色彩等，以创造一个个性化的工作环境。

2. 桌面图标

桌面图标是指放置在桌面上的小图标，它们代表了计算机中的程序、文件、文件夹或连接。用户通过双击桌面图标即可快速启动对应的程序或打开文件和文件夹。Windows 10允许用户自定义桌面图标的大小、排序方式以及是否显示某些特定的系统图标，如“此电脑”“回收站”等。

3. 快捷方式

快捷方式是Windows 10桌面上的一种特殊类型的图标，用于提供从桌面到特定文件、文件夹、程序或命令的直接链接。快捷方式极大地简化了用户访问常用资源的过程，无须浏览复杂的文件系统路径即可快速打开所需的应用程序或文档。

4. 任务栏

任务栏位于桌面底部（默认设置），是Windows 10中非常重要的一个界面元素。它显示当前正在运行的应用程序的图标，用户可以通过任务栏快速切换不同的应用程序窗口。任务栏还包含了开始按钮、搜索栏、任务视图按钮、通知区域和系统托盘等元素，这些都是快速访问系统功能和查看系统通知的重要途径。

5. “开始”菜单

“开始”菜单是Windows操作系统的经典特征之一，它在Windows 10中得到了重新设计。单击任务栏左下角的“开始”按钮即可打开“开始”菜单。“开始”菜单中列出了最常用的应用程序、设置、文件以及电源选项等。“开始”菜单的左侧是一个由用户最常用的应用程序组成的列表，右侧则是一个可以自定义的动态磁贴区域，显示了应用程序的实时信息。

6. 窗口

在Windows 10中，窗口是显示应用程序界面的容器。每个窗口都包含有窗口标题栏、最小化按钮、最大化按钮和关闭按钮，用户可以通过这些控件来管理窗口的显示状态。此外，Windows 10支持多种窗口管理功能，如窗口的拖拽、边缘吸附以及通过任务视图进行多任务管理等。

7. 菜单和工具栏

菜单和工具栏是应用程序内部的界面元素，用于提供快速访问应用程序的各种功能和设置。菜单通常按照功能分类组织，用户可以通过单击菜单项来执行特定的命令或操作。工具栏则提供了一系列图标按钮，每个按钮对应一个命令或功能，通过单击按钮即可快速执行相应的操作。

（四）文件和文件夹管理

在Windows 10中，高效管理文件和文件夹是日常计算机使用中不可或缺的一部分。操作系统提供了多种工具和功能，以帮助用户轻松浏览、创建、复制、移动、重命名和删除文件和文件夹。以下是对这些基本操作的详细介绍，以及如何使用Windows 10内置的文件资源管理器进行高效文件管理的指南。

1. 文件资源管理器的启动和布局

文件资源管理器是Windows 10中用于管理文件和文件夹的主要工具。可以通过在任务栏上单击文件夹图标、使用快捷键【Win+E】，或在“开始”菜单中搜索来启动文件资源管理器。文件资源管理器的界面被划分为几个部分：地址栏、搜索栏、导航窗格、文件和文件夹视图区域以及详情窗格。

（1）地址栏：显示当前位置的路径，用户可以直接在地址栏中输入路径来快速导航。

（2）搜索栏：允许用户对当前位置的文件和文件夹进行搜索。

（3）导航窗格：提供对常用文件夹、网络位置和云存储的快速访问链接。

（4）文件和文件夹视图区域：展示当前位置下的所有文件和文件夹。

（5）详情窗格：选中文件或文件夹时显示其详细信息，如大小、创建日期等。

2. 文件和文件夹的基本操作

（1）创建：在文件资源管理器中，可以通过右击空白区域，弹出快捷菜单，选择“新建”选项来创建新文件夹或文档。

（2）复制和移动：复制和移动文件或文件夹可以通过右键快捷菜单中的“复制”或“剪切”选项，然后在目标位置右击弹出快捷菜单，选择“粘贴”来完成。此外，拖拽文件到目标位置同时按住【Ctrl】键可以复制，直接拖拽则为移动。

（3）重命名：选中文件或文件夹后，右击弹出快捷菜单，选择“重命名”选项，或简单地按【F2】键来修改名称。

（4）删除：选中不再需要的文件或文件夹，按【Delete】键或通过右键快捷菜单中的“删除”选项将其移至回收站。需要注意的是，从回收站清空的文件将不可恢复。

3. 选择多个文件和文件夹

Windows 10允许用户通过多种方式选择多个文件或文件夹，以便进行批量操作。按住【Ctrl】键不放同时单击可以选择多个散落的文件，而按住【Shift】键不放同时单击则可以选择连续的一系列文件。此外，可以使用鼠标拖拽来框选多个文件。

4. 搜索文件和文件夹

文件资源管理器内置的搜索功能非常强大，可以通过文件名、文件类型、修改日期等多种条件来搜索文件和文件夹。搜索栏位于文件资源管理器窗口的右上角，输入搜索条件后按【Enter】键即可快速定位文件。

5. 回收站的使用

回收站是Windows 10中用于临时存放被删除文件和文件夹的地方。用户可以从回收站中恢复误删除的文件，或彻底清空回收站以释放磁盘空间。要恢复文件，只需打开回收站，右击想要恢复的文件，弹出快捷菜单，然后选择“还原”。

（五）系统设置

在Windows 10中，系统设置允许用户自定义和优化操作系统的行为和外观，从而提高工作效率和个人体验。系统设置覆盖了从基础的个性化设置到高级的系统和安全配置的广泛领域。以下是对Windows 10系统设置的详细介绍，包括如何访问控制面板和Windows设置，以及如何进行常用设置项的调整。

1. 控制面板的启动和布局

控制面板是Windows 10中传统的系统设置工具，它提供了对系统的详细控制选项。尽管Windows设置（设置应用）是Windows 10推荐使用的设置工具，控制面板仍然在某些高级设置和特定功能中扮演重要角色。

（1）启动控制面板：可以通过在搜索栏输入“控制面板”并选择结果来启动控制面板。用户也可以通过右击“开始”按钮，弹出快捷菜单，选择“运行”，输入control后按【Enter】键来访问控制面板。

（2）布局：控制面板的布局可以通过右上角的“查看方式”下拉菜单进行调整，提供了类别、大图标、小图标等多种查看方式，以适应不同用户的偏好。

2. Windows设置的启动和布局

Windows设置是Windows 10引入的一个新特性，旨在提供一个更简洁、更直观的设置界面。它包括了大多数常用的系统配置选项，如系统、设备、网络和互联网、个性化、应用等。

（1）启动Windows设置：可以通过单击任务栏上的“开始”按钮，然后单击齿轮图标来打开设置。或者，使用快捷键【Win+I】也可以快速打开设置应用。

（2）布局：Windows设置的主界面按照不同的功能区域进行组织，每个区域都包含了相关设置的集合。用户可以通过单击相应的图标来进入特定的设置页面。

3. 常用设置项介绍

（1）系统和设备设置。

①显示设置：在“系统”→“显示”中，用户可以调整屏幕的亮度、分辨率、文本大小等，以优化显示效果。

②电源和睡眠：在“系统”→“电源和睡眠”中，可以设置屏幕和系统在不活动时自动进入睡眠状态的时间，以节省电能。

（2）账户和家庭安全设置。

①账户信息：在“账户”→“你的信息”中，用户可以管理自己的微软账户，包括更改账户图片、姓名等。

②家庭组和家长控制：在“账户”→“家庭和其他用户”中，可以设置家庭组，实施家长控制，如设定屏幕时间限制和内容限制。

（3）隐私和更新设置。

①隐私设置：在“隐私”中，用户可以控制哪些应用具有访问位置、照相机、麦克风等隐私敏感的硬件和数据的权限。

②Windows更新：在“更新和安全”→“Windows更新”中，用户可以检查和安装操作系统的最新更新，确保系统安全和功能的最新性。

三、项目实现

（一）安装Windows 10

使用U盘安装Windows 10是一个相对简单但需要细致注意的过程。这种安装方式特别适用于没有光驱的现代计算机，或当需要进行干净安装以提升系统性能时。以下是详细步骤：

1. 准备工作

（1）获取Windows 10安装媒体：访问Microsoft的官方网站下载Windows 10媒体创建工具。运行媒体创建工具，选择“创建安装媒体（USB闪存驱动器、DVD或ISO文件）用于另一台电脑”。

（2）准备U盘：使用8 GB或更大容量的U盘。注意，所有现有数据将被清除。

（3）创建安装U盘：在媒体创建工具中，跟随指引选择适当的语言、版本和架构（32位或64位）。选择“USB闪存驱动器”选项，然后选择你插入的U盘。工具将自动下载Windows 10并创建启动U盘。

2. 安装前的设置

（1）调整BIOS/UEFI设置：重新启动计算机，在启动时按下BIOS/UEFI键（通常是【F2】【F10】【F12】或【Delete】键，具体取决于计算机的制造商）。在BIOS/UEFI设置中，找到启动顺序或启动选项，将U盘设置为首选启动设备。

（2）保存更改并重新启动计算机：保存BIOS/UEFI中的更改并重新启动计算机。计算机应从U盘启动，进入Windows安装程序。

3. 开始安装Windows 10

（1）选择语言、时间、货币格式和输入法，然后单击“下一步”按钮。

（2）单击“立即安装”按钮，输入产品密钥（如果在此阶段没有产品密钥，可以选择“跳过”，稍后再激活Windows）。

（3）选择安装类型：如果要进行干净安装，请选择“自定义：仅安装Windows（高级）”。

（4）选择安装位置：选择你想安装Windows 10的磁盘分区。如果是新硬盘或希望进行干净安装，可能需要先格式化分区或创建新分区。

（5）等待安装过程完成：安装程序会复制文件、安装特性和更新，以及完成安装。这个过程可能需要一些时间，并且可能会重启计算机几次。

（6）完成安装后的设置：设置地区、键盘布局、连接至网络（可选）、创建用户账户和密码等。你还可以根据需要调整隐私设置。

安装完成后，Windows 10将引导你完成剩余的设置步骤，包括账户设置、网络设置等。

（二）自定义桌面

1. 添加和删除桌面图标

用户可以通过右击桌面弹出快捷菜单，选择“新建”来添加新的快捷方式（见图1-10），或者删除不再需要的图标以保持桌面的整洁。

视频

自定义桌面

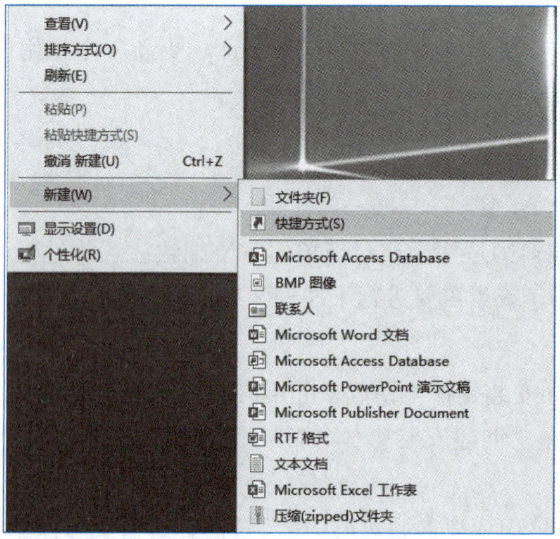

图 1-10　桌面右键快捷菜单

2. 调整任务栏位置和大小

通过在任务栏上右击，弹出快捷菜单，选择“任务栏设置”，弹出任务栏设置窗口，用户可以调整任务栏的位置（桌面的上、下、左、右边缘），并可以选择是否自动隐藏任务栏以节省屏幕空间（见图1-11）。尝试调整任务栏至桌面上方边缘，并设置自动隐藏任务栏。

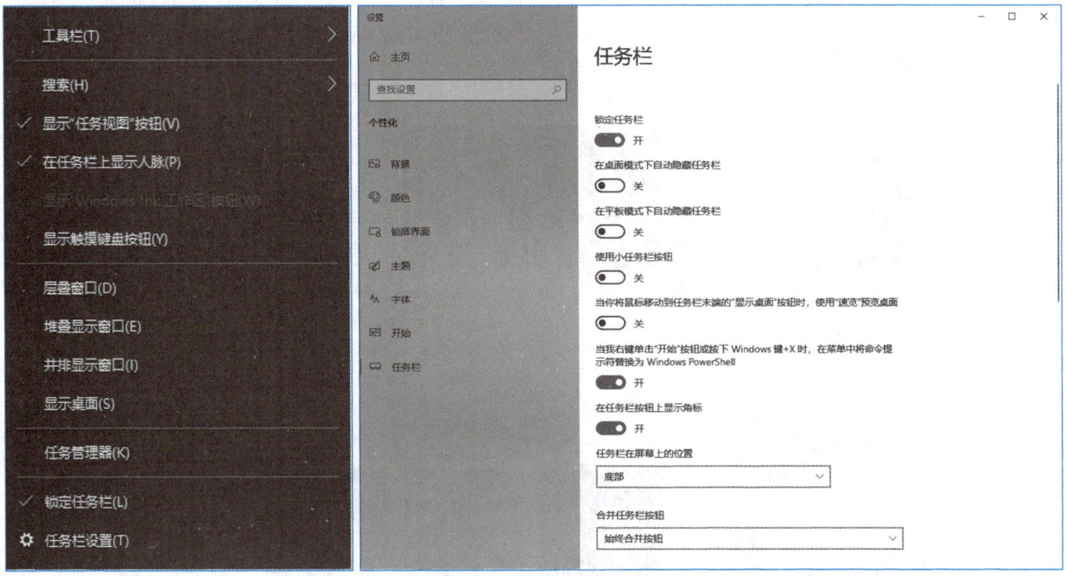

图 1-11　任务栏右键快捷菜单及任务栏设置窗口

（三）个性化系统设置

1. 更改桌面背景和主题

在“个性化”→“背景”窗口中（见图1-12），用户可以选择图片、纯色或幻灯片放映作为桌面背景。

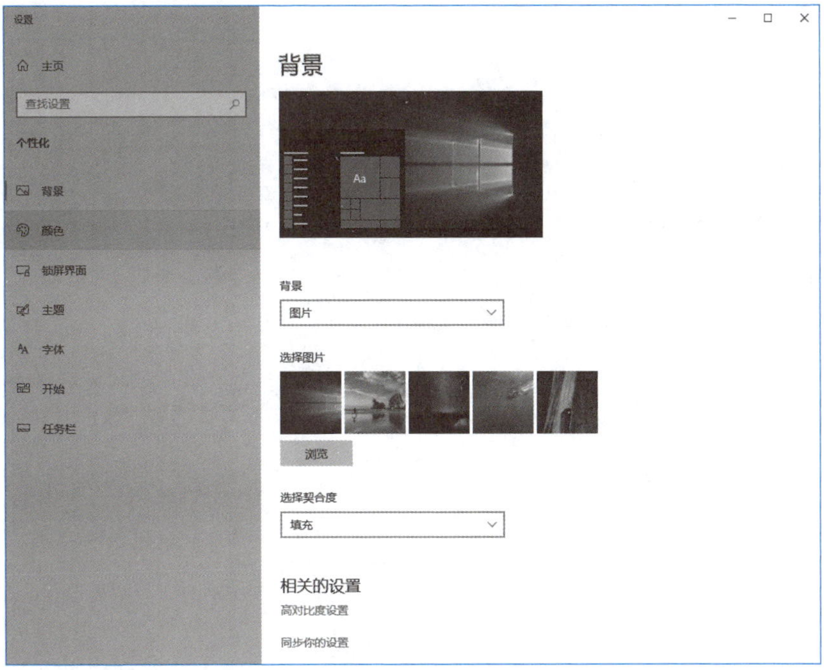

图 1-12　设置背景

视 频

个性化系统设置

在“个性化”→“主题”窗口中（见图1-13），用户可以选择或创建新的主题，包括桌面背景、窗口颜色、声音和光标样式的组合。

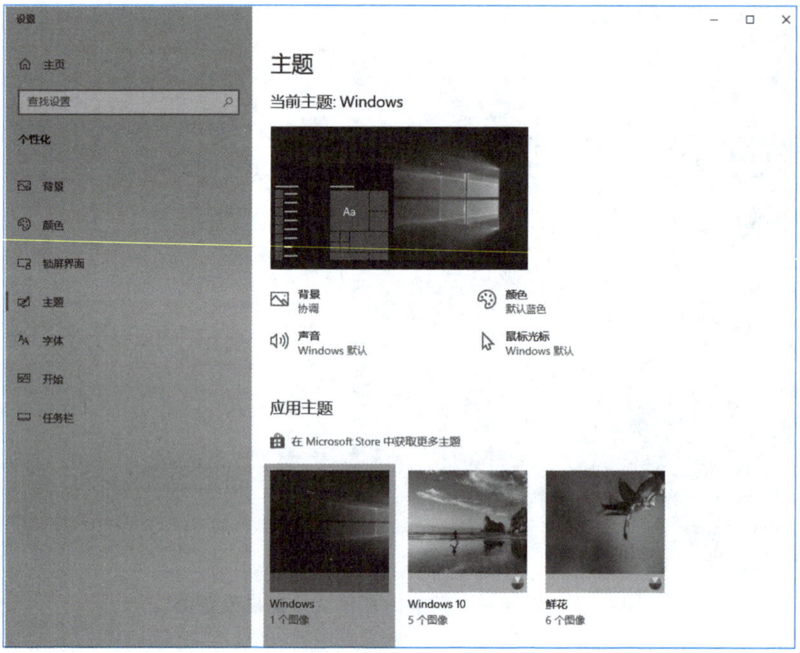

图 1-13　设置主题

2. 调整屏幕分辨率和显示设置

在“系统”（见图1-14）→“显示”（见图1-15）界面中，可以调整屏幕的分辨率和缩放比例，以改善显示效果，提高可读性。

图 1-14　“系统”界面

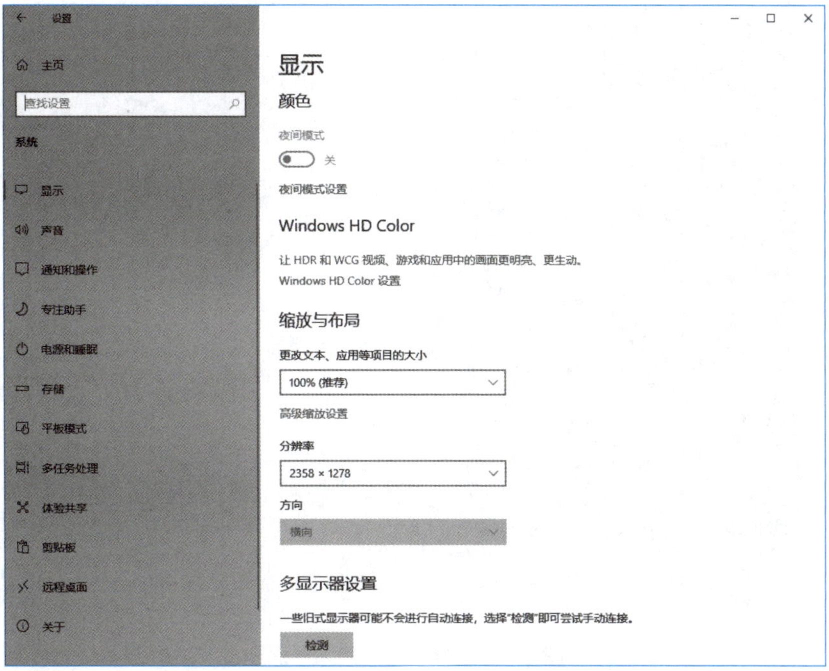

图 1-15　“显示”界面

3. 设置多语言输入法和日期时间

在“时间和语言”→“语言”界面中可以添加多种语言的键盘布局和输入方法（见图1-16）。

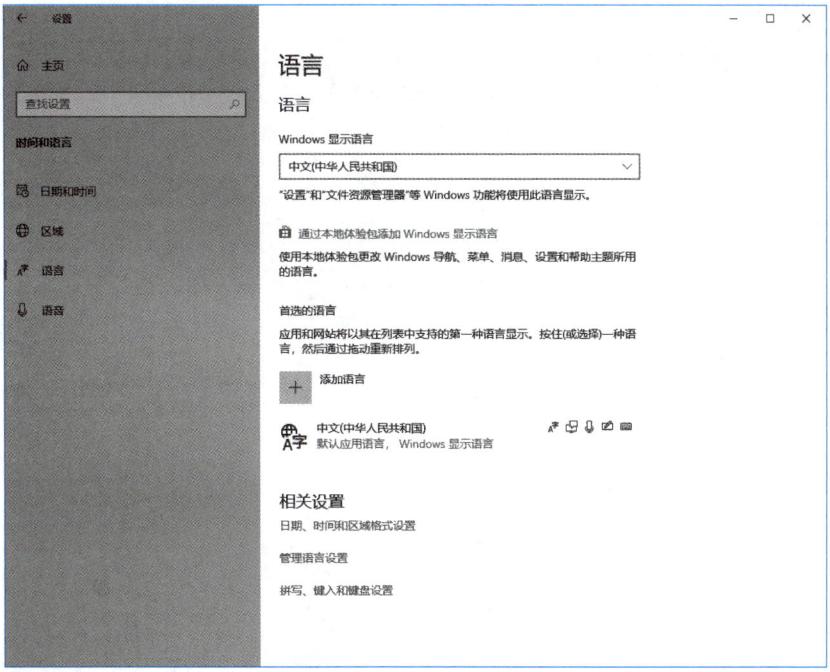

图 1-16　“语言”界面

在“时间和语言”→“日期和时间”界面中可以设置系统的时区、日期和时间（见图1-17），确保系统时间的准确性。

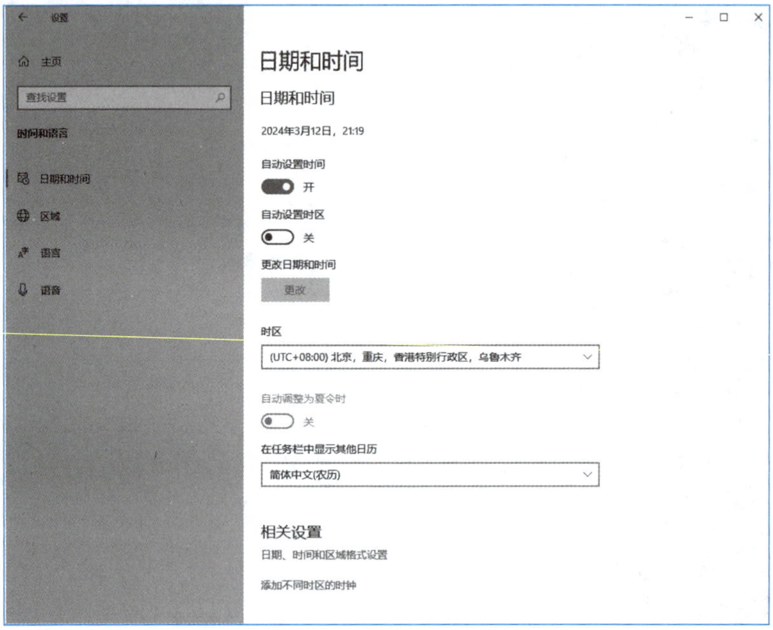

图 1-17 “日期和时间”界面

（四）文件和文件夹

1. 确定组织结构

首先思考需要创建哪些主要文件夹。以学习为例，可以按照学科或课程名称创建文件夹。

2. 创建新文件夹

在桌面或任何文件管理器窗口（如“此电脑”或“文件资源管理器”）中右击空白区域，弹出快捷菜单，选择“新建”→“文件夹”（见图1-18），创建新文件夹。

视频

文件和文件夹

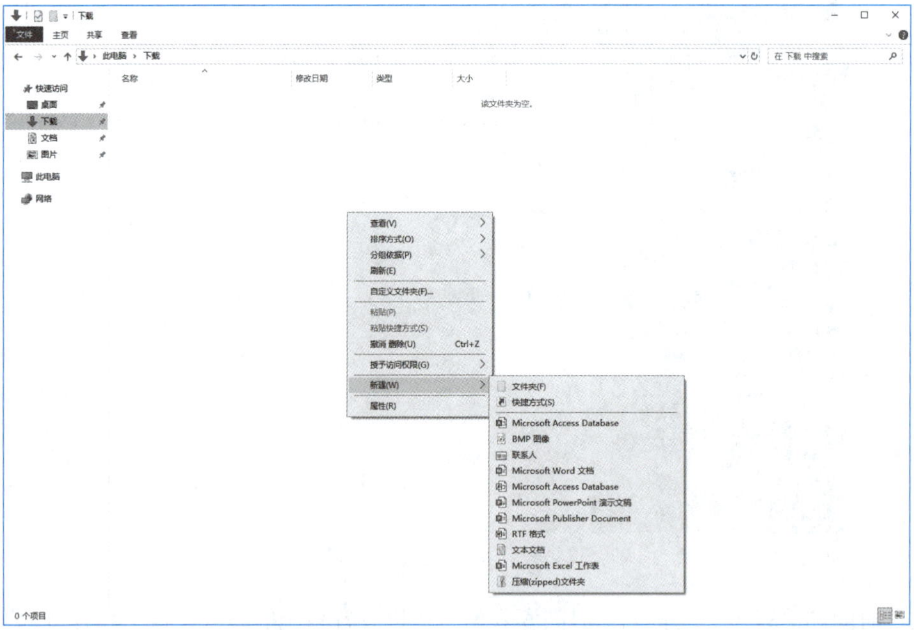

图 1-18 右键快捷菜单新建文件夹

为文件夹命名：右击文件夹，在弹出的快捷菜单中选择“重命名”命令（见图1-19），则文件夹的文件名处于可编辑状态，输入新名称，例如“信息技术基础”“高职英语”等，按【Enter】键即可确认。

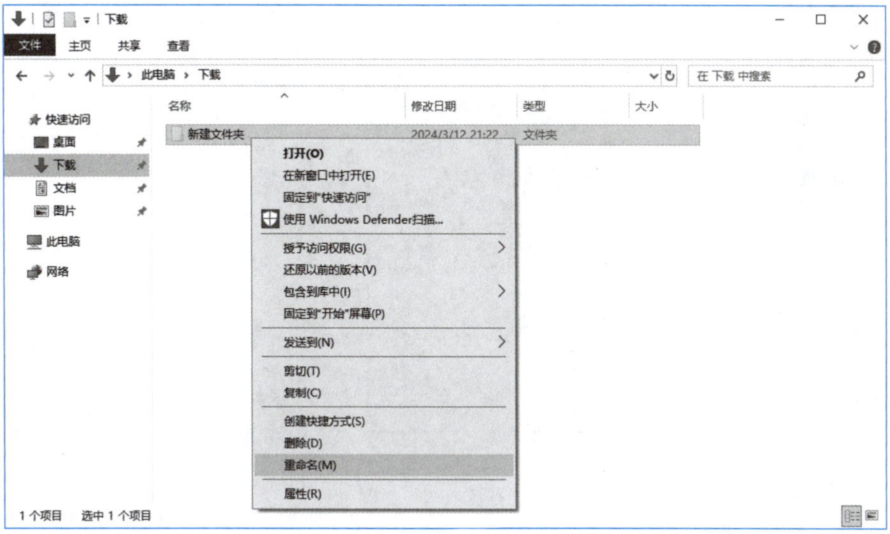

图 1-19　右键快捷菜单重命名文件夹

创建子文件夹：在每个课程的文件夹内，请继续创建更具体的子文件夹，如“作业模板”“待完成作业”“已完成作业”。

3. 新建Word文档

请在“作业模板”文件夹中右击空白区域，弹出快捷菜单，选择“新建”→“Microsoft Word文档”（见图1-20），即可新建一个Word文档，将默认的文件名改为“作业1”。

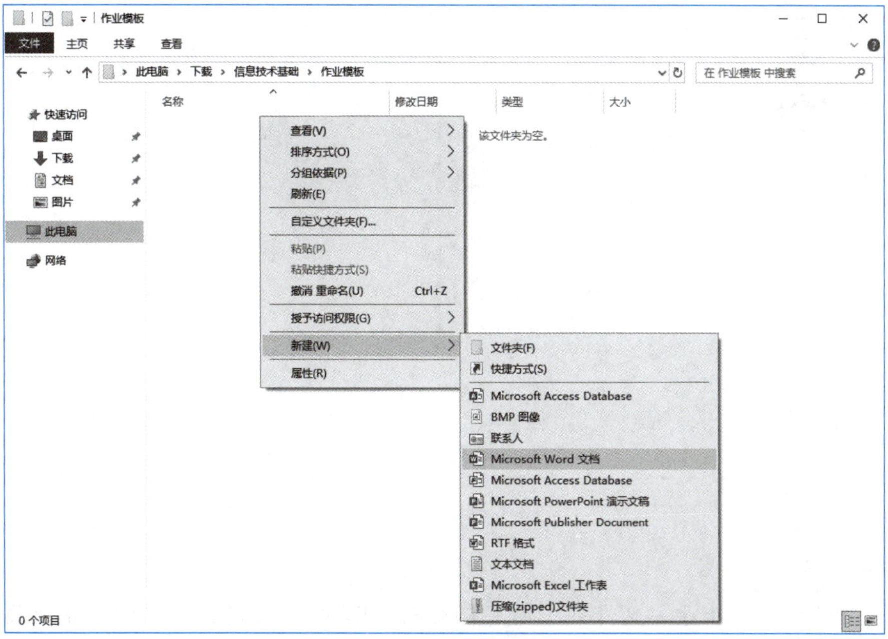

图 1-20　新建 Word 文档

4. 复制文件

单击选择刚建立的“作业1”并复制的文件，右击弹出快捷菜单，选择“复制”（见图1-21）。

图 1-21　复制文件

导航到你希望粘贴该文件的位置，如“已完成作业”文件夹中，右击空白处，弹出快捷菜单，选择“粘贴”，如图1-22所示，完成文件的复制。

图 1-22　粘贴文件

5. 移动文件

单击选择“待完成作业”文件夹中需要移动的“作业1”文件，右击弹出快捷菜单，选择“剪切”（见图1-23）。

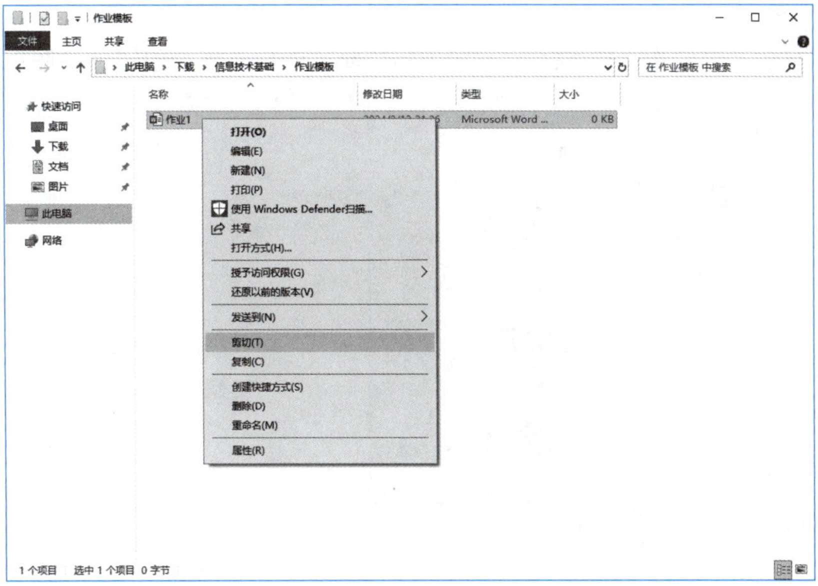

图 1-23　剪切文件

导航到新的位置，如“已完成作业”文件夹，右击空白处，弹出快捷菜单，选择“粘贴”，完成文件的移动。

6. 使用搜索功能查找文件

打开文件资源管理器：单击任务栏上的文件夹图标，或搜索“文件资源管理器”。

使用搜索框：在窗口的右上角有一个搜索框（见图1-24）。输入你要找的文件的名称或部分关键字，按【Enter】键开始搜索。

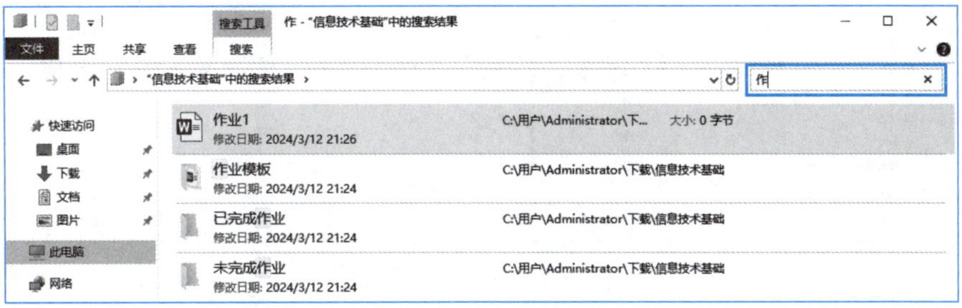

图 1-24　搜索框

使用高级搜索选项：可以通过单击搜索框旁边的下拉菜单来选择更具体的搜索条件，如文件类型、修改日期等（见图1-25）。

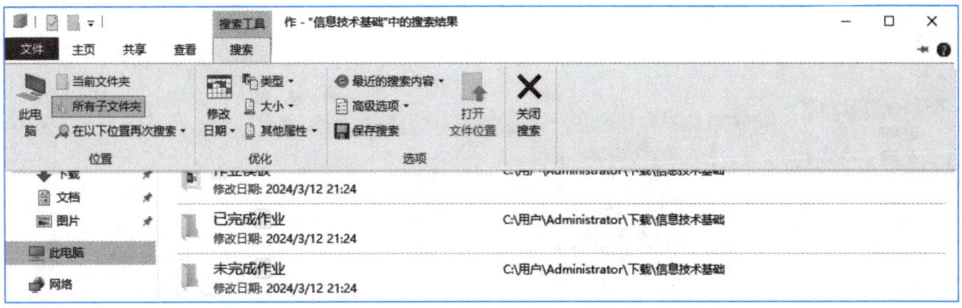

图 1-25　选择具体的搜索条件

7. 删除文件

单击选择文件，如“作业1”文件，右击弹出快捷菜单，选择“删除”（见图1-26）即可。

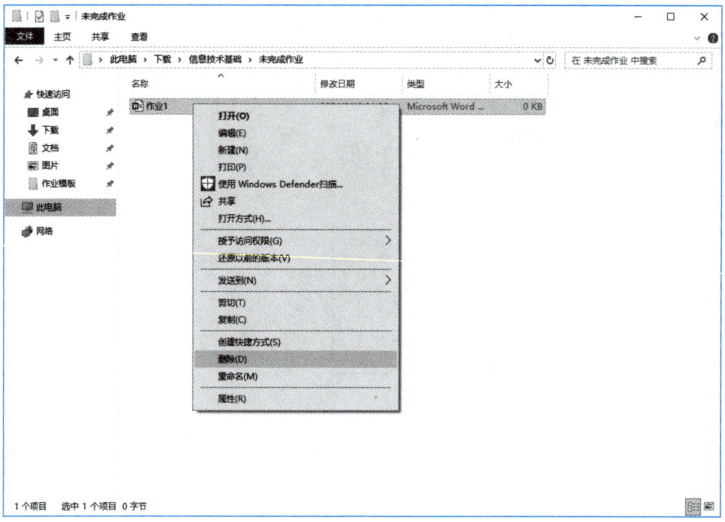

图 1-26　选择“删除”

这时候文件并未彻底删除，只是被移入回收站。

8. 从回收站恢复和删除文件

恢复文件：打开回收站，找到你想要恢复的文件。右击文件，弹出快捷菜单，选择“还原”（见图1-27）。文件将会返回到它被删除前的原始位置。

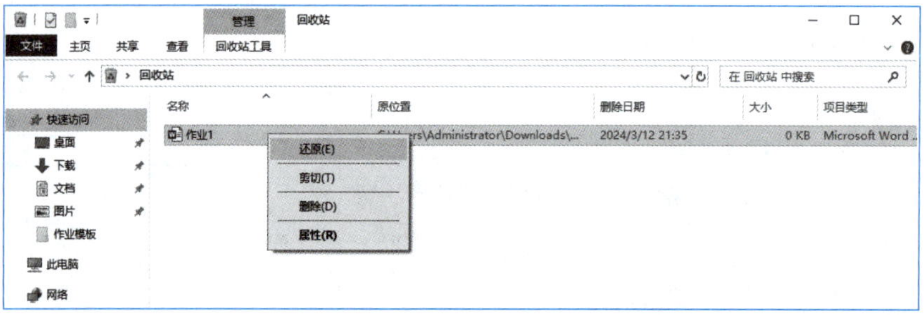

图 1-27　还原已删除文件

彻底删除文件：如果你确定某个文件不再需要，可以在回收站内右击该文件，弹出快捷菜单，选择“删除”来彻底删除。要清空回收站，右击回收站图标，弹出快捷菜单，选择“清空回收站”（见图1-28）。

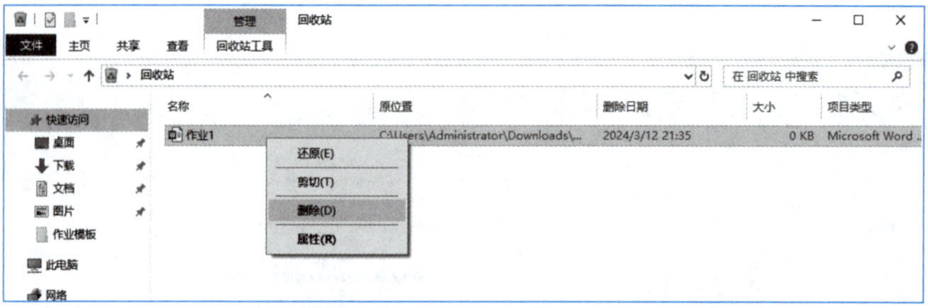

图 1-28　彻底删除文件

四、技巧与提高

（一）使用快捷键提高效率

在Windows 10中，熟练使用快捷键可以显著提高工作效率，减少对鼠标的依赖，加快日常任务的执行速度。以下是一些最常用的Windows 10快捷键。

【Win + E】：快速打开文件资源管理器。

【Win + D】：显示或隐藏桌面。

【Alt + Tab】：在打开的应用程序之间切换。

【Win + Tab】：打开任务视图，查看所有工作区和打开的窗口。

【Win + L】：锁定计算机。

【Win + I】：打开设置。

【Ctrl + C】【Ctrl + X】【Ctrl + V】：复制、剪切、粘贴选定项。

【Ctrl + Z】【Ctrl + Y】：撤销、重做操作。

【Ctrl + Alt + Del】：打开安全选项，包括锁定计算机、切换用户、任务管理器等。

通过将这些快捷键整合到日常工作流程中，你可以更快地访问常用功能，切换应用，管理窗口，从而使工作和生活更加高效。随着对这些快捷键的熟练掌握，你将发现自己能够更快地完成任务，留出更多时间用于其他重要活动。

（二）隐藏文件

在Windows 10中，隐藏或显示隐藏文件是一个简单的过程，可以通过文件资源管理器的视图设置来实现。操作步骤如下：

（1）可通过在任务栏上单击文件夹图标或按下【Win + E】快捷键，打开文件资源管理器。

（2）在文件资源管理器窗口的顶部，单击“查看”选项卡，如图1-29所示。

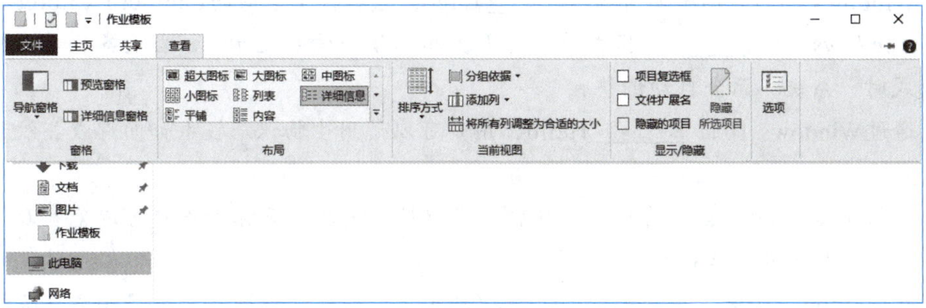

图 1-29　“查看”选项卡

（3）在“查看”选项卡中单击“选项”，打开“文件夹选项”对话框，下面进行选择更改文件夹和搜索选项。

（4）在弹出的“文件夹选项”窗口中，切换到“查看”标签页，如图1-30所示。

（5）在“高级设置”列表中，找到隐藏的文件和文件夹。

（6）要显示隐藏文件，选择显示隐藏的文件、文件夹和驱动器。

（7）要隐藏文件，选择不显示隐藏的文件、文件夹或驱动器。

（8）单击“应用”按钮，然后单击“确定”按钮以保存更改。

通过以上步骤，你可以轻松地在Windows 10中切换隐藏文件的显示状态，根据需要查看或隐藏重要的系统文件和个人隐私文件。

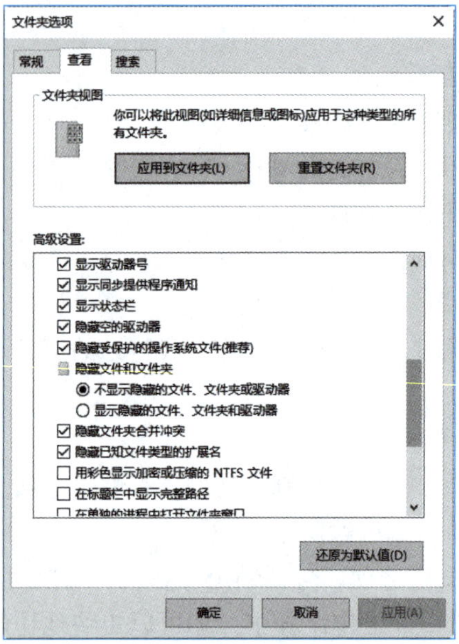

图 1-30 “文件夹选项”窗口

五、测评

（一）知识测评

（1）Windows 10是微软公司推出的操作系统，正式发布于________年7月29日。

（2）在Windows 8中取消的________菜单，在Windows 10中得到了重新引入，并与Windows 8的开始屏幕相结合。

（3）Windows 10的新浏览器称为________Edge，它取代了老旧的Internet Explorer。

（4）Windows 10的________模式是针对平板和二合一设备设计的，当设备从桌面模式转换为平板模式时，系统界面会自动调整。

（5）通过Windows 10的________Hello，用户可以使用生物识别技术如面部或指纹识别来解锁设备。

（6）微软承诺Windows 10将作为一款服务进行持续更新，意味着用户可以免费获得功能和性能的升级，这种更新策略被称为________。

（7）在Windows 10中，用户可以通过虚拟桌面和________视图功能来提高多任务操作的便捷性。

（8）若要调整Windows 10屏幕的亮度或分辨率，用户需要访问“系统”设置下的________设置选项。

（9）在Windows 10中，若要添加多种语言的键盘布局和输入方法，应该在“时间和语言”设置下访问________选项。

（10）Windows 10允许用户通过________资源管理器的搜索功能来快速找到文件和文件夹，该功能位于文件资源管理器窗口的右上角。

（二）能力测评

按表1-5中所列的操作要求，对自己完成的文档进行检查，操作完成得满分，未完成或错误适当扣减分数。

表 1-5　能力测评表

序号	操作要求（具体见项目实现）	分值	完成情况	自评分
1	能安装Windows 10	25		
2	能自定义桌面	25		
3	能个性化系统设置	25		
4	能文件与文件夹操作	25		
总　分				

（三）素质测评

针对表1-6中所列出的素质与素养观察点，反思项目实现的过程，思考总结相关项目，做到即得满分，未做到适当扣减分数。

表 1-6　素质测评表

序号	素质与素养	分值	总结与反思	自评分
1	具备查询解决项目过程中的问题解决方案的意识	25		
2	具备设计兼具美观和实用性桌面的意识	25		
3	具备按照自身习惯和特性改造工具的意识	25		
4	具备规范化处理文件的意识	25		
总　分				

六、拓展训练

使用系统工具，完成下面的操作：

（1）使用任务管理器结束程序。

（2）运行磁盘清理和磁盘碎片整理。

模块二 Word应用——文档处理

文档处理是信息化办公的重要组成部分，广泛应用于人们日常生活、学习和工作的方方面面。本模块包含文档的基本编辑、图片的插入和编辑、长文档的编辑等内容。我们将通过四个由浅入深的项目，介绍微软公司Office套件中的2016版Word在文字和图形处理方面的应用技术。读者通过本模块的学习，可以掌握Word的基本功能，提升软件的应用能力，提高信息化办公的应用水平。

知识目标

①掌握文档的基本操作；

②掌握文本编辑、查找与替换、段落格式设置的方法；

③掌握图片、图形、艺术字等对象的插入、编辑和美化等操作；

④掌握在文档中插入和编辑表格、对表格进行美化、灵活应用公式对表格中数据进行处理等操作；

⑤熟悉分页符和分节符的插入，掌握页眉、页脚、页码的插入和编辑等操作；

⑥掌握样式与模板的创建和使用，掌握目录的制作和编辑操作；

⑦熟悉文档不同视图和导航项目窗格的使用，掌握页面设置操作；

⑧掌握打印预览和打印操作的相关设置。

能力目标

①能够进行简单文档的文本编辑与格式设置；

②能够使用图片、图形、艺术字、智能图形等对数据进行可视化处理；

③能够使用表格等进行简单数据处理；

④能够使用分页符、分栏符、分节符等对文档内容进行管理；

⑤能够使用样式和模板提高排版的效率以及规范程度；

⑥能够完成目录的生成与编辑；

⑦能够根据需要进行页面设置；

⑧能够根据不同的需要进行视图选择。

素质目标

①具备基本的信息意识，自觉地充分利用信息解决生活、学习和工作中的文档处理问题；
②具有团队协作精神，善于与他人合作、共享信息，实现信息的更大价值；
③具备数字化创新与发展意识，能够用Word解决工作、学习、生活中的实际问题；
④在现实世界和网络空间中都能遵守相关法律法规，信守信息社会的道德与伦理准则；
⑤树立建设创新型国家、制造强国、质量强国、网络强国的理想和信念。

项目一　通知类短文档制作——Word 文字基础应用

一、项目描述

类似通知、计划等文档，是在办公中经常需要处理的文档。这类文档的特点是内容与格式都有一定的要求。通过制作运动会通知，完成对Word窗口的认识、文档建立及保存、字体格式、段落格式、页面布局等基础知识的学习。

本项目将完成“关于举办第十届田径运动会的通知”文档的排版，文档排版后的效果图如图2-1所示。

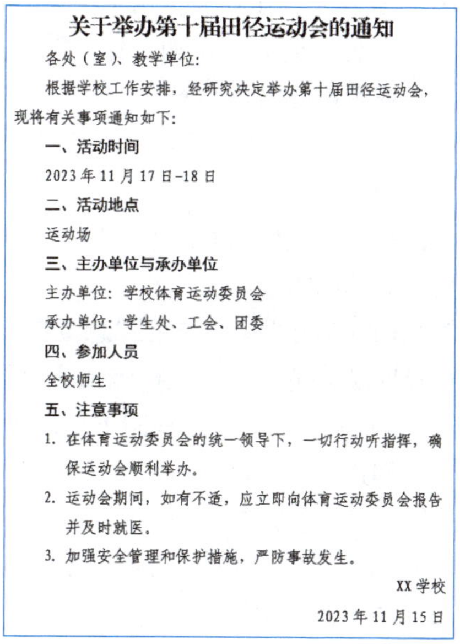

关于举办第十届田径运动会的通知

各处（室）、教学单位：

根据学校工作安排，经研究决定举办第十届田径运动会，现将有关事项通知如下：

一、活动时间

2023 年 11 月 17 日–18 日

二、活动地点

运动场

三、主办单位与承办单位

主办单位：学校体育运动委员会

承办单位：学生处、工会、团委

四、参加人员

全校师生

五、注意事项

1. 在体育运动委员会的统一领导下，一切行动听指挥，确保运动会顺利举办。
2. 运动会期间，如有不适，应立即向体育运动委员会报告并及时就医。
3. 加强安全管理和保护措施，严防事故发生。

XX 学校

2023 年 11 月 15 日

图 2-1　项目效果图

二、知识准备

（一）认识Word窗口

启动Word窗口，界面如图2-2所示。

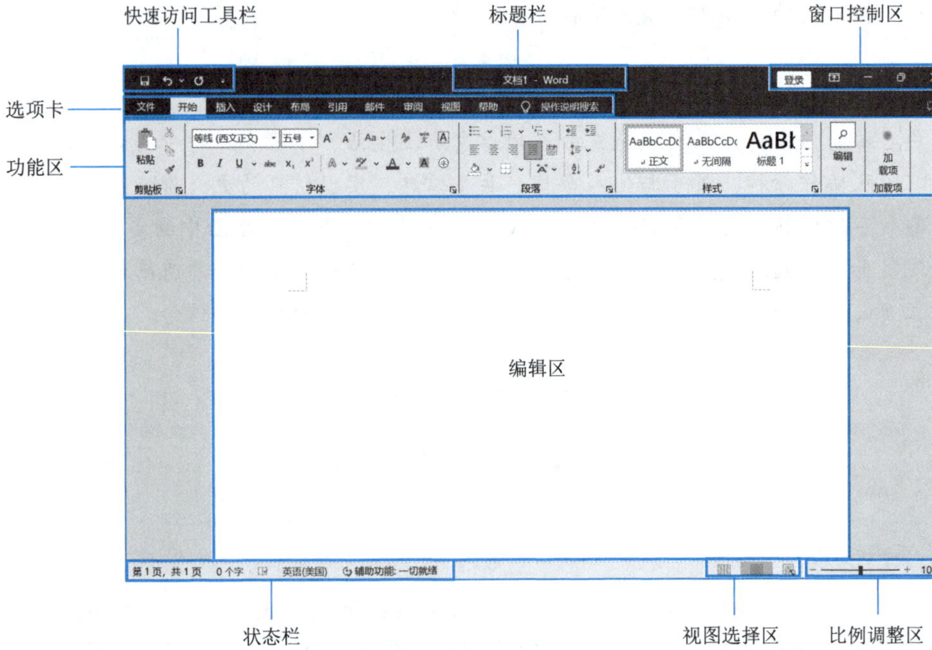

图 2-2　Word 窗口

（1）标题栏：显示正在编辑的文档的文件名。

（2）窗口控制区：包括标准的“最小化”“还原”“关闭”按钮。可使用电子邮件、电话号码等方式登录Word，登录后将在“登录”按钮处显示用户头像。

（3）快速访问工具栏：常用命令位于此处，例如“保存”“打印”“撤销”等命令。快速启动栏的最右侧为下拉按钮，可添加或者删除常用命令。

（4）选项卡：Word采用选项菜单的方式组织管理功能选项。选择不同的选项，功能区将出现不同的命令组合。

（5）功能区：承载了各类功能入口。单击选项卡最右侧的 ^ 图标，可以将功能区隐藏起来。

（6）编辑区：显示正在编辑的文档的内容。

（7）状态栏：显示正在编辑文档的工作状态，包括“总页数”“字数”“输入法”等。

（8）视图选择区：在视图选择区域，可以根据文档编辑的目的和要求，进行视图选择。

①“阅读视图”：是阅读长文档的理想视图，此视图下允许用户在同一个窗口中单页或者双页显示文档，此视图模式不能对文档进行编辑。

②“页面视图”：以“所见即所得”的方式显示打印后的文档版式，在这种视图模式下，编辑窗口以“页面”为单位对文档进行管理，编辑文档时可以直观地看到页边距、页眉页脚等内容，如果需要打印文档，可以选择“页面视图”。

③“Web版式视图”：能够显示文档在Web浏览器中的外观，文本和表格内容将自动换行以适应显示器窗口的大小，当编辑的文档要发布到网站中时，可以使用这种版式。

（9）比例调整区：可以根据个人需要来调整窗口显示比例。

（二）新建文档

启动Word之后，可以创建文档。单击“文件”选项卡→“新建”按钮，弹出新建文件窗口，如图2-3所示，可以完成空白文档、书法字帖的创建。

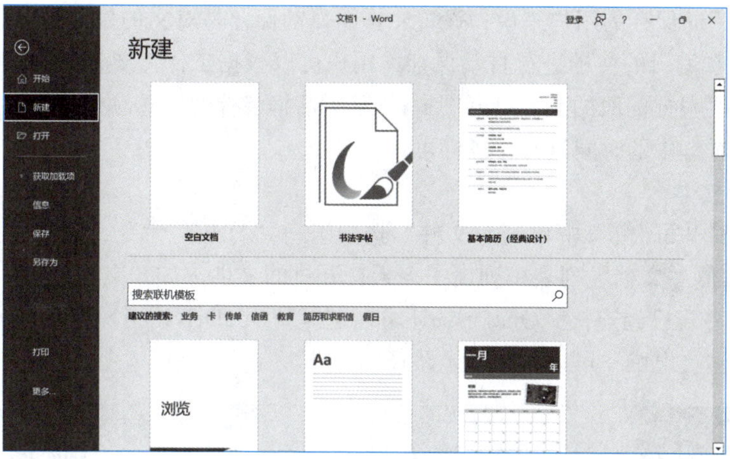

图 2-3　Word 新建文件窗口

在创建文字文档时，可以选择空白版式，也可以选择Word提供的各种类型的模板。

（三）保存文档

文档编辑和录入完成以后，一定要保存文档。Word 2016文档默认的文件类型.docx。同时，还可以另存为纯文本文件、模板文件、PDF文件等。

1. 保存文档方法

Word 2016中保存文档常用的方法有以下三种：

方法1：使用【Ctrl+S】组合键。

方法2：使用“快速访问工具栏中”中的“保存”按钮。

方法3：使用“文件”选项卡中的“保存”或“另存为”选项。

2. 修改文档默认保存设置

通过单击“文件”选项卡→“更多”菜单→“选项”命令，进入“Word选项”对话框，单击“保存”选项卡，如图2-4所示，“将文件保存为此格式”选项设置文件的默认保存格式，“默认本地文件位置”选项设置文件的本地默认保存路径。

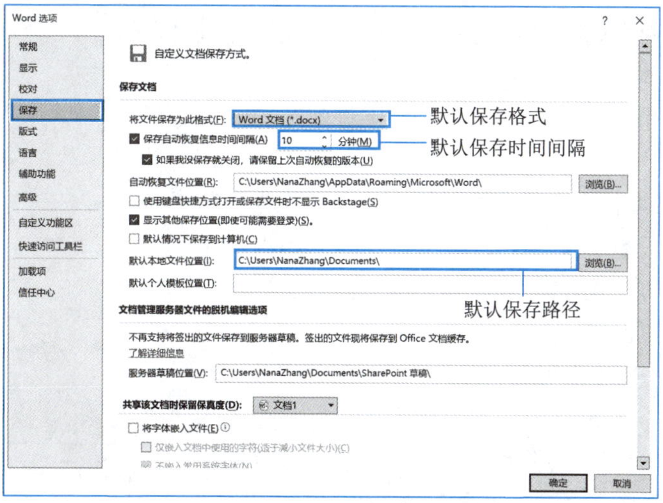

图 2-4　“Word 选项”对话框“保存”选项卡

对于不习惯手动保存的用户来说，设置文档的自动保存是对文档最好的保护。Word 2016默认每10分钟对正在编辑的文档进行自动保存，用户可以根据工作需要进行修改。要修改自动保存时间间隔，需要根据前面的操作打开图2-4所示对话框“保存”选项卡，对“保存自动恢复信息时间间隔”复选框中的时间进行修改即可。

（四）打开文件

在已经启动的Word窗口中单击“文件”选项卡→“打开”命令，弹出“打开”窗口，如图2-5所示。在右侧“文档”列表中列出了今天打开过的文件（如“文档1”），如果已经登录到Microsoft账户，并且已经连接到OneDrive还可以选择“OneDrive”打开存储在“OneDrive”中的文件，通过“这台电脑”可以打开指定路径的文件。

图 2-5 “打开”窗口

（五）设置字体格式

若要对某一选定文本段，进行字体统一设置，可以将“字体”对话框打开，即选择文本后，单击“开始”选项卡→“字体对话框”按钮⌟，打开“字体”对话框，如图2-6所示。在这里可以对所选文本中的中文字体和西文字体进行统一设置，如字体、字形、字号、文字颜色、文字效果等，还可以打开单击“高级”选项卡，对字符间距等进行设置。

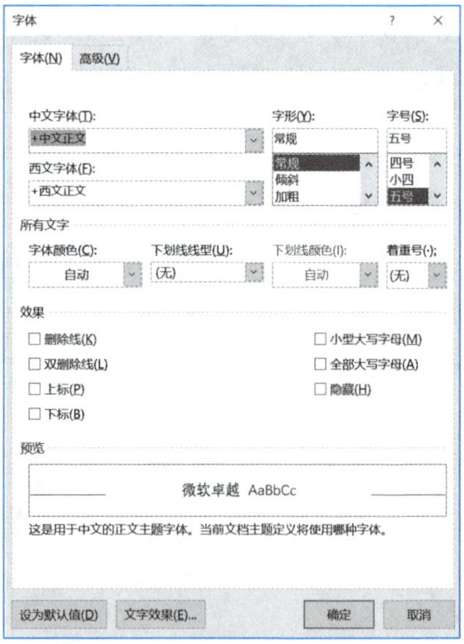

图 2-6 “字体”对话框

所有显示在图2-7所示的“字体”组中的命令均为快速命令，即选择需要设置的文字后，单击“字体”组上显示的命令即可设置成功。“字体”下拉按钮设置所选文字的字体，“字号”下拉按钮设置所选文字的大小；“增大字号”“缩小字号”命令，每一次单击可放大或缩小0.5磅；“更改大小写”命令可以将原本为大写的文本更改为小写，将原本为小写的文本更改为大写；“清除格式”命令可将所选定的文字应用的字体或段落格式清除，不会清除文字；“拼音指南”命令可以对选定对象给出拼音指南；单击“加粗”可以实现或去除字体加粗效果；单击“倾斜”可以实现或去除字体倾斜效果；“下划线”命令可设置选定文字的下划线，可以是直线、波浪线、短横线等；“删除线”命令可以设置选定文字的删除线效果；“下标”“上标”命令常用于数学或论文引用时的编号标示，如Y=X2+Z3；“文本效果和版式”命令，用来设置选定文字的文字效果，如阴影或发光效果；“突出显示”命令类似于荧光笔，可先单击“突出显示”按钮，再应用到需要高亮显示的文字上（即用鼠标选择需要高亮显示的文字）；“字体颜色”命令可以实现字体颜色设置；“字符底纹”可为选中内容添加灰色底纹；“带圈字符”命令可以在字符周围放置圆圈或边框。每个命令按钮名称如图2-7所示。

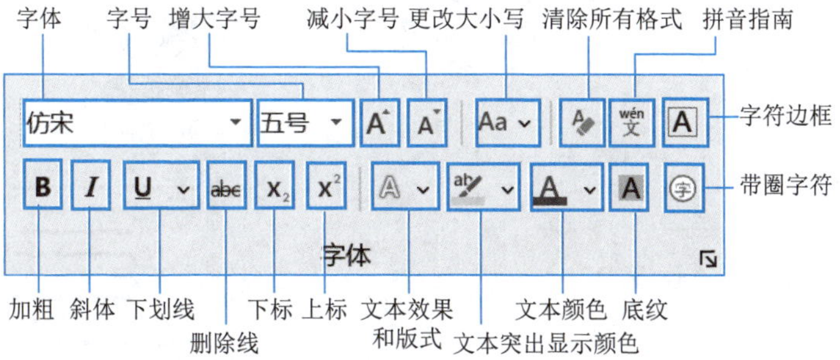

图 2-7　“字体”组命令

（六）设置段落格式

1. 段落项目符号

当文本中有多个并列段，但不需要使用数字进行编号，可在每条内容前添加黑点来表示。如在“注意事项”中描述内容，可设置成图2-8所示的样子。

设置方法：先选择需要设置项目符号的各段落，然后单击“开始”选项卡中“项目符号”下拉按钮，打开如图2-9所示的下拉菜单。选择一种项目符号，若没有需要的项目符号，可在下拉菜单中单击“定义新项目符号”命令，打开“定义新项目符号”对话框，在该对话框中，可以选择“符号”中的某一类符号集中的某一个符号作为项目符号，还可以选择图片或自定义文本内容作为项目符号。

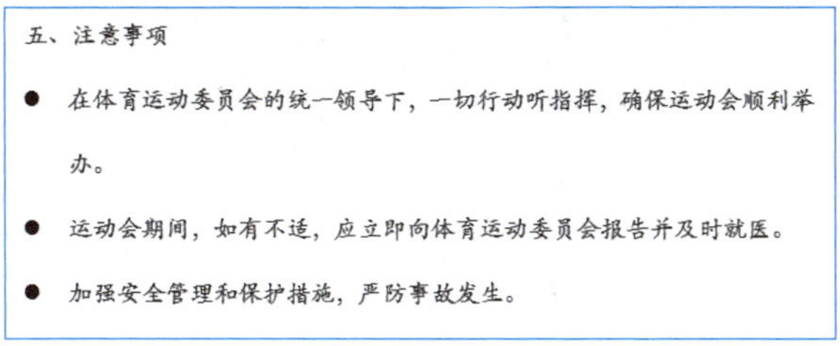
五、注意事项

- 在体育运动委员会的统一领导下，一切行动听指挥，确保运动会顺利举办。
- 运动会期间，如有不适，应立即向体育运动委员会报告并及时就医。
- 加强安全管理和保护措施，严防事故发生。

图 2-8　项目符号应用效果

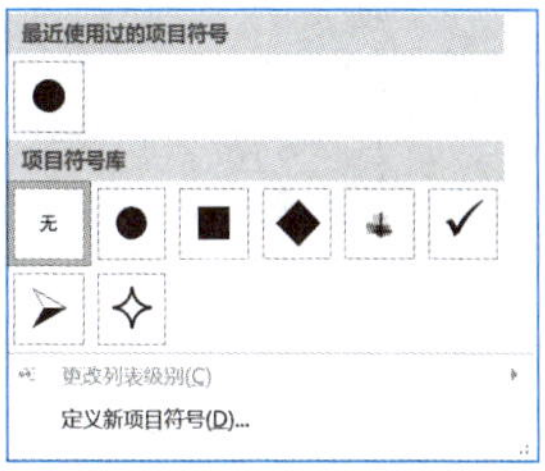

图 2-9　项目符号下拉菜单

2. 编号

一般用于列出有条理的条目，如在说明某一问题时要点有“(1)、(2)、(3)”或者在写论文时列出参考文献，如“[1]、[2]、[3]”。一般情况下输入一个有序编号后，按下【Enter】键则会出现自动编号，如在注意事项中输入“1.在体育运动委员会的统一领导下，一切……”后按下【Enter】键，则自动出现“2.”，并且“编号”按钮会自动突出显示，若不需要自动编辑可按下【Ctrl+Z】快捷键撤销即可。

设置编号的一般方法：先输入一段文字，并选择该段文字，单击“开始”选项卡→“编号”命令的下拉按钮，展开“编号库”下拉列表，如图2-10所示。

若库中没有合适的编号，可单击下拉列表的“定义新编号格式”命令，打开“定义新编号格式”对话框，如图2-11所示，选择一种“编号样式”后，在“编号格式”文本框中对编号格式进行编辑，从而形成新的编号格式。

图 2-10 “编号库”下拉列表

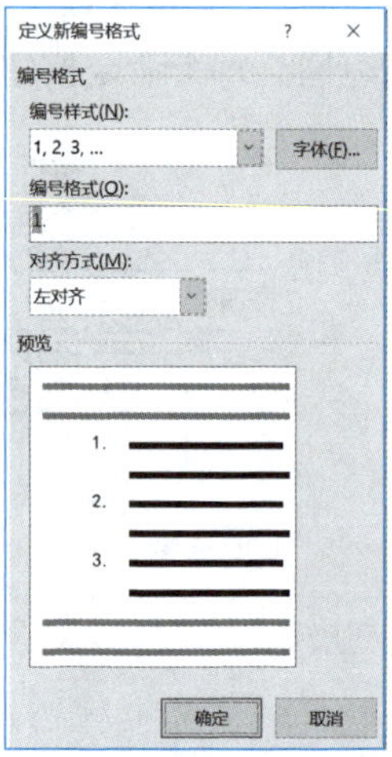

图 2-11 “定义新编号格式”对话框

下面介绍自定义列表的应用。单击“段落”组→“多级列表”下拉菜单，会出现可选列表库，如图2-12所示。单击下方“定义新的多级列表”进入“定义新多级列表”对话框，如图2-13所示。窗口中左侧选择即将定义编号格式的级别，“编号格式”中可以设置本级级别编号的格式以及此级别的编号样式，“位置”中可以设置编号对齐方式、对齐位置、文本缩进位置。

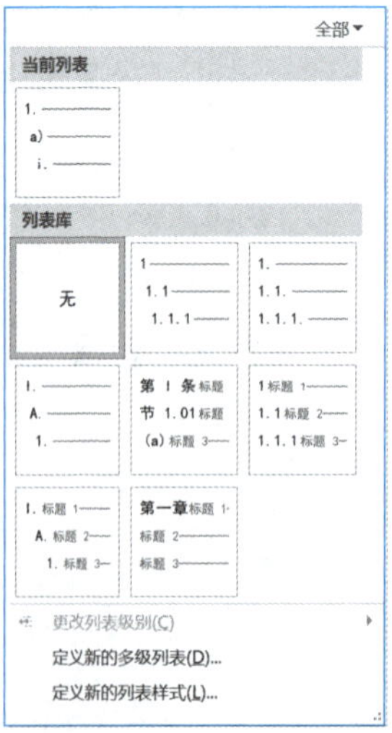

图 2-12 多级列表库

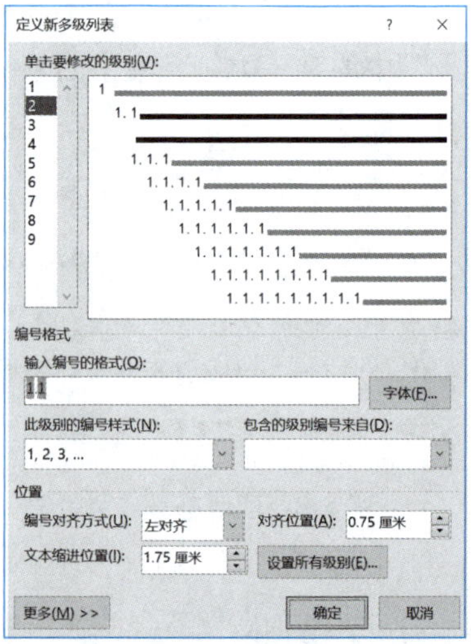

图 2-13 “定义新多级列表”对话框

3. 减少或增大缩进量。

“减少缩进量”按钮可使所选中的段落整体向左边距靠近1字符，“增大缩进量”按钮指所选中的段落整体远离左边距1字符。

4. 中文版式

常用于公文或报纸排版中，包含了“合并字符”“双行合一”“调整宽度”“字符缩放”等命令。如将图2-14中文字改成图2-15所示文字，可使用“中文版式”下拉列表中的“双行合一”命令。方法：选择正文中“第十届田径运动会”，单击“开始”选项卡→“中文版式”→“双行合一”命令，打开“双行合一”对话框，还可以根据需要加括号，如图2-16所示。

经研究决定举办第十届田径运动会

图 2-14　普通文本效果

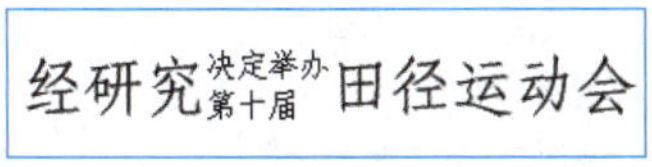

图 2-15　双行合一效果

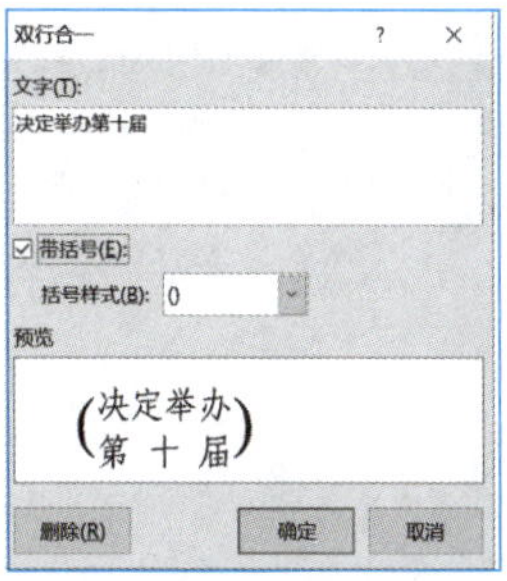

图 2-16　“双行合一”对话框

5. 文本对齐

左对齐即该段中文字不够一行，则先靠左。居中对齐常用于标题段。右对齐常用于文件签名及签日期。两端对齐指同时将文字左右两端同时对齐，并根据需要增加字间距，但如果文字不够一行，则类似于左对齐，如图2-17所示。分散对齐指使段落两端同时对齐，并根据需要增加字符间距，即使该段中最后一行只有2个字，则会将这2个字左右各放1个，如图2-18所示。两相对比可知两端对齐与分散对齐的区别。

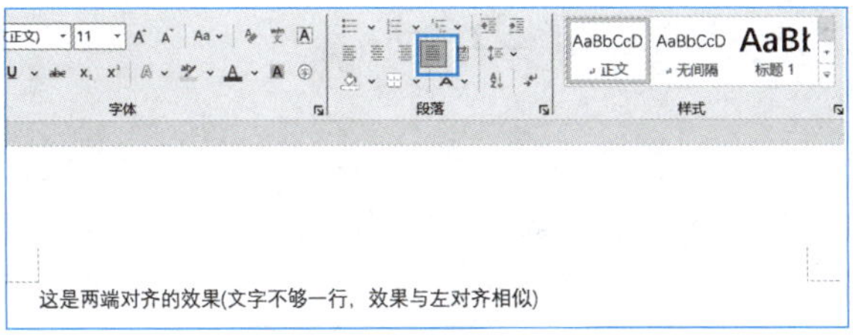

图 2-17　两端对齐效果

图 2-18　分散对齐效果

6. 排序

可以按字母顺序和数字顺序对所选内容进行排序。该功能对表格中的数字尤其有用。

7. 显示/隐藏段落标记

单击“显示/隐藏段落标记”按钮可以选择显示或隐藏段落标记。

8. 行和段落间距

单击“行和段落间距”下拉按钮，选择下拉列表中的命令可设置所选段落的行间距。行距以“N倍行距”计。若设置的行间距单位为磅，则应单击下拉列表中的“其他”命令，打开“段落”对话框进行设置。

9. 底纹

“字体”选项组和“段落”选项组中有两个类似的“底纹”功能。“字体”选项组中的“字符底纹”按钮是为选定的字符加底纹；“段落”选项组中“底纹”命令是对选定的段落中的文本添加底纹；“边框”下拉菜单中的“边框和底纹”选项可以对整个段落设置底纹。

“字体”选项组中的“字符底纹”效果如图2-19所示，只有所选段落的字符添加了底纹。“段落”选项组中“底纹”效果如图2-20所示。可以看出，只有字符部分加了底纹。“边框”下拉菜单中的“边框和底纹”效果如图2-21所示，除了字符部分加了底纹，选中段落的其余空白部分也加了底纹。

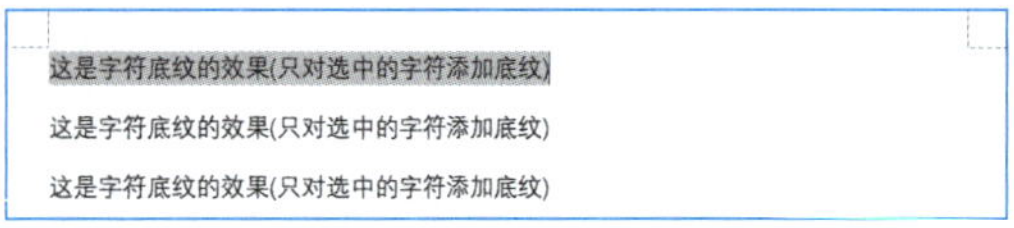

图 2-19 “字符底纹”效果

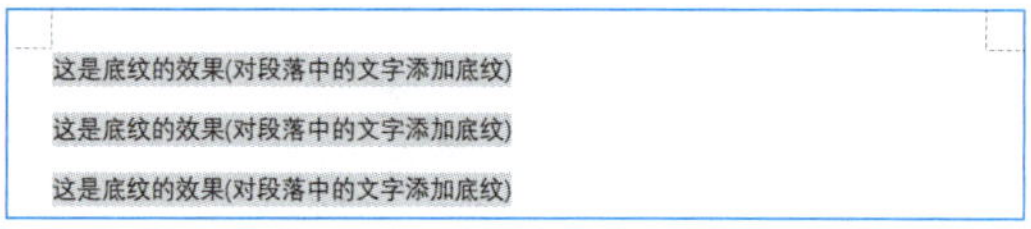

图 2-20 段落“底纹”的效果

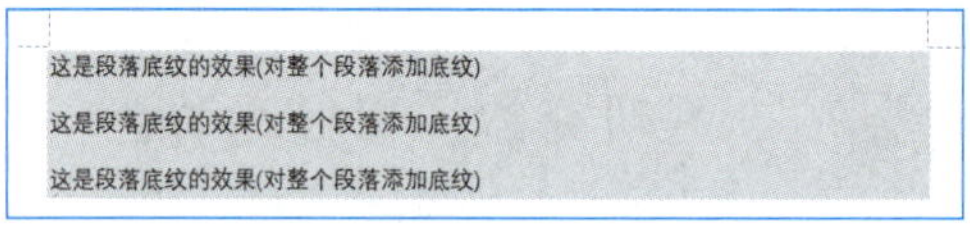

图 2-21 “边框和底纹”的效果

10. 边框

单击“边框”下拉菜单，可对所选段落加边框。单击命令项右下角的下拉菜单，可以看到Word提供了非常丰富多元的边框选择。如果边框不能满足需要，可单击最下方的“边框和底纹”选项，打开图2-22所示的“边框和底纹”对话框。

11. “段落”对话框

除使用“段落”组命令设置段落格式，还可以单击“段落对话框”按钮，打开“段落”对话框，进行缩进和间距、换行和分页、中文版式的设置，如图2-23所示。

（七）页面布局

文件打印之前应该对文件进行页面设置和纸张设置。单击“布局”选项卡→“页面设置对话框”按钮，会出现“页面设置”对话框，如图2-24所示。在此对话框中可以进行页边距、纸张、布局、页面网格的设置。

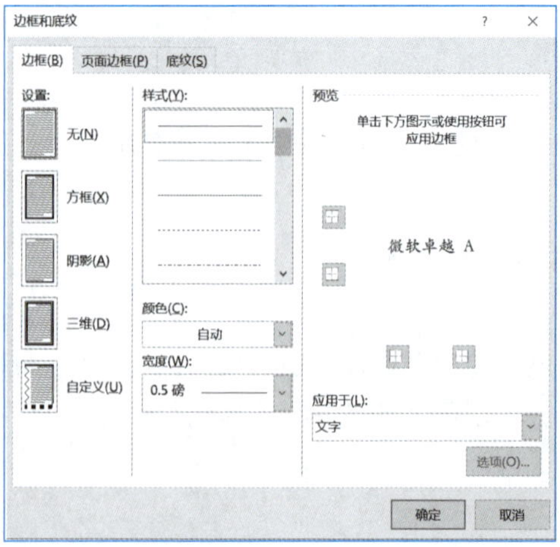

图 2-22 “边框和底纹”对话框

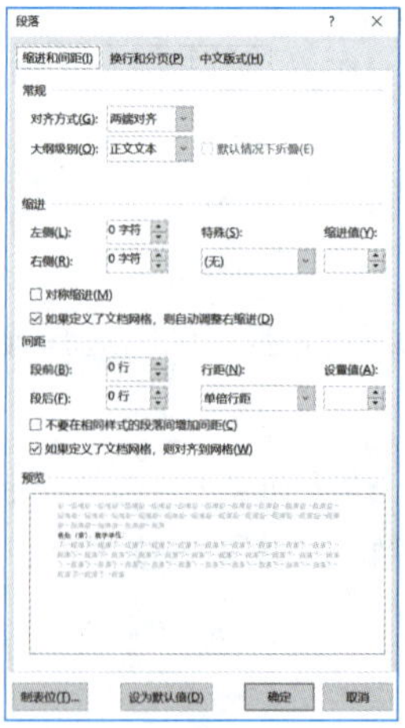

图 2-23 “段落”对话框

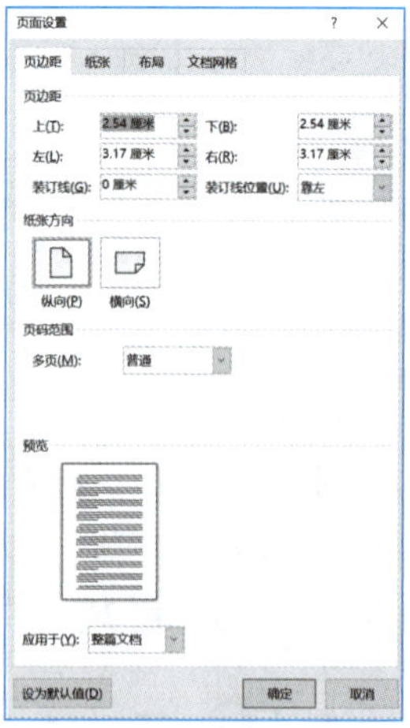

图 2-24 “页面设置”对话框

三、项目实现

（一）文本内容输入

打开Word，新建空白文档，输入图2-1所示效果图中的通知内容。

提示：当输入汉字时，必须先切换到中文输入法，可使用【Shift】键完成中/英文输入法之间的切换，按【Ctrl+Shift】组合键可以在各种输入法之间切换，也可以单击任务栏输入法图标进行切换。

视 频

Word 项目一：短文档

（二）文件保存

按【Ctrl+S】组合键，或单击快速启动栏中的“保存”按钮，或单击“文件”选项卡→“保存”按钮，都可以保存新建文档。第一次保存文件时，系统自动进入“另存为”窗口，如图2-25所示。选择文件保存的位置，将文件名修改为“关于举办第十届田径运动会的通知”，文件保存类型选择“Word文档”，单击“保存”按钮，如图2-26所示。

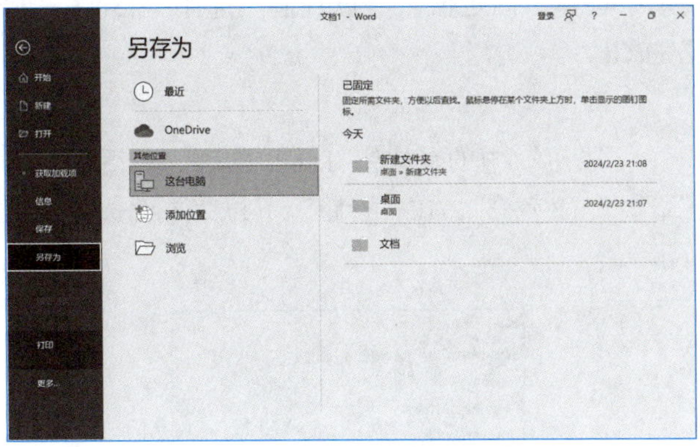

图 2-25　“另存为”窗口

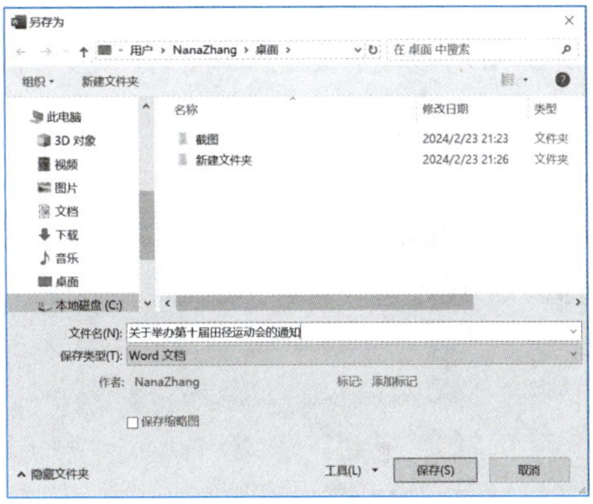

图 2-26　文件另存为设置

（三）设置字体格式

拖动鼠标选中标题“关于举办第十届田径运动会的通知”，将字体设置为“方正小标宋简体”、字号设置为“二号”，如图2-27所示。拖动鼠标选中通知正文，将正文字体设置为“仿宋_GB2312”，字号为“三号”，字体颜色为“黑色”，如图2-28所示。拖动鼠标选中“一、活动时间”，按住【Ctrl】键选中各一级标题内容，如图2-29所示，将字体设置为“黑体”，字号为“三号”，如图2-30所示。

图 2-27　设置标题字体格式

图 2-28　设置正文字体格式

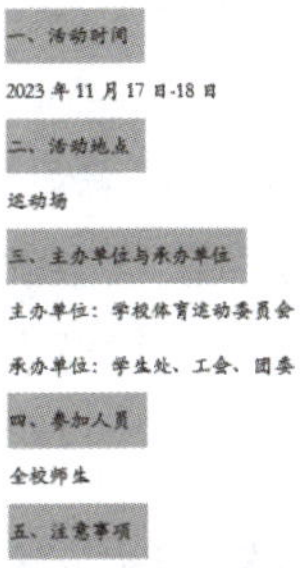

图 2-29　选中一级标题内容

图 2-30　设置一级标题字体格式

提示： 打开一些Word文档，发现无法正常显示文字，原因是系统没有安装相应的字体。目前常用的字体有“方正小标宋简体”和“仿宋_GB2312”。

按照《国家行政机关公文格式》(GB/T9704—1999)规定：行政机关公文的发文机关标识（即俗称的红头）推荐使用方正小标宋简体，用红色标识；公文标题应使用二号方正小标宋简体字；公文主题词的词目应使用三号方正小标宋简体字。而普通电脑一般未自带该字体，需手动下载安装。

（四）设置段落格式

“开始”选项卡“段落”组命令中所有按钮的功能主要是对文档的一段或多段进行格式设置，如行间距、缩进、段与段之间的距离、项目符号与编号等。

1. 设置标题段落格式

拖动鼠标选中标题“关于举办第十届田径运动会的通知”，单击“开始”选项卡→“段落”组中的“居中对齐”按钮，使标题居中显示。单击“开始”选项卡→“段落”组中的按钮打开“段落”对话框，在“行距”下拉菜单中选择“固定值”，“设置值”选择“35磅”，如图2-31所示。设置完成后单击右下方“确定”按钮。

2. 设置正文段落格式

拖动鼠标选中通知正文，单击“开始”→“段落”中的按钮打开“段落”对话框，在“特殊”下拉菜单中选择“首行”，“缩进值”选择“2字符”，在“行距”下拉菜单中选择“固定值”，“设置值”选择“29磅”，如图2-32所示。

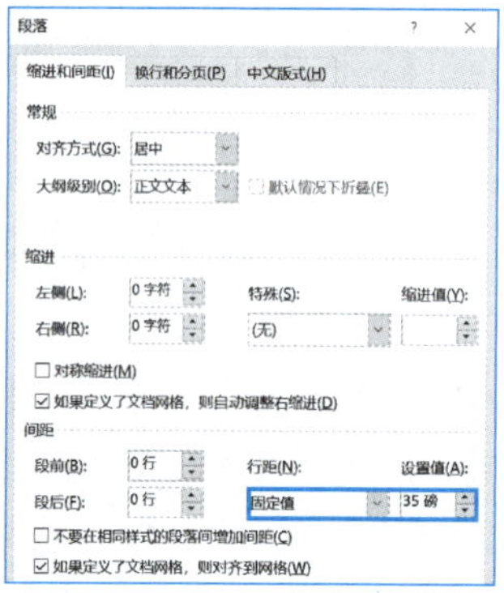

图 2-31　设置标题段落格式

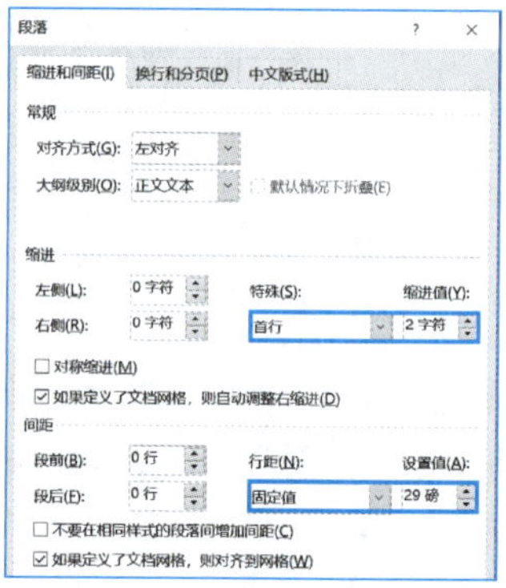

图 2-32　设置正文段落格式

拖动鼠标选择文本“XX学校”“2023年11月15日”，单击“段落”组中的按钮，令落款内容右对齐。

3. 添加段落编号

选中注意事项中的内容“在体育运动委员会的……严防一切事故发生”，如图2-33所示。单击“开始”→“段落”中编号按钮右侧的下拉列表，选择“1._ 、2._、3._”编号方式。添加编号后的效果如图2-34所示。

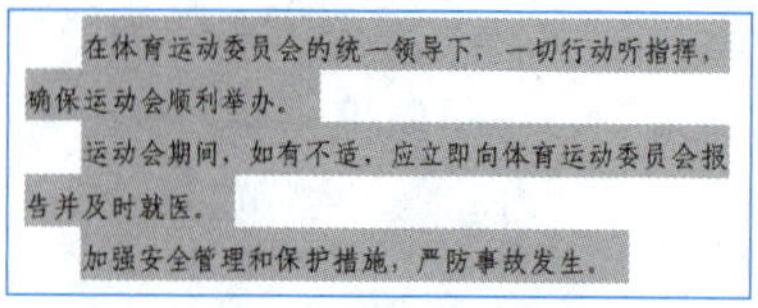
在体育运动委员会的统一领导下，一切行动听指挥，确保运动会顺利举办。

运动会期间，如有不适，应立即向体育运动委员会报告并及时就医。

加强安全管理和保护措施，严防事故发生。

图 2-33　选中“注意事项”内容

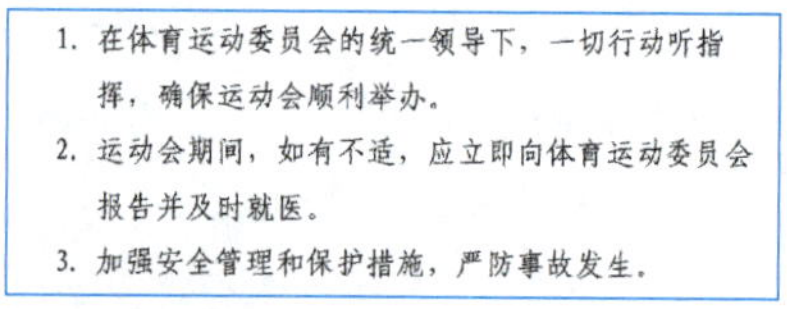
1. 在体育运动委员会的统一领导下，一切行动听指挥，确保运动会顺利举办。
2. 运动会期间，如有不适，应立即向体育运动委员会报告并及时就医。
3. 加强安全管理和保护措施，严防事故发生。

图 2-34　添加编号后的效果

（五）页面布局

单击“布局”选项卡→“页边距”下拉菜单→“自定义页边距”命令选择默认规格。或单击“页面设置对话框”按钮进入“页面设置”对话框，进行页面布局设置，设置页面上边距3.7厘米，下边距3.5厘米，左边距2.8厘米，右边距2.6厘米，如图2-35所示。单击“纸张”选项卡，“纸张大小（R）:”选择“A4纸”，如图2-36所示。

图 2-35　页边距设置具体参数

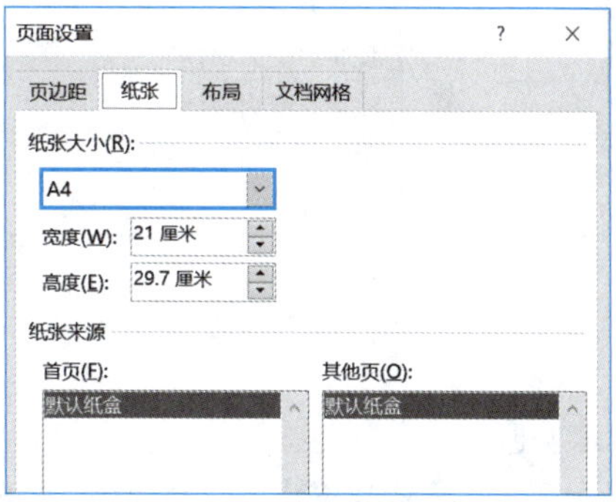

图 2-36　页面纸张设置

四、技巧与提高

（一）格式刷应用

当需要给文档中不连续文本设置相同格式时，除了使用【Ctrl】键选中所有内容进行格式设置还可以使用格式刷。鼠标选中需要复制格式的内容，单击“开始”选项卡→“格式刷”命令，然后选中目标内容，按住鼠标左键，拖动鼠标以复制格式。双击“格式刷”命令，可以多次使用格式刷。

（二）文本选择

Word中，可以通过鼠标与键盘的组合，完成不同范围文本的选择。表2-1中列出的是常用的几种文本选择方式。

表 2-1　文本选择

功　能	操作方法	效果示意图
选定任意长的文字	在要选定的文本开始处单击，然后按住【Shift】键，在要选定的文本末尾处单击	1.在体育运动委员会的统一领导下，一切行动听指挥
选定一个段落	连续单击三次鼠标左键	3.加强安全管理和保护措施，严防事故发生。
选定一个词	连续单击两次鼠标	3.加强安全管理和保护措施，严防事故发生。
选定一个矩形框	按下【Alt】键不放，拖动鼠标	1.在体育运动委员会的统一领导下，一切 2.运动会期间，如有不适，应立即向体育
不连续区域	选定第一段文本，按下【Ctrl】键的同时，选择其他文本	1.在体育运动委员会的统一领导下

（三）常用快捷键的使用

表2-2中列出的是常用快捷键及其作用。

表 2-2　常用快捷键及其作用

快　捷　键	作　　用	快　捷　键	作　　用
【Ctrl+A】	选择本文档所有内容	【Ctrl+Shift+>】	增大字号
【Ctrl+N】	创建新文档	【Ctrl+C】	复制所选文本或对象
【Ctrl+B】	使字符变为粗体	【Ctrl+X】	剪切所选文本或对象
【Ctrl+I】	使字符变为斜体	【Ctrl+V】	粘贴文本或对象
【Ctrl+U】	为字符添加下划线	【Ctrl+Z】	撤销上一操作
【Ctrl+Shift+<】	缩小字号	【Ctrl+S】	保存文件

五、测评

（一）知识测评

1. 填空题

（1）Word界面的最上方显示正在编辑的文档的文件名的部分称为________。

（2）在Word中新建文档可通过单击“文件”选项卡然后选择________按钮来完成。

（3）Word文档保存时，可以使用快捷键________来快速保存。

（4）要改变文本的字体和大小，我们可以使用“开始”选项卡下的________组。

（5）在Word中设置段落的对齐方式，比如左对齐、居中、右对齐，可以在“开始”选项卡的________组中设置。

（6）要修改页面的页边距和纸张大小，需要在“布局”选项卡进入________对话框。

2. 简答题

（1）如何在Word中设置一个段落的首行缩进？

（2）如何在Word中给一段文字添加底纹效果？

（二）能力测评

按表2-3中所列操作要求，对自己完成的文档进行检查，根据实际情况自评。

表 2-3　能力测评表

序号	操作要求（具体见项目实现）	分值	完成情况	自评分
1	标题设置居中、方正小标宋简体、字号二号	20		
2	正文部分段落设置：首行缩进2字符，行间距固定29磅，字体设置：仿宋_GB2312，三号	20		
3	序号使用自动编号	20		
4	页面设置：纸张大小 A4，页边距上3.7厘米、下3.5厘米、左2.8厘米、右2.6厘米	20		
5	文件命名为学号+姓名.docx，并上传	20		
总　　分				

（三）素质测评

针对表2-4中所列出的素质与素养观察点，反思项目实现的过程，思考总结相关项目，根据实际情况自评。

表 2-4 素质测评表

序号	素质与素养	分值	总结与反思	得分
1	信息意识——自觉使用Word解决生活、学习和工作中的文档编辑与排版问题。具有团队协作精神，善于使用Word文字与他人合作、共享信息，实现信息的更大价值	25		
2	数字化创新与发展——具备使用Word对文档进行处理的能力，能根据本专业领域的具体项目需求，具备创新意识和实践能力，能创造性地运用Word支持专业项目的完成	25		
3	计算思维——通过Word创建、保存文件的过程，理解计算机系统软件和应用软件的运行过程，能够清晰界定使用Word解决问题的场景	25		
4	信息社会责任——能够思考大学生网络行为规范	25		
总　分				

六、拓展训练

以小组为单位进行分组，完成后续课程项目。

本阶段的项目是完成“我身边的信息新技术主题短视频设计与制作项目启动的通知”，要求如下：

1. 内容要求（内容自行拟定）

（1）明确会议主题；

（2）明确会议时间、地点、参加人员；

（3）明确会议注意事项。

2. 格式要求（具体参数不作要求）

（1）对通知正文进行字体格式设置；

（2）对通知正文进行段落格式设置；

（3）对通知正文进行页面布局设置。

3. 建议与提示

（1）遵循先输入文字，再进行格式设置的基本顺序。

（2）对于相对正规的文档，建议不要过多设置不必要的格式。形式上的过度设置，往往会影响内容表达的客观性和庄重性。

（3）在文档进行打印之前，建议先进行打印预览。根据预览的结果调整文档的内容和格式之后，再对终稿进行打印。不要过于匆忙，以免浪费纸张。

项目二　宣传海报制作——Word 图文混排

一、项目描述

本项目将制作一份法制宣传教育的海报。制作宣传海报，可以使用Photoshop等工具软件。很多网站如爱设计、FotoJet等都提供在线宣传海报制作。如果拥有素材网站的会员，也可以在网站上下载需要的海报模板。

本项目介绍在不使用宣传海报模板的情况下如何制作宣传海报文档。为了让海报重点突出，图文并茂，文档内容不仅包含文字，还包括图片、艺术字、形状、智能图形、功能图等多种素材。

PDF
图 2-37 彩色版

这类文档的制作大致包含以下几个步骤：

（1）修改背景颜色：在设计海报之前需要设置一个主题颜色，这个主题颜色会决定海报给人的第一印象。

（2）插入文本框、表格、艺术字、图片等，并按照版面要求对各元素进行属性设置。

宣传海报的最终效果如图2-37所示。

图 2-37　宣传海报效果图

二、知识准备

（一）表格应用

1. 插入表格

Word提供了方便、快捷的创建和编辑表格的功能，同时还能够利用表格工具和表格样式，对表格进行美化和数据处理。当需要在文档中用表格对数据进行表达或者简单运算，或者需要对文档版面进行布局的时候，就可以使用Word中的表格功能。

单击“插入”选项卡“表格”组→“表格”下拉按钮，可以看到Word提供了五种插入表格的方法，分别是拖动鼠标插入表格、插入表格、绘制表格、文本转换成表格、Excel电子表格、快速表格。

（1）拖动鼠标插入表格：这种方式可以通过拖动鼠标来确定行数与列数，快速直观地在当前鼠标位置处插入表格。

（2）插入表格：选择下拉菜单中的“插入表格”，可以打开如图2-38所示的“插入表格”对话框，通过在对话框中输入表格的行数与列数，对列宽进行选择来完成表格插入。

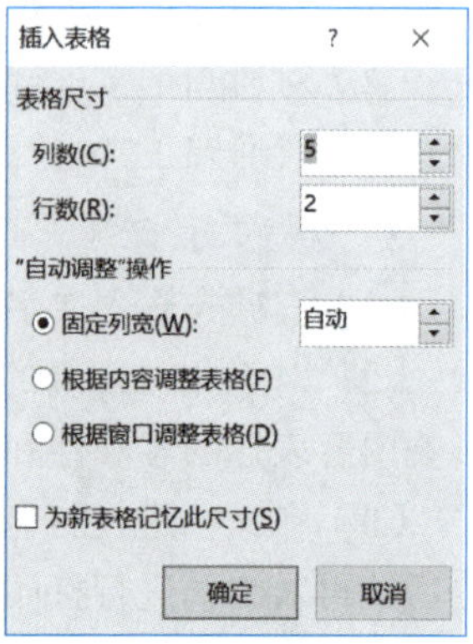

图 2-38　“插入表格”对话框

（3）绘制表格：选择下拉菜单中的“绘制表格”按钮，鼠标会变成一支笔的形状，拖动鼠标会在页面中绘制一个一行一列的表格，再次拖动鼠标会在表格中相应位置绘制表格内框线。

（4）文本转换成表格：将具有特定格式的多行多列文本转换成一个表格。这些文本中的各行之间用段落标记符换行，各列之间用逗号、空格、制表符等分隔符隔开。转换的方法是：选中需转换成表格的文本，如图2-39上方的“姓名、性别、年龄”三行文本，单击“表格”下拉按钮→“文本转换成表格”功能，进入图2-40所示的“将文字转换成表格”对话框，确定表格行数与列数，“文字分隔位置”为“空格”，单击“确定”按钮，即可将内容生成表格。转换前与转换后对比如图2-39所示。反之，表格也可以转换成文本，选中表格，选择“表格”下拉列表→“表格转换成文本”命令，进入“表格转换成文本”对话框，选择好文字分隔符后，单击“确定”按钮完成转换。

（5）Excel电子表格：选择下拉菜单中的“Excel电子表格”，会在鼠标指针处插入一个Excel电子表格，可以进行数据的计算插入等功能。

（6）快速表格：Word提供了内置的表格模板，可以利用表格模板来生成表格。

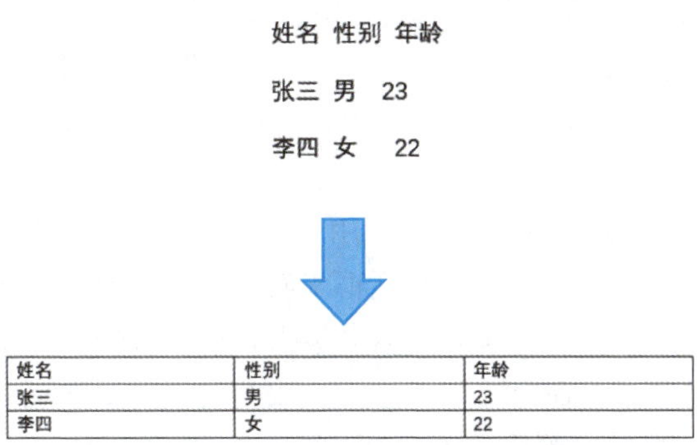

图 2-39　文字转换成表格示例

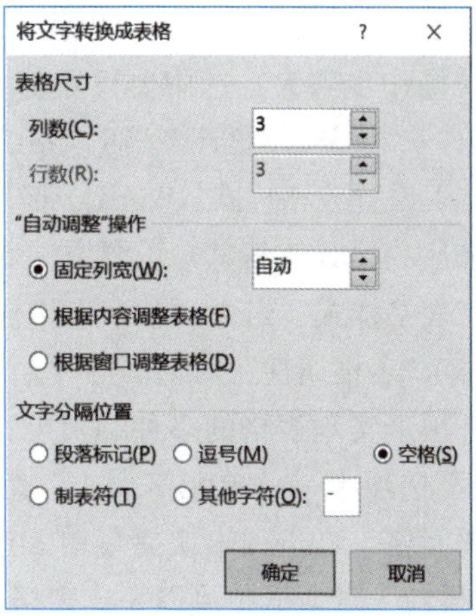

图 2-40　“将文字转换成表格”对话框

2. 编辑表格

表格插入之后，可以在表格中输入数据，还可以对表格、单元格进行属性设置。将插入点定位到表格中的任意单元格或者选中整个表格，Word将自动突出显示“表格工具”中的“表 | 设计”和“表 | 布局”选项卡，如图2-41和图2-42所示。

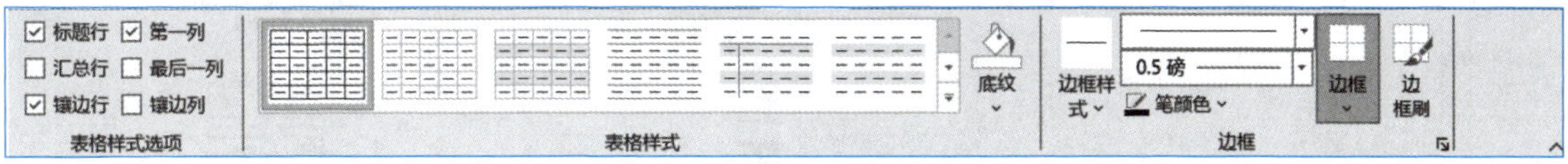

图 2-41　“表 | 设计”选项卡

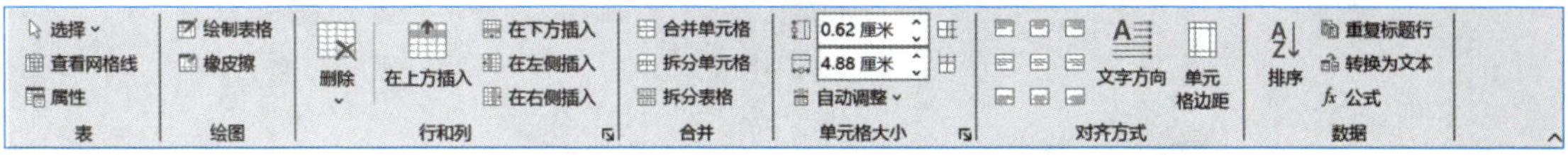

图 2-42　“表 | 布局”选项卡

（1）“表 | 设计”选项卡：提供了对表格的样式进行调整的功能，主要包括表格样式、表格的边框和底纹等方面的操作。

（2）“表 | 布局”选项卡：提供了对表格单元格、行、列及整个表格的编辑命令，主要包括表格的单元格、行、列的插入、删除、行高、列宽调整，表格中文字对齐方式，数据排序和计算等方面的操作。

（3）单元格的合并与拆分：除了常规的单元格合并与拆分方法外，还可以通过“表 | 布局”选项卡“绘图”组中的“绘制表格”和“擦除”按钮来实现。单击功能区中的“绘制表格”按钮，鼠标指针变成铅笔状，在单元格内按住鼠标左键并拖动，此时将会出现一条虚线，松开鼠标可插入一条表格线，实现单元格的拆分。单击功能区中的“擦除”按钮，鼠标指针变成橡皮状，在要擦除的边框线上单击，可删除表格线，实现两个相邻单元格的合并。

（4）表格的跨页：如果表格放置的位置正好处于两页交界处，称为表格跨页。有两种处理方法。一种方法是允许表格跨页断行，即表格的一部分位于上一页，另一部分位于下一页，但只有一个标题（适用于较小的表格），Word中默认表格可以跨页断行。另外一种处理方法是在

每页的表格上提供一个相同的标题，使之看起来仍然是一个表格（适用于较大的表格）。第二种方法操作步骤为：选中要设置的表格标题（可以是多行），单击“表 | 布局”选项卡→“数据”组→“重复标题行”按钮，系统会自动在因为分页而拆分的表格中重复标题行。

（5）设置表格样式：Word自带丰富的表格样式，表格样式中包含了预先设置好的表格字体、边框和底纹格式等信息。设置方法是将插入点定位到表格中任意单元格，单击“表|设计”选项卡中“表格样式”组中的某个表格样式即可。

（6）“表格属性”对话框与“边框和底纹”对话框：除了可以利用“表 | 设计”和“表 | 布局”选项卡实现表格的多种编辑外，还可以打开“表格属性”对话框来实现相应的操作。单击“布局”选项卡→“单元格大小”组右下角的展开按钮，也可以选中整张表格或单击表格中的任意单元格，右击弹出快捷菜单，选择“表格属性”命令，即可进入“表格属性”对话框。在“表格属性”对话框中可以完成表格、行、列、单元格等属性的相关设置，如图2-43所示。

（7）“边框与底纹”对话框：用于设置表格边框样式与底纹样式。打开“边框与底纹”对话框的方法有多种。在“表格属性”对话框的“表格”选项卡中单击“边框与底纹”按钮可以打开该对话框。在“边框和底纹”对话框中可以完成边框、页面边框、底纹的设置，如图2-44所示。

图 2-43 “表格属性”对话框

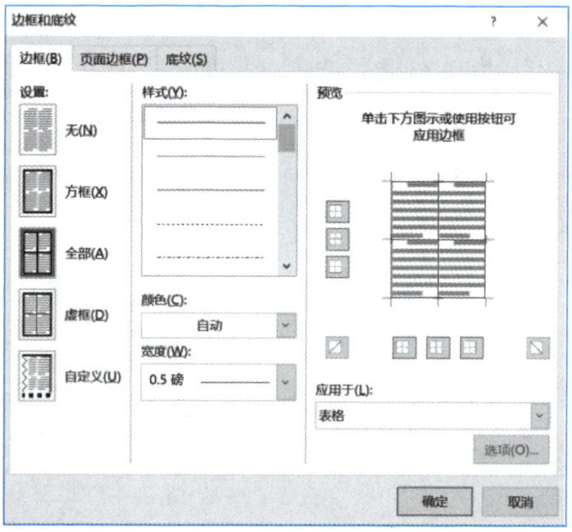

图 2-44 “边框与底纹”对话框

3. 表格排序

在Word中，可以按照递增或递减的顺序把表格中每行的数据按照某一列的值以笔画、数字、日期及拼音等方式进行排序，而且可以根据表格多列的值进行复杂排序。表格排序的操作步骤如下：

（1）将插入点定位到表格的任意单元格或选择要排序的行或列，单击“布局”选项卡→“数据”组→“排序”按钮。整个表格自动被全部选择，同时弹出“排序”对话框，如图2-45所示。

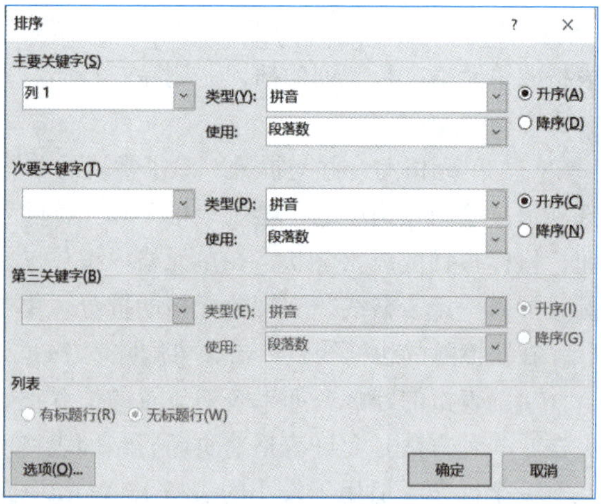

图 2-45 “排序”对话框

（2）在“排序”对话框中，在“主要关

键字”下拉列表框中选择用于排序的字段（列号），在“类型”下拉列表中选择用于排序的值的类型，如笔画、数字、日期或拼音等。升序或降序用于选择排序的顺序，默认为升序。

（3）若需要多字段排序，可在“次要关键字”“第三关键字”下拉列表框中指定字段、类型及顺序。

提示：要进行排序的数据中不能有合并或拆分过的单元格，否则无法进行排序。同时，在“排序”对话框中，勾选“有标题行”单选按钮，排序时标题行不参与排序，否则，标题行将参与排序。

4. 表格计算

利用Word提供的公式与函数，可以对表格中的数据进行简单计算。下面将以表2-5所示“学生成绩表”中的数据为例，介绍Word利用公式进行计算的方法。

表 2-5　学生成绩表

序　　号	姓　　名	大学英语	计算机基础	大学物理	政　　治	总　　分	平　均　分
1	杨过	95	90	76	90	351.00	87.00
2	小龙女	78	68	75	86	307.00	73.67
3	黄老邪	64	90	68	89	311.00	74.00

（1）总分计算：将鼠标指针定位于“杨过”行的总分单元格，单击“布局”选项卡→“数据”组→“公式”按钮，弹出如图2-46所示的“公式”对话框。默认公式为“SUM(LEFT)”，即左侧数据求和公式。SUM是求和函数名，LEFT为求和参数，其他参数有“RIGHT（右侧）\ABOVE（上侧）\BELOW（下侧）”，“编号格式”可对数字的格式进行选择，“粘贴函数”选择Word提供的函数。本例中公式为“SUM(LEFT)”，数据格式选择两位小数，同样方法计算其余行总分。

（2）平均分计算：平均分的计算方法类似，鼠标指针定位于“杨过”行的平均分单元格，单击“布局”选项卡→“数据”组→“公式”按钮，先删除“公式”对话框中的默认公式，在“粘贴函数”中选择“AVERAGE”，参数输入“c2:e2”，数字格式选择两位小数，如图2-47所示，单击“确定”按钮可得到平均分。其他行平均分计算方法类似。

（3）更新计算结果：表格中的运算结果是以域的形式插入表格中的，当参与运算的单元格数据发生变化时，可以通过更新域对计算结果进行更新。按功能键【F9】即可更新计算结果。也可以选择结果单元格的有灰色底纹的数据，单击右键，在弹出的快捷菜单中选择“更新域”命令。

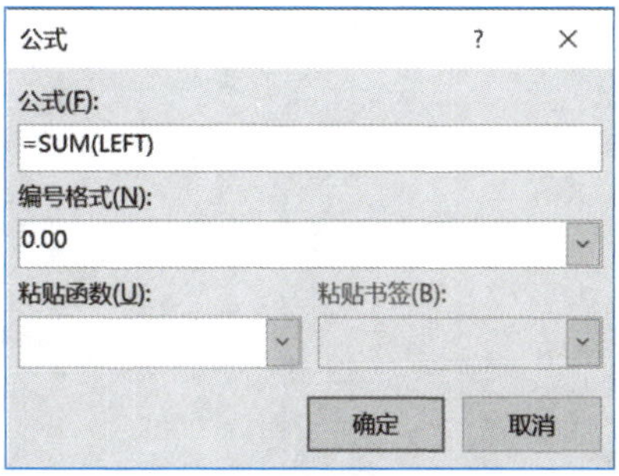

图 2-46　“公式”对话框

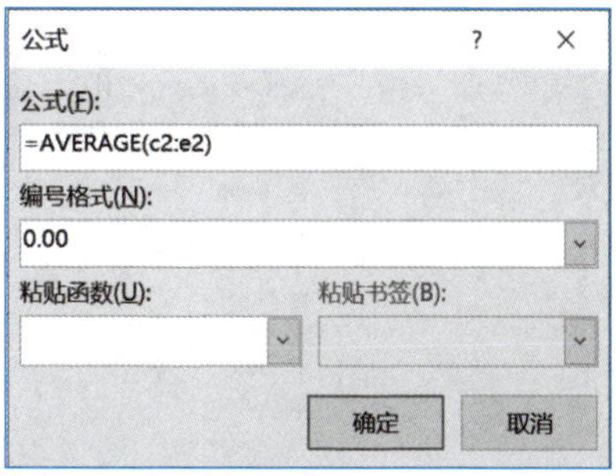

图 2-47　计算平均分参数设置

（二）图文混排

Word进行图文混排时会用“插入”选项卡“插图”组中的命令，如图2-48所示。

图 2-48 “插图”命令组

（1）图片：用来插入来自本机或者网络的图片，选择不同的对象会弹出相应的“插入图片”对话框，用来确定插入图片的来源、位置、文件名。

（2）形状：用来插入Word预设的各种形状，有线条、矩形、基本形状、箭头汇总、公式形状、流程图、星和旗帜、标注等形状。

（3）SmartArt：用来插入Word提供的各种智能图形，智能图形是一组专业的图形工具，可以形象直观地表达内容之间的各种关系。

（4）图表：用来插入图表，用来演示和比较数据，包括柱形图、折线图、饼图、条形图、面积图等。

（5）屏幕截图：用来将当前屏幕截屏插入文档。

1. 插入图片

Word提供了各种类型的图片插入、编辑方法。

（1）图片：将插入点定位在文档中需要插入图片的位置，单击“插入”选项卡→“插图”组“图片”下拉按钮，可以根据实际情况插入想要的图片。

（2）图形：插入图形操作方法是选择某类形状后，在文档中拖动鼠标确定其大小，该形状会自动生成。选中一个图形，按住【Ctrl】键选中需要组合的图形，在选中多个图形的状态下双击鼠标左键会打开“图片工具”，单击“图片格式”选项卡→“排列”组→“组合对象”下拉菜单→“组合”命令，会将选中的多个图形进行组合。用同样的方法也可以将多个图片进行组合。

（3）图表：在Word中插入图表会按系统给定的图表样式生成图表，下面介绍其操作步骤。

①将插入点定位在文档中需要插入图表的位置，单击“插入”选项卡→“插图”组→“图表”按钮，打开如图2-49所示的“插入图表”对话框。

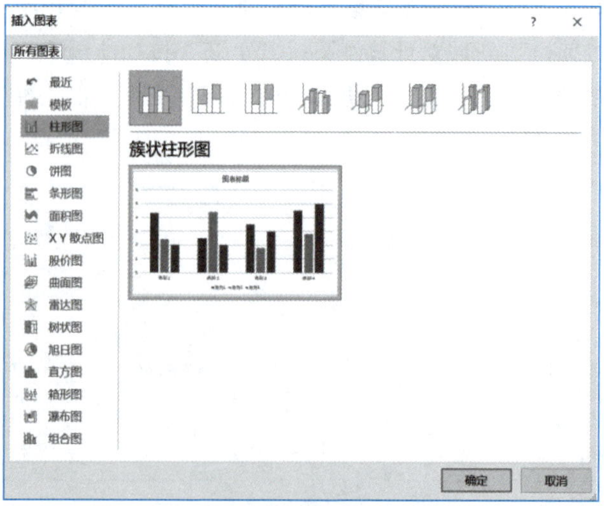

图 2-49 “插入图表”对话框

②根据数据类型的特征以及使用图表的用意，选择符合要求的图表，单击即可在当前位置插入图表。接下来以基本的簇状柱形图为例，讲述图表插入、数据编辑、数据选择的过程。

③选择簇状柱形图，在鼠标当前位置将会插入初始图表，如图2-50（a）所示，同时自动打开Word中的图表窗口，在图表窗口中，完成数据的输入。

④示例中输入了手机、平板、电脑、打印机四种商品四个季度的销售数据，如图2-50（b）所示。数据输入同时，图表的数据也随之更新，如图2-50（c）所示。图例项系列单击+，添加“四季度”图例项。在图表的标题部分，修改图表标题为“销售数据”，完成四种商品的四个季度的簇状柱形图，如图2-50（d）所示。

PDF

图 2-50 彩色版

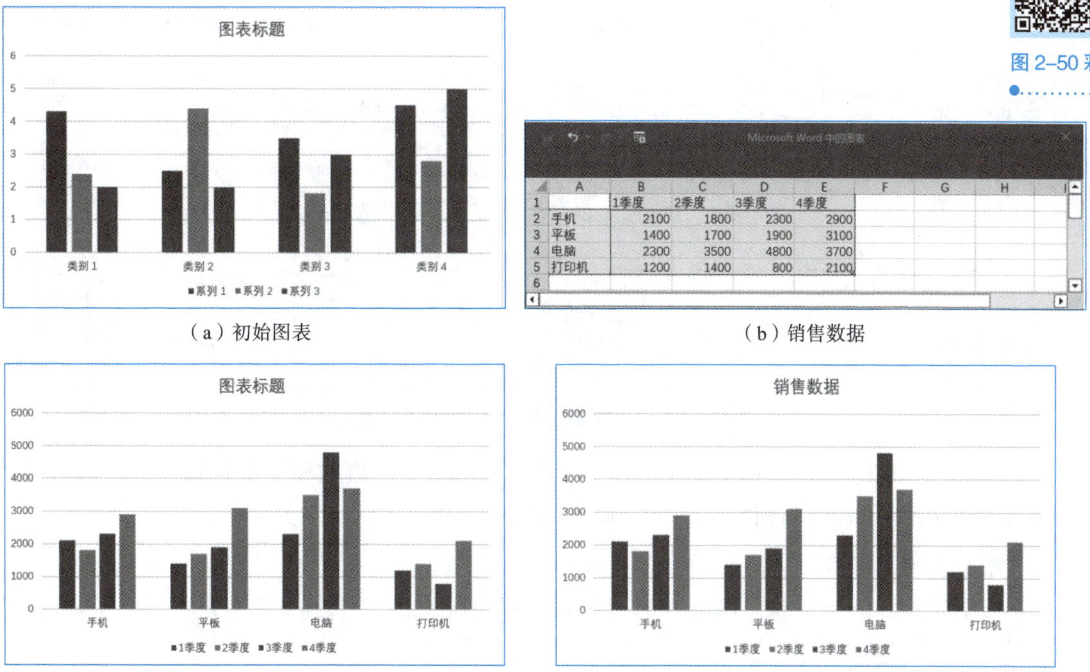

（a）初始图表　（b）销售数据

（c）随数据更新的图表　（d）修改图表标题

图 2-50　图表插入、数据编辑及选择

（4）SmartArt图形：Word提供了丰富的智能图形，包括列表、流程、循环、层次结构、关系、矩阵、对比、时间轴等多种类型。智能图形的意义在于可以帮助用户快速地建立内容的可视化表达。

①创建智能图形。将插入点定位在文档中需要插入图表的位置，单击“插入”选项卡→“插图”组→“智能图形”按钮，打开如图2-51所示的智能图形对话框。接下来以公司组织结构图来说明智能图形的应用。选择层次结构，自动插入组织结构图。在文本框中输入相应的文本内容，完成智能图形的初始创建，如图2-52所示。

②智能图形的“SmartArt设计”和“格式”选项卡。当插入一个智能图形后，系统将自动显示“SmartArt设计”和“格式”选项卡，并自动切换到“SmartArt设计”选项卡，如图2-53所示。“格式”选项卡如图2-54所示。

“SmartArt设计”选项卡包括添加形状、升级、降级、更改颜色、样式选择等命令。“格式”选项卡包括项目边框及填充设置、设置文本格式等命令。

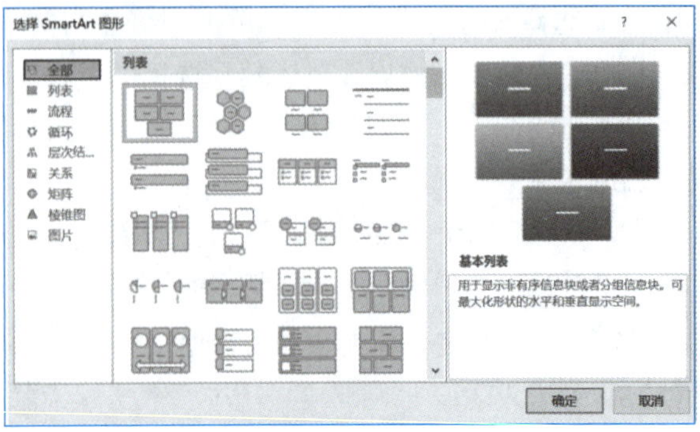

图 2-51 “创建 SmartArt 图形”对话框

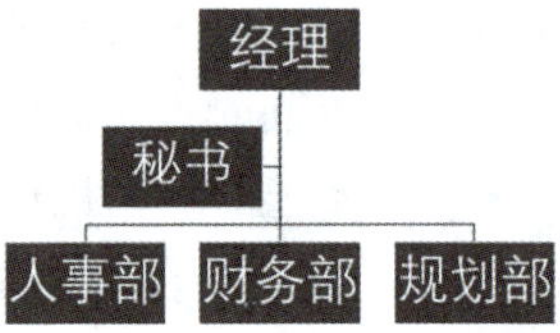

图 2-52 公司组织结构图

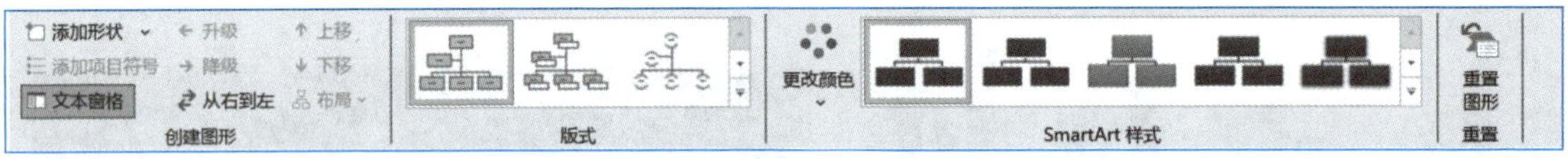

图 2-53 智能图形的“SmartArt 设计”选项卡

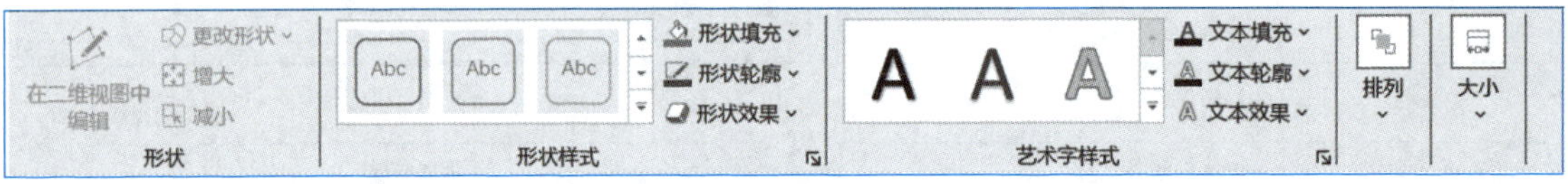

图 2-54 智能图形的“格式”选项卡

（5）截屏：将鼠标放置在需要插入截屏的地方，单击“屏幕截图”下拉按钮，选择“屏幕剪辑”选项，拖动鼠标将当前界面的下一层界面截图，并插入在当前文档中。

2. 编辑图形、图片

Word在插入“形状”和“图标”时，默认的环绕样式为“浮于文字上方”，插入图片默认的环绕样式均为“嵌入型”。

（1）环绕样式设置：文字环绕样式指插入图形、图片后，图形、图片与文字的环绕关系。Word提供了七种文字环绕样式，分别是嵌入型、四周型、紧密型、穿越型、上下型、浮于文字上方及衬于文字下方。

设置环绕形式有以下三种方法：

方法1：选择图形或图片，单击“图片格式”选项卡→“排列”组→“环绕文字”下拉按钮，在弹出的下拉列表中选择一种环绕方式即可。

方法2：选择图形或图片后，在其右侧将出现一个“布局选项”图标，单击这个图标在弹出的列表中选择一种环绕方式。

方法3：右击需要设置环绕样式的图形或图片，在弹出的快捷菜单中选择“环绕文字”，在右侧会展开可选的环绕样式，选择一种环绕方式即可。

（2）设置大小：对于Word文档中的图形和图片，可以手动使用鼠标拖动图形或图片四周的控制点来调整大小，但这种方法不能精确设置大小。可以在选中图片的情况下，在“图片格式”选项卡→“大小”组中的宽度与高度微调按钮直接调整高度与宽度的值（如果需要同时设置高度与宽度，需要取消锁定纵横比选项）。也可以在选中图片的情况下，右击，在弹出的快捷菜单中选择“大小和位置”选项完成设置。

（3）删除背景：指将图片中的背景信息删除，又称为抠图，以留下图片中的主体部分（一般为人物）。删除背景操作步骤要先选中需要进行背景删除的图片，如图2-55所示为即将抠除背景的原图。选择“图片格式”选项卡→“调整”组→“删除背景”按钮，界面变化如图2-56所示，拖动图片四周的圆形按钮选中需要保留的主体所在区域，软件将自动识别需要保留的元素，将要被删除的背景会呈暗红色。单击左上角的“保留更改”按钮，则背景部分被删除，抠图完成，效果如图2-57所示。

视 频

Word项目二：删除背景

图 2-55　原图

图 2-56　选中抠图区域

图 2-57　抠图效果

（4）裁剪：可以将图片裁剪成需要的形状。

将图片裁剪为矩形的操作步骤如下：

①选中需要剪裁的原图，如图2-55所示，单击“图片格式“选项卡→”大小“组”剪裁“下拉按钮，在纵横比中选择一个合适的比例，图片四周出现剪裁点，可以拖动剪裁控制点来调整剪裁区域，使之包含希望保留的图片部分。

②调整完成后，单击图片以外的其他区域，图片即被剪裁成功。图2-58是剪裁后的结果。

还可以将图片裁剪为其他形状如心形，操作步骤为：选中需要剪裁的原图，如图2-55所示，单击“图片格式”选项卡→“大小”组→“剪裁”下拉按钮中的“裁剪为形状”，选择“基本形状”中的心形即可，效果如图2-59所示。

图 2-58　裁剪为矩形的效果

图 2-59　裁剪为心形的效果

（5）调整图片效果：Word可以调整图片亮度、色彩、效果、压缩图片、图片加边框等多种效果。这些功能均在“图片格式”选项卡中，此处不再一一赘述。

（6）调整形状格式：Word可以设置插入的形状的格式，但与插入的图片、屏幕截图有所区别。当插入形状后，Word将提供“绘图工具”，可以利用“形状格式”选项卡各功能区组中的按钮进行详细设置，主要包括形状线条、轮廓、填充、文本等格式的设置，设置方法与图片的相应操作类似。

（三）文本框与艺术字

文本框作为存放文本或图形的独立形状，最大的优势在于可以存放至页面中的任意位置。在Word中，文本框是作为图形对象来处理的。艺术字是文档中具有特殊效果的文字，也是一种图形对象。Word中，插入的文本框及艺术字默认的环绕方式均为“浮于文字上方”。

1. 编辑文本框

文本框分为横向、竖向，可以根据需要进行选择。在文档中插入文本框的方法有直接插入空文本框和将已有的文本设置为文本框两种。

（1）在文档中直接插入空文本框的操作步骤如下：

①将插入点定位在文档中的任意位置，单击“插入”选项卡→“文本”组→“文本框”下拉按钮，在弹出的下拉列表中选择一种文本框形式。“横向”表示文字从左到右、行按从上到下排列；“竖向”表示文字从上到下，行按从右到左排列；“多行文字”表示文本框的大小随着文字的输入自动调整，而横向或竖向生成的文本框不会随着文本的输入自动变大，需要手工调整文本框的大小。

②指针变成十字形状时，在文档中的适当位置拖动鼠标绘制所需大小的文本框，然后输入文本内容。

（2）将已有的文本设置为文本框的操作步骤如下：

①先选中文本，然后选择“文本框”下拉列表中的命令即可生成。新生成的文本框为默认格式。

②插入文本框后，可以根据需要修改文本框及文本的格式。选中要修改的文本框，自动出现“绘图工具”。“绘图工具”中的命令可以修改文本框的格式。

2. 编辑艺术字

艺术字可以有多种颜色及字体，可以带阴影、倾斜、旋转和缩放，还可以更改为特殊的形状。在文档中插入艺术字的操作步骤如下：

①将插入点定位在文档中需要插入艺术字的位置，单击“插入”选项卡→“文本”组→“艺术字”下拉按钮，在弹出的下拉列表中选择一种艺术字样式，在文档中将自动出现一个带有“请在此放置您的文字”字样的文本框。

②在文本框中直接输入艺术字内容，将会以默认的艺术字格式显示文本的效果。

插入艺术字后，将自动出现“绘图工具”，可以根据需要修改艺术字的风格，例如艺术字的形状、样式、效果等，操作方法类似于文本框。

三、项目实现

（一）设置海报背景

视频

Word 项目二：
宣传海报制作

1. 设置背景颜色

单击“设计”选项卡→“背景颜色”组→“页面颜色”下拉按钮→“其他颜色”按钮，在弹出的“颜色”对话框中单击“自定义 ”选项卡，设置颜色的RGB值为“0、112、192”，如图2-60所示。

2. 设置图片渐变效果

单击“设计”选项卡→“背景颜色”组→“页面颜色”下拉按钮→“填充效果”，在弹出的“填充效果”对话框的“渐变”选项卡中，“颜色”选项选择“双色”，单击

“颜色2 ”下拉按钮，单击“其他颜色”按钮，设置颜色2的RGB值为“99、200、241”。“底纹样式”选择“水平”，“变形”选择第一种，如图2-61所示，全部设置完成后单击“确定”按钮。

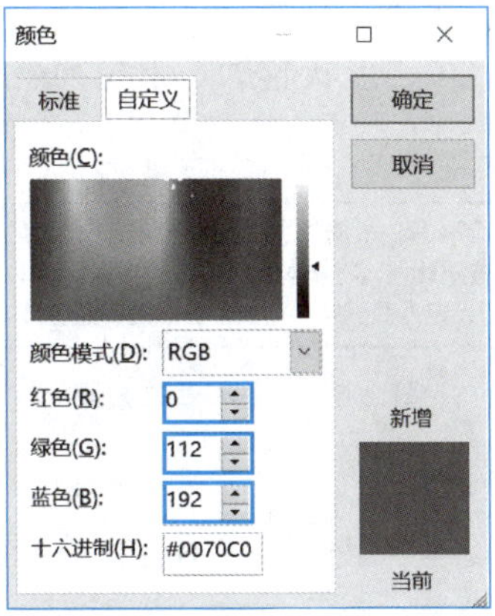

图 2-60　设置颜色的 RGB 值

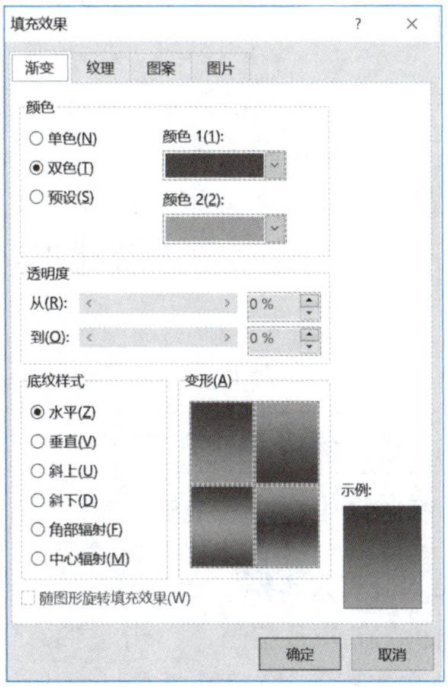

图 2-61　设置渐变样式

（二）插入表格

单击“插入”选项卡→“表格”组→“表格”下拉按钮，在弹出的下拉菜单中拖动鼠标选中一个1 × 2的表格，即可在图中插入一个两行一列的表格，鼠标选中表格左上角的按钮，将表格拖动到页面的中上方。

（三）插入艺术字

在刚刚插入的表格第一行输入“全国法制”，在第二行输入“宣传日”，选中第一行的文本，单击“开始”选项卡→“字体”组→“文本效果和版式”下拉按钮，选择如图2-62所示的艺术字样式。字体设置为“黑体”，字号为“100”，并将字体加粗，字体颜色设置为“橙色，个性色2，深色50%”，如图2-63所示。单击“开始”选项卡→“段落”组中的“居中”按钮，使文本在单元格内居中显示。

用同样的方法为第二行的文本内容“宣传日”设置效果，除了字号设置为“72”，其余效果都和第一行文本相同。效果如图2-64所示。

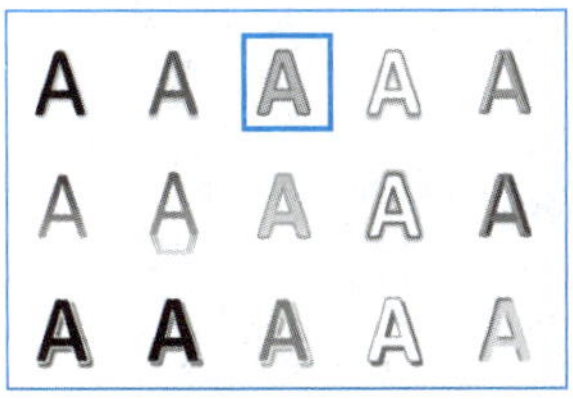

图 2-62　艺术字样式

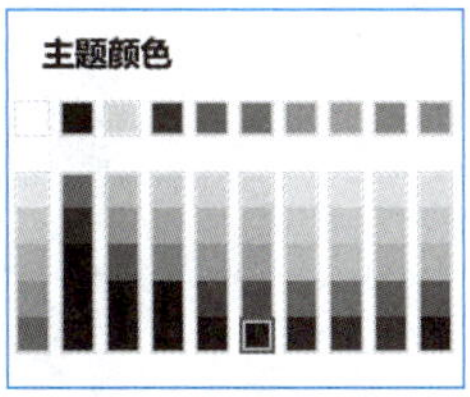

图 2-63　字体颜色

图 2-64　艺术字样式

（四）插入文本框

1. 插入横排文本框

在表格下方单击“插入”选项卡→“文本”组→“文本框”下拉按钮，选择“内置文本框”

中的“简单文本框”，输入“——【加强法制教育 推进依法治国】”，将字体设置为“黑体”，字号为“小三”，完成效果如图2-65所示。选中文本框，单击“形状格式”选项卡→“形状样式”组，在“形状填充”下拉列表中选择“无填充”，在“形状轮廓”下拉列表中选择“无轮廓”。

在第一个文本框下方单击“插入”选项卡→“文本”组→“文本框”下拉按钮，选择“内置文本框”中的“简单文本框”，输入图2-66中文字，字体设置为“黑体”，字号为“五号”，内容居中显示。完成效果如图2-66所示。选中文本框，单击“形状格式”选项卡→“形状样式”组，在“形状填充”下拉列表中选择“无填充”，在“形状轮廓”下拉列表中选择“无轮廓”。

——【加强法制教育 推进依法治国】

图 2-65　文本框一效果

2001 年 4 月，根据党中央、国务院批准的全国“四五”普法计划，将我国现行宪法的实施日即 12 月 4 日，定为我国每年一次的全国法制宣传日。

图 2-66　文本框二效果

2. 插入竖排文本框

将鼠标放在页面左侧，单击“插入”选项卡→“文本”组→“文本框”下拉按钮，选择“绘制竖排文本框”，拖动鼠标在页面中生成一个竖排文本框，输入文本“依/法/行/政 依/法/管/理 ”，设置字体为“黑体”，字号为“小四”，单击“开始”选项卡→“段落”组→“分散对齐”按钮。复制文本框，放置在页面右边，效果如图2-67所示。

（五）插入图片

单击“插入”选项卡→“插图”组→“图片”下拉按钮，单击“此设备”，在弹出的“插入图片”对话框中选择素材中的“图片一”文件。选中图片，单击“图片格式”选项卡→“排列”组→“位置”下拉按钮，选择“嵌入文本行中”，单击“图片格式”选项卡→“排列”组→“环绕文字”下拉按钮，选择“上下型环绕”，拖动图片调整图片位置和大小。按同样方法将图片二、图片三、图片四也插入文档中，效果如图2-68所示。

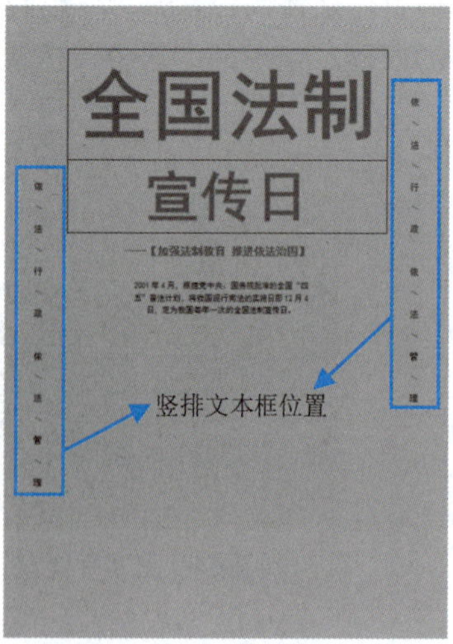

图 2-67　竖排文本框效果图

图 2-68　插入图片效果图

提示： 插入图片后图片之间会有上下层关系，下层图片会被上层图片遮挡，要改变图片的上下层级可以右击图片，在弹出的快捷菜单中选择“置于顶层”或“置于底层”改变图片上下顺序。

表格只是用来作为布局的。布局完成以后，可以取消表格的边框。右击表格任意位置，在弹出的快捷菜单中选择“表格属性”→“表格”选项卡，单击右下角“边框和底纹”，在弹出的“边框和底纹”对话框“边框”选项卡中“设置”选择“无”，如图2-69所示。单击“确定”按钮设置完成后，最终宣传海报效果图如图2-37所示。

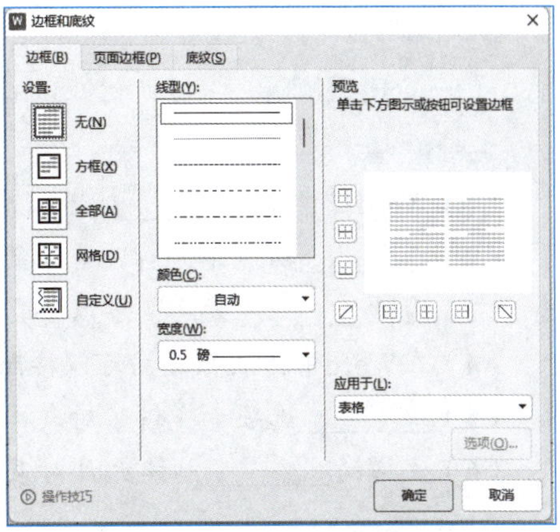

图 2-69　设置表格无边框

四、技巧与提高

在Word中编辑科技类或学术类文档时，常常需要输入数学公式，Word中的数学公式是通过公式编辑器输入的。输入公式的基本步骤为：将插入点定位在文档中需要插入公式的位置，单击“插入”选项卡→“公式”的下拉按钮 π 公式 ⌄ 可以看到，Word提供了二次公式、二项式定理、傅里叶级数等多种预置公式。单击“插入新公式”，进入如图2-70所示的公式编辑器窗口。在输入公式时，可以根据公式编辑器工具栏提供的多种数学符号，结合键盘符号，实现公式输入。

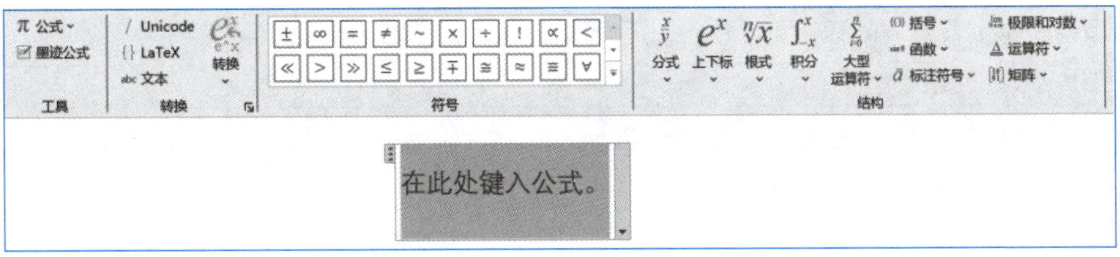

图 2-70　公式编辑器窗口

下面以两点距离公式：$d=\sqrt{(y_2-y_1)^2+(x_2-x_1)^2}$ 输入为例，简单介绍公式编辑器的使用。

（1）将插入点定位在需要插入公式的位置，利用上述方法打开公式编辑器，直接输入“d=”。

（2）根号设置。单击工具栏中“根号”下拉列表中的 $\sqrt{\square}$ 。

（3）上标和下标设置。将鼠标放在根号下的虚线框中，输入加号“+”，将鼠标放在加号左侧，单击工具栏中“上下标”下拉按钮，单击“上标”按钮 $\square^{\square}$，在左边的虚线框中输入“()”，在右边的虚线框中输入“2”，用同样的方式在加号右侧输入“$()^2$”。将鼠标放置在根号下第一个括号中，单击工具栏中“上下标”下拉按钮，单击“下标”按钮 $\square_{\square}$，在左边的虚线框中输入 y，在右边的虚线框中输入2，用同样的方法在第一个括号中输入 y_1，在第二个括号中输入 x_2 和 x_1。

（4）在 y_2 和 y_1 中间、x_2 和 x_1 中间输入减号“－”，在完成公式输入完毕后单击任意空白处即可关闭公式编辑器窗口。

如需修改公式，双击公式，即可自动弹出公式编辑器，进行修改。

五、测评

（一）知识测评

1. 填空题

（1）Word提供了________种插入表格的方法。

（2）________功能允许通过拖动鼠标来确定行数与列数，快速直观地插入表格。

（3）通过________方法，可以将具有特定格式的多行多列文本转换成一个表格。

（4）在Word中，表格数据可以按照________或________的顺序进行排序。

（5）________选项卡提供了对表格单元格、行、列及整个表格的编辑命令。

（6）表格的________功能允许对表格中的数据进行简单计算。

2. 简答题

（1）简述Word中表格的五种插入方法的特点和使用场景。

（2）讨论Word中插入文本框的重要性及其在宣传海报制作中的应用。

（二）能力测评

按表2-6中所列的操作要求，对自己完成的海报进行检查，根据实际情况自评。

表 2-6 能力测评表

序号	操作要求（具体见项目实现）	分值	完成情况	自评分
1	完成背景颜色和渐变效果设置	10		
2	完成图片插入及图片属性设置	10		
3	完成艺术字插入，属性设置	20		
4	完成文本框插入，属性设置	20		
5	插入表格，属性设置	20		
6	整体版面重点突出，内容丰富，各版块色彩和谐	20		
总　分				

（三）素质测评

针对表2-7中所列素质与素养观察点，反思项目实现的过程，思考总结相关项目。

表 2-7 素质测评表

序号	素质与素养	分值	总结与反思	得分
1	大局意识和规划意识——宣传海报制作要先通过表格进行版块设计与规划，每一个版块设计完成的同时，要兼顾其他版块及整个版面。要理解部分与整体的关系，理解个体与集体的关系，做事要有大局意识和规划意识	25		
2	信息社会责任——了解信息活动相关的法律法规、伦理道德准则，尊重知识产权，能遵纪守法、自我约束，识别和抵制不良行为	25		
3	计算思维——具备使用Word中的表格、图片、图表等功能设计图文混排文档的意识和能力	25		
4	数字化创新与发展——具备使用Word图文混排工具创造性地进行信息展示交流的意识和能力	25		
总　分				

六、拓展训练

本阶段的项目仍然以小组为单位完成，本次项目围绕“我身边的信息新技术”主题展开，完成“我身边的信息新技术”宣传海报制作。要求如下：

1. 内容要求

（1）信息新技术可从量子科技、5G移动技术、区块链、人工智能、物联网等领域任选一个。

（2）内容应主题突出、图文并茂。

（3）尽可能使用图片、形状、智能图形、图标、二维码等多种元素对设计内容。

2. 格式要求

（1）使用表格进行布局。

（2）版块与版块之间紧凑、和谐。

（3）各元素色彩和谐。

（4）可以一页，也可多页。

3. 建议与提示

（1）素材收集可自行采集或通过网络下载。

（2）信息新技术的介绍请自行检索。

4. 文件上交要求

（1）文件名以小组名命名，上传至指定文件夹。

（2）如有多版本，请以文件夹上传至指定文件夹，文件夹以“小组名+日期”命名。

项目三　校园活动通知批量文档制作——Word 文字邮件合并

一、项目描述

计算机协会计划举办一场计算机科技文化节，以“数字向未来 · 逐梦新征程”为主题，鼓励同学们展示数字化技能和解决问题的能力。项目要求协会成员利用Office 2016版Word中的邮件合并功能，向参赛学生发送个性化通知邮件。学生将学习如何使用邮件合并功能准备包含学生姓名、班级、邮箱地址和参加活动意愿的Excel数据表，并在Word设计专属通知邮件模板。邮件内容将包括活动详情、报名方式和比赛规则，每封邮件将根据数据表中的个性化信息进行定制。这个项目将帮助计算机协会成员提高组织活动和沟通的效率，同时增强协会与学生之间的互动和参与度，促进学院活动的成功举办。

Word文本提供了邮件合并功能，可以使用这一功能来迅速、准确地完成类似活动通知、邀请函、贺卡、奖状之类的批量文档的制作。

本项目是使用邮件合并批量生成校园活动通知。活动通知效果图如图2-71所示。

邮件合并一般应用于需要批量处理的信函，信函内容有固定不变的部分和变化的部分（比如打印信封，寄信人的信息是固定不变的，而收信人信息是变化的），变化的内容可来自数据表中有标题行的数据库表格。

邮件合并的原理是将发送的文档中相同的重复部分保存为一个文档，称为主文档；将不同的部分，如很多收件人的姓名、地址等保存成另一个文档，称为数据源；然后将主文档与数据源合并起来，形成用户需要的文档。

文档不相同的部分如收件人的姓名、地址等可以放在数据源表格中。数据源可看成一张简单的二维表格。表格中的每一列对应一个信息类别，如姓名、学号、成绩等。各个数据域的名称由表格的第一行来表示，这一行称为域名行，随后的每一行为一条数据记录。数据记录是一组完整的相关信息，如某个收件人的姓名、性别、职务、住址等。

邮件合并功能不仅用来处理邮件或信封，也可用来处理具有上述原理的文档。常见的邮件合并案例有：活动通知、成绩单、奖状、录取通知书、给同事或企业合作伙伴的贺卡、邀请函等。这些案例有统一的特点：同样的内容要寄送给很多不同的人。

校园活动通知的批量制作可以分成三个步骤来完成：

（1）生成校园活动通知主文档。

（2）设置数据源。

（3）将数据源合并到主文档，即邮件合并。

信息工程学院计算机科技文化节“数字向未来 • 逐梦新征程”

___________同学：您好！

为引导广大青年进一步适应数字时代的要求，提升国际视野、创新精神和掌握数字技术，展现我院学生科技创新成果，推广和促进大数据、人工智能等新科技知识学习与掌握，提升思维能力以及创新应用能力，营造学生参与科技竞赛的浓厚氛围，实现以赛促学、以赛促教、以赛促用，进一步拓展学生在大数据与人工智能领域的视野与理解，促进丰富校园文化生活，增强校园学习氛围。经研究决定举办计算机科技文化节。现将有关事项通知如下：

一、活动主题：“数字向未来·逐梦新征程”

二、活动开展：文化节主要活动安排表

活动名称	活动时间
计算机科技文化节开幕式暨活动宣讲会	11 月 15 日
“数智精英”知识竞赛	11 月 18 日
“创想设计，编码艺术”网页设计大赛	11 月 12 日-12 月 22 日
“‘码’到成功”个人速码竞赛	11 月 20 日
计算机科技文化节闭幕式	12 月 25 日

三、参赛范围：广州华商职业学院全体学生均可报名参加。

四、活动报名：各项活动的报名工作，请在指定时间内报计算机协会负责人，并由计算机协会相关负责人报与信息工程学院学生工作办公室（博学楼 416 室）。为了保证此次计算机科技文化系列活动的参与面，让更多的华商学子在活动中体验“IT”文化盛宴，彰显个性风采，诚邀各学院同学积极参与，踊跃报名参加。

五、奖项设置：各项活动分别设立一、二、三等奖，每种奖项的数量将根据报名人数及比赛结果确定。

六、联系人及联系方式：

计算机学工办：020-32882222

李 筱：17820551206

特此通知

信息工程学院

2024 年 7 月 16 日

图 2-71　校园活动通知效果图

二、知识准备

（一）邮件合并

邮件合并是Word 2016为了提高工作效率而提供的一种功能，它可以把主文档和数据源中的信息合并在一起，生成主文档的多个不同的版本。

在实际工作中，经常要处理大量日常报表和信件，如打印标签、信封、考号、证件、工资条、成绩单、录取通知书等，这些报表和信件的主要内容基本相同，只是数据有变化，为了减少重复工作、提高效率，可以充分使用Word 2016的邮件合并功能。

邮件合并是在两个电子文档之间进行的，一个是主文档，它包括报表或信件共有的文字和图形内容；另一个是数据源文档，它包括需要变化的信息，其多为通信资料，以表格形式存储，一行（又叫一条记录）为一个完整的信息，一列对应一个信息类别，即数据域（如姓名、地址等），第一行为域名记录。在数据源文档中只允许包含一个表格，可以在合并文档时仅使用表格的部分数据域，但不允许包含表格之外的其他任何文字和对象。

邮件合并通常包含四个步骤：

（1）创建主文档，输入内容不变的共有文本。

（2）创建或打开数据源，存放可变的数据。数据源是邮件合并所需使用的各类数据记录的总称，数据源文档可以是多种格式的文件，如Word、Excel等。

（3）在主文档中所需要的位置插入合并域名字。

（4）执行邮件合并操作，将数据源中的可变数据和主文档的共有文本合并，生成一个合并文档。

准备好主文档和数据源后可以开始邮件合并。邮件合并一般都通过“邮件 ”选项卡来完成，有两种方法。

方法1：初学者可以单击“邮件”选项卡“开始邮件合并”组中的“开始邮件合并”按钮，在弹出的下拉列表中选择“邮件合并分步向导”命令，通过“向导”完成操作。

方法2：打开主文档，打开“邮件”选项卡，然后单击“开始邮件合并”组中的“选择收件人”按钮，在下拉列表中选择“使用现有列表”；接着在主文档中插入域（必须是数据源文档中的域），将光标定位，单击“编写和插入域”组中“插入合并域”按钮，在下拉列表中选择要插入的域（如姓名、准考证号、笔试、机试和总成绩），如图2-72所示；最后单击“完成”组“完成并合并”按钮，在弹出的下拉列表中选择“编辑单个文档”菜单完成邮件合并，形成合并文档。在合并的文档中，合并域处会插入数据源文档中每条记录的相应信息，而且每条记录单独占一页显示。

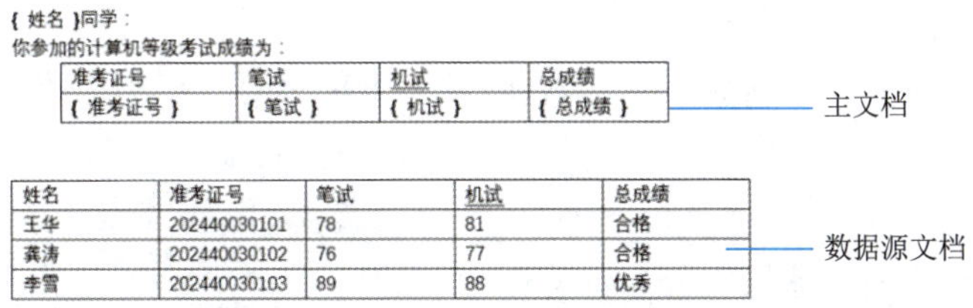

图 2-72　邮件合并样例

（二）打印文档

完成文档的录入和排版后，就可以把它打印出来。在正式打印文档之前，可以先对文档进行预览，进行相应内容设置，如页面布局、打印份数、纸张大小、打印方向等，满意后方可打印文档，避免纸张浪费。

单击快速访问工具栏中的“打印预览和打印”按钮，或者执行“文件”选项卡下拉菜单中的“打印”命令，在打开的“打印”窗口右侧预览区域可以查看Word 2016文档打印预览效果，用户所做的纸张方向、页面边距等设置都可以通过预览区域查看效果。用户还可以通过调整预览区下面的滑块改变预览视图的大小，如图2-73所示。

若要退出打印预览，单击“打印”窗口左上角的“后退”按钮，即可返回文档编辑窗口。

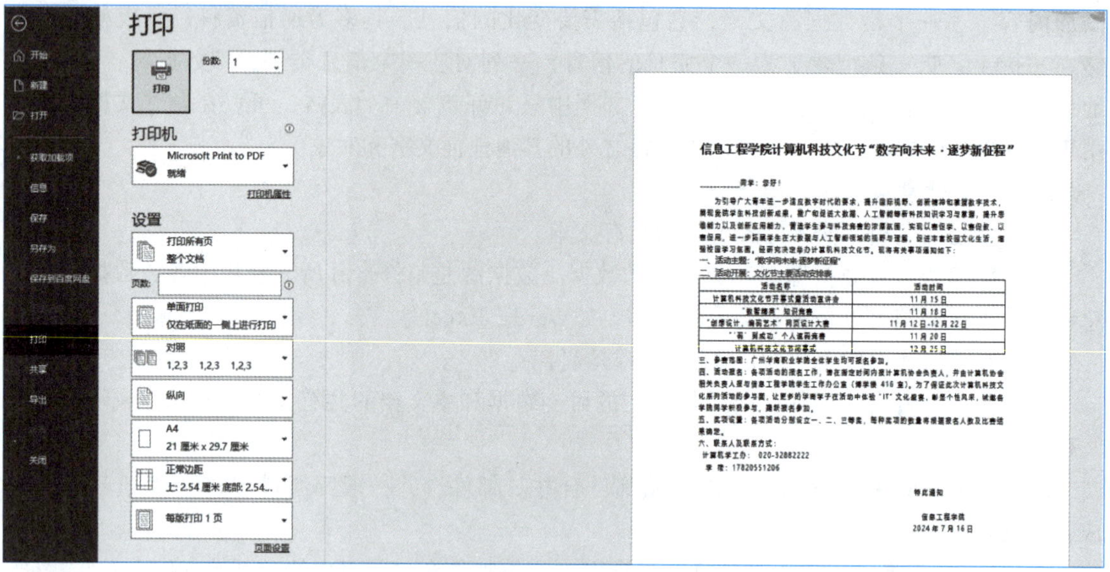

图 2-73 “打印”窗口

三、项目实现

本项目要使用邮件合并来完成校园活动通知批量文档的制作。通过本项目的实现，了解邮件合并域的应用。

（一）创建主文档

所谓主文档，就是批量文档中相同的部分。

在项目描述中，给出了校园活动通知的效果图（见图2-71）。分析效果图可以看到，主文档需要输入相同部分的内容，也需要预留不相同部分的占位符。

1. 创建空白文档

单击“文件”选项卡→“新建”→“新建空白文档”，创建空白文档。

2. 页面设置

（1）单击“布局”选项卡→“页面设置”选项组，将“纸张大小”设置为“A4”，“纸张方向”设置为“纵向”。

（2）单击“设计”选项卡→“页面背景”选项组，将“页面颜色”设置为“主题颜色：白色，背景1”。

（3）插入标题“信息工程学院计算机科技文化节“数字向未来·逐梦新征程””，将“字体”设置为“宋体”，“字号”设置为“三号”，“对齐方式”设置为“两端对齐”，“段后距”为“1.5倍行距”。

（4）插入一个“6行2列”表格，并按图2-74

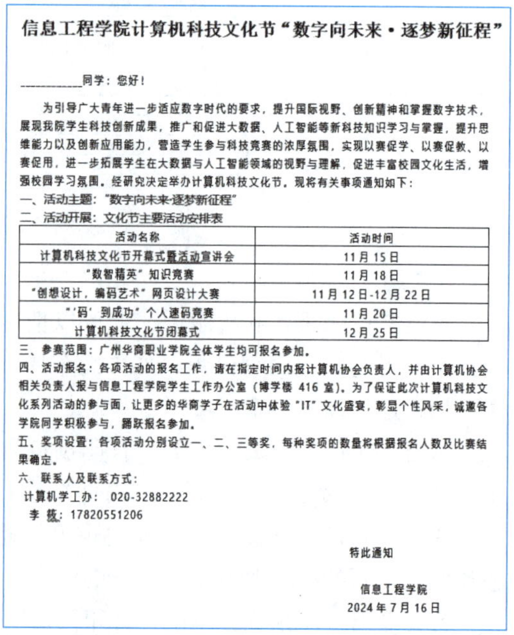

信息工程学院计算机科技文化节“数字向未来 · 逐梦新征程”

__________同学：您好！

为引导广大青年进一步适应数字时代的要求，提升国际视野、创新精神和掌握数字技术，展现我院学生科技创新成果，推广和促进大数据、人工智能等新科技知识学习与掌握，提升思维能力以及创新应用能力，营造学生参与科技竞赛的浓厚氛围，实现以赛促学、以赛促教、以赛促用，进一步拓展学生在大数据与人工智能领域的视野与理解，促进丰富校园文化生活，增强校园学习氛围。经研究决定举办计算机科技文化节。现将有关事项通知如下：

一、活动主题：“数字向未来-逐梦新征程”

二、活动开展：文化节主要活动安排表

活动名称	活动时间
计算机科技文化节开幕式暨活动宣讲会	11 月 15 日
“数智精英”知识竞赛	11 月 18 日
“创想设计，编码艺术”网页设计大赛	11 月 12 日-12 月 22 日
“‘码’到成功”个人速码竞赛	11 月 20 日
计算机科技文化节闭幕式	12 月 25 日

三、参赛范围：广州华商职业学院全体学生均可报名参加。

四、活动报名：各项活动的报名工作，请在指定时间内报计算机协会负责人，并由计算机协会相关负责人报与信息工程学院学生工作办公室（博学楼 416 室）。为了保证此次计算机科技文化系列活动的参与面，让更多的华商学子在活动中体验“IT”文化盛宴，彰显个性风采，诚邀各学院同学积极参与，踊跃报名参加。

五、奖项设置：各项活动分别设立一、二、三等奖，每种奖项的数量将根据报名人数及比赛结果确定。

六、联系人及联系方式：

计算机学工办：020-32882222

李 铭：17820551206

特此通知

信息工程学院

2024 年 7 月 16 日

图 2-74 主文档效果图

所示效果完成单元格合并及行高调整。

（5）按照图2-74的提示，输入相关文本，并进行格式设置，文件保存为“关于举办信息工程学院计算机科技文化节的通知主文档.docx”。

（二）创建数据源

数据源，即批量校园活动通知中不相同的部分。利用Excel表格文件创建数据源。请注意，数据源必须是Excel规范表格，即第一行为标题行，其他行为数据行，共输入了10位同学的数据，如图2-75所示。将其命名为“校园活动通知数据源.xlsx”，保存至跟校园活动通知主文档相同的文件夹中。

姓名
杨过
郭靖
黄蓉
郭芙
郭襄
马钰
刘处玄
丘处机
王处一
潇湘子

图 2-75　数据源效果图

视频

Word 项目三：数据源的选择

（三）选择数据源

将光标置于文档开始处“同学”之前，切换到“邮件”选项卡，单击“开始邮件合并”组中的“选择收件人”按钮，在下拉列表中选择“使用现有列表”命令，如图2-76所示，弹出“选取数据源”对话框，找到素材文件夹中的“校园活动通知数据源.xlsx”文件，单击“打开”按钮，弹出“选择表格”对话框，选中“Sheet1$”，如图2-77所示。单击“确定”按钮，返回主文档，完成数据源的选择。

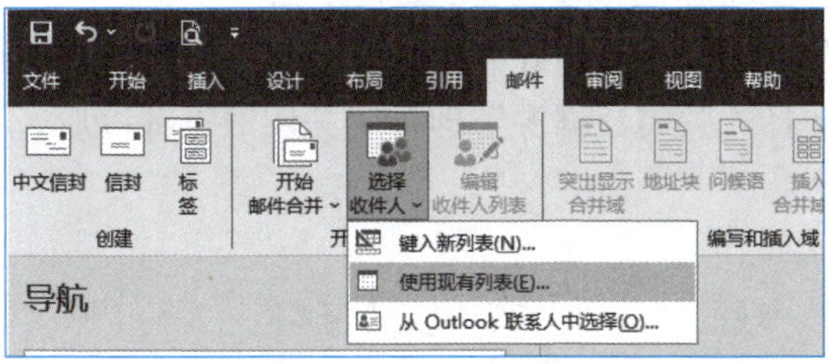

图 2-76　“使用现有列表”命令

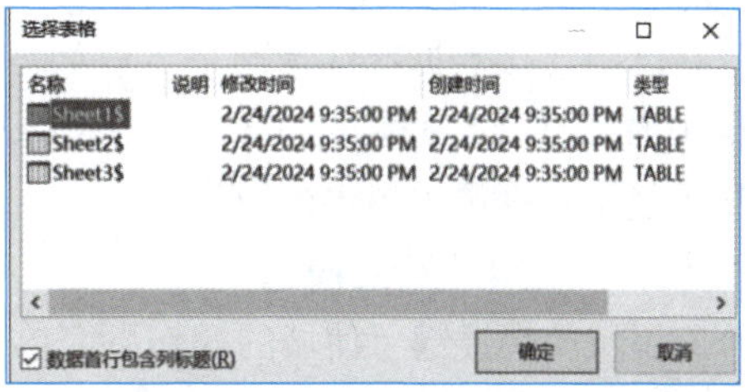

图 2-77　“选择表格”对话框

（四）邮件合并批量生成校园活动通知

视频

Word 项目三：邮件合并

单击“编写和插入域”组中的“插入合并域”按钮，在下拉列表中选择“姓名”，如图2-78所示。

单击“邮件”选项卡下“开始邮件合并”组中的“编辑收件人列表”按钮，弹出“邮件合并收件人”对话框，如图2-79所示。保持所有收件人全部选中的状态，单击“确定”按钮关闭“邮件合并收件人”对话框。

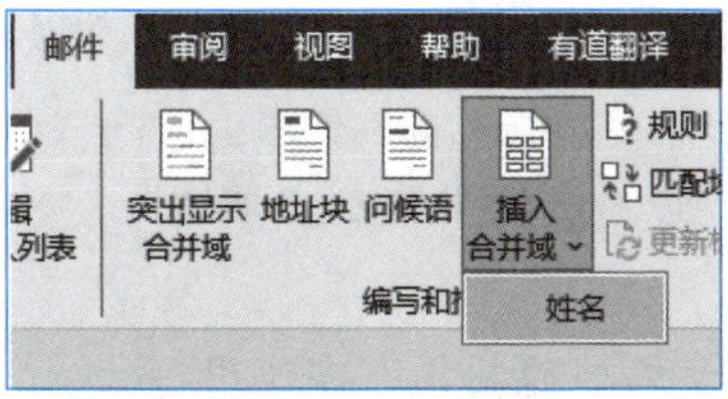

图 2-78　选择“姓名”合并域

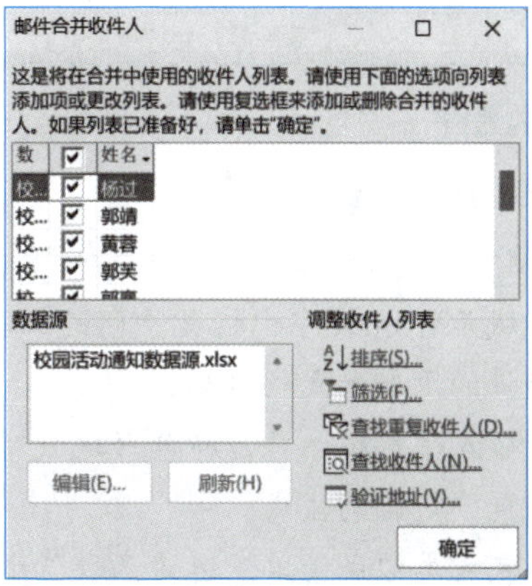

图 2-79　“邮件合并收件人”对话框

单击“邮件”选项卡下“完成”组中的“完成并合并”按钮，在下拉列表中选择“编辑单个文档”命令，如图2-80所示。弹出“合并到新文档”对话框，如图2-81所示。保持“合并记录”中的“全部”单选按钮的选中状态，单击“确定”按钮，返回主文档，此时生成合并后的新文档“信函1”。

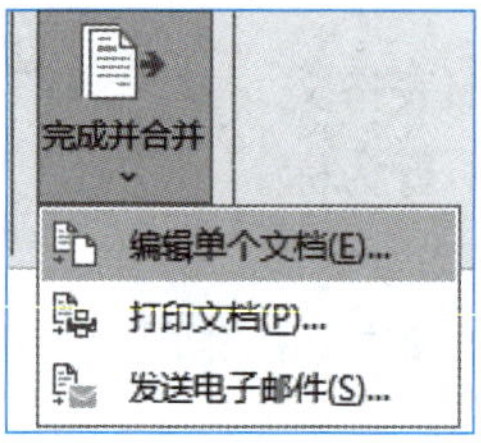

图 2-80 “编辑单个文档”命令

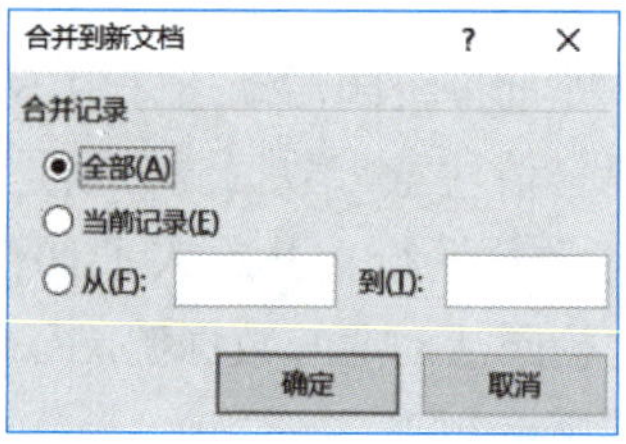

图 2-81 “合并到新文档”对话框

切换到“信函1”文档中，单击“保存”按钮，弹出“另存为”对话框，设置文件的保存路径，以“校园活动通知”命名文件进行保存。

四、技巧与提高

（一）关闭数据源

在已经连接数据源的情况下，假如需要断开主文档与数据源的连接，单击“邮件合并”选项卡中的“打开数据源”右下角的下拉按钮，选择“关闭数据源”即可。关闭数据源以后，将无法再使用数据源中提供的数据。

（二）常用域的快捷键

应用域的快捷键可使域的操作更简单、快捷。域的快捷键及其作用见表2-8。

表 2-8 域的快捷键及其作用

快　捷　键	作　　用
【F9】	更新域，更新当前选择的所有域
【Ctrl+F9】	插入域特征符，用于手动插入域代码
【Shift+F9】	切换域显示方式，打开或关闭当前选择的域的代码
【Alt+F9】	切换域显示方式，打开或关闭文档中所有域的代码
【Ctrl+Shift+F9】	解除域连接，将所有选择的域转换为文本或图形，该域无法再更新
【Alt+Shift+F9】	单击域，等同于双击MacroButton或GoToButton域
【Ctrl+F11】	锁定域，临时禁止该域被更新
【Ctrl+Shift+F11】	解除域，允许域被更新

五、测评

（一）知识测评

1. 填空题

（1）域是Word文字中极具特色的工具之一，它的本质是一组________，在文档中使用域可以实现数据的更新和文档自动化。

（2）输入域特征字符，即包含域代码的大括号“{}”，它不能使用键盘直接输入，而是要按快捷键________自动生成。

（3）完成类似成绩单、邀请函、贺卡、奖状之类的批量文档的制作，需使用________功能。

（4）在Word中进行“邮件合并”，若想把数据源中文件的数据合并到主文档中，所使用的操作是________。

2. 简答题

（1）简述使用邮件合并批量生成文档的过程。

（2）简述使用邮件合并批量生成文档的典型应用场景。

（二）能力测评

按表2-9中所列的操作要求，对自己完成的文档进行检查，根据实际情况自评。

表 2-9　能力测评表

序号	操作要求（具体见项目实现）	分值	完成情况	自评分
1	制作校园活动通知主文档，完成表格插入、文本插入	20		
2	完成校园活动通知页面布局设置	20		
3	使用Excel表格完成数据源的制作	20		
4	完成主文档与数据源的连接	10		
5	在表格相应位置插入合并域	20		
6	合并所有记录，完成校园活动通知合并文档	10		
总　分				

（三）素质测评

针对表2-10中所列出的素质与素养观察点，反思项目实现的过程，思考总结相关项目，做到即得分，未做到得0分，根据实际情况自评。

表 2-10　素质测评表

序号	素质与素养	分值	总结与反思	得分
1	数字化创新与发展——具备使用Word文字邮件合并批量生成文档的意识与能力，能够针对具体项目需求，综合运用Word文字和Excel表格对信息进行加工、处理和展示交流	25		
2	信息意识——能够界定使用邮件合并的典型场景，并能应用相关知识求解问题	25		
3	信息社会责任——本项目在数据源处理的时候，采用了《神雕侠侣》中的人物姓名，请思考个人隐私保护的注意事项	25		
4	计算思维——具备结合生活情境、本专业领域实际问题，运用邮件合并设计解决方案的能力	25		
总　分				

六、拓展训练

本阶段的项目继续围绕“数字向未来・逐梦新征程”主题展开，接下来要召开计算机科技文化节颁奖典礼，需要全体获奖学生都参加，请为每位到会的人员批量制作获奖证书，具体要求如下：

1. 内容要求

（1）获奖证书要明确颁奖典礼的主题。

（2）奖项名称：根据不同的奖项类别（例如最佳创新项目、编程新星、技术先锋等），明确写出获奖者所获得的具体奖项。

（3）学校和主办单位名称：显示学校全称和活动主办方的名称。

（4）图2-82所示为获奖证书范例，仅供参考。

获奖证书

马钰 同学：

在信息工程学院计算机科技文化节“数字向未来·逐梦新征程”校园活动比赛中能力突出，表现优异，荣获

“数智精英”知识竞赛一等奖

特发此证，以资鼓励！

广州华商职业学院信息工程学院

2024年12月31日

图 2-82　获奖证书范例

2. 格式要求

（1）尺寸：标准A4大小，横向，使用正式的边框和字体，如宋体、黑体或Arial，字号适中，如12~14号。

（2）标题：居中，加粗，大号字体，颜色醒目。

（3）内容部分：分段清晰，对齐整齐，姓名、奖项等重要信息应突出显示。

（4）空白区域：留有适当空白，方便打印时美观。

3. 建议与提示

使用邮件合并完成批量文档制作，参考步骤如下：

（1）使用Word文字完成获奖证书主文档设计与制作（批量文档相同部分）。

（2）使用Excel表格完成数据源（批量文档不相同部分，本项目是指姓名、奖项）的制作，数据源应为规范表格，第一行必须是列标题。

（3）使用邮件合并完成批量文档的生成。

4. 文件上交要求

（1）上传文件夹以学号+姓名命名，上传至指定文件夹。

（2）文件夹中应包含三个文档：获奖证书主文档、获奖证书数据源、获奖证书合并文档。

项目四　毕业论文排版——Word 文字长文档排版

一、项目描述

毕业论文设计是高等教育教学过程中的一个重要环节，论文格式排版是毕业论文设计中的重要组成部分，是每位大学毕业生应该掌握的文档操作基本技能。毕业论文的整体结构主要包含以下几个部分：封面、摘要、目录、正文、结论、致谢、参考文献。毕业论文格式的基本要求是：封面无页码、格式固定；摘要至正文前的页面有页码，用罗马数字连续表示；正文部分的页码用阿拉伯数字连续表示；正文中的章节编号自动排序；图、表、题注自动更新生成；参考文献用自动编号的形式按引用次序给出等。

通过本项目的学习，将会对毕业论文的排版有一个整体的认识，从而掌握长文档的高级排

版技巧，为后期毕业论文的撰写和排版做好准备，也为将来工作中遇到的长文档排版问题奠定操作基础。

二、知识准备

（一）样式

样式是Word文字中最强有力的格式设置工具之一，使用样式能够准确、规范地实现长文档的格式设置。例如，要修改文档中某级标题的格式，只要简单修改该标题样式，使用该样式的所有的本级标题格式将自动更新。同时，样式应用还非常便捷，只要选中需要应用样式的内容，单击相应样式名称，就可以将该样式应用到内容中。

样式是被命名并保存的一系列格式的集合，它规定了文档中标题、正文以及各选中内容的字体、段落等对象的格式集合，包含字符样式和段落样式。字符样式包括字体、字号、字形、颜色、文字效果等，可以应用到所有文字。段落样式既包括字体格式，也包含段落格式，如字体、行间距、对齐方式、缩进格式、制表位、边框和编号等，可以应用到段落或整个文档。

在Word文字中，样式分为内置样式和自定义样式。内置样式是指Word文字为文档中各对象提供的标准样式；自定义样式是指用户根据文档需要而设定的样式。

1. 内置样式

在Word文字中，系统提供了多种样式类型。单击“开始”选项卡，在功能区“样式”组中显示了多种内置样式，其中“正文”“一级标题”“目录1”“页脚”等都是内置样式名称。单击“样式”组右侧的“样式”按钮，在弹出的下拉列表中可以选择其他预设样式，如图2-83所示。单击样式窗格中“新建样式”按钮，或者选择图2-83中的“创建样式”，打开“根据格式化创建新样式”对话框，如图2-84所示。样式名称后面带“ ¶a ”的表示字符样式，带符号“ ↵ ”的表示段落样式。单击样式窗格下方“管理样式”按钮，弹出“管理样式”对话框，可对样式进行编辑和管理。

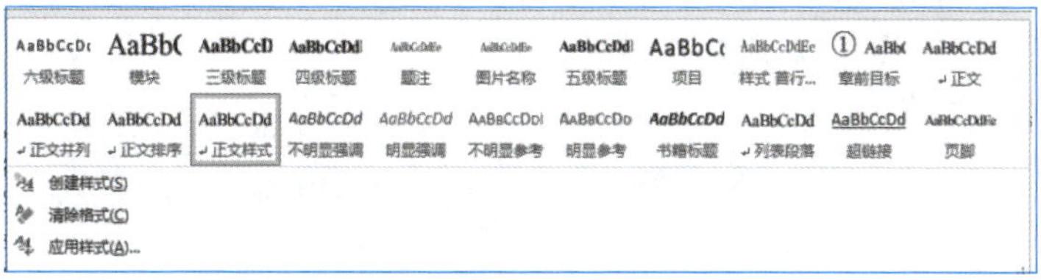

图 2-83 “预设样式”下拉列表

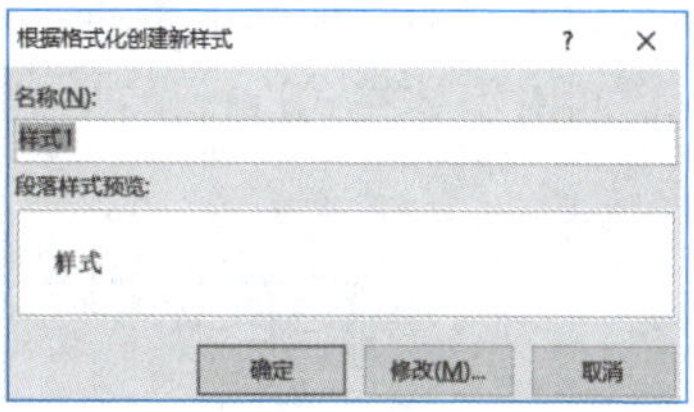

图 2-84 “根据格式化创建新样式”对话框

下面举例说明应用Word文字的内置样式进行文档段落格式设置。对图2-85所示的原Word文档进行格式设置，要求对章标题应用“标题1”样式，对节标题应用“标题2”样式，操作步骤如下：

（1）将插入点定位在文档章标题文本中的任意位置，或选中章标题。

（2）单击“开始”选项卡功能区“样式”组中的“标题1”内置样式即可。

（3）将插入点定位在文档节标题文本中的任意位置，或选中节标题。

（4）单击“样式”组中的“标题2”内置样式即可，设置后的效果如图2-86所示。

视 频

Word 项目四：应用内置样式示例

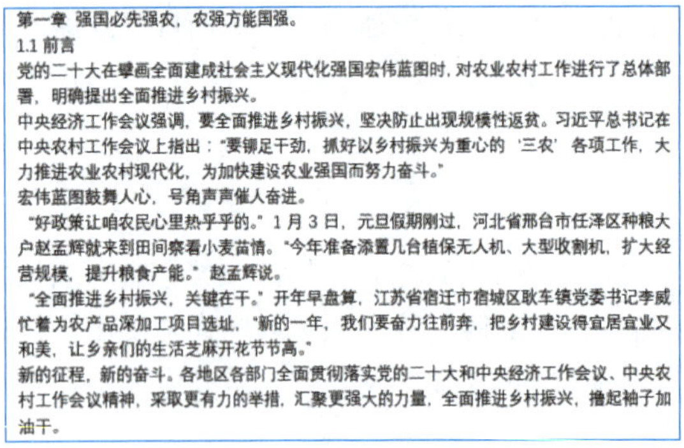

第一章 强国必先强农，农强方能国强。
1.1 前言
党的二十大在擘画全面建成社会主义现代化强国宏伟蓝图时，对农业农村工作进行了总体部署，明确提出全面推进乡村振兴。
中央经济工作会议强调，要全面推进乡村振兴，坚决防止出现规模性返贫。习近平总书记在中央农村工作会议上指出：“要锚足干劲，抓好以乡村振兴为重心的‘三农’各项工作，大力推进农业农村现代化，为加快建设农业强国而努力奋斗。”
宏伟蓝图鼓舞人心，号角声声催人奋进。
“好政策让咱农民心里热乎乎的。”1月3日，元旦假期刚过，河北省邢台市任泽区种粮大户赵孟辉就来到田间察看小麦苗情。“今年准备添置几台植保无人机、大型收割机，扩大经营规模，提升粮食产能。”赵孟辉说。
“全面推进乡村振兴，关键在干。”开年早盘算，江苏省宿迁市宿城区耿车镇党委书记李威忙着为农产品深加工项目选址，“新的一年，我们要奋力往前奔，把乡村建设得宜居宜业又和美，让乡亲们的生活芝麻开花节节高。”
新的征程，新的奋斗。各地区各部门全面贯彻落实党的二十大和中央经济工作会议、中央农村工作会议精神，采取更有力的举措，汇聚更强大的力量，全面推进乡村振兴，撸起袖子加油干。

图 2-85　未使用样式文本

第一章 强国必先强农，农强方能国强

1.1 前言

党的二十大在擘画全面建成社会主义现代化强国宏伟蓝图时，对农业农村工作进行了总体部署，明确提出全面推进乡村振兴。
中央经济工作会议强调，要全面推进乡村振兴，坚决防止出现规模性返贫。习近平总书记在中央农村工作会议上指出：“要锚足干劲，抓好以乡村振兴为重心的‘三农’各项工作，大力推进农业农村现代化，为加快建设农业强国而努力奋斗。”
宏伟蓝图鼓舞人心，号角声声催人奋进。

图 2-86　已使用样式文本

2. 自定义样式

Word文字为用户提供内置样式能够满足常用文档格式设置的需要，但用户在实际应用中常常会遇到一些特殊格式的设置，当内置样式无法满足实际要求时，就需要创建自定义样式进行应用。

（1）创建和应用新样式。

例如，创建一个段落样式，名称定义为“样式0123”，要求：字体为“楷体”，字号为“小四”，首行缩进2字符，行间距为“1.5倍”，段前距为“0.5行”，段后距为“0.5行”。操作步骤如下：

①单击“开始”选项卡→“样式”组右下角的“样式”按钮，在弹出的“样式”对话框中，单击“新建样式”按钮，如图2-87所示。或单击“样式”下拉按钮，也会弹出该对话框。

②在“名称”文本框中输入新样式的名称为“样式0123”，样式类型为“段落”，样式基准为“正文”（样式基于正文，是指基于内置样式正文进行格式设置），后续段落样式默认为“样式0123”。

③字符和段落样式可以在该对话框的“格式”栏中进行设置，如字体、字号、对齐方式等。也可以单击对话框左下角的“格式”下拉按钮，在弹出的下拉列表中选择“字体”，如图2-88所示，可对字体格式进行设置。选择“段落”，可对段落格式进行设置。

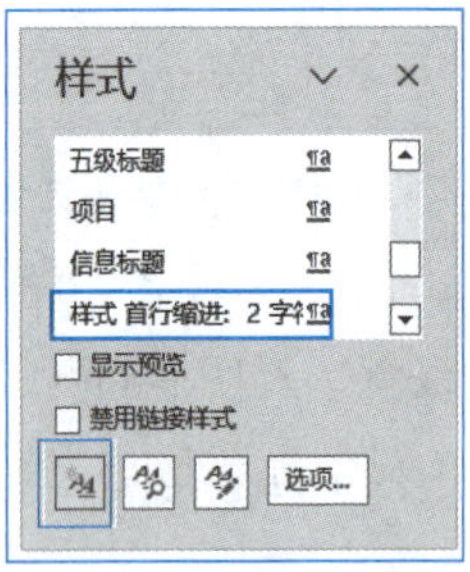

图 2-87　“新建样式”按钮

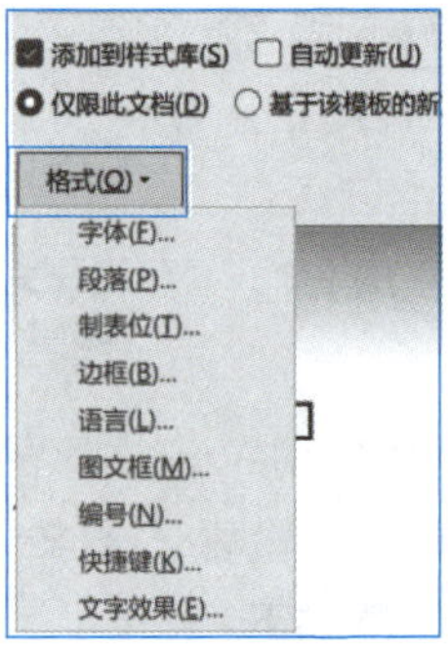

图 2-88　“格式”下拉按钮选项

④字体和段落格式设置完毕之后，单击“确定”按钮，在“样式”窗格会显示新创建的“样式0123”。

⑤选择需要使用该样式的段落，单击“样式”组中的“样式0123”，就可以将该样式应用到选中的段落中。

（2）修改样式。

如果预设或创建的样式不能满足排版要求，可以在此样式的基础上进行修改，样式修改操作适用于内置样式和自定义样式。下面将通过修改自定义样式“样式0123”为例说明样式修改的过程。我们将“样式0123”的字体修改为“宋体”。操作步骤如下：

①单击“样式”窗格中“样式0123”右侧的下拉按钮▾，在弹出的下拉列表中选择“修改”命令，或者右击“样式0123”，在弹出的快捷菜单中选择“修改”命令。

②单击对话框左下角“格式”按钮选择“字体”或者直接在“修改样式”对话框中进行字体修改。

③“样式0123”修改后，所有应用该样式的段落格式将自动更新。

（3）删除样式。

若要删除创建的自定义样式，操作步骤如下：

①右击“样式0123”，在弹出的快捷菜单中选择“从样式库中删除”命令。

②在弹出的对话框中单击“确定”按钮，完成删除样式操作。

（二）脚注和尾注

Word文档中的脚注与尾注主要用于对局部文本进行补充说明，例如单词解释、备注说明或提供文档中引用内容的来源等。脚注通常位于当前页面的底部，用来说明本页中要注释的内容。尾注通常位于文档结尾处，用来集中解释需要注释的内容或标注文档中所引用的其他文档的名称。脚注和尾注由两部分内容组成：引用标记及注释内容。引用标记可使用自动编号或自定义标记。

在Word文档中，脚注和尾注的插入、修改和编辑方法完全相同，区别在于各自位置不同。本节以脚注为例介绍其相关操作，尾注操作方法类似。

1. 插入、修改及删除脚注

在Word文档中，可以在文档中的任何位置添加脚注或尾注。默认设置下，Word文字在同一文档中脚注和尾注采用不同的编号方案。

（1）插入及修改脚注的操作步骤如下：

①将插入点移到要插入脚注的文本位置处，单击“引用”选项卡→“脚注”组中的“插入脚注”按钮，此时鼠标所在位置出现脚注标记，默认数字编号格式为上标的“1,2,3…”。

②在当前页最下方插入点闪烁处输入注释内容，即可实现插入脚注操作，插入脚注注释效果图如图2-89所示。

插入第1个脚注之后，可按相同方法插入第2个、第3个等，并实现脚注的自动编号。如果要修改某个脚注内容，将鼠标定位在该脚注内容处，直接修改即可。

如果在两个脚注之间插入新的脚注，脚注编号将自动更新。

（2）删除脚注：要删除某个脚注，只需选中文本右上角的脚注标记，按【Delete】键即可删除脚注内容。Word文字将自动对其余脚注编号进行更新。

如果需要删除整个文档中所有脚注，可利用“查找和替换”功能完成，方法如下：

①单击“开始”选项卡→“替换”按钮，弹出“查找和替换”对话框。

②将插入点定位在“查找内容”文本框中，单击“特殊格式”下拉按钮，选择下拉列表中的“脚注标记”，“替换为”文本框中设为空，如图2-90所示。

③单击“全部替换”按钮，系统将出现替换完成对话框，单击“确定”按钮即可实现对当前文档中全部脚注的删除操作。

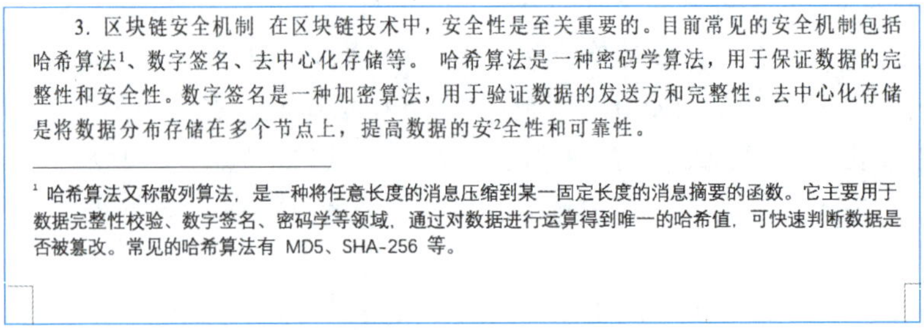

3. 区块链安全机制 在区块链技术中，安全性是至关重要的。目前常见的安全机制包括哈希算法[1]、数字签名、去中心化存储等。 哈希算法是一种密码学算法，用于保证数据的完整性和安全性。数字签名是一种加密算法，用于验证数据的发送方和完整性。去中心化存储是将数据分布存储在多个节点上，提高数据的安[2]全性和可靠性。

[1] 哈希算法又称散列算法，是一种将任意长度的消息压缩到某一固定长度的消息摘要的函数。它主要用于数据完整性校验、数字签名、密码学等领域，通过对数据进行运算得到唯一的哈希值，可快速判断数据是否被篡改。常见的哈希算法有 MD5、SHA-256 等。

图 2-89　插入“脚注”注释效果图

2. 脚注和尾注的相互转换

脚注和尾注之间可以进行相互转换，操作步骤如下：选中需要转换的脚注内容处右击，在弹出的快捷菜单中选择“转换至尾注”命令，即可实现脚注到尾注的转换操作。

除了前面介绍的插入脚注与尾注的方法外，还可以利用“脚注和尾注”对话框来实现脚注与尾注的插入、修改及相互转换操作。单击“引用”选项卡→“脚注和尾注”右下角的对话框启动器按钮，弹出“脚注和尾注”对话框，如图2-91所示，可以插入脚注或尾注，也可以设定多种格式，选择编号格式等。在对话框中单击“转换”按钮，可以实现脚注和尾注的转换。

图 2-90　“查找和替换”对话框

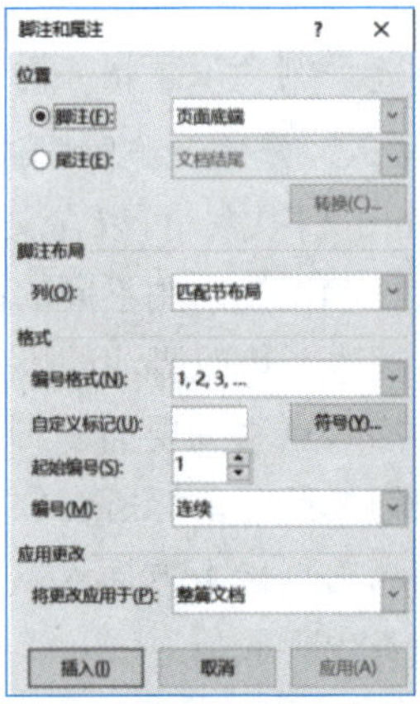

图 2-91　“脚注和尾注”对话框

（三）题注和交叉引用

题注是指表格、图表、公式或其他项目上的编号标签，由标签和编号两部分组成。通常编号标签后面还带有短小的注释说明，使用题注可以使文档中的项目更有条理，方便阅读和查找。交叉引用是指在文档中的某一位置引用文档中另外一个位置的内容，类似于超链接。交叉引用一般是在同一个文档中进行相互引用。在创建某一对象的交叉引用之前，必须先标记该对象，才能创建交叉引用。

1. 题注

在Word文字中，可以在插入表格、图表、公式或其他项目时自动插入题注，也可以为已有的表格、图表、公式或其他项目添加题注。

通常，表的题注位于表格上方，图片的题注位于图片下方，公式的题注位于公式的右侧。对文档中已有的表格、图表、公式或其他项目添加题注，操作步骤如下：

（1）图片下方（或表格上方）先插入题注注释内容。

（2）鼠标指针定位于注释内容之前，单击引用“引用”选项卡→“题注”组中的“插入题注”按钮，进入“题注”对话框，如图2-92所示。

（3）题注包含标签及编号两部分。单击“题注”对话框中标签的下拉列表，可以根据需要注释的内容选择题注标签，如“图表”。若无，单击“新建标签”按钮，可以新建标签。

（4）单击“编号”按钮，进入“题注编号”对话框，如图2-93所示。可以完成题注编号格式选择和设置。通过选择“包含章节编号”复选框，可以在题注编号中包含“标题1”“标题2”等的编号。

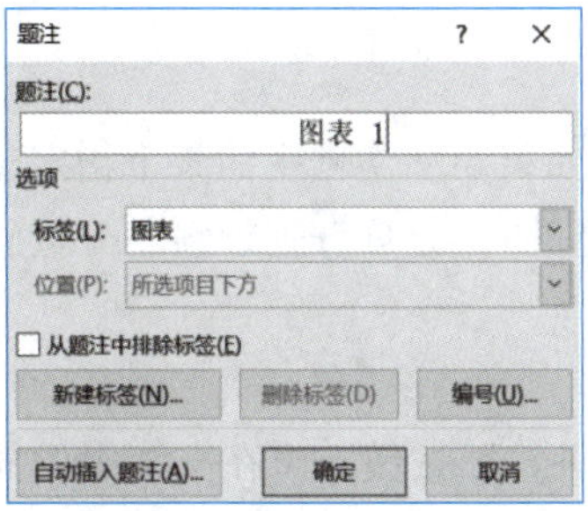

图 2-92 “题注”对话框

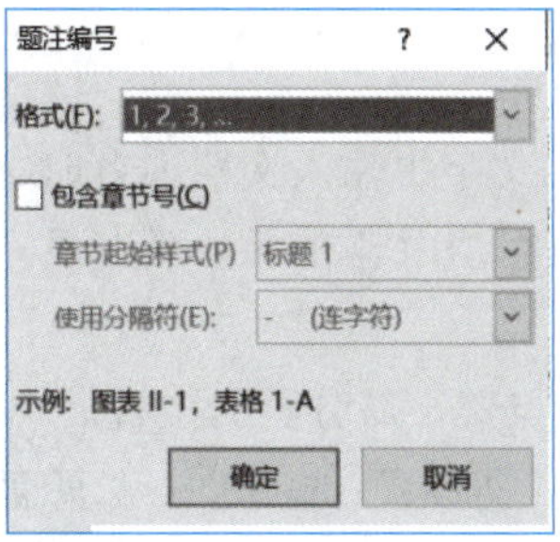

图 2-93 “题注编号”对话框

（5）如果我们通过选中图片或表格的方式插入题注，“题注”对话框中位置选项可选择题注插入位置为“所选项目下方”或“所选项目上方”。

（6）如果选择了“从题注中排除标签”选项，则题注只包含编号。

根据需要，用户可以修改题注标签，也可以修改题注的编号格式，可以删除标签。如果要修改文档中某一题注的标签，只要先选择该标签并按【Delete】键删除标签，然后再重新添加新题注。如果在“题注”对话框。如果在“题注”对话框中单击“删除标签”按钮，则会将选择的标签从“题注”的下拉列表中删除。Word中默认的表、图、图表和公式标签不能删除，只有新添加的标签才能删除。

2. 交叉引用

交叉引用就是把Word中插入的或自动生成的编辑引用到文档中，前提是被引用的对象必须是Word中标准的相关编号，如Word的多级编号生成的章节号，插入题注的表格号、图表编号等。

（1）创建交叉引用。

创建的交叉引用其项目必须已经存在。若要引用其他文档中的项目，首先要将相应文档合并到该文档中，创建交叉引用的操作步骤如下：

①在文档中，输入交叉引用的开始文本。

②在“插入”选项卡上单击“交叉引用”。

③在“引用类型”下拉列表中选择要链接到的对象。

④在“引用内容”框中单击要插入文档的信息。

⑤在“引用哪一个”框中单击要引用的具体项目。

⑥若要允许用户跳转到所引用的项目，请勾选“插入为超链接”复选框。

⑦如果“包括‘见上方’/‘见下方’”复选框可用，请将其选中，以便包括指定所引用的项目的相对位置。单击“插入”按钮完成。

（2）更新交叉引用。

当文档中被引用项目发生了变化，例如添加、删除和移动了题注，题注编号将发生改变，交叉引用应随之改变，称为交叉引用的更新。可以更新一个或多个交叉引用，操作步骤如下：

①若要更新单个交叉引用，选中该交叉引用；若要更新文档中所有的交叉引用，选中整篇文档。

②右击所选对象，在弹出的快捷菜单中选择“更新域”命令，即可实现单个或所有交叉引用的更新。也可以选中要更新的交叉引用或整篇文档，按功能键【F9】实现交叉引用的更新。

（四）页面布局

1. 分隔符

（1）分页符。

在Word文字中输入文档内容时，系统会自动分页。如果要从文档中的某个指定位置开始分页，之后的文档内容在下一页出现，此时可以在指定位置插入分页符进行强制分页。操作步骤如下：

①插入点置于需分页的位置。

②单击“插入”选项卡→“页面”组中的“插入分页符”按钮，将在文档中的插入点插入分页符，后面的文字将在下一页出现。或者单击“布局”选项卡→“页面设置”组中的“分隔符”下拉按钮，选择“分页符”，也可以实现分页。

分页符为一行虚线，默认为可见。若要删除分页符，选中“分页符”，按【Delete】按钮即可。

（2）分节符。

建立Word新文档时，Word文字将整篇文档默认为一节，所有对文档的页面格式设置都应用于整篇文档。但有些特殊场景需要对文档中不同的内容进行不同的页面设置。比如对于长文档的目录部分，希望使用一种页码格式，对于正文部分，希望使用另一种页码格式，再比如希望不同章节的页眉使用不同的页眉内容，这时候，就需要使用分节符对文档内容进行分割。

节是文档格式化的最大单位。为了实现对同一篇文档中不同位置的页面进行不同的格式操作，可以将整篇文档分成多个节，根据需要为每节设置不同的页面格式。节分为四种类型，分别是：

①下一页分节符：分节符后的文本将显示在下一页中。

②连续分节符：分节符后的文本与分节符前的文本将位于同一页中。

③偶数页分节符：新节中的文本将显示在偶数页。如果当前页码是2，插入偶数页分节符后，分节符后的文本所在页的页码将为4。

④奇数页分节符：新节中的文本将显示在奇数页。如果当前页码是3，插入奇数页分节符后，分节符后的文本所在页的页码将为5。

删除分节符的方法和文档中字符的删除方法相同。如果分节符不能显示出来，单击“文件”选项卡→“选项”按钮，进入选项设置窗口，如图2-94所示。在“视图”选项卡的“格式标记”中，选择“全部”，这时就能看到分节符了，单击【Delete】按钮即可删除。

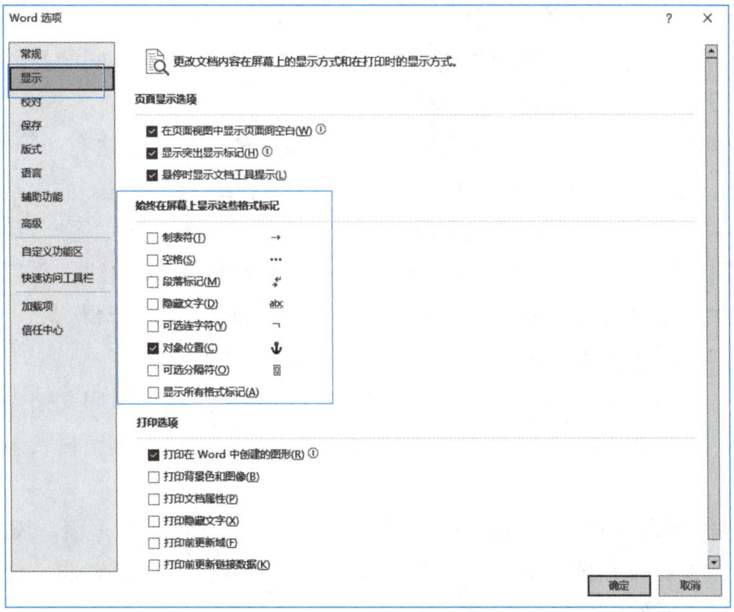

图 2-94　“Word 选项”窗口

（3）分栏符。

在Word文字中，分栏符用来实现在文档中以两栏或者多栏方式显示选中的文字内容，被广泛应用于报刊和杂志的排版编辑中。在分栏的外观设置上，既可以控制栏、栏宽以及栏间距，还可以方便地设置分栏长度。分栏的操作步骤如下：

①选中要分栏的文本，单击“布局”选项卡→“页面设置”选项组中的“栏”下拉按钮，在展开的下拉列表中选择一种分栏方式。

②下拉列表中默认只能选择小于四栏的文档分栏，如果需要设置更多分栏，可以单击“更多分栏”，进入“栏”对话框，如图2-95所示。

③在“栏”对话框中，可以选择预设分栏，也可以通过设置“栏数”进行设置。可以设置宽度和间距、分割线、应用范围等。设置完成后，单击“确定”完成分栏操作。图2-96为两栏分栏效果。

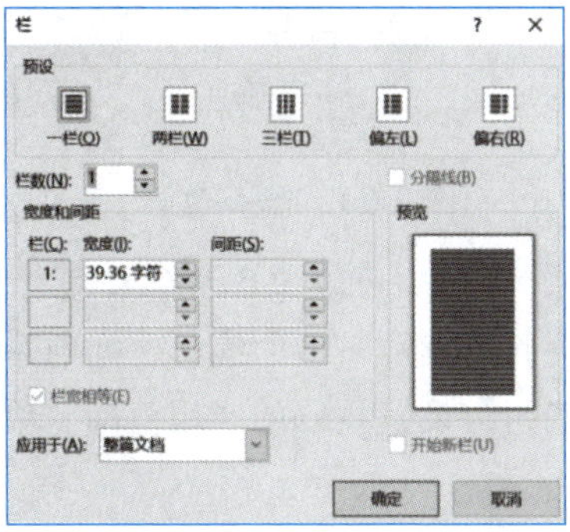

图 2-95　“栏”对话框

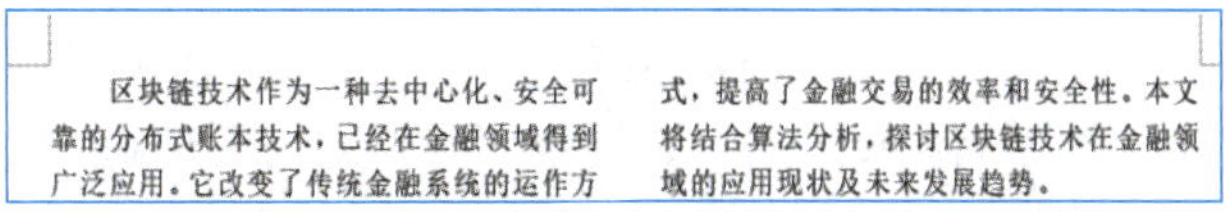

图 2-96　两栏分栏效果

2. 页眉页脚

页眉和页脚分别位于文档中每页的顶部和底部，用来显示文档的重要信息，其内容可以是文档名称，作者名、章节名、页码、日期时间、图片及其他一些域。可以将文档首页的页眉页脚设置成和其他页不同的形式，也可以对奇数页和偶数页分别设置不同的页眉页脚，甚至将不同节的页眉页脚设置为不同的内容。

（1）添加或编辑页眉页脚内容，需要进入页眉页脚视图，操作方法有如下两种：

方法1：单击“插入”选项卡→“页眉页脚”组中的“页眉”按钮，插入点将自动定位在页眉编辑处，并居中显示，同时会出现“页眉页脚”选项卡，其功能区如图2-97所示。

方法2：将指针指向文档中任意页的最上方，出现提示信息，双击进入页眉编辑状态。或者将指针指向文档中任意页的最下方，出现提示信息，双击进入页脚编辑状态。

（2）退出页眉页脚编辑状态的操作方法主要有两种：

方法1：单击“页眉页脚”选项卡功能区右侧的“关闭”按钮，返回文档内容编辑状态。

方法2：指针指向文档内容的任意区域并双击，也可返回文档内容编辑状态。

（1）页码。

在Word文档中，页码可以标明页面的次序，便于读者检索和管理页面。添加页码后，Word文字可以自动迅速地编排和更新页码。按照常规，页码通常位于页面底端（页脚）或页面顶端（页眉）。插入页码的操作步骤如下：

①单击“插入”选项卡“页眉和页脚”组中的“页码”下拉按钮，弹出下拉列表，如图2-98所示。

②弹出的下拉列表中，选择页码放置的样式，既可以放置在页眉，也可以放置在页脚。选择后，将自动显示阿拉伯数字样式的页码。

③也可以选择“页码”下拉列表中的“设置页码格式”命令，弹出“页码格式”对话框，如图2-99所示。

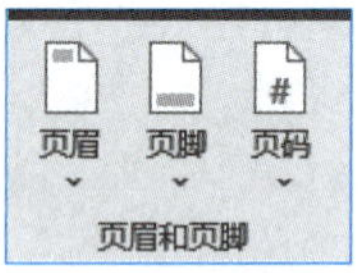

图 2-97 “页眉和页脚”组

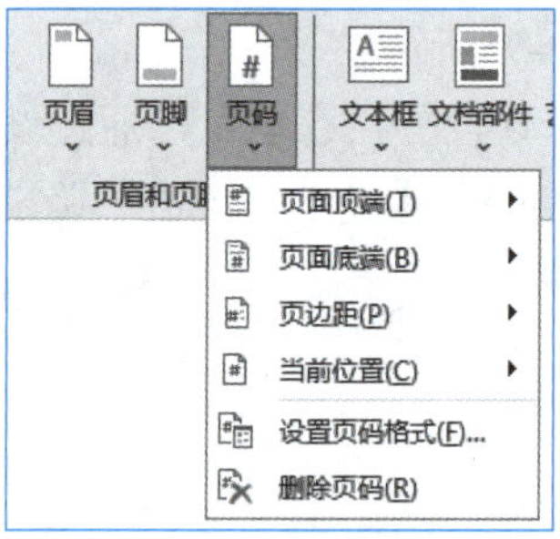

图 2-98 “页码”下拉列表

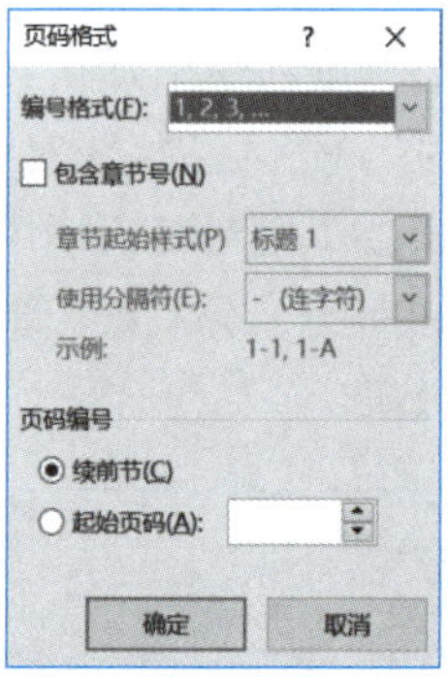

图 2-99 “页码格式”对话框

④在对话框的“编号格式”下拉列表框中选择编号的格式，页码中可以包含“章节号”。在“页码编号”栏下可以根据实际需要选择“续前节”（即当前页码延续前一节的编号，如前一节的页码编号为3，则当前页码编号为4）或“起始页码”单选按钮，设置页码的应用范围。单击“确定”按钮完成页码的格式设置，并自动插入页码。

⑤双击正文部分任意位置可退出页眉页脚编辑状态。

（2）页眉页脚选项设置。

类似论文、项目申报书、合同等文档对页眉页脚的设置要求比较规范。有时候需要设置页眉页脚首页不同，或者奇数页和偶数页的页眉页脚不同，又或者每个章节的页眉页脚不同。这些操作可以借助于页眉页脚选项或者分节符的组合功能来实现。

①设置首页不同的页眉页脚。如果文档中的首页是封面，一般封面中是不能出现页眉、页脚的。所以需要设置首页页眉页脚不同。操作方法为：双击文档中的页眉或者页脚，进入“页眉页脚视图”，插入点移至首页的页眉或页脚处，删除其内容。再将插入点移至其他页的页眉或页脚处，根据需要编辑内容即可。

②设置奇偶页不同的页眉或页脚。很多书籍文献中，都会要求奇偶页的页眉页脚不同。例如，在奇数页页眉中使用章标题内容，在偶数页页眉中使用节标题内容。操作方法为：双击文档中的页眉或页脚，进入“页眉页脚视图”。设置好页眉页脚之后，选中“奇偶页不同”。单击“页眉和页脚工具”里的“关闭页眉和页脚”。

3. 页面设置

在Word文档中，页面设置包括页边距、纸张、版式、文档网格、分栏等页面格式的设置。顾名思义，页面设置的对象是页面属性。

（1）页边距。

页边距是指页面四周的空白区域，即文字与页面边线的距离。通过设置页边距，可以设置上、下、左、右四个方向的边距。具体步骤如下：

①单击“布局”选项卡→“页面设置”组中的“页边距”下拉按钮，弹出下拉菜单，如图2-100所示。选择需要调整的页边距样式。

②若下拉列表中没有需要的样式，选择下拉菜单中的“自定义页边距”命令，或单击“页面设置”组右下角的折叠按钮，打开“页面设置”对话框，如图2-101所示。

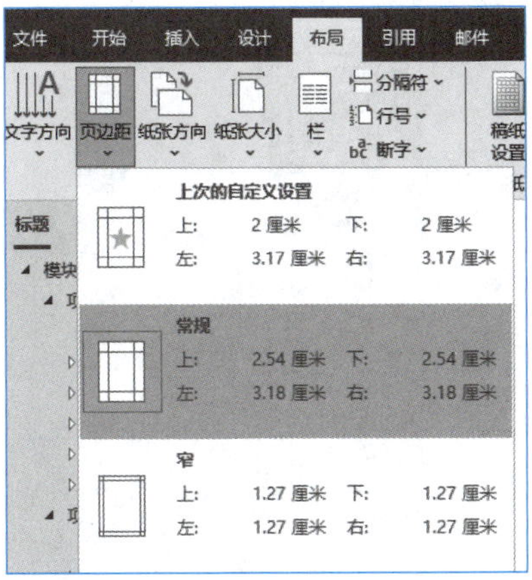

图 2-100　“页边距”下拉菜单

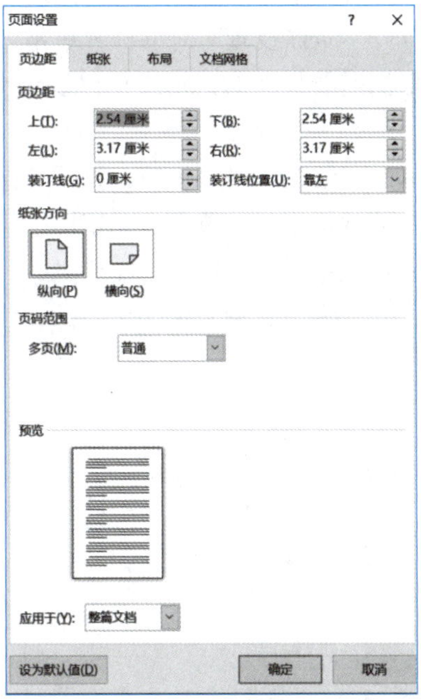

图 2-101　“页面设置”对话框

③在对话框中，可以设置页面的上（默认为2.54厘米）、下（默认为2.54厘米）、左（默认为3.17厘米）、右（默认为3.17厘米）、纸张方向（默认为纵向）、页码范围及应用范围（默认为整篇文档）。

（2）纸张。

Word文字默认的纸张是标准的A4纸，文字纵向排列，纸张宽度为21厘米，高度为29.7厘米。可以根据需要重新设置纸张大小和方向。

①单击“布局”选项卡→“页面设置”组中的“纸张方向”下拉按钮，可以对当前节进行纸张方向设置。

②单击“布局”选项卡→“页面设置”组中的“纸张大小”下拉按钮，可以根据要打印的纸张的大小进行设置。

③如果下拉列表中没有需要的纸张样式，选择下拉列表最下面的“其他纸张大小”命令，或单击“页面设置”组右下角的折叠按钮，进入“页面设置”对话框，单击“纸张大小”进行设置。

④在对话框中设置纸张大小及应用范围。

（3）版式。

通过设置版式，可以完成节、页眉页脚、边距等项目设置。

①打开“页面设置”对话框，单击“布局”选项卡，如图2-102所示。

②在该对话框中，“节的起始位置”可以选择“新建页”“奇数页”“偶数页”“接续本页”。“页眉和页脚”可以设置“奇偶页不同”“首页不同”，可以设置页眉页脚距离边界的位置，常规选项可以设置默认的度量单位，范围可以应用于“本节”“插入点之后”“整篇”等。

③单击“确定”按钮，完成文档版式的设置。

（4）文档网格。

可以实现文字排列方向、页面网络、每页行数、每行字数等项目设置。

①打开“页面设置”对话框，单击“文档网格”选项卡。

②根据需要，在对话框中可以设置文字排列方向、网格、每页的行数、每行的字数、应用范围等。

③单击“绘图网格”按钮，打开“网格线和参考线”对话框，如图2-103所示，可以根据需要设置文档网格格式，单击“确定”按钮返回。

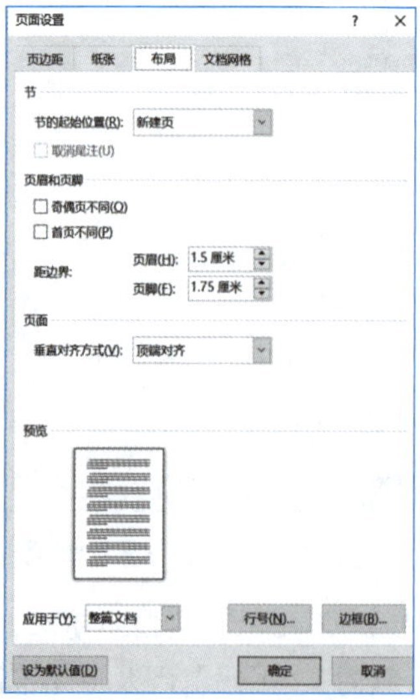

图 2-102 “布局”选项卡

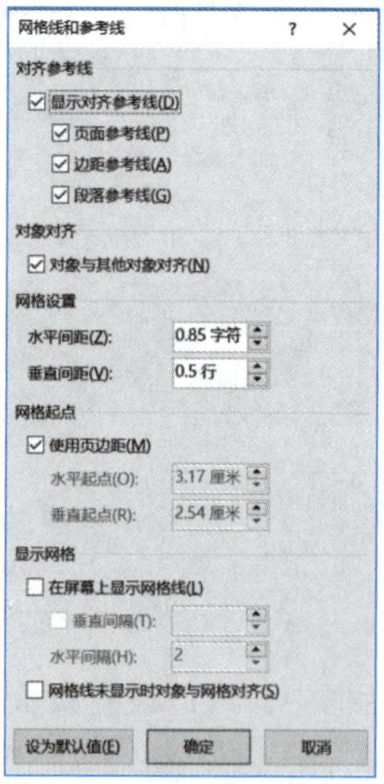

图 2-103 “网格线和参考线”对话框

4. 文档主题

文档主题是一组具有统一外观的格式集合，包括一组主题颜色（配色方案的集合）、一组主题文字（包括标题字体和正文字体）以及一组主题效果（包括线条和填充效果）。Word文档提供了内置的文档主题。内置文档主题是Word文字自带的主题，若要使用内置主题，操作步骤如下：

打开要应用主题的文档，单击“设计”选项卡→文档格式组中的“主题”下拉按钮，弹出下拉列表。在弹出的下拉列表中显示了Word文档系统内置的主题库，其中有Office、画廊、环保等文档主题。Word内置了42种主题，如图2-104所示。单击某个主题，即可将该主题应用到当前文档。

在Word文字中，可以对文档颜色、字体以及效果进行设置，这些设置会应用到当前文档。

（1）主题颜色。

主题颜色用来设置文档中不同对象的颜色，默认有11种预设颜色组合以及多种颜色推荐组合。应用主题颜色操作步骤如下：

单击“设计”选项卡→“文档格式”组中的“颜色”下拉按钮，弹出“颜色”下拉列表。在弹出的下拉列表中列出了Word文字中所使用的主题颜色组合，如图2-105所示。单击其中的一项，可将当前文档的主题颜色更改为指定的主题颜色。

图 2-104　文档主题列表

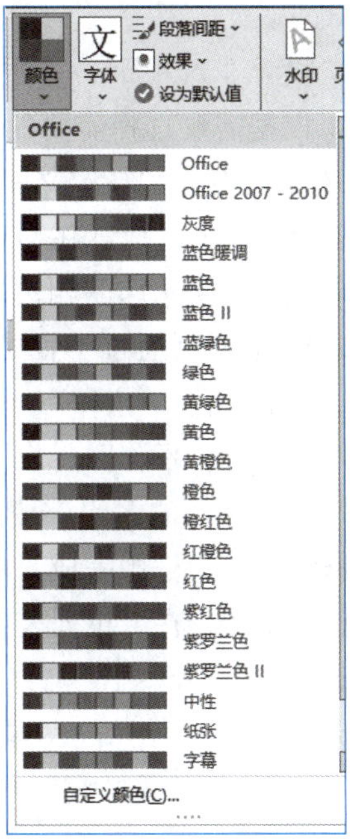

图 2-105　主题颜色列表

（2）主题字体。

主题字体用来设置文档中文字体。字体组合方式有多种。应用主题字体的操作步骤如下：单击“设计”选项卡→文档格式组中的“字体”下拉按钮，弹出“字体”下拉列表。在弹出的下拉列表中列出了Word文字中所使用的主题字体组合，单击其中的一项，可将当前文档的字体更改为指定的主题字体。

（3）主题效果。

主题效果是线条和填充效果的组合。应用Word文字提供的主题效果操作步骤如下：单击

“设计”选项卡→文档格式组中的“效果”下拉按钮，弹出“效果”下拉列表。在弹出的下拉列表中列出了文字Word中所使用的效果组合。单击其中的一项，可将当前文档的主题效果更改为指定的主题效果。

5. 页面背景

页面背景是指显示于Word文档底层的颜色或图案，用于丰富文档的页面显示效果，使文档更美观，增加其观赏性。页面背景包括页面颜色、水印和页面边框。

（1）页面颜色。

在Word文字中，系统默认的页面底色为白色，用户可以将页面颜色设置为其他颜色，以增强文档的显示效果。单击“设计”选项卡→“页面背景”组中的“页面颜色”下拉按钮，弹出“主题颜色”下拉列表。可根据需要在“主题颜色”“标准色”“其他颜色”“填充效果”等颜色板中选择一种颜色，文档背景将自动以该颜色进行填充。也可以通过其他方式进行填充，如调色板、图片背景、其他背景（渐变、纹理、图案）、水印等。

（2）水印。

水印是一种特殊的文档背景，在打印一些重要文件时给文档加水印，如“绝密”“保密”“严禁复制”等字样，以强调文件的重要性。水印分为图片水印和文字水印。添加水印的操作步骤如下：

单击“设计”选项卡→“页面背景”组中的“水印”下拉按钮，根据需要选择需要的水印样式即可。若要自定义水印，选择其中的“自定义水印”命令，弹出“水印”对话框，如图2-106所示。在对话框中，可以根据需要设置图片水印或者文字水印的相关属性。

添加水印还可以通过下面方法进行操作：单击“插入”选项卡功能区中“水印”下拉按钮，弹出下拉列表，根据需要对水印进行操作。

若要修改已添加的水印，按照前面所述方法打开“水印”对话框，在对话框中完成对水印的属性设置即可。

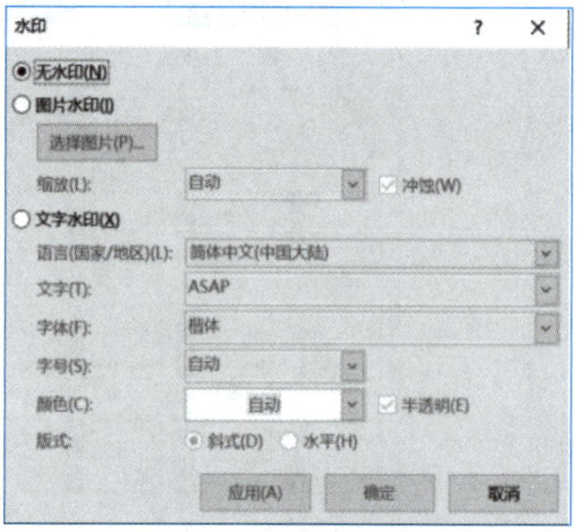

图 2-106 “水印”对话框

若要删除水印，在下拉列表中选择“水印”，然后在右侧扩展菜单中选择“删除文档中的水印”即可。

（3）页面边框。

Word文字中可以通过设置页面边框为页面四周添加指定格式的边框以增强页面的显示效果，操作步骤如下：

①单击“设计”选项卡→“页面背景”组中的“页面边框”下拉按钮，弹出“边框和底纹”对话框，如图2-107所示。

②在“页面边框”对话框中设置线型、颜色、宽度等，图2-108是设置边框为实线，颜色自动，宽度0.5磅的效果。

若要删除页面边框，在“边框和底纹”对话框的“页面边框”选项卡中的“设置”列表框中选择“无”，单击“确定”按钮，即可删除页面边框。

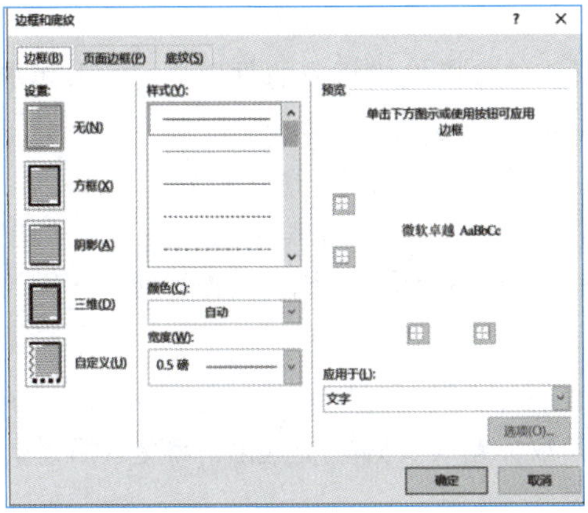

图 2-107 “边框和底纹”对话框

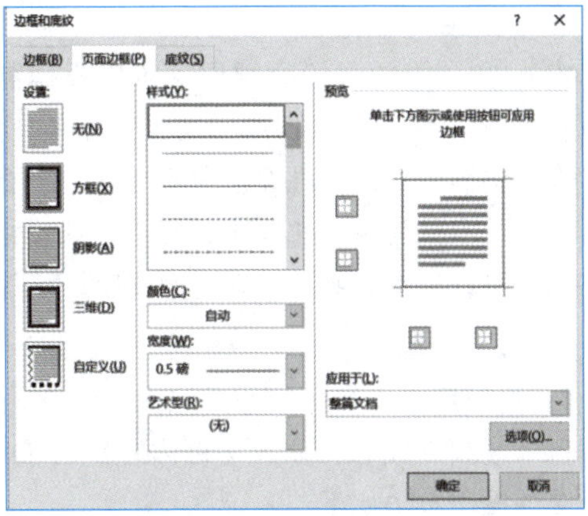

图 2-108 “页面边框”设置

(五)目录

目录是Word文档中各级标题以及每个标题所在页码的列表，通过目录可以实现文档内容的快速浏览。此外，Word文字中的目录包括标题目录和图表目录。本节介绍标题目录和图表目录的创建与删除。

Word文字具有自动编制各级标题目录的功能。编制目录完成之后，按住【Ctrl】键，可以快速跳转到标题所在的页面。目录操作包括目录创建、修改、更新及删除。

1. 创建目录

创建目录的方法有下面两种：

方法1：打开已经预定义好各级标题样式的文档，将插入点定位到需要插入目录的位置（一般位于文档开头），单击“引用”选项卡→“目录”组中的“目录”下拉按钮，弹出的下拉列表中选择一种目录样式，如图2-109所示，将自动生成目录。

方法2：也可以在下拉列表中选择“自定义目录”，打开“目录”对话框，如图2-110所示。在弹出的对话框中，确定目录显示的对象格式及级别，如制表符前导符、显示级别、显示页码、页码右对齐等。

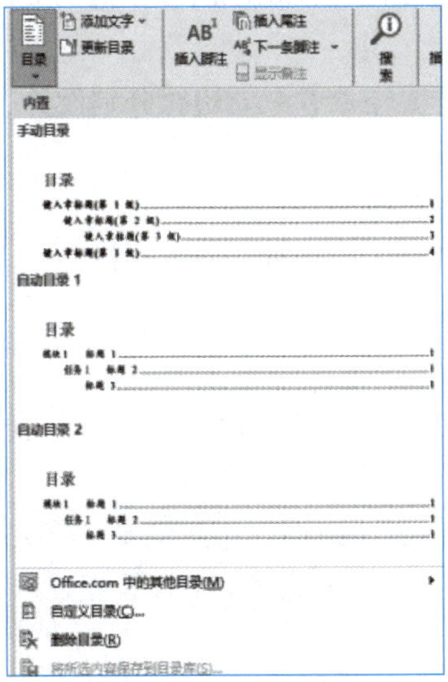

图 2-109 “目录”下拉列表

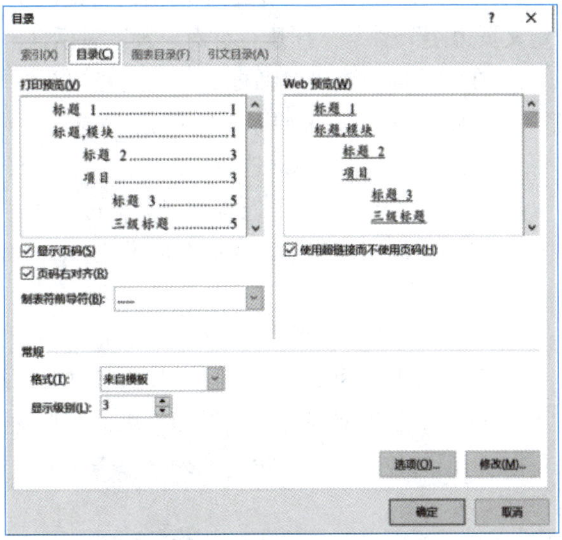

图 2-110 “目录”对话框

2. 调整目录级别

Word文字中的各级标题层次可以根据需要进行调整，以生成相应的目录结构。操作步骤如下：

（1）将插入点定位在要调整目录级别的标题行中或者选择标题行。

（2）单击“目录”选项卡，在显示级别中输入相应级别数字。

（3）可以同时选择多个不同级别的标题行或同一级别的标题行，统一设置为同一级别的目录结构。

3. 更新目录

目录编制完成后，如果文档内容进行了修改，导致标题或页码发生变化，需更新目录。更新目录的操作方法如下：

（1）右击目录区域任意位置，在弹出的快捷菜单中选择“更新域”命令，然后在弹出的“更新目录”对话框中选择“更新整个目录”单选按钮，单击“确定”按钮完成目录更新。

（2）也可以单击目录区域的任意位置，按功能键【F9】。

（3）或者单击目录区域的任意位置，然后单击“引用”选项卡功能区中的“更新目录”按钮。

4. 删除目录

若要删除创建的目录，操作方法为：单击“引用”选项卡→“目录”组中的“目录”下拉按钮，选择下拉列表底部的“删除目录”命令即可。或者在文档中选中整个目录后按【Delete】键进行删除。

三、项目实现

（一）整体布局

采用A4纸，设置上、下、左、右页边距分别为2厘米、2厘米、2.5厘米、2厘米；页眉页脚距边界为1厘米。

利用页面设置功能，将毕业论文各页设置为统一的布局格式，操作步骤如下：

（1）单击“页面布局”选项卡功能区中的“页边距”下拉按钮，在弹出的下拉列表中选择“自定义页边距”命令，打开“页面设置”对话框。

（2）在“页面设置”对话框的“页边距”选项卡中，设置上、下、左、右边距分别设置为2厘米、2厘米、2.5厘米、2厘米，“应用于”选择“整篇文档”。

（3）“纸张”选项卡中，选择“A4”，“应用于”选择“整篇文档”。

（4）“版式”选项卡中，设置页眉页脚边距为“1厘米”，“应用于”选择“整篇文档”。

（5）单击“确定”按钮，完成页面设置。

（二）分节

论文的封面、中文摘要、英文摘要、正文各章节、结论、致谢和参考文献分别进行分节处理，每部分内容单独为一节，并且每节从奇数页开始。

一般打印毕业论文都是双面打印，因此，毕业论文各部分内容（封面、中文摘要、英文摘要、目录、正文各章节、结论、致谢、参考文献）应从奇数页开始，因此每节应该设置成从奇数页开始。

将插入点定位在中文摘要所在页的标题文本的最前面，单击“页面布局”选项卡功能区中的“分隔符”下拉按钮，在弹出的下拉列表中选择“奇数页分节符”命令，完成第1个分节符的插入。

如果插入点定位到封面所在页的最后面，然后插入分节符，此时中文摘要内容的最前面会产生一个空行，需要手动删除。

同样方法在英文摘要、正文各章、结论、致谢所在页面的后面插入奇数页分节符。

（三）正文格式设置

正文是指从第1章开始的论文文档内容，排版格式包括以下几方面内容。

1. 章、节、小节标题样式设置

具体要求如下：

（1）章名（即一级标题）使用样式“标题1”，居中，编号格式为“第X章”，编号与文字之间空一格，字体为“三号，黑体”，左缩进0字符，段前1行，段后1行，单倍行距，其中X为自动编号，标题格式为“第1章 XXX”。

（2）节名（即二级标题）使用样式“标题2”，左对齐；编号格式为多级列表编号（例如“X.Y”，X为章数字序号，Y为节数字序号）编号与文字之间空一格，字体为“四号，黑体”，左缩进0字符，段前0.5行，段后0.5行，单倍行距，其中，X和Y均为自动编号，节格式为“1.1 XXX”。

（3）小节名（即三级标题）使用样式“标题3”，左对齐；编号格式为多级列表编号（例如“X.Y.Z”，X为章数字序号，Y为节数字序号，Z为小节数字序号），编号与文字之间空一格，字体为“小四，黑体”，左缩进0字符，段前0行，段后0行，1.5倍行距，其中，X、Y、Z均为自动编号，小节格式为“1.1.1 XXX”。

2. 正文部分样式设置

具体要求如下：

（1）新建样式，样式名称为样式0123，样式格式为：中文字体为“宋体”，西文字体为“Times New Roman ”，字号为“小四”，段落格式为首行缩进2字符，1.5倍行距，段前0.5行，段后0.5行。

（2）将该样式应用到除章、节、小节、题注、表中文字之外的正文内容中。

3. 题注及交叉引用

具体要求如下：

（1）为正文中的图添加题注，题注位于图下方，居中对齐，图居中。标签为“图”，编号为“章序号-图序号”，例如，第1章中的第1张图，题注编号为“图2-1”。对正文中出现的“如下图所示”的“下图”使用交叉引用，改为“图X-Y”，其中“X-Y”为图题注的对应编号。

（2）为正文中的表添加题注，题注位于表上方，居中对齐，表居中。标签为“表”，编号为“章序号-图序号”，例如，第1章中的第1张表，题注编号为“表1-1”。对正文中出现的“如下表所示”的“下表”使用交叉引用，改为“表X-Y”，其中“X-Y”为表题注的对应编号。

4. 结论、致谢、参考文献

结论格式设置与正文各章节格式设置相同。致谢、参考文献标题使用“标题1”样式，删除标题编号。致谢内容部分，格式同正文，使用“样式0123”；参考文献内容为自动编号，格式为[1]、[2]、[3]……。根据提示，在正文中相应的位置重新交叉引用参考文献的编号并设为上标形式。

（四）摘要及关键词格式设置

摘要格式要求：标题使用样式“标题1”，并删除自动编号；文字“摘要：”为“黑体，四号”，其余摘要内容为“宋体，小四号”；首行缩进2字符，1.5倍行距。文字“关键词：”为“黑体，四号”，其余关键词段落内容为“宋体，小四号”，首行缩进2字符，1.5倍行距。

1. 摘要格式设置

选中标题文字，“开始”选项卡中单击“标题1”样式，删除自动编号。选中“摘要：”，设置为“黑体，四号”。选中其余摘要内容，字体设置为“宋体，小四号”，段落设置为“首行缩进2字符，1.5倍行距”。

2. 关键词格式设置

选中“关键词：”，设置为“黑体，四号”。选中其余关键词内容，字体设置为“宋体，小四号”，段落设置为“首行缩进2字符，1.5倍行距”。

（五）目录

单击工作表末尾的“新工作表”按钮，插入一张工作表，将其重命名为“客户基本信息表”。

在正文前按照顺序插入三个“奇数页分节符”。每节内容如下：

第1节：目录，文字“目录”使用样式“标题1”，删除自动编号，居中，并自动生成目录项。

第2节：图目录，文字“图目录”使用样式“标题1”，删除自动编号，居中，并生成图目录项。

第3节：表目录，文字“表目录”使用样式“标题1”，删除自动编号，居中，并生成表目录项。

1. 插入三个空白页

将鼠标指针定位于正文中第1章标题之前，单击“页面布局”选项卡“分隔符”下拉按钮中的“奇数页分节符”，在正文前插入一个空白页。连续插入共三个“奇数页分节符”，即插入三个空白页。

2. 目录自动生成

第1个空白页中，输入“目录”，此时目录将自动应用“标题1”样式（因为插入奇数页分节符是在章标题前插入的，插入部分的格式将使用章标题的格式，即“标题1”样式），删除其自动编号，并设置居中显示。单击“引用”选项卡→“目录”下拉按钮中的第3种目录样式（即含第1级、第2级、第3级的目录样式），将自动完成目录插入。

（六）页眉页脚设置

首页、摘要、目录部分无页眉，正文页眉左侧为某某职业技术学院，右侧奇数页为章序号及章内容，偶数页为节序号及节内容。首页无页码，目录部分页码格式为大写的罗马数字序列：“Ⅰ、Ⅱ、Ⅲ……”，正文部分页码格式为阿拉伯数字序号：“1、2、3……”。

1. 页脚设置

（1）双击摘要页的页脚部分，进入“页眉页脚视图”。单击“页眉页脚”选项卡功能区中的“同前节”按钮，断开该节与前一节页脚之间的链接（默认为链接）。单击“页脚”区域的“页码”，进入“页码”窗口。

（2）样式选择“Ⅰ、Ⅱ、Ⅲ……”，位置为“底端居中”，起始页码设置为“1”，应用范围选择“本页及之后”。

（3）鼠标定位至正文第1页。选择“页眉页脚”选项卡功能区中的“同前节”按钮，断开正文与前一节页脚之间的链接。

单击“页码”，进入“页码”窗口，设置样式为“1、2、3……”，位置为“底端居中”，起始页码设置为“1”，应用范围选择“本页及之后”。

由于全文页码发生变化，目录、图目录、表目录皆需更新。双击正文部分，退出页眉页脚视图。在目录顶端选择“更新目录”，或者在目录任意位置右击，在弹出的快捷菜单中选择“更新目录”。由于图目录、表目录在目录之后插入，图目录和表目录没有进入到目录中，因此选择“更新整个目录”，完成目录更新。类似操作完成图目录和表目录的更新。

2. 页眉设置

（1）双击正文部分第一页的页眉部分，进入页眉页脚视图。在正文第一页页眉中左侧输入“某某职业技术学院”，右侧选择“插入”选项卡中的“文档部件”下拉按钮中的“域”，进入域窗口。

域名选择“样式引用”，高级域属性中将显示域名，样式名选择“标题1”，选中“插入段落编号”，此时第1章首页页眉将插入“第1章”。重复上述操作，不再选择“插入段落编号”，此时第1章首页页眉将插入当前页标题1内容“绪论”。查看其他章节，可以看到每章页眉均完成了相应章标题的引用。

（2）在“页眉页脚”选项卡中选择“页眉页脚”选项，进入“页眉/页脚设置”窗口，选择“奇偶页不同”，单击“确定”按钮。

对偶数页页眉进行重新设置。正文第二页页眉中左侧输入“某某职业技术学院”，右侧选择“插入”选项卡中“文档部件”下拉按钮中的“域”，进入域窗口。域名选择“样式引用”，高级域属性中将显示域名，样式名选择“标题2”，选中“插入段落编号”，此时当前页（偶数页）页眉将插入当前页标题2的编号“1.3”。重复上述操作，不再选择“插入段落编号”，此时当前页（偶数页）页眉将插入当前页标题2内容“开发环境”。

（3）查看其他正文部分奇数页和偶数页页眉，可以看到正文部分都设置完成。结论、致谢部分由于标题没有编号，所以此时的编号为“0”，需要重新设置。

将鼠标指针定位于结论部分的页眉，单击“页眉页脚”选项卡中的“同前节”，断开与前面节的链接。页眉删除编号“0”，保留章标题的内容“结论”。

至此，毕业论文排版完成。

四、技巧与提高

（一）打开或关闭文档的修订功能

在Word文档中，文档的修订功能默认为“关闭”。打开或关闭文档修订功能操作步骤如下：单击“审阅”选项卡→“修订”组中的“修订”按钮即可，或者单击“修订”打开修订下拉列表，选择“修订”命令。如果“修订”按钮以灰色底纹突出显示，则打开了修订功能，否则文档的修订功能为关闭状态。

在修订状态下，审阅者或作者对文档内容的所有操作，如插入、删除、修改、格式设置等都会被记录下来，可保留所有的修改痕迹，并根据需要进行确认或取消修订操作。

（二）查看修订

对Word文档进行修订后，文档中包括批注、插入、删除或格式设置等修订标记，可以根据修订的类别来查看修订，默认状态下可以查看文档中所有的修订。单击“审阅”选项卡→“修订”组中的“显示标记”下拉按钮，打开下拉列表，可以看到“批注”“插入和删除”“格式设置”“使用批注框”等命令，根据需要选择或取消这些命令。

（三）审阅修订

对文档进行修订后，可以根据需要，对这些修订进行接受或拒绝处理。

1. 接受处理

单击“审阅”选项卡功能区中的“接受”下拉按钮，在打开的下拉菜单中显示了对修订的各种接受方式。

接受修订：表示接受当前这条修订操作。

接受所有的格式修订：表示接受文档中所有的有关格式的修订操作。

接受所有显示的修订：表示接受指定审阅者的修订。

接受对文档所做的所有修订：表示接受文档中所有的修订操作。

2. 拒绝处理

单击“审阅”选项卡→“拒绝”下拉按钮，打开的下拉菜单中显示了对修订的各种拒绝方式。

拒绝所选修订：表示拒绝文档中当前修订操作。

拒绝所有格式修订：表示拒绝文档中所有的有关格式的修订操作。

拒绝所有显示的修订：表示拒绝指定审阅者的修订操作。

拒绝对文档所做的所有修订：表示拒绝文档中所有的修订操作。

接受和拒绝修订还可以通过快捷菜单方式来实现。右击某个修订，在弹出的快捷菜单中选择“接受”或“拒绝”命令即可实现当前修订的接受和拒绝操作。

（四）比较文档

由于Word文字对修订功能是默认关闭的。如果审阅者在默认状态下修订文档，就无法获得修改信息。可以通过Word文档提供的“比较”命令，实现两个文档的对比。

选择“审阅”选项卡→“比较”组中的“比较”下拉按钮，选择“比较”命令，进入“比较”对话框。

原文档和修订的文档分别进行选择，在“比较设置”中可选择需要比较的项目，例如批注、表格、脚注和尾注、文本框、大小写更改、域等，在“显示修订”中修订的显示级别有两种选择，字符级别及字间级别。修订的显示位置可选择原文档、修订后文档、新文档等。

五、测评

（一）知识测评

1. 填空题

（1）在Word 2016中，可以使用________功能来查找并替换文档中的特定内容。

（2）如果要为不同页内容单独设置不同的页眉页脚，必须插入________分隔。

（3）Word文档中的脚注与尾注主要用于对局部文本进行补充说明，例如单词解释、备注说明或提供文档中引用内容的来源等。________通常位于当前页面的底部，用来说明本页中要注释的内容。________通常位于文档结尾处，用来集中解释需要注释的内容或标注文档中所引用的其他文档的名称。

（4）当我们在浏览文档时，如浏览长篇小说、长篇论文，由于内容过多，常常遇到关闭Word后忘记自己阅读到文章的哪个部分，为了避免这种情况发生，我们可以为文档添加________。

（5）在Word 2016中，可以通过________功能来为文档添加注释和批注。

（6）________中包含了文档的基本结构及设置信息（如文本、样式和格式）、页面布局（如页边距和行距）、设计元素（如特殊颜色、边框和底纹）等。

2. 简答题

（1）简述在Word 2016中如何使用“标题样式”功能来为文档添加标题。

（2）简述长文档排版的过程。

（二）能力测评

按表2-11中所列的操作要求，对自己完成的文档进行检查，根据实际情况自评。

表 2-11　能力测评表

序号	操作要求（具体见项目实现）	分值	完成情况	自评分
1	整体布局：采用A4纸，设置上、下、左、右页边距分别为2厘米、2厘米、2.5厘米、2厘米；页眉页脚距边界为1厘米	25		
2	页眉页脚：首页、摘要、目录部分无页眉，正文页眉左侧为某某职业技术学院，右侧奇数页为章序号及章内容，偶数页为节序号及节内容。首页无页码，目录部分页码格式为大写的罗马数字序列：“Ⅰ、Ⅱ、Ⅲ……”，正文部分页码格式为阿拉伯数字序号：“1、2、3……”	25		
3	分节：论文的封面、摘要、正文各章节、结论、致谢和参考文献分别进行分节处理，每部分内容单独为一节，并且每节从奇数页开始	25		
4	目录：在正文前按照顺序插入三个“奇数页分节符”。 每节内容如下： 第1节：目录，文字“目录”使用样式“标题1”，删除自动编号，居中，并自动生成目录项。 第2节：图目录，文字“图目录”使用样式“标题1”，删除自动编号，居中，并生成图目录项。 第3节：表目录，文字“表目录”使用样式“标题1”，删除自动编号，居中，并生成表目录项	25		
总　分				

（三）素质测评

针对表2-12中所列出的素质与素养观察点，反思项目实现的过程，思考总结相关项目，做到即得分，未做到得0分，根据实际情况自评。

表 2-12　素质测评表

序号	素质与素养	分值	总结与反思	得分
1	规划意识——具备良好的组织能力和规划能力，能够合理安排文档结构、页面布局和内容分布，使得长文档整体逻辑清晰、内容丰富	20		
2	大局意识——长文档排版的过程环环相扣，每一步都基于前面步骤的正确操作，通过长文档排版，要养成大局意识，做事着眼于未来，立足于当下	20		
3	工匠精神——通过长文档排版、页眉页脚设置、正文标题样式设置，培养精益求精的工匠精神	20		
4	规范意识——目录、图、表目录、正文标题样式、正文等内容的格式设置一定要严谨，规范，排版过程中注意培养规则意识和习惯	20		
5	计算思维——长文档排版的过程中，要注重培养思维逻辑的缜密性	20		
总　分				

六、拓展训练

在接下来的项目中，我们将以小组为单位，为一份研究报告进行排版编辑，完成文档排版等各项项目。通过项目实施，提升Word长文档编辑的能力、团队协作能力、培养规划思维，养成规范意识和大局意识。具体要求如下：

（1）删除文档所有批注，接受对文档的所有修订。

（2）新建主题颜色，名称为“网站链接”，设置超链接颜色为“标准色：蓝色”，已访问的超链接颜色为“标准色：深红色”。

（3）参照效果图将“02全球电商市场洞察”下方相关文本转换成表格；删除表格空行和空列；表格数据按“2022年全球各地区移动电商渗透率”降序排序。

（4）设置表格样式为“网格表4”；设置表格行高为1厘米，列宽5厘米；单元格内文字水平和垂直都居中，表格在页面水平居中。

（5）在表格上方插入题注，题注标签为“表”，题注编号格式为“iii,iii...”编号不包含章节号，题注内容为“全球各地区电商数据”，居中对齐。

（6）修改“标题2”样式，添加项目符号，符号字体（普通文本），字符代码258B；项目符号的字体颜色为“标准色：红色”。

（7）在文档第二节设置页码，编号格式起始页码为1；在页面底端插入“三角形2”样式页码，修改三角形的形状填充颜色为“标准色：红色”。

（8）更新整个目录。

（9）插入自定义文字水印，文字内容为“内部资料”，字体为黑体，字号为120，颜色为“标准色：红色”；删除文档第一节的水印。

（10）设置页面填充效果为图案“点式菱形”（图案样式列表第3行第7列），前景色为RGB色（255,204,204），背景色为“白色,背景1”。

（11）保存文件。

模块三

Excel应用——数据统计与分析

21世纪被称为“信息化社会”，数据作为“信息化社会”的重要资源，已经影响我们的生活。我们每天都在使用数据，同时也在产生数据。对数据进行各种汇总、计算、分析和统计，是为了挖掘数据中蕴藏的规律和价值。Excel表格是Office办公软件中用于数据处理的重要软件，利用Excel表格不但能方便地创建工作表来存放数据，而且能够使用公式、函数、图表等数据分析工具对数据进行分析和统计。本模块将通过一家房产新能源汽车公司销售数据的处理讲述Excel表格应用。（注：本模块使用的所有数据均为虚构数据。）

通过本模块学习，掌握使用Excel表格进行数据存储、计算、分析、统计的方法，提升办公软件的应用能力，提高信息化办公的水平，增强计算思维，发展数字化创新和发展意识，养成信息安全意识与防护能力。

知识目标

①了解电子表格的应用场景，熟悉Excel 表格功能和操作界面；

②掌握新建、保存、打开和关闭工作簿，切换、插入、删除、重命名、移动、复制、冻结、显示及隐藏工作表等操作；

③掌握单元格、行和列的相关操作，掌握使用控制句柄、设置数据有效性和设置单元格格式的方法；

④掌握数据录入的技巧，如快速输入特殊数据、使用自定义序列填充单元格、快速填充和导入数据，掌握格式刷、边框、对齐等常用格式设置；

⑤熟悉工作簿的保护、撤销保护和共享，工作表的保护、撤销保护，工作表的背景、样式、主题设定；

⑥理解单元格绝对地址、相对地址的概念和区别，掌握相对引用、绝对引用、混合引用及工作表外单元格的引用方法；

⑦熟悉公式和函数的使用，掌握平均值、最大/最小值、求和、计数等常见函数的使用；

⑧了解常见的图表类型及电子表格处理工具提供的图表类型，掌握利用表格数据制作常用图表的方法；

⑨掌握自动筛选、自定义筛选、高级筛选、排序和分类汇总等操作；

⑩理解数据透视表的概念，掌握数据透视表的创建、更新数据、添加和删除字段、查看明细数据等操作，能利用数据透视表创建数据透视图；

⑪掌握页面布局、打印预览和打印操作的相关设置。

能力目标

①能进行数据表的增、删、改、查等操作；

②能利用自定义序列、快速填充、数据验证等技巧完成数据录入；

③能利用单元格格式设置、条件格式对工作表进行美化；

④会使用基本函数及公式进行数据的计算；

⑤能使用图表完成数据的可视化；

⑥能利用筛选、分类汇总、数据透视表等工具对数据进行分析和统计；

⑦能对工作簿、工作表进行保护；

⑧能根据需要进行打印前的准备工作并完成有效打印。

素质目标

①具有信息意识，自觉充分地利用信息解决生活、学习和工作中的数据处理问题；

②具有团队协作精神，善于与他人合作、共享信息，实现信息的更大价值；

③具备数字化创新与发展意识，能够用Excel表格处理技术解决工作、学习、生活中的实际问题；

④具备信息安全意识与防护能力；

⑤具备计算思维，能利用Excel表格界定问题、抽象特征、建立模型、组织数据、管理数据。

项目一　新能源汽车销售基础数据表制作——数据输入与格式设置

我们使用Excel表格进行数据管理是对数据进行有效的收集、存储、处理和应用的过程，其目的在于充分有效地发挥数据的作用。实现数据有效管理的关键是数据组织。

我们在创建表格对数据进行管理时，要充分考虑数据间的内在联系，从便于从数据修改、更新与扩充的角度考虑数据表的创建，同时要保证数据的独立性、可靠性、安全性与完整性，减少数据冗余，提高数据共享程度及数据管理效率。

本项目将围绕一家新能源汽车公司的销售数据展开。所有表格中的数据都在呈现同一个事实，表与表之间存在着各种关联关系。在任务实施的过程中，我们既要掌握如何使用Excel表格的各项工具完成数据的管理，更要思考如何利用Excel表格软件来界定问题、抽象特征、建立模型、组织数据、管理数据的方法和理念，从而培养计算思维。

一、项目描述

新能源汽车销售数据管理的基础是完成车辆基本信息、销售员工基本信息、客户基本信息的收集和存储。在本项目中，将完成如下三张表格的新建、数据录入、数据有效性以及格式设置等。

（1）新能源汽车基本信息表：记录车辆识别码、车型、车辆配置、车辆颜色、销售日期、价格等信息。

（2）销售员工基本信息表：记录公司每位销售员工的工号、姓名、性别、出生年月、销售级别等信息。

（3）客户基本信息表：记录该项目的客户编号、姓名、身份证号码、电话号码、服务代表等信息。

最后在完成数据收集的同时，也完成对表格的格式设置。

二、知识准备

（一）认识Excel表格窗口

启动Excel表格窗口，界面如图3-1所示。

（1）标题栏：显示正在编辑的文档的文件名及快速访问按钮和窗口控制按钮，包括“保存”“还原”“最小化”“关闭”等。

（2）选项卡：包含“开始”“插入”“页面布局”“公式”“数据”“审阅”“视图”等。每个选项卡提供不同的功能和工具集，用于编辑、格式化、分析数据和管理工作簿。

（3）功能区：是表格窗口的核心部分，包括多个工具组，提供数据输入、格式化、计算、数据分析、图表制作、打印设置等多样化的功能，以满足各种电子表格处理需求。单击选项卡最右侧的 ^ 图标，可以将功能区隐藏起来。

（4）名称框：显示正在编辑的单元格的名称，默认每个单元格以所在的列标与行号命名，如“V44”。

（5）编辑栏：可以完成当前单元格数据的编辑，公式与函数的编辑等都在此完成。

（6）行号：表格由多行构成。Excel表格最多行数为1 048 576行，行号用阿拉伯数字标识，如“3”。

（7）列标：表格由多列构成。Excel表格最多列数为16 384列，列标用英文字母标识，如“C”。

图 3-1　Excel 表格窗口构成

（8）数据编辑区：完成对表格数据输入与格式设置。

（9）工作表标签区：一个Excel表格文档可以包含多张工作表，最多可创建255张工作表。表标签区显示的是每张工作表的标签。

（10）视图选择区：在视图选择区可以根据应用场景的需要进行视图选择。选择“普通视图” 是对数据进行编辑的窗口；“页面布局” 可以查看打印文档的外观，并且可以设置页眉页脚；“分页预览” 能够预览工作表打印时分页的位置。

（11）比例调整区：可以根据个人需求调整窗口显示比例。

（二）数据输入

在Excel表格中可以输入文本、数字、日期等各种类型的数据。通常输入数据的方法是：单击相应单元格，输入数据，按回车键进行确认，或者单击“编辑栏”左侧✔按钮。但是一些特殊数据的输入，如学号（唯一）、性别（有限选项）、身份证号码（长度受限）、成绩（数据范围受限）等数据，由于受到各种限制，在输入时可以通过自定义序列和填充柄实现。另外，对于非Excel表格文件，还可以通过“数据”选项卡→“获取外部数据”组中选择相应的方式来快速导入。

1. 数据有效性

数据有效性是指通过建立一定的规则来限制单元格中输入数据的类型和范围，以提高单元格数据输入的效率和规范性。另外，还可以使用数据有效性定义提示和帮助信息，或者圈释无效数据。

（1）禁止输入重复数据。

在数据输入的过程中，有些数据的值是唯一的，比如学号、工号、身份证号码等。为了防止输入重复数据，可通过设置数据有效性来实现。设置方法如下：

①选择需设置的数据范围，单击“数据”选项卡→“数据工具”组→“数据验证”按钮，弹出“数据验证”对话框，在“允许”下拉列表框中选择“自定义”选项，在“公式”文本框中输入公式“=COUNTIF(A:A,A2)=1”，如图3-2所示。此处，函数“COUNTIF(A:A,A2)”是条件统计函数。该函数有两个参数，第一个参数为统计的数据范围，当前值为“A:A”，即A列，可通过单击A列列标实现；第二个参数为统计的值，此处值为“A2”。该函数的运算结果为A2单元格在A列出现的次数。“COUNTIF(A:A,A2)=1”是个关系运算表达式，即判断A2单元格在A列出现的次数是否等于1。如果等于1，即A2仅出现一次，则返回逻辑值“TRUE”，否则返回“FALSE”。

②在“数据验证”对话框中选择“出错警告”选项卡，在“标题”文本框中输入“错误提示”，在“错误信息”文本框中输入“数据重复！”，如图3-3所示，单击“确定”按钮。

③当在A列输入相同数据时，系统会弹出图3-4所示的“错误提示”对话框。

（2）限制数据输入为序列。

在Excel表格中输入有固定选项的数据，如性别、学历、婚否、部门等时，如果直接从下拉列表中进行选择，既可以提高数据输入的效率，又可以提高数据输入的规范性。下拉列表的形成，可以通过数据有效性，将数据限制为序列。下面以“性别”列设置为例，设置方法如下：

①选中需要设置的数据范围，单击“数据”选项卡→“数据工具”组→“数据验证”按钮，弹出“数据验证”对话框，在“允许”下拉列表框中选择“序列”，在“来源”中输入“男,女”（注意，此处的分割符为英文符号“,”，不要输入中文符号），如图3-5所示。

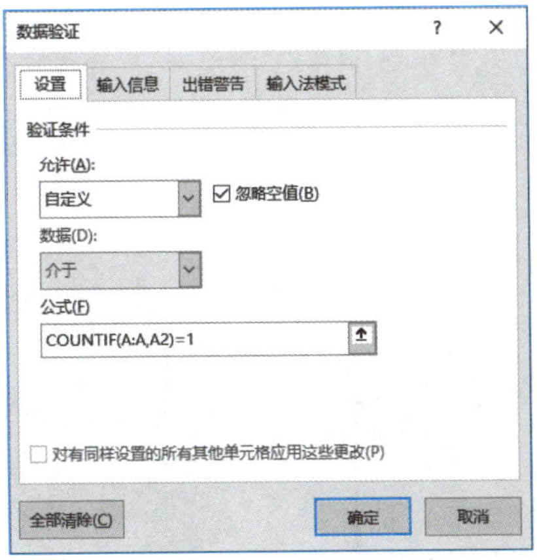

图 3-2　“数据验证”对话框“设置”选项卡

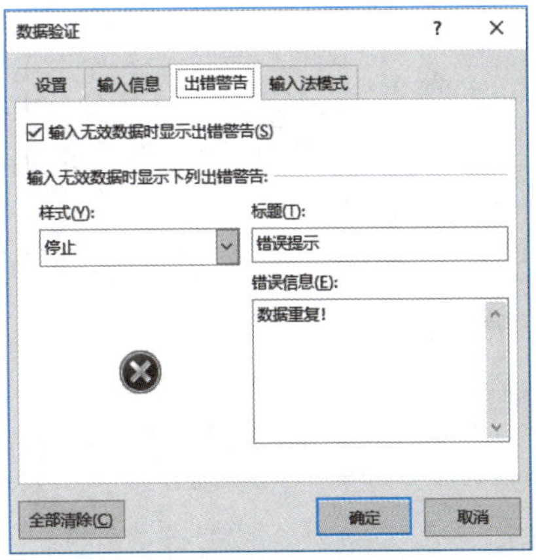

图 3-3　“数据验证”对话框“出错警告”选项卡

②单击“确定”按钮。返回工作表中，在刚刚选中的任意单元格单击鼠标，单元格右边将显示下拉按钮，单击下拉按钮，弹出下拉选项，效果如图3-6所示。

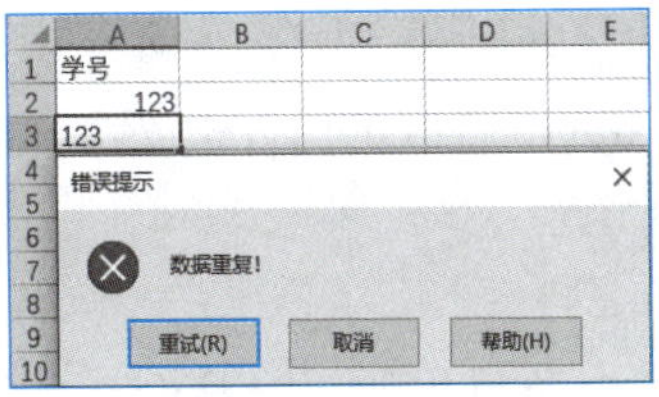

图 3-4　“错误提示”对话框

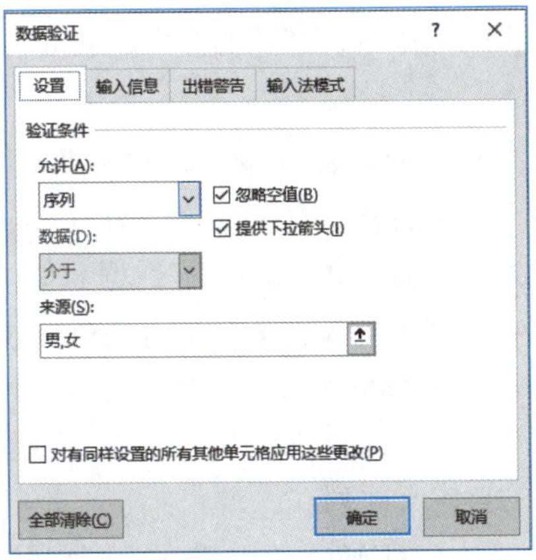

图 3-5　设置数据有效性为序列

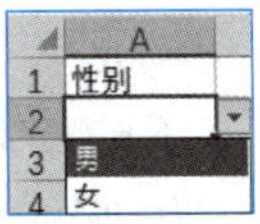

图 3-6　下拉列表显示效果

此外，利用数据有效性还可以指定单元格输入文本的长度、数值范围、时间范围等。在接下来的任务实现过程中，将结合任务，继续讲述数据有效性其他相关选项设置。

（3）圈释无效数据。

圈释无效数据是指系统自动将不符合条件的数据用红色的圈标出来，以便编辑修改，一般用于数据已经录入，要对无效数据进行管理的情形。接下来以成绩为例讲述无效数据的圈释，设置方法如下：

①选择要圈释无效数据的单元格区域。单击“数据”选项卡→“数据工具”组→“数据验证”按钮，弹出“数据验证”对话框，在“允许”下拉列表框中选择“整数”，“数据”下拉列表框中选择“介于”，在“最小值”文本框中输入“0”，“最大值”文本框中输入“100”，单击“确定”按钮，如图3-7所示。

②单击“数据”选项卡→“数据工具”组→“数据验证”下拉按钮，在下拉列表中选择“圈释无效数据”选项，如图3-8所示。此时工作表选定区域中不符合数据有效性要求的数据会被自动圈注出来，如图3-9所示（实际操作为红色圈）。

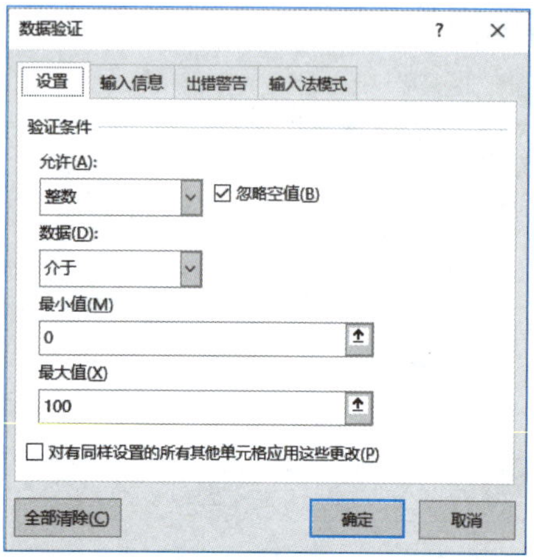

图 3-7　数据有效性整数范围限制

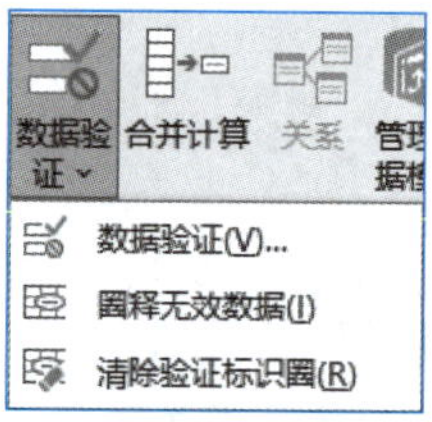

图 3-8　“数据验证”下拉列表

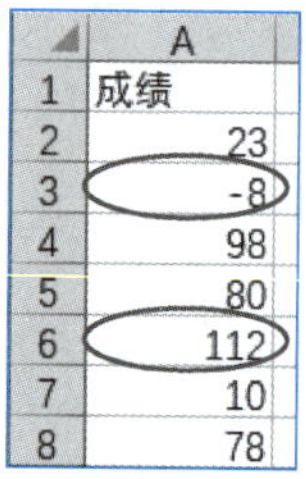

图 3-9　圈释效果

圈定无效数据后，就可以方便地找出无效数据进行修改。数据修改正确后，红色标识圈将自动消除。若要手动清除圈注，可以单击“数据”选项卡→“数据工具”组→“数据验证”下拉按钮，选择“清除验证标识圈”命令，红色的标识圈就会自动清除。

2. 自定义序列

在Excel表格中输入数据时，如果数据本身存在某些顺序上的关联特性，可以使用填充柄功能快速实现数据输入。Excel表格中已内置了一些序列，例如，“星期一、星期二、星期三…”“甲、乙、丙…”“JAN、FEB、MAR…”等数据。如果要输入上述内置的序列，只要在单元格输入序列中的任意元素，把光标放在单元格右下角，变成实心＋后按住鼠标左键并拖动鼠标，就能实现序列的填充。对于系统未内置而个人经常使用的序列，可以采用自定义序列的方式来实现填充。

（1）基于已有项目列表的自定义序列。

①在工作表的单元格区域（E1:E12）依次输入一个序列的各个条目，如“一月份、二月份、三月份、……、十二月份”。

②选中E1:E12区域，单击“文件”→“选项”命令，进入“Excel选项”对话框，在对话框中选择“高级”，向下滚动找到“常规”，单击“编辑自定义列表”按钮，打开“自定义列表”对话框，此时可以看到“从单元格导入序列”输入框中显示已经选中的数据范围“E1:E12”，如果数据范围不是选中的数据范围，可单击对话框右侧的折叠按钮，对数据范围进行选择。单击右下角“导入”按钮，此时在上方“输入序列”对话框中将显示选中的数据范围，如图3-10所示。

③序列自定义成功后，使用方法跟内置序列一样，在某一单元格内输入序列的任意值，拖动填充柄可以进行填充。

（2）直接定义新项目列表序列。

①选择“文件”→“选项”命令，进入“选项”对话框，在对话框中选择“高级”，向下滚动找到“常规”，单击“编辑自定义列表”按钮。

②在对话框右侧“输入序列”文本框中，依次输入自定义序列的各个条目，条目与条目之间使用【Enter】键进行分割，如图3-11所示。

③全部条目输入完毕后，单击“添加”按钮，再单击“确定”按钮，完成自定义序列定义。

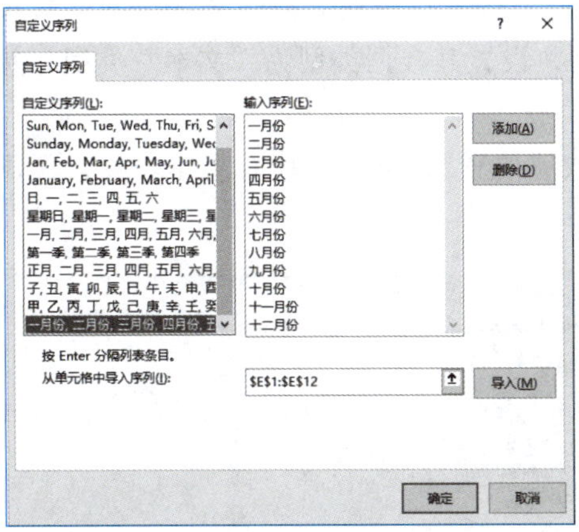

图 3-10　“自定义序列”对话框

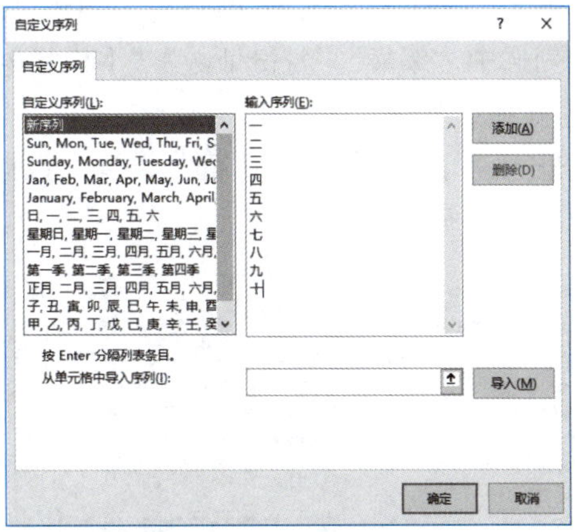

图 3-11　输入自定义序列

3. 获取外部数据

用户在使用Excel表格时，不但可以直接输入数据，也可以将外部数据直接导入。Excel表格获取外部数据是通过“数据”选项卡→“获取外部数据”组功能来实现的，可以导入文本文件的数据，也可以从Access数据库等方式中导入数据。

接下来以导入文本文件为例说明数据导入的过程。

①新建一个空白工作簿，单击“数据”选项卡→“获取外部数据”组→“自文本”按钮，如图3-12所示。

②进入“导入文本文件”对话框，找到要导入的文本文件，本例以“示例数据.txt”文件为例，如图3-13所示。

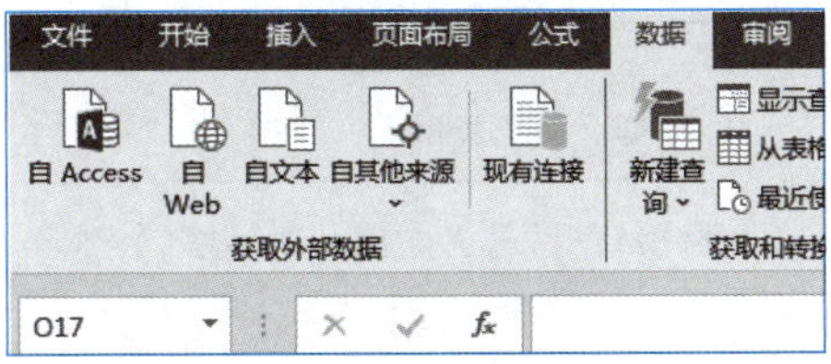

图 3-12　获取外部数据功能区域

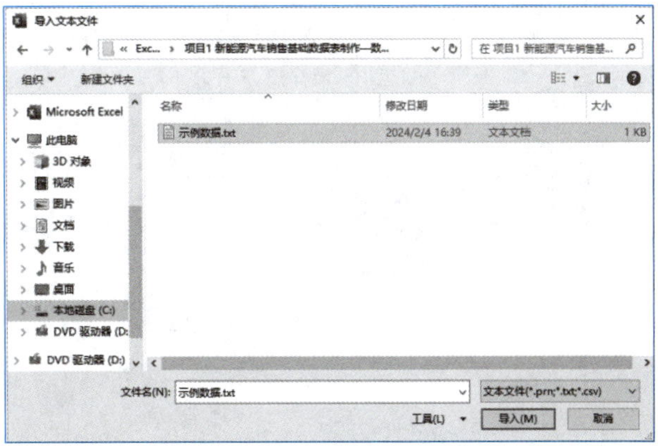

图 3-13　打开要导入的文本文件

③单击“导入”按钮，进入“文本导入向导-第1步，共3步”对话框，选择“分隔符号”单选按钮，由于“示例数据”文本文件中第一行为空行，所以导入起始行设置为“2”单击“下一步”按钮，如图3-14所示。

④进入“文本导入向导-第2步，共3步”对话框，设置分隔符的种类，选取时取决于文本文件所使用的分隔符。此例使用“Tab键”，所以默认选择“Tab键”，并单击“下一步”按钮，如

图3-15所示。

⑤进入“文本导入向导-第3步，共3步”对话框，设置每一列数据的文本类型，默认为常规。分别选中“编号”“身份证号”“手机号码”列，设置其数据类型为“文本”类型，并单击“完成”按钮，如图3-16所示。

⑥进入“导入数据”对话框，设置“数据的放置位置”，可加入现有工作表或者新建工作表，如图3-17所示。

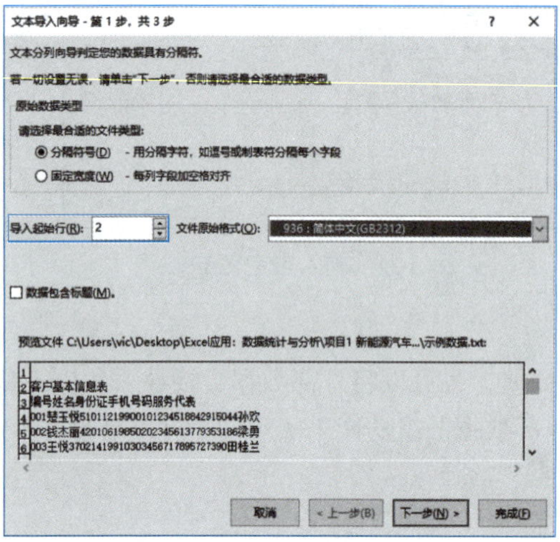

图 3-14　文本导入向导 - 第 1 步

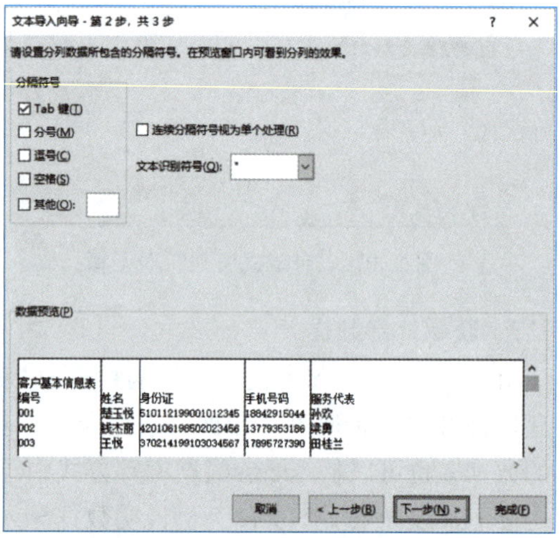

图 3-15　文本导入向导 - 第 2 步

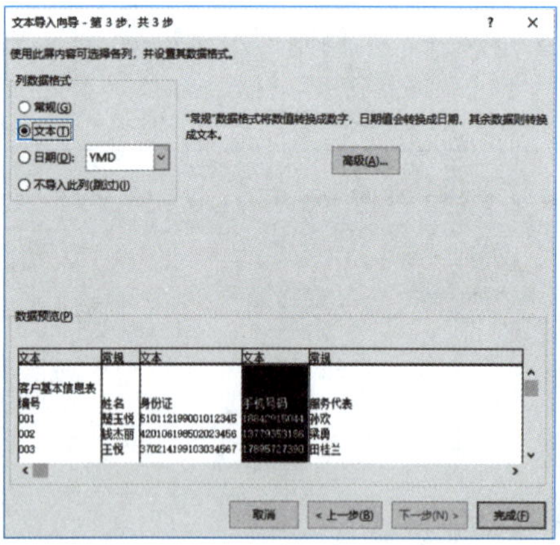

图 3-16　文本导入向导 - 第 3 步

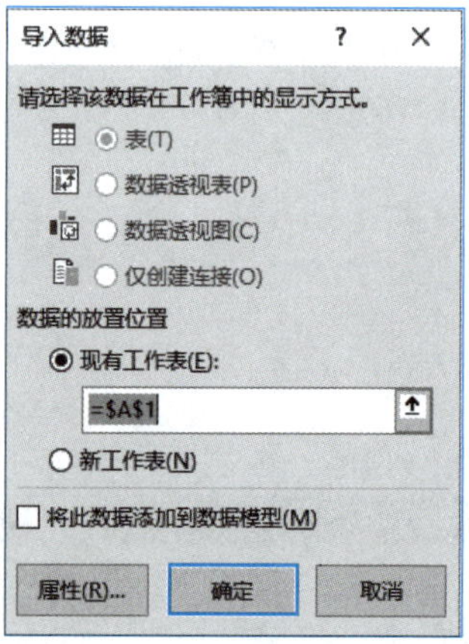

图 3-17　“导入数据”对话框

（三）单元格格式设置

通过单元格格式设置，可以完成选中内容的数据类型设置、字体设置、对齐设置、边框设置、图案设置、保护设置等。

在项目实现教学环节，将根据项目需要，介绍单元格格式设置的方法。

Excel表格提供了“合并后居中”“跨越合并”“合并单元格”多种合并方式。单击“开始”选项卡→“合并后居中”下拉按钮，在下拉列表中显示“合并后居中”的多个选项。图3-18所示为不同合并居中方式的前后对比。

（1）“合并后居中”：选中需要合并的区域，选择“合并后居中”，将保留左侧第一个单元格的值，对齐方式为居中。

（2）“跨越合并”：选中需要合并的区域，选择“跨越合并”，位于不同行将保留左侧第一个单元格的值，对齐方式为靠左对齐。

（3）“合并单元格”：选中需要合并的区域，选择“合并单元格”，将保留左侧第一个单元格的值，对齐方式为靠左对齐。

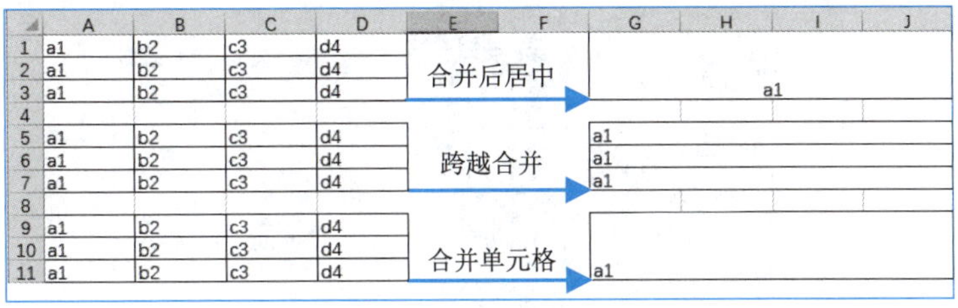

图 3-18　不同合并居中方式

三、项目实现

（一）新建工作簿

启动Excel表格，单击“文件”选项卡→“另存为”按钮，在弹出的“另存为”对话框中选择保存位置，并将文件名设置为“新能源汽车销售资料”，文件保存类型选择“Excel工作簿（.xlsx）”，单击“保存”按钮，如图3-19所示。

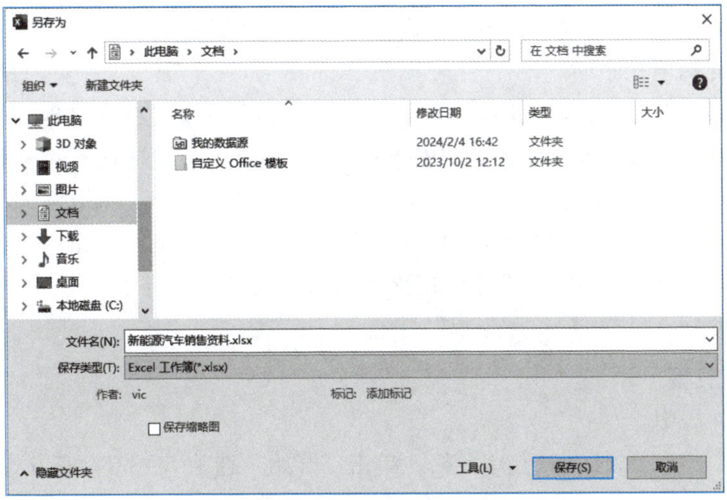

图 3-19　“另存为”对话框

（二）创建“车辆基本信息表”

“车辆基本信息表”用来描述项目中涉及的每辆车子的相关属性，包括“车辆识别码”“车型”“车辆配置”“车辆颜色”“销售日期”“价格”等信息，如图3-20所示。

视　频

Excel 项目一：项目实现

1．工作表重命名

Excel表格创建的表格文档，默认包含一张工作表，工作表标签名称默认为“Sheet1”。双击工作表标签，或者在右键快捷菜单中选择“重命名”选项，将工作表命名为“车辆基本信息表”。

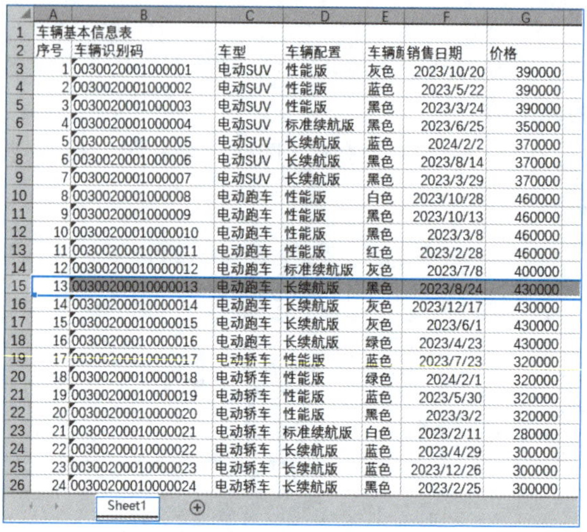

	A	B	C	D	E	F	G
1	车辆基本信息表						
2	序号	车辆识别码	车型	车辆配置	车辆颜	销售日期	价格
3	1	0030020001000001	电动SUV	性能版	灰色	2023/10/20	390000
4	2	0030020001000002	电动SUV	性能版	蓝色	2023/5/22	390000
5	3	0030020001000003	电动SUV	性能版	黑色	2023/3/24	390000
6	4	0030020001000004	电动SUV	标准续航版	黑色	2023/6/25	350000
7	5	0030020001000005	电动SUV	长续航版	蓝色	2024/2/2	370000
8	6	0030020001000006	电动SUV	长续航版	黑色	2023/8/14	370000
9	7	0030020001000007	电动SUV	长续航版	黑色	2023/3/29	370000
10	8	0030020001000008	电动跑车	性能版	白色	2023/10/28	460000
11	9	0030020001000009	电动跑车	性能版	黑色	2023/10/13	460000
12	10	00300200010000010	电动跑车	性能版	黑色	2023/3/8	460000
13	11	00300200010000011	电动跑车	性能版	红色	2023/2/28	460000
14	12	00300200010000012	电动跑车	标准续航版	灰色	2023/7/8	400000
15	13	00300200010000013	电动跑车	长续航版	黑色	2023/8/24	430000
16	14	00300200010000014	电动跑车	长续航版	灰色	2023/12/17	430000
17	15	00300200010000015	电动跑车	长续航版	灰色	2023/6/1	430000
18	16	00300200010000016	电动跑车	长续航版	绿色	2023/4/23	430000
19	17	00300200010000017	电动轿车	性能版	蓝色	2023/7/23	320000
20	18	00300200010000018	电动轿车	性能版	绿色	2024/2/1	320000
21	19	00300200010000019	电动轿车	性能版	蓝色	2023/5/30	320000
22	20	00300200010000020	电动轿车	性能版	黑色	2023/3/2	320000
23	21	00300200010000021	电动轿车	标准续航版	白色	2023/2/11	280000
24	22	00300200010000022	电动轿车	长续航版	蓝色	2023/4/29	300000
25	23	00300200010000023	电动轿车	长续航版	蓝色	2023/12/26	300000
26	24	00300200010000024	电动轿车	长续航版	黑色	2023/2/25	300000

Sheet1

图 3-20　“车辆基本信息表”部分数据

2. 输入工作表数据

按照图3-20所示输入工作表数据。

（1）一个单元格输入多行数据。

本例中，“车辆颜色”列需要在同一个单元格中输入多行数据。选中“E2”单元格，将光标在单元格中定位于“车辆”之后，按住【Alt】键的同时按下【Enter】键（此时输入的【Enter】键，我们称之为软回车），将光标在单元格内换行，输入“颜色”。

（2）使用填充柄填充序列。

序号列的值为等差序列，输入序列的初始值后，可以使用填充柄对其他单元格进行填充。鼠标移到初始值单元格右下角，当鼠标变成实心＋时，按住鼠标左键，拖动鼠标至最后一个需要填充的单元格，松开鼠标，可以看到填充结果。如果结果不是预期的等差数列，在最后一个单元格右下角单击“自动填充选项”下拉按钮，弹出如图3-21所示的填充选项下拉列表，进行选择即可。

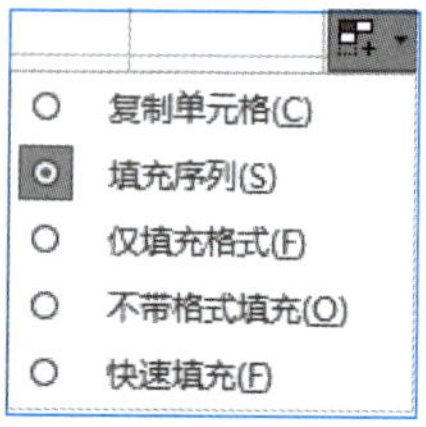

图 3-21　填充选项下拉列表

3. 表格格式设置

（1）标题合并居中。

拖动鼠标选中“A1”到“G1”单元格，单击“开始”选项卡→“对齐方式”组中的“合并后居中”下拉按钮，在下拉列表中选择“合并后居中”选项。

（2）字体设置。

选中标题，选择“开始”选项卡→“字体”选项组，将标题设置为“黑体”“16磅”“加粗”，表中其他字体默认设置。对齐方式选择“居中”。

（3）边框设置。

①选择“A2:G26”区域，选择“开始”选项卡→“单元格”组→“格式”下拉按钮中的“设置单元格格式”，或者右击，在弹出的快捷菜单中选择“设置单元格格式”，进入“单元格格式”对话框，选择“边框”选项卡，如图3-22所示。

②在线条“样式”中选择“细实线”，颜色选择“自动”，预置中分别选择“外边框”“内

部”框。在“边框”中可以看到设置好的边框样式。

③如果需要对选中单元格的边框进行更个性化设置，可以在选择线条样式、颜色的前提下单击“边框”中相应的边框线即可完成边框设置。

4. 设置图案

（1）选择“A2:G2”区域，右击弹出快捷菜单，选择“设置单元格格式”，进入“设置单元格格式”对话框，选择“填充”选项卡，在“图案样式”中选择“75%灰色”样式，如图3-23所示。

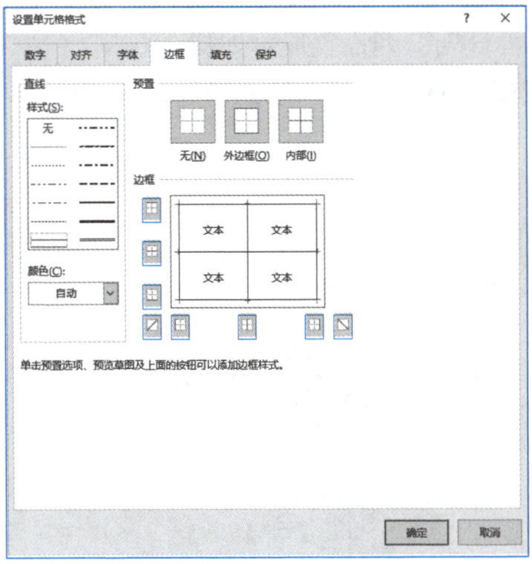

图 3-22 “设置单元格格式”对话框“边框”选项卡

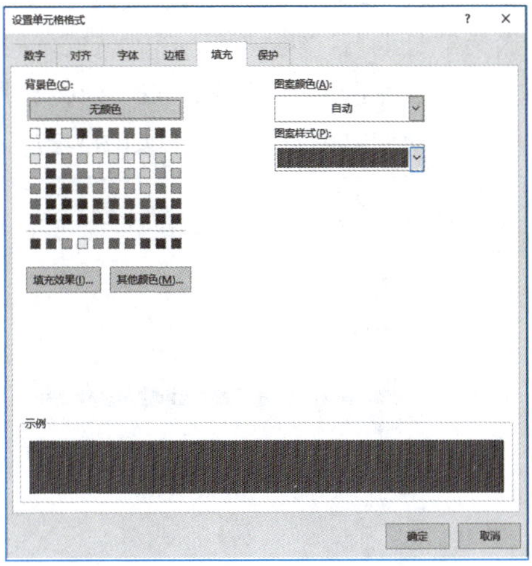

图 3-23 “设置单元格格式”对话框“填充”选项卡

（2）单击“填充”选项卡中的“填充效果”按钮，进入“填充效果”对话框，对“颜色”进行“双色”设置，选择“底纹样式”和“变形”，单击“确定”按钮，如图3-24所示。

（3）单击图3-23“填充”选项卡中的“其他颜色”按钮，打开“颜色”对话框，有“标准”“自定义”两种选择颜色的方式，如图3-25所示，设置颜色后单击“确定”按钮。

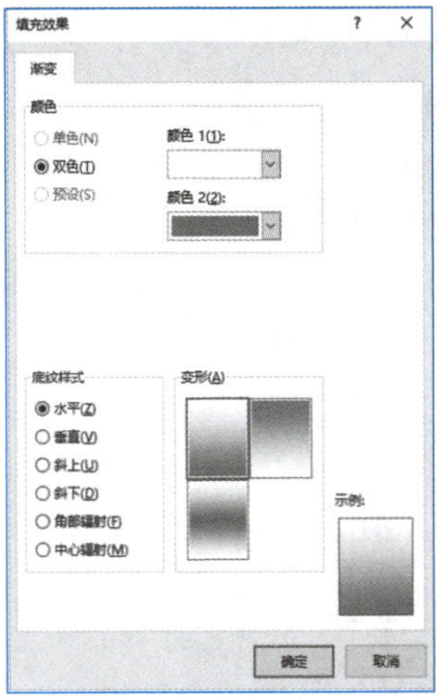

图 3-24 “填充效果”对话框

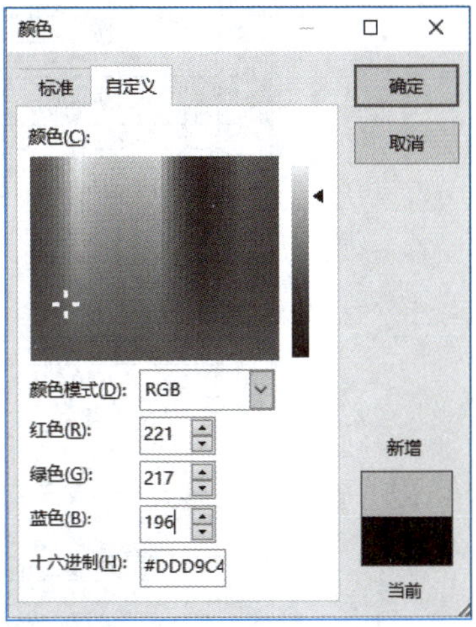

图 3-25 “颜色”对话框

5. 设置数字分类

（1）选择B3:B26单元格区域，右击，在弹出的快捷菜单中选择“设置单元格格式”，进入“设置单元格格式”对话框，选择“数字”选项卡。

（2）在“数字”选项卡“分类”中选择“数值”，设置“小数位数”为0，如图3-26所示。

（3）选择G3:G26单元格区域，打开“设置单元格格式”对话框，在“数字”选项卡中“分类”中选择“货币”，设置“货币符号”选择“¥”，“小数位数”为1，“负数”选择默认值。将“价格”列设置成货币样式。

（4）选择F3:F26单元格区域，打开“设置单元格格式”对话框，在“数字”选项卡中“分类”中选择“日期”，“类型”选择默认值。将“销售日期”列设置成日期样式。

（5）拖动鼠标选中“A”到“G”列，选择“开始”选项卡→“单元格”组→“格式”下拉列表中的“自动调整列宽”选项，如图3-27所示。

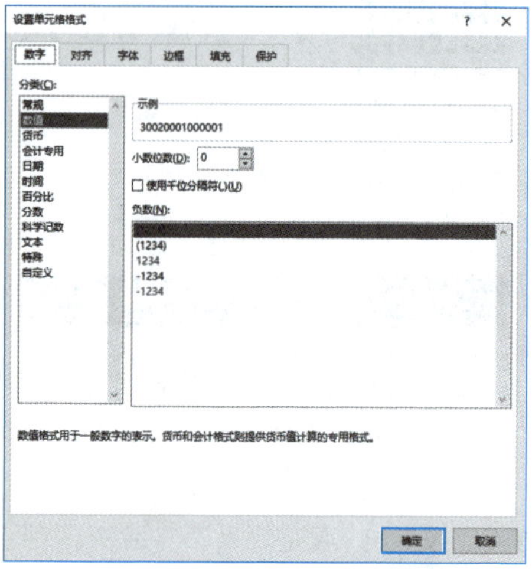

图 3-26 “设置单元格格式”对话框“数字”选项卡

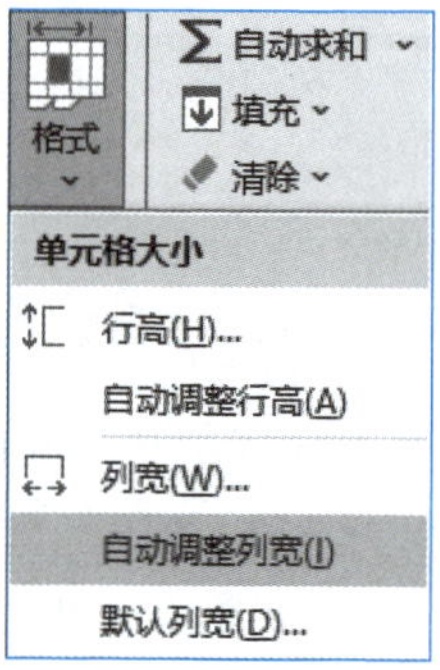

图 3-27 “格式”下拉列表

最后设置完成的“车辆基本信息表”的效果如图3-28所示。

	A	B	C	D	E	F	G
1	车辆基本信息表						
2	序号	车辆识别码	车型	车辆配置	车辆颜色	销售日期	价格
3	1	30020001000001	电动SUV	性能版	灰色	2023/10/20	¥390,000.0
4	2	30020001000002	电动SUV	性能版	蓝色	2023/5/22	¥390,000.0
5	3	30020001000003	电动SUV	性能版	黑色	2023/3/24	¥390,000.0
6	4	30020001000004	电动SUV	标准续航版	黑色	2023/6/25	¥350,000.0
7	5	30020001000005	电动SUV	长续航版	蓝色	2024/2/2	¥370,000.0
8	6	30020001000006	电动SUV	长续航版	黑色	2023/8/14	¥370,000.0
9	7	30020001000007	电动SUV	长续航版	黑色	2023/3/29	¥370,000.0
10	8	30020001000008	电动跑车	性能版	白色	2023/10/28	¥460,000.0
11	9	30020001000009	电动跑车	性能版	黑色	2023/10/13	¥460,000.0
12	10	300200010000010	电动跑车	性能版	黑色	2023/3/8	¥460,000.0
13	11	300200010000011	电动跑车	性能版	红色	2023/2/28	¥460,000.0
14	12	300200010000012	电动跑车	标准续航版	灰色	2023/7/8	¥400,000.0
15	13	300200010000013	电动跑车	长续航版	黑色	2023/8/24	¥430,000.0
16	14	300200010000014	电动跑车	长续航版	灰色	2023/12/17	¥430,000.0
17	15	300200010000015	电动跑车	长续航版	灰色	2023/6/1	¥430,000.0
18	16	300200010000016	电动跑车	长续航版	绿色	2023/4/23	¥430,000.0
19	17	300200010000017	电动轿车	性能版	蓝色	2023/7/23	¥320,000.0
20	18	300200010000018	电动轿车	性能版	绿色	2024/2/1	¥320,000.0
21	19	300200010000019	电动轿车	性能版	蓝色	2023/5/30	¥320,000.0
22	20	300200010000020	电动轿车	性能版	黑色	2023/3/2	¥320,000.0
23	21	300200010000021	电动轿车	标准续航版	白色	2023/2/11	¥280,000.0
24	22	300200010000022	电动轿车	长续航版	蓝色	2023/4/29	¥300,000.0
25	23	300200010000023	电动轿车	长续航版	蓝色	2023/12/26	¥300,000.0
26	24	300200010000024	电动轿车	长续航版	黑色	2023/2/25	¥300,000.0

图 3-28 “车辆基本信息表”效果图

（三）创建“销售员工基本信息表”

“销售员工基本信息表”用来描述公司销售人员的相关属性，包括“工号”“姓名”“性别”“出生日期”“销售级别”等相关信息。

1．建立“销售员工基本信息表”

单击工作表末尾的“新工作表”按钮⊕，插入一张工作表，将其重命名为“销售员工基本信息表”。

2．插入“下拉列表”规范数据

“性别”列输入的数据“男”“女”，可以通过“数据验证”来规范数据输入。选中“性别”列的C3:C14单元格，单击“数据”选项卡→“数据工具”组→“数据验证”按钮，弹出“数据验证”对话框。选择“设置”选项卡，在“允许”下拉列表中选择“序列”，在“来源”中输入选项“男,女”，如图3-29所示，单击“确定”按钮。

设置完成后“性别”列在输入数据时会显示下拉列表，如图3-30所示。同样，“级别”列由于输入的数据也是规范的“一级,二级,三级,四级,五级”，也需要使用“数据验证”对数据进行规范。

3．使用“格式刷”复制格式

参照“车辆基本信息表”中对表格格式设置的方法，完成对“销售员工基本信息表”的格式设置。为了避免阅读数据错行，对第三行数据用“淡蓝色”进行填充，方法在前面已经讲过，此处不再赘述。如何快速地对其他奇数行进行格式复制呢？可以使用“格式刷”进行操作。方法如下：

选中第三行数据（即选中需要复制格式的对象），双击“开始”选项卡→“剪贴板”组→“格式刷”按钮，此时鼠标会变成刷子的形状，用刷子去选中需要复制格式的奇数行数据，就可以完成对第三行格式的复制。如果单击“格式刷”按钮，此格式被复制一次。双击“格式刷”按钮，格式可以被复制多次，结束时只要单击“格式刷”按钮就可以了。

“销售员工基本信息表”格式设置完毕后的效果如图3-31所示。

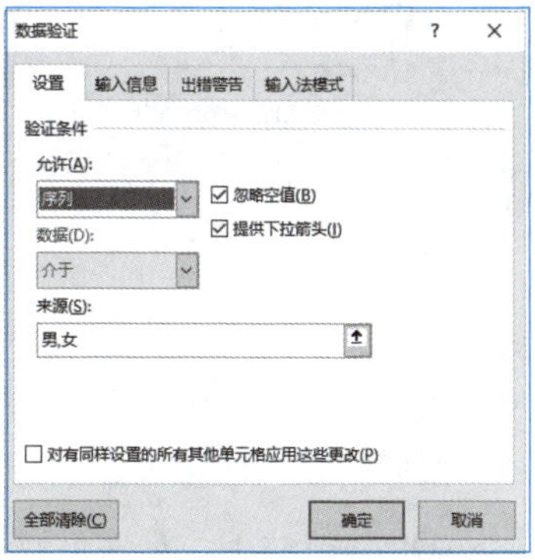

图 3-29　“数据验证”对话框“设置”选项卡

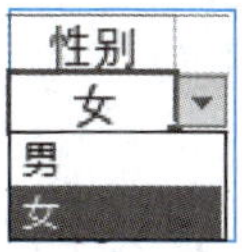

图 3-30　“性别”列输入提示

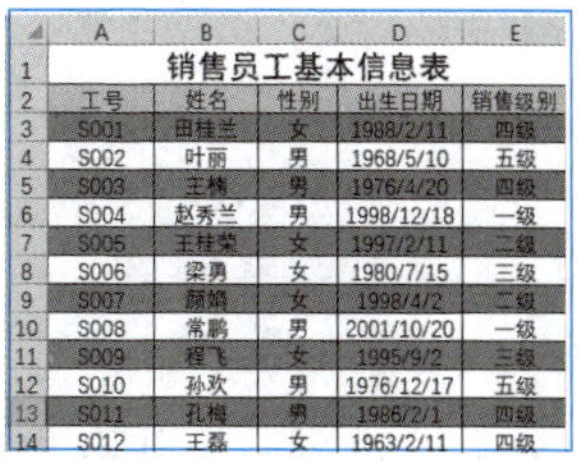

工号	姓名	性别	出生日期	销售级别
S001	田桂兰	女	1988/2/11	四级
S002	叶丽	男	1968/5/10	五级
S003	王林	男	1976/4/20	四级
S004	赵秀兰	男	1998/12/18	一级
S005	王桂荣	女	1997/2/11	二级
S006	梁勇	女	1980/7/15	三级
S007	顾娟	女	1998/4/2	二级
S008	常鹏	男	2001/10/20	一级
S009	程飞	女	1995/9/2	三级
S010	孙欢	男	1976/12/17	五级
S011	孔梅	男	1986/2/1	四级
S012	王磊	女	1963/2/11	四级

图 3-31　“销售员工基本信息表”效果图

（四）创建“客户基本信息表”

1．新建工作表

单击工作表末尾的“新工作表”按钮，插入一张工作表，将其重命名为“客户基本信息表”。

2. 特殊字符输入

在“编号”列中，如果输入“001”，系统会自动处理为“1”，这是因为系统认为数值1左侧的“0”是无效的。如果要把这一列输入类似“001”“002”“003”这样的数据，需要将该列设置为文本类型的数据。选中该列，单击“开始”选项卡→“数字”组→“设置单元格格式”按钮，在弹出的“设置单元格格式”对话框中选择“数字”选项卡中“文本”类型，文本类型的数据可以让单元格显示的内容与输入的内容完全一致。如果涉及的单元格较少，也可以在需要输入的文本首位输入英文字符单引号“’”，这样输入什么，系统就会显示什么（单引号不会显示）。

提示： Excel表格可以智能识别常见的文本型数据，当单元格输入长数字时（如身份证、银行卡等），或是以0开头的超过5位的数字编号（如012345），Excel表格将自动识别文本类型的数据，避免手动设置数字格式或添加半角引号（'）的麻烦。

3. 设置数据有效性

（1）文本长度限制。

对于类似身份证列、手机号码列这样的长数据，在输入的时候是很容易输错的。可以通过设置数据有效性，限制文本的长度，从而避免低级的输入出错。选中“身份证”列，单击“数据”选项卡→“数据工具”组→“数据验证”按钮，弹出“数据验证”对话框，选择“设置”选项卡，在“允许”下拉列表中选择“文本长度”，“数据”下拉列表中选择“等于”，在“长度”中输入“18”，单击“确定”按钮，如图3-32所示。选择“出错警告”选项卡，在“标题”中输入“数据长度出错”，“错误信息”中输入“身份证号码长度应为18位”，“样式”下拉按钮中选择“停止”，单击“确定”按钮，如图3-33所示。

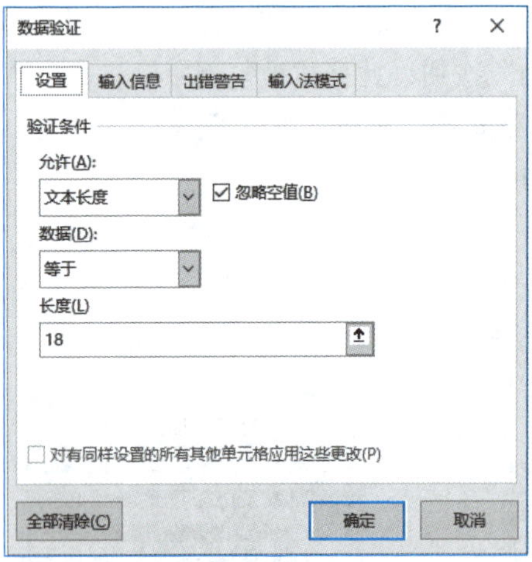

图 3-32 设置文本长度

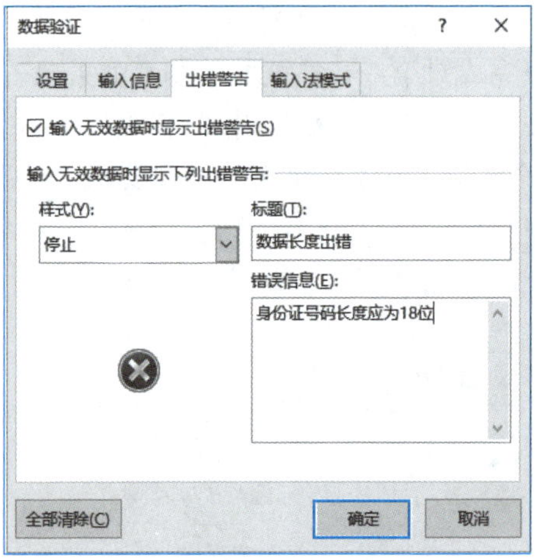

图 3-33 数据长度出错警告设置

完成上述设置，假如身份证号码长度输入错误，系统就会弹出错误警告，如图3-34所示，直到输入正确为止。

同样需要对手机号码列进行长度限制，限制文本长度为11位。此处不再赘述。

（2）将数据输入限制为下拉列表中的值。

本表中每位客户的服务代表，都应该是前面建立的“销售人员基本信息表”中的销售人员。可以通过设置数据有效性，将该列数据验证条件设置为序列，来源为“销售人员基本信息表”

的“姓名”列。选中“服务代表”列的E3:E18单元格，单击“数据”选项卡→“数据工具”组→“数据验证”按钮，弹出“数据验证”对话框，选择“设置”选项卡，选择“允许”下拉列表中的“序列”，单击“来源”输入框右侧的折叠按钮，选择“销售员工信息表”中的B3:B14单元格，单击“确定”按钮，如图3-35所示。此时工作表中该列单元格的右侧出现下拉按钮，单击就可完成对服务代表的选择，如图3-36所示。

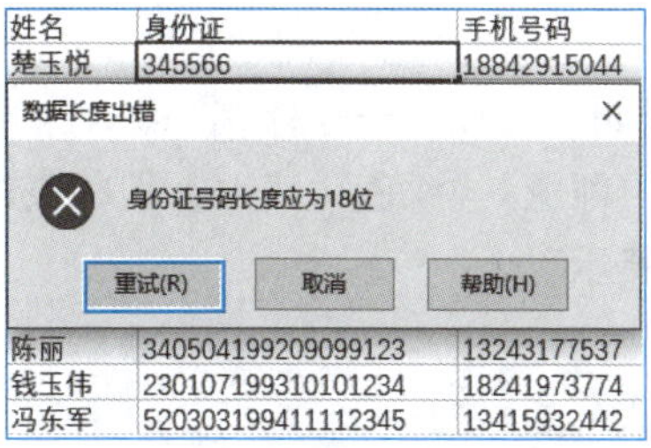

图 3-34　身份证号码长度错误提示窗口

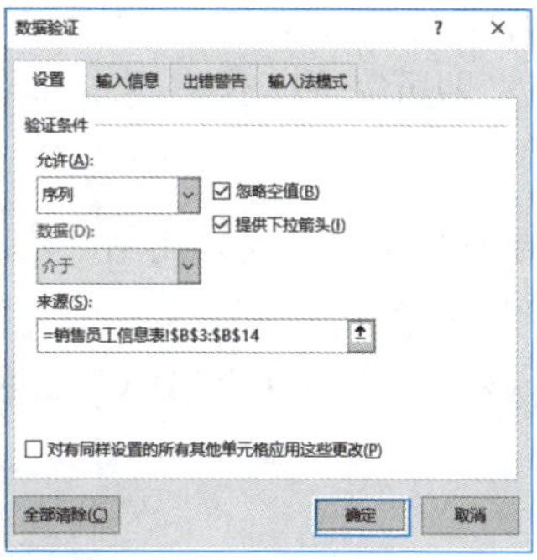

图 3-35　“数据验证”对话框

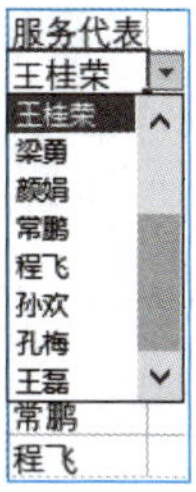

图 3-36　数据验证效果

（3）格式设置。

参照“销售员工基本信息表”中对表格格式设置的方法，完成对“客户基本信息表”的格式设置。设置完毕后的效果如图3-37所示。

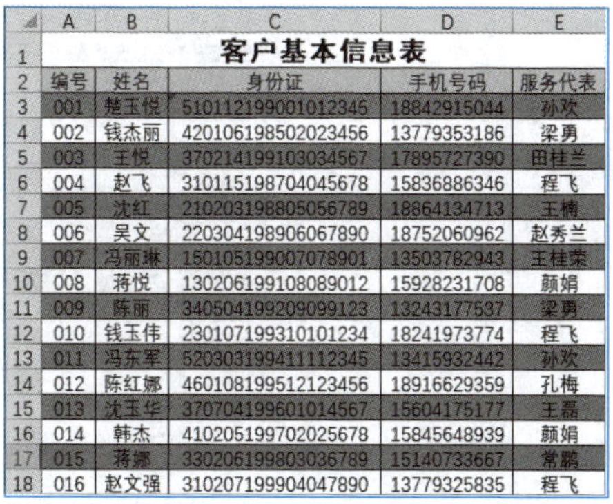

	A	B	C	D	E
1	客户基本信息表				
2	编号	姓名	身份证	手机号码	服务代表
3	001	楚玉悦	510112199001012345	18842915044	孙欢
4	002	钱杰丽	420106198502023456	13779353186	梁勇
5	003	王悦	370214199103034567	17895727390	田桂兰
6	004	赵飞	310115198704045678	15836886346	程飞
7	005	沈红	210203198805056789	18864134713	王楠
8	006	吴文	220304198906067890	18752060962	赵秀兰
9	007	冯丽琳	150105199007078901	13503782943	王桂荣
10	008	蒋悦	130206199108089012	15928231708	颜娟
11	009	陈丽	340504199209099123	13243177537	梁勇
12	010	钱玉伟	230107199310101234	18241973774	程飞
13	011	冯东军	520303199411112345	13415932442	孙欢
14	012	陈红娜	460108199512123456	18916629359	孔梅
15	013	沈玉华	370704199601014567	15604175177	王磊
16	014	韩杰	410205199702025678	15845648939	颜娟
17	015	蒋娜	330206199803036789	15140733667	常鹏
18	016	赵文强	310207199904047890	13779325835	程飞

图 3-37　“客户基本信息表”效果图

四、技巧与提高

（一）工作表相关操作

1. 工作表标签颜色设置

如果工作表文件中包含多张工作表，为了美化工作表标签，可以设置工作表标签颜色。

选中需要设置颜色的工作表标签，右击，在弹出的快捷菜单中选择“工作表标签颜色”选项，在级联菜单中会显示填充颜色，选择想要填充的颜色即可，如图3-38所示。

2. 插入工作表

单击工作表标签区域最右侧的⊕或者右击某张已经存在的工作表，在弹出的快捷菜单中选择“插入工作表”，即可完成工作表插入操作。

3. 删除工作表

单击选中需要删除的工作表标签，右击弹出快捷菜单，选择“删除”，或者直接按【Delete】键，即可完成工作表的删除操作。值得注意的是，工作表一旦删除，将无法恢复。

4. 移动或复制工作表

单击选中需要移动的工作表标签，再右击，在弹出的快捷菜单中选择“移动和复制工作表”进行移动，或者选中工作表标签的情况下，按住鼠标左键拖至相应位置即可。勾选“建立副本”框，单击“确定”按钮，即可完成工作表副本的创建。

5. 工作表格式设置

Excel表格提供了大量的表格样式供我们使用。单击“开始”选项卡→“样式”组→“套用表格格式”下拉按钮，在下拉列表中可以看到有“浅色”“中等色”“深色”三大类别的表格格式，选择其中一种，即可将该格式应用到表格中，如图3-39所示。

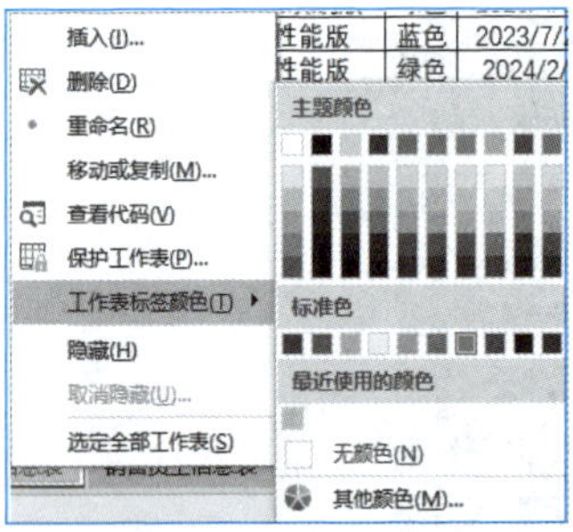

图 3-38　工作表标签颜色设置

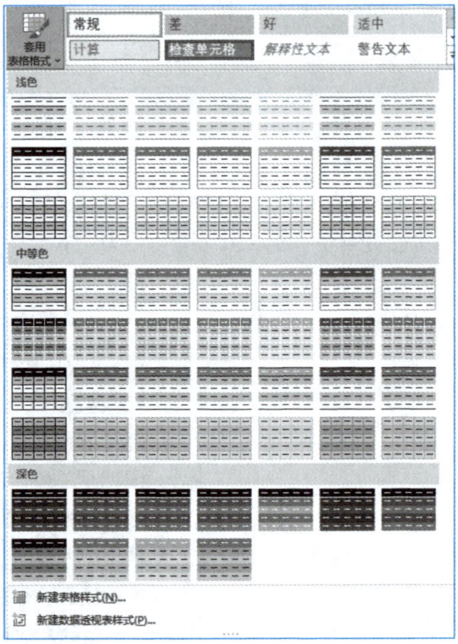

图 3-39　“套用表格格式”下拉列表

（二）特殊数据输入

1. 数值型数据输入

（1）分数的输入：如输入“2/5”，应输入“0 2/5”（0和2之间有空格）。如果直接输入“2/5”，则系统将把它视为日期，显示成2月5日。

（2）负数的输入：如输入“-8”，应输入-8或(8)。

2. 日期型数据输入

输入日期的分隔符可以使用“/”或“-”，不能使用“.”或其他符号，例如“2022年12月20日”，应输入“2022-12-20”或者“2022/12/20”。显示的日期格式可以在“设置单元格格式”对话框“数字”选项卡的“分类”列表中选择“日期”，然后进行设置，如图3-40所示。

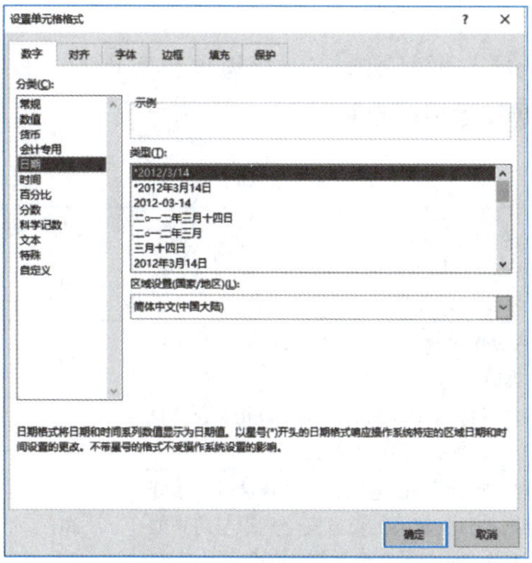

图 3-40　日期格式设置

五、测评

（一）知识测评

1. 填空题

（1）在数据输入的过程中，有些数据的值是唯一的，比如学号、工号、身份证号码等，为了防止输入重复数据，可通过设置________来实现。

（2）输入身份证号码之类的数据信息时，需要将该列数据设置为________类型。

（3）日期之间的分隔符可以是________和________。

（4）在Excel表格中输入有固定选项的数据，如性别、学历、婚否、部门等时，如果直接从下拉列表中进行选择，既可以提高数据输入的效率，又可以提高数据输入的规范性。下拉列表的形成，可以通过________，将数据限制为________。

（5）如果要在同一个单元格中输入多行数据，将光标定位于需要分行的位置，按住________键的同时按下________键即可。

（6）在数据已经录入，要对无效数据进行管理，需要使用________对无效数据进行________。

2. 简答题

（1）简述Excel表格在输入数据时应注意的事项。

（2）简述Excel表格中单元格格式设置都有哪些功能。

（二）能力测评

按表3-1中所列的操作要求，对自己完成的文档进行检查，根据实际情况自评。

表 3-1　能力测评表

序号	操作要求（具体见任务实现）	分值	完成情况	自评分
1	完成车辆基本信息表内容输入及格式设置	25		
2	完成销售员工基本信息表数据输入及格式设置	25		
3	完成客户基本信息表的数据输入及格式设置	25		
4	完成相关数据的数据验证	25		
总　分				

（三）素质测评

针对表3-2中所列出的素质与素养观察点，反思项目实现的过程，思考总结相关项目，做到即得分，未做到得0分，根据实际情况自评。

表 3-2　素质测评表

序号	素质与素养	分值	总结与反思	得分
1	信息意识——具备使用Excel表格中数据有效性、下拉列表等方法和手段保证数据信息可靠性、真实性、准确性的意识	20		
2	团队意识——具备团队协作精神，善于与他人合作、共享信息，实现数据信息的更大价值	20		
3	数字化创新与发展——具备将Excel表格与所学专业相融合，具备创新思维、使用Excel表格解决专业问题的能力	20		
4	信息社会责任——数据处理过程中能遵守相关法律法规，信守信息社会的道德与伦理准则；具备较强的信息安全意识与防护能力，能有效维护个人、他人的合法权益和公共信息安全	20		
5	计算思维——具备利用Excel表格界定问题、抽象特征、建立模型、组织数据、管理数据、解决问题的能力	20		
总　分				

六、拓展训练

在接下来的任务中，我们将以小组为单位，围绕班级信息管理创建数据表，完成表的创建、数据输入与格式设置、利用公式与函数进行计算，利用Excel表格提供的各种数据管理工具对数据进行分析和统计等各项任务，通过任务实施，提升Excel表格的应用能力、团队协作能力、培养计算思维，养成数据规范和安全意识。

本阶段的任务是建立班级同学的学籍表、宿舍安排表、学生成绩表，具体要求如下：

1. 学籍表

（1）“学籍表”收集班级同学的学籍信息，包括“学号”“姓名”“性别”“出生年月”“民族”“身份证”“政治面貌”“籍贯”“电话号码”“家长姓名”“家长联系电话”“家庭住址”“所学专业”“班级”等信息。

（2）使用“数据验证”完成对“性别”“政治面貌”“所学专业”列下拉按钮的数据选择；对“身份证号码”文本长度限制为18位；“电话号码”“家长联系电话”长度限制为11位；“学号”设置为唯一。

（3）对表格数据进行美化，设置表格对齐方式、字体、边框、图案等，具体参数不作要求。

2. 宿舍安排表

（1）“宿舍安排表”收集班级同学的住宿信息，包括“寝室号码”“寝室长”“寝室星级”“成员姓名”等信息。

（2）对所有列实行“自动调整列宽”。

（3）使用“数据验证”完成对“寝室星级”列下拉按钮的数据选择；“成员姓名”使用下拉按钮的数据选择，序列来源为“学籍表”中的“姓名”列所在的范围。

（4）对表格数据进行美化，设置表格对齐方式、字体、边框、图案等，具体参数不做要求。

3. 学生成绩表

（1）“学生成绩表”收集班级同学期中考试成绩信息，包括“学号”“英语”“信息技术”“高等数学”“体育”等信息。

（2）使用“数据验证”对单科成绩所在的范围约束为“整数：介于0-100之间”。

（3）对表格数据进行美化，设置表格对齐方式、字体、边框、图案等，具体参数不作要求。

项目二　新能源汽车销售扩展数据表制作——公式与函数

一、项目描述

本任务将利用公式与函数在项目一的基础上，完成如下两张表格的创建和设置。

（1）销售信息表：客户编号、车辆识别码、销售日期、一次性付款、原价、折扣1、折扣2、实际价格、销售员工等信息。

（2）销售员工业绩表：记录公司每位销售员工工号、姓名、个人销售总额、排名等信息，并使用图表、条件格式等对数据进行管理。

二、知识准备

（一）条件格式

条件格式通过为满足某些条件的数据应用特定的格式来改变单元格区域的外观，以达到突出显示、识别一系列数值中存在的差异效果。

条件格式的设置可以通过Excel表格预置的规则（突出显示单元格规则、项目选取规则、数据条色阶、图标集）来快速实现格式化，也可以通过自定义规则实现格式化。前者操作相对简单，这里不再赘述。下面重点介绍自定义规则格式化，以图3-41所示的学生成绩表为例。

	A	B	C	D	E	F
1	学号	姓名	语文	数学	英语	总分
2	2024001	毛明轩	87	91	89	267
3	2024002	许宇航	89	92	88	269
4	2024003	熊佳琪	86	88	28	202
5	2024004	余彤彤	90	87	92	269
6	2024005	李娜	88	90	87	265
7	2024006	阮一鸣	92	95	88	275
8	2024007	高俊华	85	89	91	265
9	2024008	张磊	85	55	86	226
10	2024009	梁欣然	91	88	94	273
11	2024010	韦雨薇	88	90	87	265
12	2024011	贺雪婷	46	82	86	214
13	2024012	吕婷婷	93	95	92	280

图 3-41　学生成绩表示例

要求如下：

（1）将各科成绩小于60分的单元格字体红色加粗显示。

（2）将成绩表中总分最高的单元格用黄色填充标记。

1. 要求（1）的操作步骤

①选择工作表中需要进行格式设置的数据区域范围为C2:E13。

②单击“开始”选项卡→“样式”组→“条件格式”下拉按钮，弹出图3-42所示的下拉菜单，选择“新建规则”命令，进入“新建格式规则”对话框，如图3-43所示。

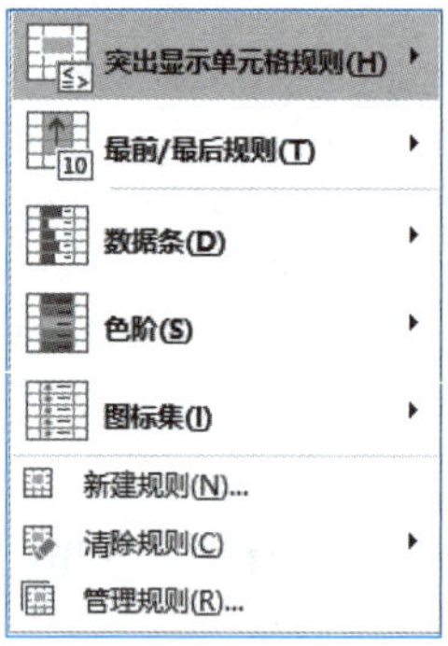

图 3-42 “条件格式”下拉列表

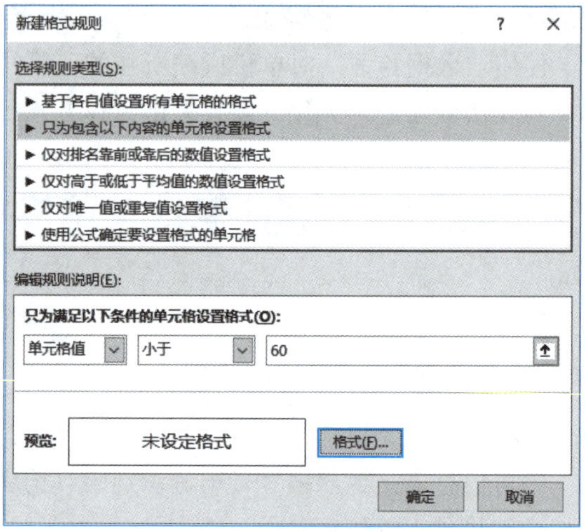

图 3-43 “新建格式规则”对话框

③在“选择规则类型”中选择“只为包含以下内容的单元格设置格式”，在“编辑规则说明”中设置“单元格值”，选择“小于”，值设置为“60”。

④单击“格式”按钮，进入“设置单元格格式”对话框，在“字体”选项卡中设置字形为“粗体”，颜色为“红色”，如图3-44所示。单击“确定”按钮，完成设置，效果如图3-45所示。

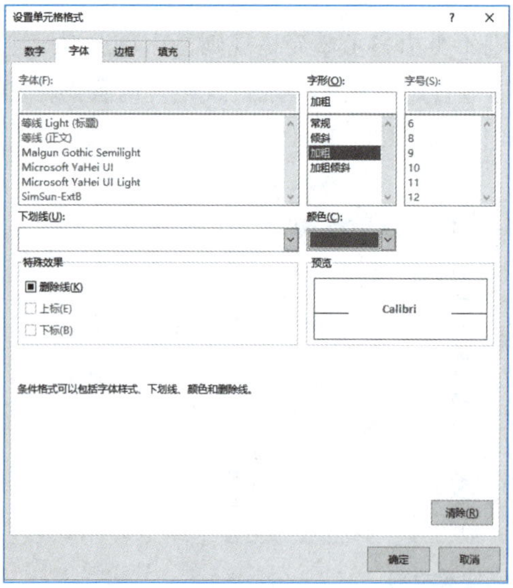

图 3-44 “设置单元格格式”对话框

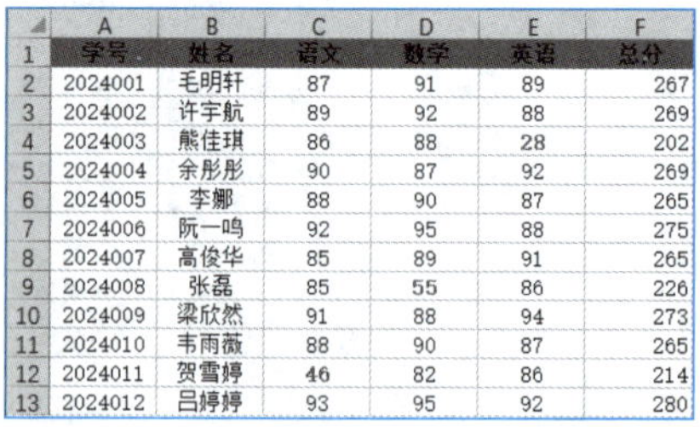

	A	B	C	D	E	F
1	学号	姓名	语文	数学	英语	总分
2	2024001	毛明轩	87	91	89	267
3	2024002	许宇航	89	92	88	269
4	2024003	熊佳琪	86	88	28	202
5	2024004	余彤彤	90	87	92	269
6	2024005	李娜	88	90	87	265
7	2024006	阮一鸣	92	95	88	275
8	2024007	高俊华	85	89	91	265
9	2024008	张磊	85	55	86	226
10	2024009	梁欣然	91	88	94	273
11	2024010	韦雨薇	88	90	87	265
12	2024011	贺雪婷	46	82	86	214
13	2024012	吕婷婷	93	95	92	280

图 3-45 要求（1）条件格式效果图

2. 要求（2）的操作步骤

①选择工作表中需要进行格式设置的数据区域范围为F2:F13。

②选择“新建规则”，打开“新建格式规则”对话框，在“选择规则类型”中选择“使用公式确定要设置格式的单元格”，在“为符合此公式的值设置格式”文本框中输入“=$F2=max($F$2:$F$13)”，如图3-46所示

③单击“格式”按钮，在打开的对话框的“填充”选项卡“背景色”中选择“黄色”，单击“确定”按钮，效果如图3-47所示。

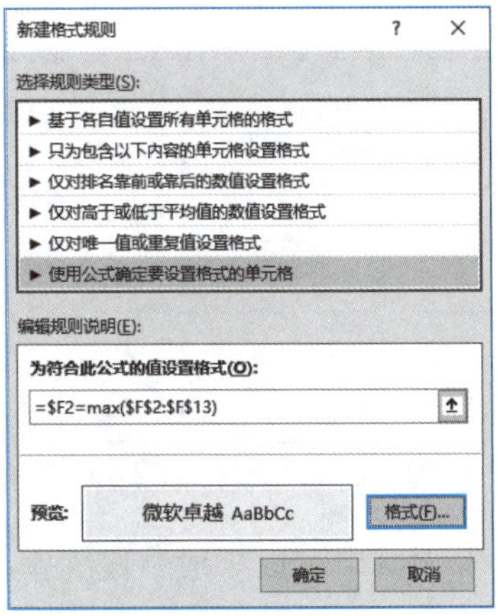

图 3-46　“新建格式规则”对话框

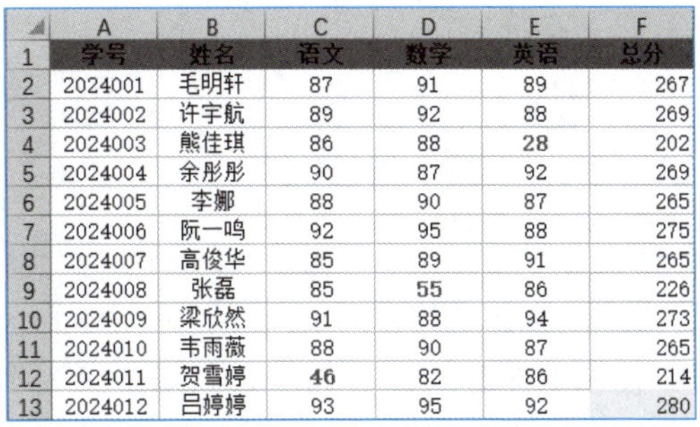

	A	B	C	D	E	F
1	学号	姓名	语文	数学	英语	总分
2	2024001	毛明轩	87	91	89	267
3	2024002	许宇航	89	92	88	269
4	2024003	熊佳琪	86	88	28	202
5	2024004	余彤彤	90	87	92	269
6	2024005	李娜	88	90	87	265
7	2024006	阮一鸣	92	95	88	275
8	2024007	高俊华	85	89	91	265
9	2024008	张磊	85	55	86	226
10	2024009	梁欣然	91	88	94	273
11	2024010	韦雨薇	88	90	87	265
12	2024011	贺雪婷	46	82	86	214
13	2024012	吕婷婷	93	95	92	280

图 3-47　要求（2）条件格式效果图

（二）公式

Office提供了公式功能，让用户可以灵活地设置运算规则。公式包括运算符和操作数两部分。公式可以进行以下操作的表达式：执行计算、返回信息、操作其他单元格的内容、测试条件等。公式始终以等号“=”开头，可以包含常量、运算符、函数和引用。

常量是一个始终保持相同的值。例如，日期“2022-6-18”、数字“210”以及文本“每季度收入”都是常量。表达式以及表达式产生的值都不是常量。

运算符用于指定要对公式中的元素执行的计算类型。运算符分为四种不同类型：算术、比较、文本连接和引用。

1. 算术运算符

使用算术运算符可进行基本的数学运算（如加法、减法、乘法或除法）以及百分比和乘方运算。

表 3-3列出了Excel表格中可用的算术运算符以及该算术运算符的运算含义。

表 3-3　算术运算符

算术运算符	含　义	示　例
+（加号）	加法	A1+B1
–（减号）	减法	A1–B1
*（星号）	乘法	A1*B1
/（正斜杠）	除法	A1/B1
%（百分号）	百分比	20%
^（脱字号）	乘方	3^2

2. 比较运算符

可以使用表3-4所示运算符比较两个值。当使用这些运算符比较两个值时，结果为逻辑值TRUE或FALSE。

表 3-4　比较运算符

比较运算符	含　义	示　例
=（等号）	等于	A1=B1

续表

比较运算符	含　义	示　例
>（大于号）	大于	A1>B1
<（小于号）	小于	A1<B1
>=（大于等于号）	大于或等于	A1>=B1
<=（小于等于号）	小于或等于	A1<=B1
<>（不等号）	不等于	A1<>B1

3. 文本连接运算符

可以使用文本连接运算符“&”来连接一个或多个文本字符串，以生成一段文本。例如“North” & “wind”的结果为“Northwind”。

4.引用运算符

可以使用表3-5所示引用运算符对单元格区域进行合并计算。

表 3-5　引用运算符

引用运算符	含　义	示　例
:（冒号）	区域运算符，生成一个对两个引用之间所有单元格的引用（包括这两个引用）	B5:B15
,（逗号）	联合运算符，将多个引用合并为一个引用	SUM(B5:B15,D5:D15)
（空格）	交集运算符，生成一个对两个引用中共有单元格的引用	B7:D7 C6:C8
!（感叹号）	三维引用运算符，利用它可以引用另一张工作表中的数据	房屋资料表!B2:B20

（1）相对引用：指在公式中需要引用单元格的值时直接用单元格名称表示。例如，公式“E2+F2+G2+H2”就是一个相对引用，表示在公式中引用了单元格E2、F2、G2、H2；又如公式“SUM(B3:E3)”也是相对引用，表示引用B3到E3两个单元格区间的数值。

相对引用的特点是：当包含相对引用的公式被复制到其他单元格时，Excel表格会自动调整公式中的单元格名称。例如，在图3-48的单元格F2中，求和公式为“=SUM(C2:E2)”，图3-49单元格F10中的求和公式为“=SUM(C10:E10)”，地址发生了相对位移。

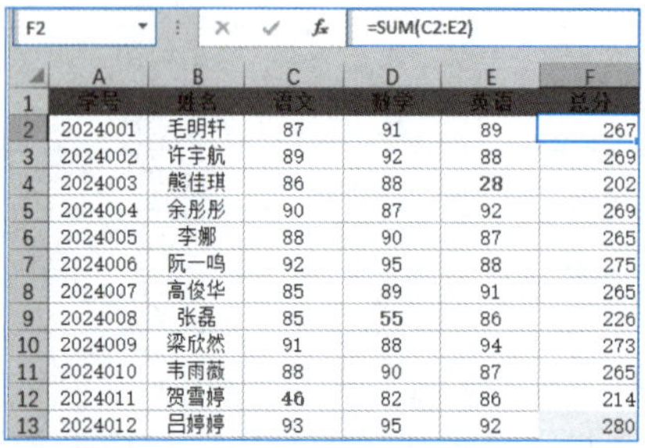

图 3-48　单元格 F2 的求和公式

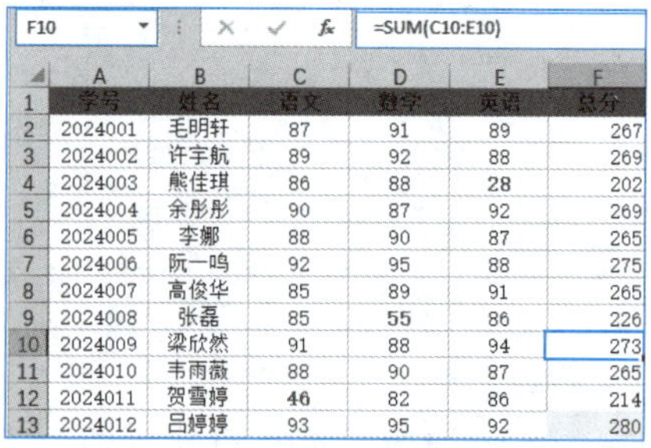

图 3-49　单元格 F10 的求和公式

（2）绝对引用：指在公式中引用单元格时单元格名称的行列坐标前加“$”符号。例如，单元格B2中的公式为“=$A$1”，如果将其中的公式复制或填充到单元格B3，则该绝对引用在两个单元格中一样，都是“=$A$1”。绝对引用一般用于指定数据范围的场景，可以使用功能键【F4】完成相对地址和绝对地址的切换。

（3）混合引用：指列标和行号其中之一采用了相对引用，另一部分则采用绝对引用。绝对引用列采用“$A1”“$B1”等形式。绝对引用行采用“A$1”“B$1”等形式。如果公式所在单元格的位置改变，则相对引用将改变，而绝对引用将不变。例如，单元格A2中的公式为“=A$1”，如果将其中的公式复制或填充到单元格B3，则公式将调整为“=B$1”。

5. 运算符优先级

如果一个公式中有若干个运算符，Office表格将按表3-6的次序进行计算。如果一个公式中的若干个运算符具有相同的优先顺序（例如，如果一个公式中既有乘号又有除号），将从左到右计算各运算符，但可以使用括号更改该计算次序。

表 3-6　运算符优先级

运 算 符	说　明	运 算 符	说　明
:（冒号）（单个空格） ,（逗号）	引用运算符	*和/	乘和除
–	负数（如–1）	+和–	加和减
%	百分比	&	连接两个文本字符串（串连）
^	乘方	=、<>、<=、 >=、<>	比较运算符

（三）函数

Excel表格中的函数其实是一些预定义的公式，通过使用一些称为参数的特定数值按特定的顺序或结构进行计算。参数可以是数字、文本、“TRUE”或“FALSE”的逻辑值、数组、“#N/A”的错误值或单元格引用。给定的参数必须能产生有效的值。

函数的结构以函数名称开始，后面是左圆括号、以逗号分隔的参数和右圆括号。例如，SUM(A1,10,D5)。

用户可以直接用它们对某个区域内的数值进行一系列运算，如分析和处理日期值和时间值、确定贷款的支付额、确定单元格中的数据类型、计算平均值、排序显示和运算文本数据等。

Excel表格函数一共有十类，分别是数据库函数、日期与时间函数、工程函数、财务函数、信息函数、逻辑函数、查询和引用函数、数学和三角函数、统计函数、文本函数。下面介绍常用的几种函数。

1. 文本函数

文本函数主要帮助用户快速设置文本方面的操作，包括文本的比较、查找、截取、合并、转换和删除等操作，在文本处理中有着极其重要的作用。

（1）CONCATENATE(字符串1, [字符串2],…)。

功能：可将最多255个文本字符串连接成一个文本字符串。连接项可以是字符串、单元格引用及其组合。

参数说明：

①字符串1：必选项，是第一个需要连接的字符串。

②字符串2：可选项，其他文本项，最多为254项。项与项之间用逗号分隔。

例如，A1单元格输入“中国”，A2单元格输入“广东”，A3单元格输入“=CONCATENATE（A1,A2, "广州"）”，函数返回值为“中国广东广州”。需要注意的是，第3个参数使用的是文本，所有的文本内容必须使用英文符号的双引号引起来。

另外，也可以用“&”运算符代替CONCATENATE函数来连接文本项。上述A3单元格如果输入公式“=A1&A2&"广州"”，也可以返回“中国广东广州”。

（2）文本比较函数EXACT。

格式：EXACT(字符串1,字符串2)

功能：比较两个字符串是否相同。如果两个字符串相同，则返回测试结果为“TRUE”。则返回“ALSE”

例如，若在B13单元格中输入“abc”，C13单元格输入“aBC”，D13单元格输入公式“=EXACT(B13,C13)”，返回值为“FALSE”。

2. 数学与三角函数

（1）条件求和函数SUMIF。

格式：SUMIF(区域,条件,求和区域)。

功能：根据指定条件对指定数值单元格求和。

参数说明：

①区域代表用于条件计算的单元格区域或者求和的数据区域。

②条件为指定的条件表达式。

③求和区域为可选项，如果选择，是实际求和的数据区域，如果忽略，则第一个参数区域既为条件区域又为求和区域。

例如，公式“=SUMIF(A2:A13, ">60")”表示对A2:A13单元格区域中大于60分的数值相加。再如公式“=SUMIF(C2:C13,"男",G2:G13)”，假定C2:C13是“性别”列，G2:G13是“成绩”列，则该公式将返回男同学的成绩之和。

（2）求数组乘积的和函数SUMPRODUCT。

格式：SUMPRODUCT(数组1,[数组2],⋯)。

功能：在给定的几组数组中，将数组间对应的元素相乘，并返回乘积之和。该函数一般用于解决用成绩求和的问题，也常用于多条件求和问题。

参数说明：

①数组1必需，其相应元素需要进行相乘并求和的第一个数组参数。

②数组2、数组3等，可选，可以有2到255个数组参数，其相应元素需要进行相乘并求和。

注意：①数组参数必须具有相同的维数，否则，SUMPRODUCT将返回错误值#VALUE!。②函数SUMPRODUCT将非数值型的数组元素作为0处理。

例如，公式“=SUMPRODUCT(A2:B4,C2:D4)”表示将两个数组的所有元素对应相乘，然后把乘积相加。

再如，公式“=SUMPRODUCT((C2:C13="男")*(D2:D13="软件技术"),G2:G13)”，假定C2:C13是“性别”列，D2:D13表示“专业”列，G2:G13表示“成绩”列，则该公式返回软件技术专业男生的所有成绩和，是该函数应用于多条件求和的应用示例。

（3）条件求平均数函数AVERAGEIF。

格式：AVERAGEIF(区域,条件,求平均值区域)。

功能：根据指定条件对指定数值单元格求算术平均值。

参数说明：

①区域代表用于条件计算的单元格区域或者求平均值的数据区域。

②条件为指定的条件表达式。

③求平均值区域为可选项，如果选择，是实际求平均值的数据区域；如果忽略，则第一个参数区域既为条件区域又为求平均值区域。

例如，公式“=AVERAGEIF(A2:A13,">60")”表示对A2:A13单元格区域中大于60分的数值求平均。再如公式“=AVERAGEIF(C2:C13,"男",G2:G13)”，假定C2:C13是“性别”列，G2:G13是“成绩”列，则该公式将返回男同学的成绩平均值。

（4）取整函数INT。

格式：INT(数值)。

功能：将数字向下舍入到最接近的整数。

例如，公式“=INT(6.5)”的返回值为6。

（5）四舍五入函数ROUND。

格式：ROUND(数值,小数位数)。

功能：对指定数据，四舍五入保留指定的小数位数。

例如，公式“=ROUND(4.65,1)”的返回值为4.7。

3. 统计函数

统计函数主要用于各种统计计算，在统计领域中有着极其广泛的应用。这里介绍几种最常用的统计函数。

（1）统计计数函数COUNT。

格式：COUNT(值1,值2…)。

功能：统计指定数据区域中所包含的数值型数据的单元格个数。

与COUNT函数类似的函数还有：

COUNTA(值1,值2…)：统计指定数据区域中所包含的非空值的单元格个数。

COUNTBLANK(区域)：函数用于计算指定单元格区域中空白单元格的个数。

（2）条件统计计数函数COUNTIF。

格式：COUNTIF(区域,条件)。

功能：统计指定数据区域中满足单个条件的单元格个数。

其中，区域为需要统计单元格个数的数据区域，条件的形式可以是常值、表达式或者文本。

例如，公式“=COUNTIF(A2:A13,">60")”将返回A2:A13区域内大于60分的单元格个数。

（3）条件统计计数函数COUNTIFS。

格式：COUNTIFS(区域1,条件1,[区域2，条件2,…])。

功能：统计指定数据区域中满足多个条件的单元格个数。

参数说明：

①区域1为必选项，是满足第一个条件的要统计的单元格数据区域。

②条件1为必选项，是第一个统计条件，形式为数字、表达式、单元格引用或文本，用来定义哪些单元格将被统计。

③区域2、条件2为可选项，是第二个需要统计的数据区域及关联条件。最多可允许127个区域/条件对。

注意：每个附加区域都必须与参数区域1具有相同的行数和列数，但这些区域无须彼此相邻。

例如，“学生成绩表”中输入公式“=COUNTIFS(E2:E13,">=80",E2:E13,"<=90")”，假定E2:E13为“英语成绩”列，该公式将返回英语成绩在80～90之间的学生人数。

（4）排序函数RANK.EQ。

格式：RANK.EQ(数值,引用,排名方式)。

功能：返回某数值在指定区域内的排名，如果多个值具有相同排名，则返回最佳排名。

参数说明：

①数值为需要排位的数字。

②引用为数字列表或对数据列表的单元格引用。

③排位方式为可选项，0表示降序，非0表示升序，省略为降序排序。

例如，公式“=RANK.EQ(F2,$F$2:$F$13,0)”，假定$F$2:$F$13列为“总分”列，该公式将返回当前总分按照降序排序后的位次。

4. 日期时间函数

日期和时间函数主要用于对日期和时间进行运算和处理。下面介绍常用的几种函数。

（1）当前系统日期函数TODAY。

格式：TODAY()。

功能：返回当前系统的日期。

（2）当前系统日期和时间函数NOW。

格式：NOW()。

功能：返回当前系统的日期和时间。

（3）年函数YEAR。

格式：YEAR(日期)。

功能：返回指定日期对应的系统年份。

例如，公式“=YEAR(TODAY())”将返回当前系统的年份，如果返回的是日期格式，只需将其设置为“常规”即可。

与YEAR函数类似的还有MONTH及DAY函数，它们分别返回指定日期中两位的月值和两位的日值。

（4）小时函数HOUR。

格式：HOUR(时间序号)。

功能：返回指定时间值中的小时数。

例如，公式“=HOUR(NOW())”将返回当前系统的时间中的小时数。与之类似的还有MINUTE(时间序号)，将返回指定时间值中的分钟数；SECOND(时间序号)，将返回时间中的秒数。

5. 查找和引用函数

在Excel表格中，可以利用查找和引用函数的功能实现按指定条件对数据进行查询、选择和引用的操作。下面介绍最常用的几种函数。

（1）列匹配查找函数VLOOKUP。

格式：VLOOKUP(查找值,数据表,列序数,匹配条件)。

功能：在数据表首列查找与指定的数值相匹配的值，并将指定列的匹配值填入当前数据表列。

参数说明：

①查找值是要在数据表首列进行查找的值，可以是数值、单元格引用或文本字符串。

②数据表是要查找的单元格区域数值或数组。

③列序数为一个数值，代表要返回的值位于数据表中的列数。

④匹配条件取TRUE或默认时，返回近似匹配值，即如果找不到精确匹配值，则返回小于查找值的最大值所在行的值，若取FALSE，则返回精确匹配值，如果找不到，则返回错误提示信息“#N/A”。

接下来将在接下来任务实现的过程中，结合任务要求，详细介绍该函数的使用。

（2）行匹配查找函数HLOOKUP。

格式：HLOOKUP(查找值,数据表,行序数,匹配条件)。

功能：在数据表首行查找与指定的数值相匹配的值，并将指定行的匹配值填入当前数据表行。

参数说明：

①查找值是要在数据表首行进行查找的值，可以是数值、单元格引用或文本字符串。

②数据表是要查找的单元格区域数值或数组。

③行序数为一个数值，代表要返回的值位于数据表中的行数。

④匹配条件取TRUE或默认时，返回近似匹配值，即如果找不到精确匹配值，则返回小于查找值的最大值所在行的值，若取FALSE，则返回精确匹配值，如果找不到，则返回错误提示信息“#N/A”。

例如，图3-50所示的“停车情况记录表”中的“单价”列，可以使用HLOOKUP函数，将“停车价目表”中的“价格”填入“单价”列。

C9 =HLOOKUP(B9,$A$2:$C$3,2,0)

	A	B	C	D	E	F
1	停车价目表					
2	小汽车	中客车	大客车			
3	5	8	10			
4						
5						
6						
7	停车情况记录表					
8	车牌号	车型	单价	入库时间	出库时间	停放时间
9	粤A12345	小汽车	5	8:06:14	13:26:25	
10	粤A12346	大客车	10	8:17:33	13:35:42	
11	粤A12347	中客车	8	8:29:55	14:05:12	
12	粤A12348	小汽车	5	8:41:47	14:38:19	
13	粤A12349	中客车	8	8:59:28	15:02:38	
14	粤A12350	大客车	10	9:04:51	15:35:11	
15	粤A12351	小汽车	5	9:18:12	16:03:44	
16	粤A12352	中客车	8	9:31:22	16:32:02	
17			#N/A			
18	粤A12354	大客车	10	9:57:02	17:31:18	
19	粤A12355	中客车	8	10:09:46	18:08:27	
20	粤A12356	小汽车	5	10:25:19	18:34:55	
21	粤A12357	大客车	10	10:35:52	19:03:12	
22	粤A12358	中客车	8	10:50:07	19:34:45	
23	粤A12359	小汽车	5	11:03:28	20:00:22	

图3-50　HLOOKUP函数应用举例

在C9列输入公式“=HLOOKUP(B9,$A$2:$C$3,2,0)”，其中，第一个参数B9为即将在数据表首行进行查找的数据，该参数是价格确定的依据；第二个参数为“停车价目表”中的$A$2:$C$3区域，要确保查找的第一个参数在数据表区域中位于第一行；第三个参数是确定了第一个参数在数据表中的列数以后，需要返回的行序号；第四个参数0，表示精确查找，如果数据表区域找不到第一个参数，返回“#N/A”。

（3）单行或单列匹配查找函数LOOKUP。

函数LOOKUP有两种语法形式：向量和数组。

①向量。

向量是只包含一行或一列的区域。函数LOOKUP的向量形式是在单行区域或单列区域（向量）中查找数值，然后返回第二个单行区域或单列区域中相同位置的数值。如果需要指定包含待查找数值的区域，一般使用函数LOOKUP的向量形式。

格式：LOOKUP(查找值,查找向量,返回向量)。

功能：在查找向量指定的区域中查找值所在的区间，并返回该区间所对应的值。

参数说明：

查找值是要在数据表首行进行查找的值，可以是数值、单元格引用或文本字符串。

查找向量为只包含一行或者一列的区域，可以是文本、数字或逻辑值，但要以升序方式排列，否则不会返回正确的结果。

返回向量只包含一行或者一列的区域，其大小必须与查找向量相同。

例如，图3-51所示的“停车情况记录表”中的“单价”列，可以使用LOOKUP函数，将“价格表”中的“单价”填入“采购表”中的“单价”列。

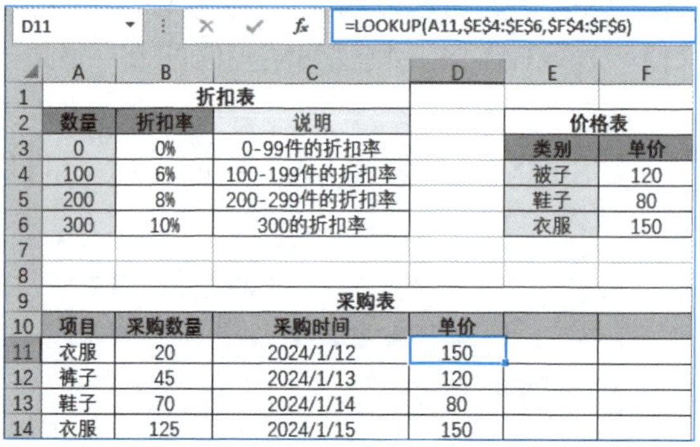
D11 =LOOKUP(A11,$E$4:$E$6,$F$4:$F$6)

	A	B	C	D	E	F
1	折扣表					
2	数量	折扣率	说明		价格表	
3	0	0%	0-99件的折扣率		类别	单价
4	100	6%	100-199件的折扣率		被子	120
5	200	8%	200-299件的折扣率		鞋子	80
6	300	10%	300的折扣率		衣服	150
7						
8						
9	采购表					
10	项目	采购数量	采购时间	单价		
11	衣服	20	2024/1/12	150		
12	裤子	45	2024/1/13	120		
13	鞋子	70	2024/1/14	80		
14	衣服	125	2024/1/15	150		

图 3-51　使用 LOOKUP 向量形式获取单价的值

注意：“价格”表要预先以“类别”为主要关键字进行升序排序，否则将返回“#N/A”的错误提示。

在D11列输入公式“=LOOKUP(A11,$E$4:$E$6,$F$4:$F$6)”，其中，第一个参数A11为即将在价格表进行查找的数据，该参数是单价确定的依据；第二个参数为价格表中的$E$4:$E$6区域，这是查找向量；第三个参数$F$4:$F$6，是返回向量，两个向量的地址范围均为绝对地址。获得第一个单价之后，使用填充柄将“单价”列的其余单元格进行填充。

②数组。

格式：LOOKUP(查找值,数组)。

功能：在数组中查找值所在的行或者列，返回查找值所在数组中匹配单元格的值。

参数说明：

①查找值为函数LOOKUP所要在数组中查找的值，可以是数字、文本、逻辑值或单元格引用。如果LOOKUP在数组中找不到查找值，将使用数组中小于或等于查找值的最大值。如果查

找的值小于第一行或第一列中的最小值（取决于数组维度），LOOKUP会返回“#N/A”错误。

②数组为包含要与查找值进行比较的文本、数字或逻辑值的单元格区域。

（4）引用函数OFFSET。

OFFSET函数是Excel表格引用类函数中非常实用的函数之一。无论是数组动态引用，还是在数据位置变换中，该函数的使用频率都非常高。

格式：OFFSET(参照区域,行数,列数,[高度],[宽度])。

功能：以指定的引用为参照系，通过给定偏移量得到新的引用。返回的引用可以为一个单元格或单元格区域，并可以指定返回的行数或列数。

参数说明：

①参照区域表示偏移量参照系的引用区域。参照区域必须为单元格或相邻单元格区域的引用；否则，OFFSET返回错误值“#VALUE”。

②行数表示相对于偏移量参照系的左上角单元格上（下）偏移的行数。如果使用2作为参数，则说明目标引用区域的左上角单元格比参照区域低两行。行数可以为正数（代表在起始引用的下方）或负数（代表在起始引用的上方）。

③列数表示相对于偏移量参照系的左上角单元格左（右）偏移的行数。如果使用2作为参数，则说明目标引用区域的左上角单元格比参照区域靠右两行。列数可以为正数（代表在起始引用的右边）或负数（代表在起始引用的左边）。

④高度为可选项，是所要返回的引用区域的行数。高度必须为正数。

⑤宽度为可选项，是所要返回的引用区域的列数。宽度必须为正数。

图3-52所示在工作表的I2单元格中输入公式“=OFFSET(F2,2,-2)”，返回值为88。

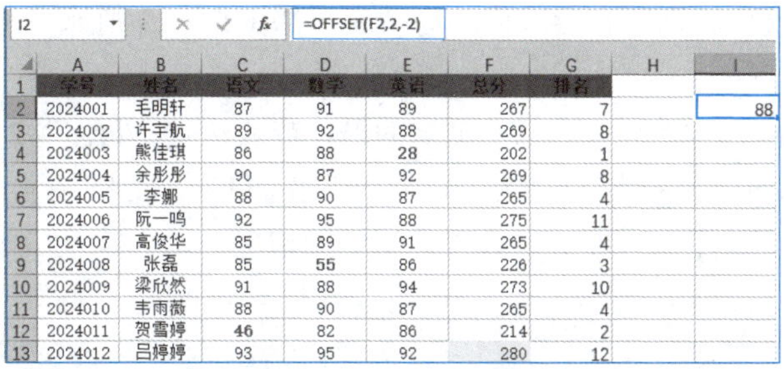
I2 =OFFSET(F2,2,-2)

	A	B	C	D	E	F	G	H	I
1	学号	姓名	语文	数学	英语	总分	排名		
2	2024001	毛明轩	87	91	89	267	7		88
3	2024002	许宇航	89	92	88	269	8		
4	2024003	熊佳琪	86	88	28	202	1		
5	2024004	余彤彤	90	87	92	269	8		
6	2024005	李娜	88	90	87	265	4		
7	2024006	阮一鸣	92	95	88	275	11		
8	2024007	高俊华	85	89	91	265	4		
9	2024008	张磊	85	55	86	226	3		
10	2024009	梁欣然	91	88	94	273	10		
11	2024010	韦雨薇	88	90	87	265	4		
12	2024011	贺雪婷	46	82	86	214	2		
13	2024012	吕婷婷	93	95	92	280	12		

图 3-52　OFFSET 函数应用举例

第一个参数为F2，即基点单元格为F2，第二个参数为2，表示从基点所在行往下偏移两行，即第4行，第三个参数为-2，表示从基点所在列往左偏移两列，即D列，在宽度与高度省略的情况下，将引用D4单元格的值，即88。

6. 逻辑函数

Excel表格共有十个逻辑函数，分别为IF、IFS、SWITCH、IFERROR、IFNA、AND、NOT、OR、TRUE、FALSE，其中TRUE和FALSE函数没有参数，表示“真”和“假”。下面重点介绍常用的几种逻辑函数。

（1）条件判断函数IF。

格式：IF(测试条件,真值,假值)。

功能：根据测试条件来决定相应的返回结果。

参数说明：

测试条件为要判断的逻辑表达式；真值表示条件判断为逻辑“真（TRUE）”时要输出的内容，如果省略返回“TRUE”。假值表示条件判断为逻辑“假（FALSE）”时要输出的内容，如果省略返回“FALSE”。具体使用IF函数时，如果条件复杂可以使用IF的嵌套实现，Excel表格中IF函数最多可以嵌套7层。

图3-53所示是IF函数的应用举例。在“成绩表”中H2单元格输入公式“=IF(E2>=70,"合格","不合格")”，第一个参数“E2>=70”表示判断当前分数是否大于或等于70，第二个参数表示如果表达式的结果为真，则显示值为“合格”，第三个参数表示如果表达式的结果为假，则显示值为“不合格”。得到一个等级后，使用填充柄填充其余单元格即可。

H2 =IF(E2>=70,"合格","不合格")

	A	B	C	D	E	F	G	H
1	学号	姓名	语文	数学	英语	总分	排名	等级
2	2024001	毛明轩	87	91	89	267	7	合格
3	2024002	许宇航	89	92	88	269	8	合格
4	2024003	熊佳琪	86	88	28	202	1	不合格
5	2024004	余彤彤	90	87	92	269	8	合格
6	2024005	李娜	88	90	87	265	4	合格
7	2024006	阮一鸣	92	95	88	275	11	合格
8	2024007	高俊华	85	89	91	265	4	合格
9	2024008	张磊	85	55	86	226	3	合格
10	2024009	梁欣然	91	88	94	273	10	合格
11	2024010	韦雨薇	88	90	87	265	4	合格
12	2024011	贺雪婷	46	82	86	214	2	合格
13	2024012	吕婷婷	93	95	92	280	12	合格

图 3-53　IF 函数应用举例

（2）逻辑与函数AND。

格式：AND(逻辑值1,逻辑值2…)。

功能：返回逻辑值。如果所有参数值均为“真（TRUE）”，则返回逻辑值“TRUE”，否则返回逻辑值“FALSE”。

参数说明：逻辑值1,逻辑值2…表示待测试的条件或表达式，最多为255个。

图3-54所示为AND函数的应用举例。成绩表的J2单元格中输入公式“=AND(C2>=80,D2>=80,E2>=80)”，用来判断三科大于等于80的情况。

J2 =AND(C2>=80,D2>=80,E2>=80)

	A	B	C	D	E	F	G	H	I	J
1	学号	姓名	语文	数学	英语	总分	平均分	排名	等级	三科大于等于80
2	2024001	毛明轩	87	91	89	267	89.0	7	合格	TRUE
3	2024002	许宇航	89	92	88	269	89.7	8	合格	TRUE
4	2024003	熊佳琪	86	88	28	202	67.3	1	不合格	FALSE
5	2024004	余彤彤	90	87	92	269	89.7	8	合格	TRUE
6	2024005	李娜	88	90	87	265	88.3	4	合格	TRUE
7	2024006	阮一鸣	92	95	88	275	91.7	11	合格	TRUE
8	2024007	高俊华	85	89	91	265	88.3	4	合格	TRUE
9	2024008	张磊	85	55	86	226	75.3	3	合格	FALSE
10	2024009	梁欣然	91	88	94	273	91.0	10	合格	TRUE
11	2024010	韦雨薇	88	90	87	265	88.3	4	合格	TRUE
12	2024011	贺雪婷	46	82	86	214	71.3	2	合格	FALSE
13	2024012	吕婷婷	93	95	92	280	93.3	12	合格	TRUE

图 3-54　AND 函数应用举例

与AND函数相类似的还有以下函数：

①OR(逻辑值1,逻辑值2…)：当且仅当所有参数值为“假（FALSE）”时，返回逻辑值“FALSE”，否则返回逻辑值“TRUE”。

②NOT(逻辑值)：对参数值求反。

三、项目实现

（一）创建“销售信息表”

“销售信息表”用来描述项目销售过程中产生的各种信息，包括客户编号、车辆识别码、销售日期、一次性付款、原价、折扣1、折扣2、实际价格、总车价、平均车价、销售员工等。其中，客户编号、车辆识别码、销售日期、是否一次性付款等信息要根据实际情况如实输入，而原价、折扣1、折扣2、实际价格、总车价、平均车价、销售员工等信息需要使用公式与函数来完成计算和统计。基础数据的输入此处不再赘述，下面针对原价、折扣1、折扣2、实际价格、总车价、平均车价、销售员工来分别进行详细说明。

视 频

Excel项目二：项目实现

1. 使用VLOOKUP函数引用“车辆基本信息表”的“价格”

选中E3单元格，单击编辑栏左侧的“插入函数”按钮，在弹出的对话框中找到“查找与引用”中的“VLOOKUP”函数，单击“确定”按钮后打开VLOOKUP函数参数对话框，按图3-55所示设置各项参数，单击“确定”按钮完成。使用填充柄将E3单元格的公式复制填充到E4:E18区域，完成“原价”列的获取。

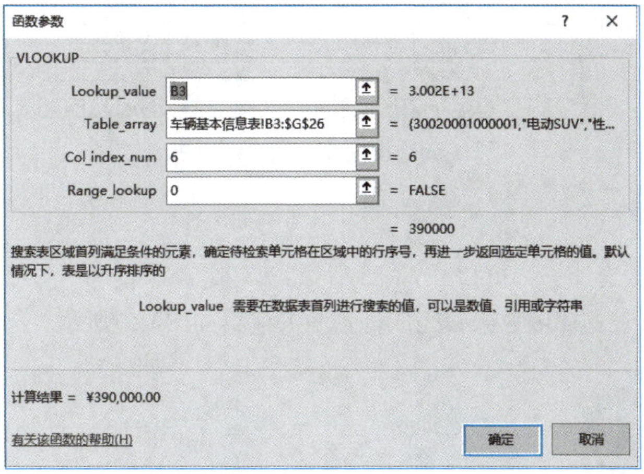

图 3-55　VLOOKUP 函数参数对话框

注意：①第一个参数B3即车辆识别码“30020001000001”作为确定原价的依据，是即将在数据表首列进行搜索的数据。

②第二个参数“车辆基本信息表!$B$2:$G$26”，是要搜索的数据区域。对该数据区域的要求是：数据区域选择时，从第一个参数所在的列开始选择，即保证搜索数据位于数据区域的首列。数据区域默认按首列进行升序排序，如未排序，请先以首列作为关键字对表格进行升序排序。数据区域必须为绝对地址。

③第三个参数是待返回的匹配值的列序号，数据区域的首列列序号值为1，第三个参数的列序号是相对于搜索数据区域首列的相对列序号。

④第四个参数值为“0”，即FALSE，返回精确匹配值，如果找不到，则返回错误提示信息“#N/A”。

2. 使用IF函数及IF函数嵌套计算“折扣1”“折扣2”

按照公司的相关规定，凡一次性付清车款的客户，可以享受车价5%的折扣；价格在45万元以上车辆，价格可再享受3%的折扣；价格在40万元到45万元之间的车辆，价格可再享受2%的折扣；价格在35万元到40万元之间的车辆，价格可再享受1%的折扣。

（1）使用IF函数计算“折扣1”。

①根据任务要求，在F3单元格中输入公式“=IF(D3="是",5%,0)”，其含义是：如果D3的值等于“是”，则结果为5%，否则为0。

②选中F3单元格，使用填充柄填充至F18单元格，即可填入所有客户的折扣1。

③选中F2:F19单元格区域，右击弹出快捷菜单，选择“单元格格式设置”，在“数字”选项卡中选择“百分比”，小数位数设置为“0”，单击“确定”按钮，完成“折扣1”计算，效果如图3-56所示。

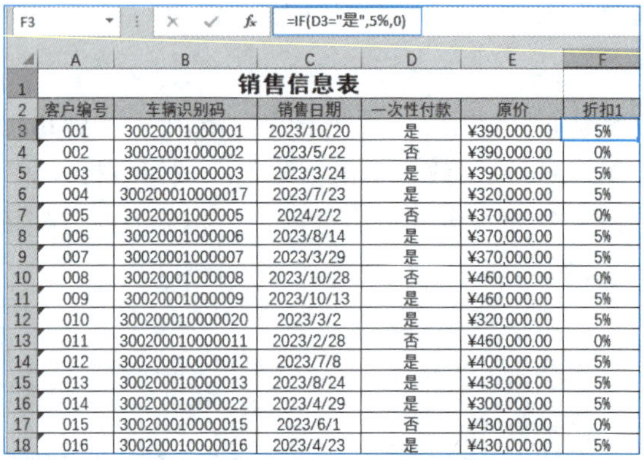
F3 =IF(D3="是",5%,0)

	A	B	C	D	E	F
1	销售信息表					
2	客户编号	车辆识别码	销售日期	一次性付款	原价	折扣1
3	001	30020001000001	2023/10/20	是	¥390,000.00	5%
4	002	30020001000002	2023/5/22	否	¥390,000.00	0%
5	003	30020001000003	2023/3/24	是	¥390,000.00	5%
6	004	300200010000017	2023/7/23	是	¥320,000.00	5%
7	005	30020001000005	2024/2/2	否	¥370,000.00	0%
8	006	30020001000006	2023/8/14	是	¥370,000.00	5%
9	007	30020001000007	2023/3/29	是	¥370,000.00	5%
10	008	30020001000008	2023/10/28	否	¥460,000.00	0%
11	009	30020001000009	2023/10/13	是	¥460,000.00	5%
12	010	300200010000020	2023/3/2	是	¥320,000.00	5%
13	011	300200010000011	2023/2/28	否	¥460,000.00	0%
14	012	300200010000012	2023/7/8	是	¥400,000.00	5%
15	013	300200010000013	2023/8/24	是	¥430,000.00	5%
16	014	300200010000022	2023/4/29	是	¥300,000.00	5%
17	015	300200010000015	2023/6/1	否	¥430,000.00	0%
18	016	300200010000016	2023/4/23	是	¥430,000.00	5%

图 3-56　使用 IF 函数计算折扣 1

小贴士：公式中的符号必须是英文符号。

（2）使用IF函数嵌套计算“折扣2”。

折扣2的计算需要使用IF函数嵌套完成，判断的流程如图3-57所示。

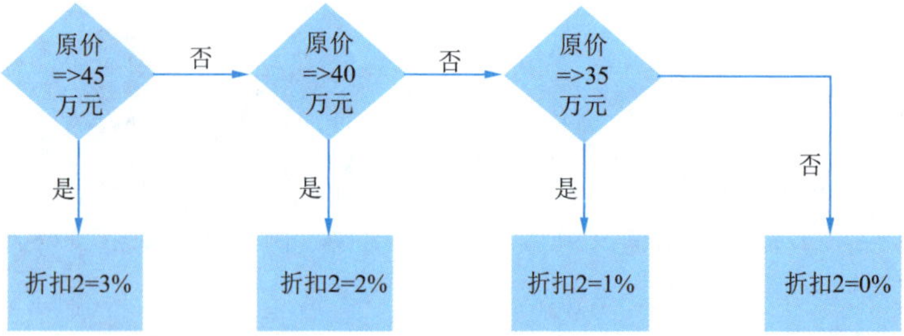

图 3-57　折扣 2 判断流程图

①在G3单元格输入公式“=IF(E3>=450000,3%,IF(E3>=400000,2%,IF(E3>=350000,1%,0)))”，其含义为：判断E2单元格的值是否大于等于45万元，如果“是”，值为“3%”，否则继续使用IF函数判断E3单元格的值是否大于等于40万元；如果“是”，值为“2%”，否则继续使用IF函数判断E3单元格的值是否大于等于35万元；如果“是”，值为“1%”，否则值为“0%”。

②选中G3单元格，使用填充柄填充至G18单元格。

③选中G3:G18，右击弹出快捷菜单，选择“单元格格式设置”，在“数字”选项卡中选择“百分比”，小数位数设置为“0”，单击“确定”按钮，完成“折扣2”计算，效果如图3-58所示。

G3 =IF(E3>=450000,3%,IF(E3>=400000,2%,IF(E3>=350000,1%,0)))

销售信息表						
客户编号	车辆识别码	销售日期	一次性付款	原价	折扣1	折扣2
001	30020001000001	2023/10/20	是	¥390,000.00	5%	1%
002	30020001000002	2023/5/22	否	¥390,000.00	0%	1%
003	30020001000003	2023/3/24	是	¥390,000.00	5%	1%
004	300200010000017	2023/7/23	是	¥320,000.00	5%	0%
005	30020001000005	2024/2/2	否	¥370,000.00	0%	1%
006	30020001000006	2023/8/14	是	¥370,000.00	5%	1%
007	30020001000007	2023/3/29	是	¥370,000.00	5%	1%
008	30020001000008	2023/10/28	否	¥460,000.00	0%	3%
009	30020001000009	2023/10/13	是	¥460,000.00	5%	3%
010	300200010000020	2023/3/2	是	¥320,000.00	5%	0%
011	300200010000011	2023/2/28	否	¥460,000.00	0%	3%
012	300200010000012	2023/7/8	是	¥400,000.00	5%	2%
013	300200010000013	2023/8/24	是	¥430,000.00	5%	2%
014	300200010000022	2023/4/29	是	¥300,000.00	5%	0%
015	300200010000015	2023/6/1	否	¥430,000.00	0%	2%
016	300200010000016	2023/4/23	是	¥430,000.00	5%	2%

图 3-58 使用 IF 函数嵌套完成折扣 2 计算

3. 使用公式计算“实际价格”

（1）在实际价格列的H3单元格中输入公式“=E3*(1－F3)*(1－G3)”，其含义是在原价乘以（1－折扣1）乘以（1－折扣2）。

（2）选中H3单元格，使用填充柄填充至H18单元格。

（3）选中H3:H18，右击弹出快捷菜单，选择“单元格格式设置”，在“数字”选项卡中选择“货币”，单击“确定”按钮，完成“实际价格”计算，如图3-59所示。

4. 使用求和函数（SUM）和求平均函数（AVERAGE）计算“总车价”和“平均车价”

（1）在“总车价”右侧单元格H19中输入公式“=SUM(H3:H18)”，或者单击“公式”选项卡→“函数库”组→单击“自动求和”下拉按钮，选择求和，确认数据范围后单击“确定”按钮。

（2）在“平均车价”右侧单元格H20中输入公式“=AVERAGE(H3:H18)”，或者“公式”选项卡→“函数库”组→单击“自动求和”下拉按钮Σ，选择求平均值，确认数据范围为“H3:H18”，单击“确定”按钮，完成平均值计算。

5. 使用LOOKUP函数引用“客户基本信息表”中的服务代表

在“客户基本信息表”中，为每一位客户指定了“服务代表”，因此，“销售信息表”的“销售员工”只需要引用该列就可以，这里可以使用VLOOKUP函数，也可以使用LOOKUP函数。接下来介绍使用LOOKUP函数引用的过程。

选中I3单元格，单击“公式”选项卡→“函数库”组→“插入函数”按钮，在弹出的对话框中找到“查找与引用”中的“LOOKUP”函数，单击“确定”按钮后出现函数参数对话框，按照图3-60所示设置各项参数，单击“确定”按钮完成。使用填充柄将I3单元格的公式复制填充到I4:I18区域，完成“销售员工”列的获取，效果图如图3-61所示。

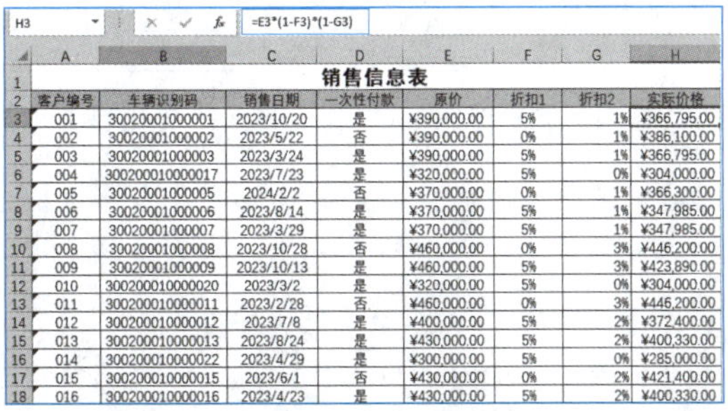

H3 =E3*(1-F3)*(1-G3)

销售信息表							
客户编号	车辆识别码	销售日期	一次性付款	原价	折扣1	折扣2	实际价格
001	30020001000001	2023/10/20	是	¥390,000.00	5%	1%	¥366,795.00
002	30020001000002	2023/5/22	否	¥390,000.00	0%	1%	¥386,100.00
003	30020001000003	2023/3/24	是	¥390,000.00	5%	1%	¥366,795.00
004	300200010000017	2023/7/23	是	¥320,000.00	5%	0%	¥304,000.00
005	30020001000005	2024/2/2	否	¥370,000.00	0%	1%	¥366,300.00
006	30020001000006	2023/8/14	是	¥370,000.00	5%	1%	¥347,985.00
007	30020001000007	2023/3/29	是	¥370,000.00	5%	1%	¥347,985.00
008	30020001000008	2023/10/28	否	¥460,000.00	0%	3%	¥446,200.00
009	30020001000009	2023/10/13	是	¥460,000.00	5%	3%	¥423,890.00
010	300200010000020	2023/3/2	是	¥320,000.00	5%	0%	¥304,000.00
011	300200010000011	2023/2/28	否	¥460,000.00	0%	3%	¥446,200.00
012	300200010000012	2023/7/8	是	¥400,000.00	5%	2%	¥372,400.00
013	300200010000013	2023/8/24	是	¥430,000.00	5%	2%	¥400,330.00
014	300200010000022	2023/4/29	是	¥300,000.00	5%	0%	¥285,000.00
015	300200010000015	2023/6/1	否	¥430,000.00	0%	2%	¥421,400.00
016	300200010000016	2023/4/23	是	¥430,000.00	5%	2%	¥400,330.00

图 3-59 使用公式完成实际价格计算

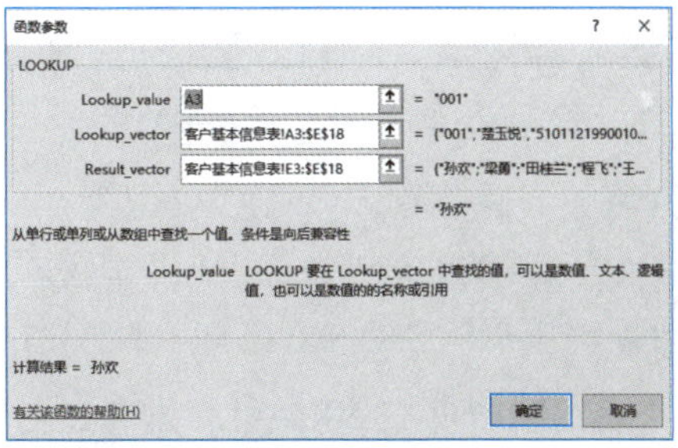

图 3-60 LOOKUP 函数参数对话框

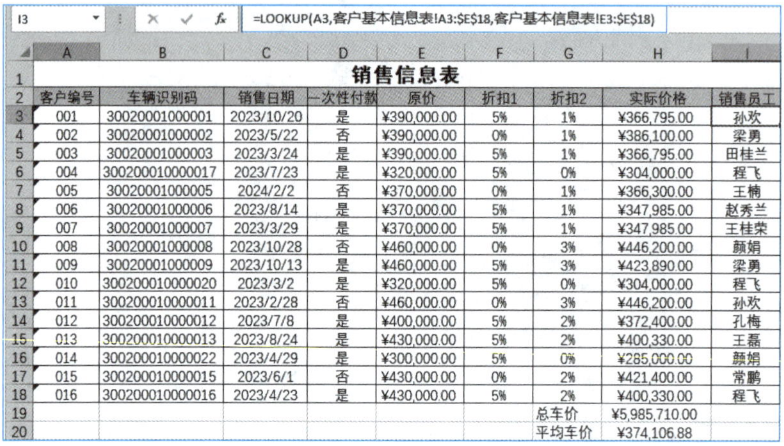

	A	B	C	D	E	F	G	H	I
1	销售信息表								
2	客户编号	车辆识别码	销售日期	一次性付款	原价	折扣1	折扣2	实际价格	销售员工
3	001	30020001000001	2023/10/20	是	¥390,000.00	5%	1%	¥366,795.00	孙欢
4	002	30020001000002	2023/5/22	否	¥390,000.00	0%	1%	¥386,100.00	梁勇
5	003	30020001000003	2023/3/24	是	¥390,000.00	5%	1%	¥366,795.00	田桂兰
6	004	300200010000017	2023/7/23	是	¥320,000.00	5%	0%	¥304,000.00	程飞
7	005	30020001000005	2024/2/2	否	¥370,000.00	0%	1%	¥366,300.00	王楠
8	006	30020001000006	2023/8/14	是	¥370,000.00	5%	1%	¥347,985.00	赵秀兰
9	007	30020001000007	2023/3/29	是	¥370,000.00	5%	1%	¥347,985.00	王桂荣
10	008	30020001000008	2023/10/28	否	¥460,000.00	0%	3%	¥446,200.00	颜娟
11	009	30020001000009	2023/10/13	是	¥460,000.00	5%	3%	¥423,890.00	梁勇
12	010	300200010000020	2023/3/2	是	¥320,000.00	5%	0%	¥304,000.00	程飞
13	011	300200010000011	2023/2/28	否	¥460,000.00	0%	3%	¥446,200.00	孙欢
14	012	300200010000012	2023/7/8	是	¥400,000.00	5%	2%	¥372,400.00	孔梅
15	013	300200010000013	2023/8/24	是	¥430,000.00	5%	2%	¥400,330.00	王磊
16	014	300200010000022	2023/4/29	是	¥300,000.00	5%	0%	¥285,000.00	颜娟
17	015	300200010000015	2023/6/1	否	¥430,000.00	0%	2%	¥421,400.00	常鹏
18	016	300200010000016	2023/4/23	是	¥430,000.00	5%	2%	¥400,330.00	程飞
19							总车价	¥5,985,710.00	
20							平均车价	¥374,106.88	

图 3-61　使用 LOOKUP 函数完成销售员工列数据获取

（二）创建“销售员工业绩表”

在“销售员工业绩表”中，要完成每位销售员工的销售总额、排名计算。为了让重点数据更直观地显示，可以使用条件格式和图表来对图表数据进行处理。

1. 使用SUMIF函数计算销售总额

SUMIF函数的作用是对指定区域中符合指定条件的值求和。本例中，销售总额的计算是有条件的求和。接下来用SUMIF函数来计算每位销售员工的销售总额。

选中“销售员工业绩表”的C3单元格，单击“公式”选项卡→“函数库”组→“插入函数”按钮，在弹出的对话框中找到“数学和三角函数”中的“SUMIF”函数，单击“确定”按钮后出现函数参数对话框，按照图3-62所示设置各项参数，单击“确定”按钮完成。使用填充柄将C3单元格的公式复制填充到C4:C14区域，完成“个人总销售额”列的获取，效果如图3-63所示。

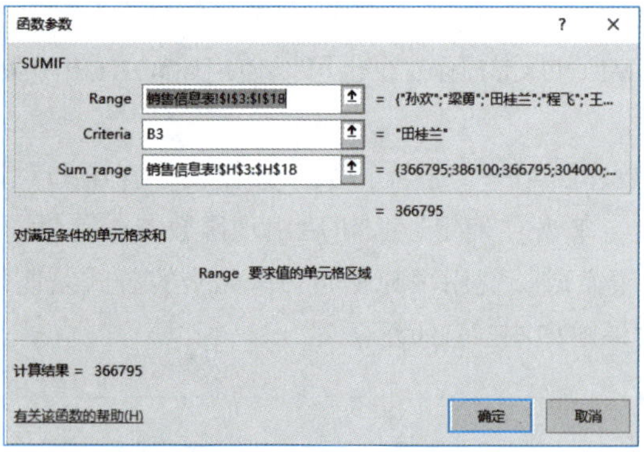

图 3-62　SUMIF 函数参数对话框

	A	B	C	D
1	销售员工业绩表			
2	工号	销售员工	个人总销售额	排名
3	S001	田桂兰	¥366,795.00	
4	S002	叶丽	¥0.00	
5	S003	王楠	¥366,300.00	
6	S004	赵秀兰	¥347,985.00	
7	S005	王桂荣	¥347,985.00	
8	S006	梁勇	¥809,990.00	
9	S007	颜娟	¥731,200.00	
10	S008	常鹏	¥421,400.00	
11	S009	程飞	¥1,008,330.00	
12	S010	孙欢	¥812,995.00	
13	S011	孔梅	¥372,400.00	
14	S012	王磊	¥400,330.00	

图 3-63　使用 SUMIF 函数完成个人总销售额计算

注意： 因为要复制此公式来计算其他人的总销售额，因此条件检验区域和实际求和区域应该保持不变，唯一变化的是条件中的员工姓名，所以公式中，参数“区域”和参数“求和区域”均要使用绝对地址引用（“$I$3:$I$18”和“$H$3:$H$18”），而参数条件则要使用相对地址引用（“B3”）。

2. 使用RANK.EQ函数计算排名

排名计算需要使用RANK.EQ函数。RANK.EQ函数的作用是返回某一个数字在一段数字列表中的排位，其大小与列表中的其他值相关。如果多个值具有相同的排位，则返回该组数值的最高排位。

选中“销售员工业绩表”的D3单元格，单击“公式”选项卡→“函数库”组→“插入函数”按钮，在弹出的对话框中找到“统计”中的“RANK.EQ”函数，单击“确定”按钮后出现函数参数对话框，按照图3-64所示设置各项参数，单击“确定”按钮完成。使用填充柄将D3单元格的公式复制填充到D4:D14区域，完成“排名”列的获取，效果如图3-65所示。

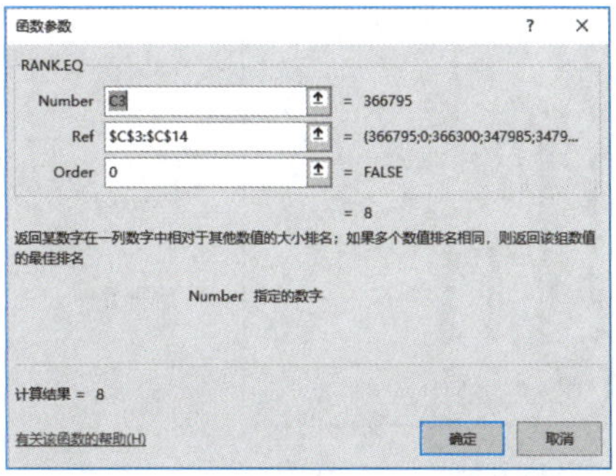

图 3-64　RANK.EQ 函数参数对话框

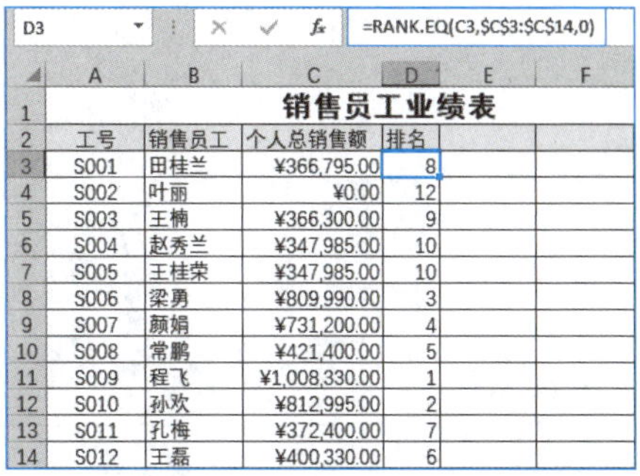

	A	B	C	D
2	工号	销售员工	个人总销售额	排名
3	S001	田桂兰	¥366,795.00	8
4	S002	叶丽	¥0.00	12
5	S003	王楠	¥366,300.00	9
6	S004	赵秀兰	¥347,985.00	10
7	S005	王桂荣	¥347,985.00	10
8	S006	梁勇	¥809,990.00	3
9	S007	颜娟	¥731,200.00	4
10	S008	常鹏	¥421,400.00	5
11	S009	程飞	¥1,008,330.00	1
12	S010	孙欢	¥812,995.00	2
13	S011	孔梅	¥372,400.00	7
14	S012	王磊	¥400,330.00	6

图 3-65　使用 RANK.EQ 函数计算排名

注意：同前面个人总销售额类似，因为要复制此公式来计算其他人的名次，因此引用的数据区域应该保持不变，使用绝对引用“$C$3:$C$14”，排序的数值要发生变化，使用相对地址。参数0表示降序排序。

3. 使用条件格式突出显示部分数据

在“销售员工业绩表”中使用条件格式来突出显示个人销售总额前三名的数据，使其以“字体：粗体，颜色：红色”的方式显示。

选中“个人总销售额”列中的C3:C14单元格区域，单击“开始”选项卡→“样式”组→“条件格式”下拉按钮，选择其中的“最前/最后规则”→“前10项”，进入图3-66所示的对话框，在左侧对话框中选择“3”，右侧“设置为”选择“自定义格式”，在“字体”选项卡中定义字体：粗体，颜色：红色，单击“确定”按钮，显示结果如图3-67所示。

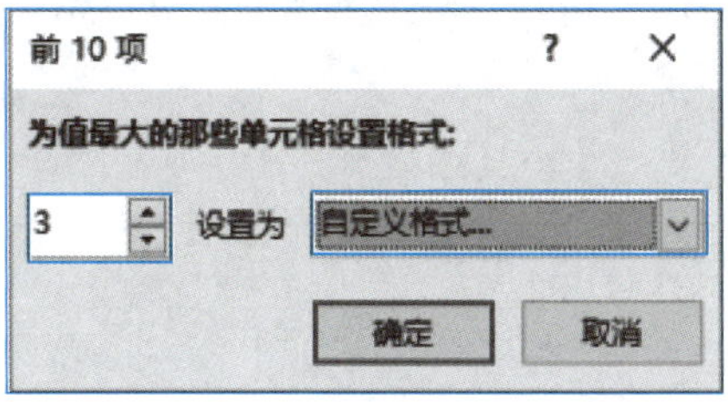

图 3-66　“前 10 项”对话框

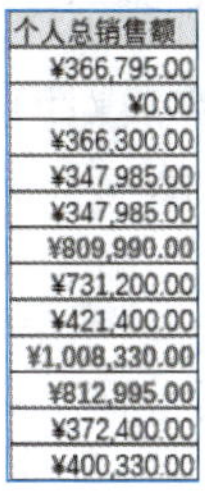

图 3-67　条件格式效果

4. 使用数据图表将个人总销售额可视化

二维表格中的数据，往往不够直观。接下来建立销售员工的销售总额柱状图表，可视化显示每位员工的销售总额。

将数据用图形表示出来能够更直观地进行对比分析。在Excel表格中，利用它的图表功能可以很方便地将表格中的数据转换成各种图形，并且图表中的图形会根据表格中数据的修改而自动调整。

选中“销售员工业绩表”中的B2:C14区域，单击“插入”选项卡→“图表”组→“推荐的图表”按钮，选择“所有图表”，在左侧图表类型列表中选择“柱形图”，选择“簇状柱形图”，即在当前鼠标所在位置插入柱形图，如图3-68所示。

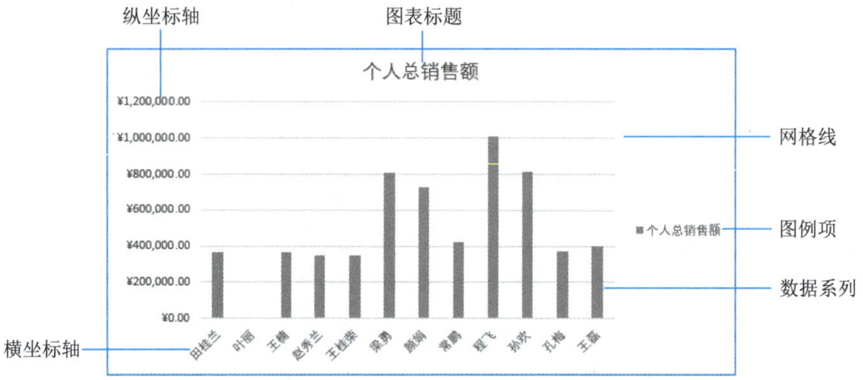

图 3-68　个人总销售额柱形图

说明：

①图表标题：图表标题默认为选中区域数值列的字段名，双击可以修改。

②数据系列：数据系列为选中区域的数值列。选中右击，可对数据系列的格式进行修改。

③纵坐标轴：又称数值轴。根据数值列数据的范围，在最小值到最大值区间内，确定主要单位和次要单位，显示主要刻度线。选中右击，可对相关属性进行修改。

④横坐标轴：又称分类轴。一般选择选中数据区域中的文本类型列作为分类轴。选中右击，可对横坐标轴属性进行设置。

⑤数据系列：以不同大小色块形式显示数据。如要修改属性，选中右击即可修改。

⑥网格线：纵坐标轴主要刻度值的延伸线。

⑦图例项：标明数据系列中颜色和数据系列的对应关系。选中右击，可以修改图例项位置及其他相关属性。

图表选中的情况下，选项卡中会增加“图表设计”“格式”两个选项卡，可以根据需要选择选项卡中的命令完成对图表相关属性的修改。

“销售员工业绩表”完成后的效果如图3-69所示。

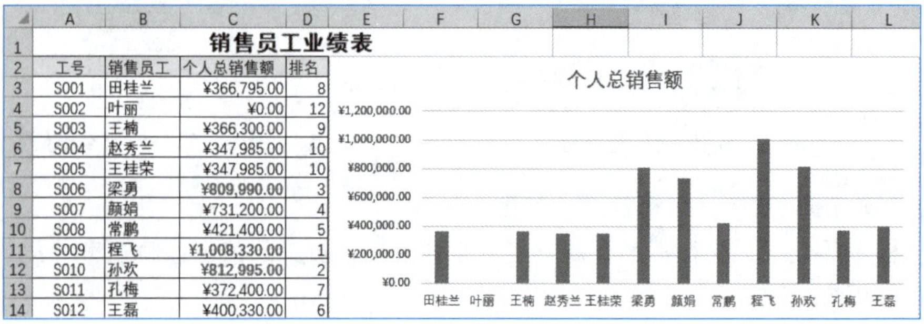

销售员工业绩表

工号	销售员工	个人总销售额	排名
S001	田桂兰	¥366,795.00	8
S002	叶丽	¥0.00	12
S003	王楠	¥366,300.00	9
S004	赵秀兰	¥347,985.00	10
S005	王桂荣	¥347,985.00	10
S006	梁勇	¥809,990.00	3
S007	颜娟	¥731,200.00	4
S008	常鹏	¥421,400.00	5
S009	程飞	¥1,008,330.00	1
S010	孙欢	¥812,995.00	2
S011	孔梅	¥372,400.00	7
S012	王磊	¥400,330.00	6

图 3-69　“销售员工业绩表”效果图

四、技巧与提高

Excel表格提供了柱形图、折线图、饼图、条形图、面积图、XY散点图、股价图、雷达图和组合图等图形。前面在项目实现的过程中，已经讲述了普通图表的创建，接下来介绍动态图表的创建。

动态图表也称交互式图表，是指通过鼠标选择不同的预设项目，在图表中动态显示对应数据，它既能充分表达数据的说服力，又能使图表不过于烦琐。

下面我们将以图3-70所示某班学生的“数学模拟考成绩表”为例，创建一个动态折线图，根据姓名的选择，展示不同学生模拟考的折线图。

	A	B	C	D	E
1	学号	姓名	模拟1	模拟2	模拟3
2	2024001	毛明轩	86	67	89
3	2024002	许宇航	36	92	88
4	2024003	熊佳琪	86	64	78
5	2024004	余彤彤	88	87	92
6	2024005	李娜	66	90	87
7	2024006	阮一鸣	92	95	46
8	2024007	高俊华	85	89	91
9	2024008	张磊	85	55	86
10	2024009	梁欣然	91	88	92
11	2024010	韦雨薇	88	86	74
12	2024011	贺雪婷	77	82	84
13	2024012	吕婷婷	93	95	88

图 3-70 数学模拟考成绩表

1. 利用“有效性”设置“姓名”的下拉按钮

选择B15单元格，单击“数据”选项卡→“数据工具”组→“数据验证”下拉按钮，选择“数据验证”，在打开的对话框的“设置”选项卡的“验证条件”→“允许”中选择“序列”，单击“来源”右下角折叠按钮，选择“B2:B13”单元格区域，如图3-71所示。设置完成之后，单击B15单元格，将出现下拉按钮，从而实现姓名的选择。

2. 利用VLOOKUP函数来获取模拟考试成绩

选中C15单元格，输入公式“=VLOOKUP($B$15,$B$2:$E$13,COLUMN()－1,0)”，再用填充柄填充其余模拟成绩列，即填充D15及E15。

选择“B1:E1”(横坐标轴数据)，按下【Ctrl】键，按下鼠标左键拖动选择“B15:E15”(纵坐标轴数据)区域，单击“插入”选项卡→“图表”组→“推荐的图表”按钮，选择“所有图表”中的“折线图”，即生成图3-72所示的折线图。单击B15处“姓名”的下拉按钮，选择不同的姓名，即可看到不同学生模拟考的动态折线图。

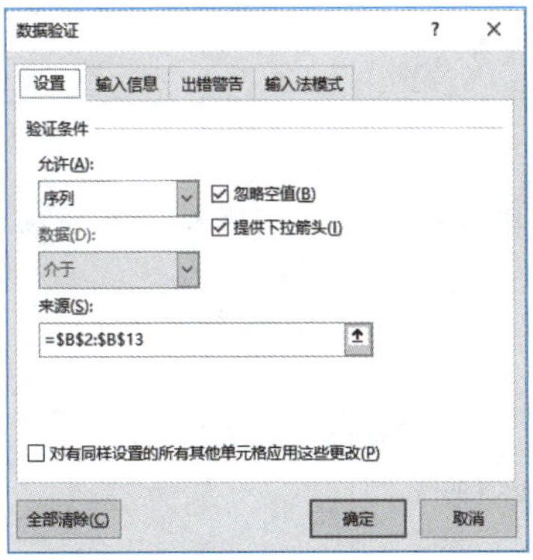

图 3-71 “数据验证”对话框

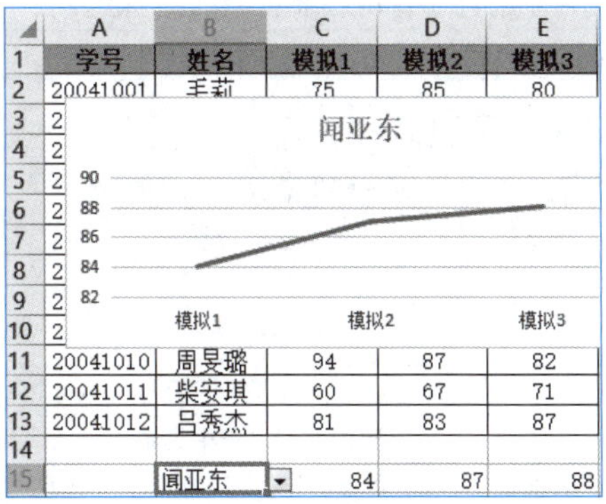

图 3-72 折线图效果图

五、测评

（一）知识测评

1. 填空题

（1）运算符分为四种不同类型：________、________、________和________。

（2）可以使用________连接一个或多个文本字符串，以生成一段文本。

（3）绝对引用是指在公式中引用单元格时单元格名称的行列坐标前加符号________。

（4）相对引用和绝对引用如果要切换，可以使用________键，也可以直接在列号与行号前添加________符号。

（5）在编辑栏中编辑公式，必须首先输入________符号。

（6）函数SUM(B2:B5)表示对B2到B5总共________单元格进行求和运算。

（7）函数VLOOKUP(A2,Sheet1!$A$3:$F$12,2,0)中，引用的即将是Sheet1表中的________列数据。

（8）如果要设置某个区域中符合一定条件的数据的格式，应该使用________。

2. 简答题

（1）简述Excel表格函数的类型。

（2）简述本项目中使用过的函数。

（二）能力测评

按表3-7中所列的操作要求，对自己完成的文档进行检查，根据实际情况自评。

表 3-7 技能测评表

序号	操作要求（具体见任务实现）	分值	完成情况	自评分
1	销售信息表中使用VLOOKUP函数获取“原价”	10		
2	销售信息表中使用IF函数获取“折扣1”	10		
3	销售信息表中使用IF嵌套函数获取“折扣2”	10		
4	销售信息表中使用数组公式获取“实际价格”	10		
5	销售信息表中使用LOOKUP函数获取“销售员工”	10		
6	销售信息表中使用SUM函数获取“销售总额”	10		
7	销售员工业绩表中使用SUMIF函数获取“个人总销售额”	10		
8	销售员工业绩表中使用RANK.EQ函数获取“排名”	10		
9	销售员工业绩表中使用条件格式突出显示排名前三的销售总额（格式自定）	10		
10	销售员工业绩表中插入销售总额的柱形图表	10		
总　分				

（三）素质测评

针对表3-8中所列出的素质与素养观察点，反思任务实现的过程，思考总结相关项目，根据实际情况自评。

表 3-8 素质测评表

序号	素质与素养	分值	总结与反思	得分
1	信息意识——数据处理过程中具备使用公式与函数进行数据运算的意识和能力，能主动地寻求恰当的方式分析数据、计算数据	25		
2	数字化创新与发展——能合理运用Excel表格的公式与函数解决专业学习中的问题，养成使用Excel表格解决生活、学习、工作中的数据处理问题的习惯	25		
3	信息社会责任——具备使用Excel表格中查找和引用函数保证数据的一致性的意识和能力	25		
4	计算思维——具备利用Excel表格界定问题、抽象特征、建立模型、组织数据、管理数据、解决问题的能力	25		
总　分				

六、拓展训练

本阶段的训练是在模块三项目一拓展训练作业中所建立的班级同学学籍表、宿舍安排表、学生成绩表的基础上，使用公式与函数、条件格式、图表等工具，完成“学生成绩表”的完善。具体要求如下：

（1）在“学生成绩表”最右侧增加一列“总分1”，使用公式与函数计算总分1。

（2）在“学生成绩表”最右侧增加一列“总分2”，使用数组公式计算总分2。

（3）在“学生成绩表”最右侧增加一列“平均分”，使用公式与函数计算平均分。

（4）在“学生成绩表”最右侧增加一列“名次”，使用公式与函数计算名次。

（5）设置“学生成绩表”中“语文”“数学”“英语”各列对应的单科成绩的条件格式，大于等于90分的用蓝色粗体格式，小于等级90分的使用红色粗体格式。

（6）建立总分的柱形图表，根据表格需要，设置柱形图表的位置、大小及其他相关属性。

项目三　新能源汽车销售汇总数据表制作——数据分析与统计

一、项目描述

为了公司能够更好发展，作为公司的管理层，通常都会关注诸如此类的一些问题：

（1）2023年的销售数据如何?

（2）某个销售员工的销售数据是怎样的?

（3）每个月的销售总额是多少?

（4）什么样的车型最好卖?

（5）不同的车型每个月销售量是多少?

为了解答这些问题，可以使用Excel表格的数据分析工具对数据进行对比分析，分类比较，从中找出轨迹或规律。同时为了能够更直观地观察和分析，还需要利用图表、数据透视图等工具将数据可视化后进行研究。

本项目将在前面两个项目的基础上，利用筛选、排序、分类汇总、数据透视表与数据透视图等数据分析工具，完成对数据销售表数据的分析和统计。

二、知识准备

（一）排序

创建数据记录单时，它的数据排列顺序是按照记录输入的先后排列的，没有什么规律。Excel表格提供了多种方法对数据进行排序，用户可以根据需要按行或列、按升序或降序或使用自定义序列进行排序。

1. 按单一关键字排序

以图3-73所示的数据排序为例，按照“销售日期”进行升序排序。

销售信息表								
客户编号	车辆识别码	销售日期	一次性付款	原价	折扣1	折扣2	实际价格	销售员工
011	300200010000011	2023/2/28	否	¥460,000.00	0%	3%	¥446,200.00	孙欢
010	300200010000020	2023/3/2	是	¥320,000.00	5%	0%	¥304,000.00	程飞
003	30020001000003	2023/3/24	是	¥390,000.00	5%	1%	¥366,795.00	田桂兰
007	30020001000007	2023/3/29	是	¥370,000.00	5%	1%	¥347,985.00	王桂荣
016	300200010000016	2023/4/23	是	¥430,000.00	5%	2%	¥400,330.00	程飞
014	300200010000022	2023/4/29	是	¥300,000.00	5%	0%	¥285,000.00	颜娟
002	30020001000002	2023/5/22	否	¥390,000.00	0%	1%	¥386,100.00	梁勇
015	300200010000015	2023/6/1	否	¥430,000.00	0%	2%	¥421,400.00	常鹏
012	300200010000012	2023/7/8	是	¥400,000.00	5%	2%	¥372,400.00	孔梅
004	300200010000017	2023/7/23	是	¥320,000.00	5%	0%	¥304,000.00	程飞
006	30020001000006	2023/8/14	是	¥370,000.00	5%	1%	¥347,985.00	赵秀兰
013	300200010000013	2023/8/24	是	¥430,000.00	5%	2%	¥400,330.00	王磊
009	30020001000009	2023/10/13	是	¥460,000.00	5%	3%	¥423,890.00	梁勇
001	30020001000001	2023/10/20	是	¥390,000.00	5%	1%	¥366,795.00	孙欢
008	30020001000008	2023/10/28	否	¥460,000.00	0%	3%	¥446,200.00	颜娟
005	30020001000005	2024/2/2	否	¥370,000.00	0%	1%	¥366,300.00	王楠

图 3-73　按“销售日期”升序排序

单击“数据”选项卡→“排序和筛选”组→“排序”按钮，打开如图3-74所示“排序”对话框，“列”→“排序依据”选择“销售日期”，“排序依据”默认为“单元格值”，“次序”默认“升序”，单击“确定”按钮完成排序。

2. 按多关键字排序

遇到排序字段的数据出现相同值时，单个关键字无法确定数据顺序。此时可以通过添加关键字的方式确定数据的准确顺序。仍以图3-74中的销售数据为例，先按“销售日期”升序排序，如果“销售日期”相同，再按“实际价格”降序排序。

操作步骤为：单击“数据”选项卡→“排序和筛选”组→“排序”按钮，打开“排序”对话框。在对话框中单击“添加条件”，在“列”→“排序依据”中选择“销售日期”，“排序依据”选择“单元格值”，“次序”选择“升序”。在“次要关键字”中选择“实际价格”，“排序依据”选择“单元格值”，次序选择“降序”。为了防止数据记录单的标题被加入排序数据区中，“排序”对话框中可选择“数据包含标题”，如图3-75所示。

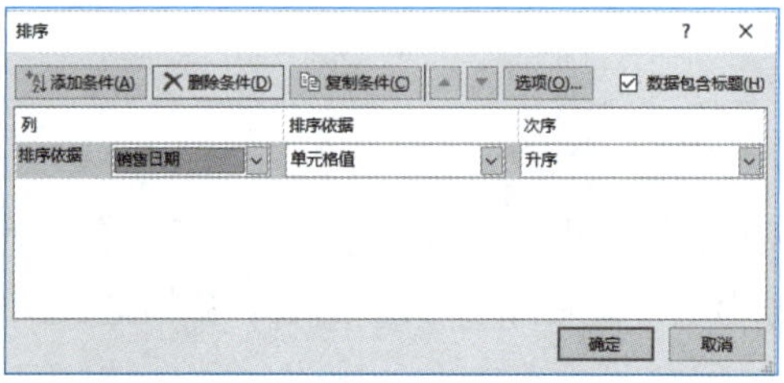

图 3-74　单一关键字“排序”对话框

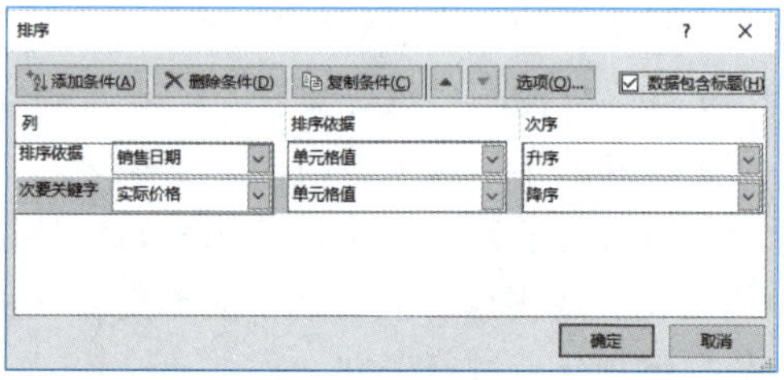

图 3-75　多关键字“排序”对话框

3. 自定义序列排序

用户在使用Excel表格对相应数据进行排序时，无论是按拼音还是按笔画，可能都达不到所需要求。在图3-76所示的工作表中，如果要按照销售员工的销售级别排序，必须按照自定义序列进行排序，即按照“一级”“二级”“三级”“四级”“五级”进行排序。

操作步骤如下：

（1）创建一个自定义序列。单击“文件”→“选项”命令，进入“Excel选项”对话框。在对话框中选择“高级”，向下滚动找到“常规”，单击“编辑自定义列表”按钮，跳出“自定义序列”对话框，在“输入序列”对话框中输入“一级,二级,三级,四级,五级”，单击“添加”按钮，此序列被添加到左侧“自定义序列”列表中，如图3-77所示。

（2）单击数据区域中的任一单元格，单击“数据”选项卡→“排序和筛选”组→“排序”按钮，进入“排序”对话框，如图3-78所示。

	A	B	C	D	E	F	G	H	I	J
1	销售信息表									
2	客户编号	车辆识别码	销售日期	一次性付款	原价	折扣1	折扣2	实际价格	销售员工	销售级别
3	015	300200010000015	2023/6/1	否	¥430,000.00	0%	2%	¥421,400.00	常鹏	一级
4	006	30020001000006	2023/8/14	是	¥370,000.00	5%	1%	¥347,985.00	赵秀兰	一级
5	007	30020001000007	2023/3/29	是	¥370,000.00	5%	1%	¥347,985.00	王桂荣	二级
6	014	300200010000022	2023/4/29	是	¥300,000.00	5%	0%	¥285,000.00	颜娟	二级
7	008	30020001000008	2023/10/28	否	¥460,000.00	0%	3%	¥446,200.00	颜娟	二级
8	010	300200010000020	2023/3/2	是	¥320,000.00	5%	0%	¥304,000.00	程飞	三级
9	016	300200010000016	2023/4/23	是	¥430,000.00	5%	2%	¥400,330.00	程飞	三级
10	002	30020001000002	2023/5/22	否	¥390,000.00	0%	1%	¥386,100.00	梁勇	三级
11	004	300200010000017	2023/7/23	是	¥320,000.00	5%	0%	¥304,000.00	程飞	三级
12	009	30020001000009	2023/10/13	是	¥460,000.00	5%	3%	¥423,890.00	梁勇	三级
13	003	30020001000003	2023/3/24	是	¥390,000.00	5%	1%	¥366,795.00	田桂兰	四级
14	012	300200010000012	2023/7/8	是	¥400,000.00	5%	2%	¥372,400.00	孔梅	四级
15	013	300200010000013	2023/8/24	是	¥430,000.00	5%	2%	¥400,330.00	王磊	四级
16	005	30020001000005	2024/2/2	否	¥370,000.00	0%	1%	¥366,300.00	王楠	四级
17	011	300200010000011	2023/2/28	否	¥460,000.00	0%	3%	¥446,200.00	孙欢	五级
18	001	30020001000001	2023/10/20	是	¥390,000.00	5%	1%	¥366,795.00	孙欢	五级

图 3-76　自定义序列排序

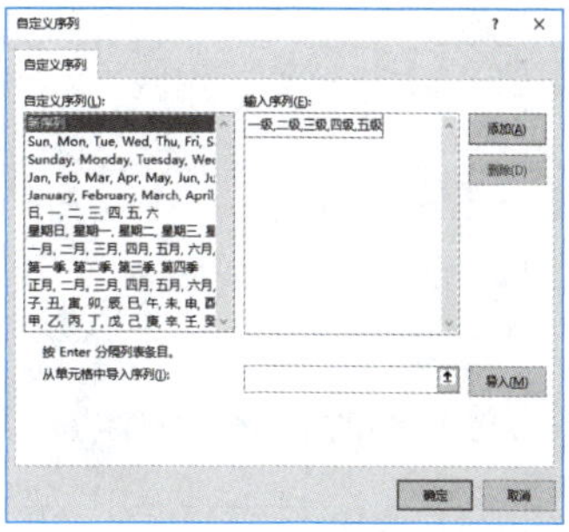

图 3-77　“自定义序列”对话框

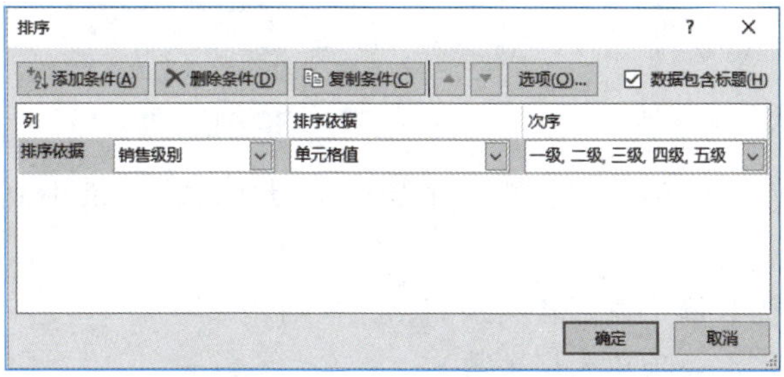

图 3-78　自定义序列“排序”对话框

（3）“列”→“排序依据”选择“销售级别”，“排序依据”选择“数值”，“次序”选择“自定义序列”，弹出“自定义序列”对话框，选择刚添加的序列，单击“确定”按钮，完成排序。

（二）分类汇总

分类汇总可以将数据记录单中的数据按某一字段进行分类，并实现按类求和、计数、平均值、最大值、最小值等运算，还能将计算结果进行分级显示。

1. 创建分类汇总

创建分类汇总的前提是：先按照分类字段进行排序，使相同数据集中在一起后汇总。分类汇总分为三类：单级分类汇总、多级分类汇总、嵌套分类汇总。

下面以公务员报考人员数据为例，讲述分类汇总的创建。

在公务员报考人员数据表中创建以下分类汇总：

（1）按“报考单位”对报考人员进行分类计数，统计每个单位报考的人数（单级分类汇总）。

（2）按“报考单位”对报考人员进行分类计数，并求最高分（多级分类汇总）。

（3）统计不同“报考单位”报考总人数及不同“性别”的人数（嵌套分类汇总）。

下面分别对以上三种分类汇总的方法进行介绍。

（1）按“报考单位”对报考人员进行分类计数，统计每个单位报考的人数。

①按分类字段“报考单位”进行排序（排序升序和降序都可以）。

②单击数据区域的任一单元格，单击“数据”选项卡→“分级显示”组→“分类汇总”按钮，进入“分类汇总”对话框，如图3-79所示。“分类字段”选择“报考单位”，“汇总方式”选择“计数”，“选定汇总项”选择“姓名”（也可以选择其他项目，汇总结果将出现在汇总项下方。此处选择“姓名”，因为人数出现在“姓名”列下方，更容易理解汇总的意义），单击“确定”按钮，汇总结果如图3-80所示。

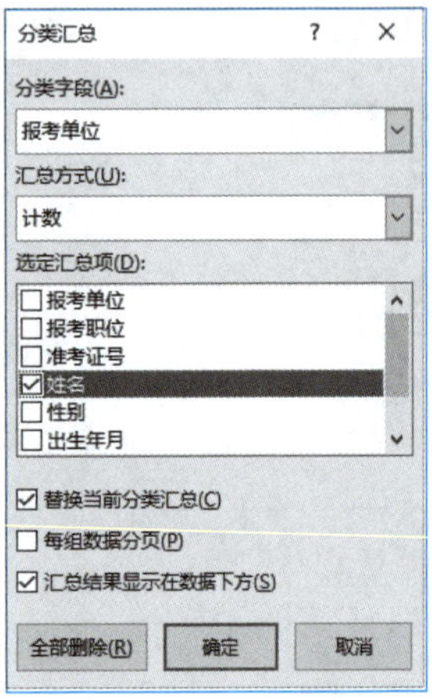

图 3-79 “分类汇总”对话框

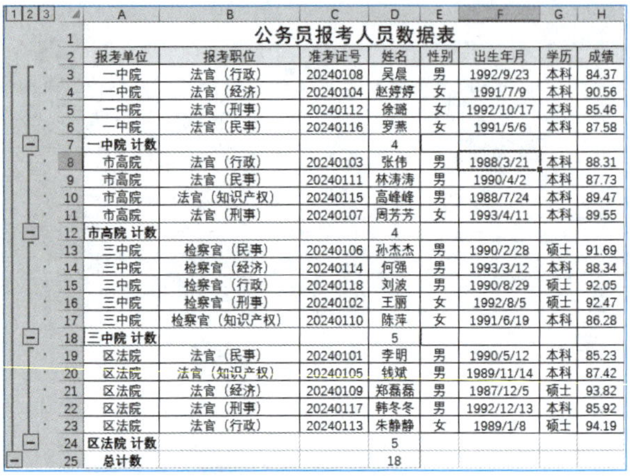

	A	B	C	D	E	F	G	H
1	公务员报考人员数据表							
2	报考单位	报考职位	准考证号	姓名	性别	出生年月	学历	成绩
3	一中院	法官（行政）	20240108	吴晨	男	1992/9/23	本科	84.37
4	一中院	法官（经济）	20240104	赵婷婷	女	1991/7/9	本科	90.56
5	一中院	法官（刑事）	20240112	徐璐	女	1992/10/17	本科	85.46
6	一中院	法官（民事）	20240116	罗燕	女	1991/5/6	本科	87.58
7	一中院 计数			4				
8	市高院	法官（行政）	20240103	张伟	男	1988/3/21	本科	88.31
9	市高院	法官（民事）	20240111	林涛涛	男	1990/4/2	本科	87.73
10	市高院	法官（知识产权）	20240115	高峰峰	男	1988/7/24	本科	89.47
11	市高院	法官（刑事）	20240107	周芳芳	女	1993/4/11	本科	89.55
12	市高院 计数			4				
13	三中院	检察官（民事）	20240106	孙杰杰	男	1990/2/28	硕士	91.69
14	三中院	检察官（经济）	20240114	何强	男	1993/3/12	本科	88.34
15	三中院	检察官（行政）	20240118	刘波	男	1990/8/29	硕士	92.05
16	三中院	检察官（刑事）	20240102	王丽	女	1992/8/5	硕士	92.47
17	三中院	检察官（知识产权）	20240110	陈萍	女	1991/6/19	本科	86.28
18	三中院 计数			5				
19	区法院	法官（民事）	20240101	李明	男	1990/5/12	本科	85.23
20	区法院	法官（知识产权）	20240105	钱斌	男	1989/11/14	本科	87.42
21	区法院	法官（经济）	20240109	郑磊磊	男	1987/12/5	硕士	93.82
22	区法院	法官（刑事）	20240117	韩冬冬	男	1992/12/13	本科	85.92
23	区法院	法官（行政）	20240113	朱静静	女	1989/1/8	硕士	94.19
24	区法院 计数			5				
25	总计数			18				

图 3-80 按“报考单位”统计人数

“汇总方式”分别有“求和”“计数”“平均值”“最大值”“最小值”“乘积”“标准偏差”等，其意义分别如下：

①求和：汇总项若为数值，返回各类别的和，否则返回0。

②计数：返回各类别汇总项单元格个数。

③平均值：返回各类别汇总项的平均值。

④最大值：返回各类别汇总项中的最大值。

⑤最小值：返回各类别汇总项中的最小值。

⑥乘积：返回各类别汇总项乘积值。

⑦标准偏差：返回各类别汇总项中所包含的数据相对于平均值的离散程度。

对话框的下面有三个复选框，其意义分别是：

①替换当前分类汇总：用新分类汇总的结果替换原有的分类汇总结果。

②每组数据分页：表示以每个分类值作为一组分页显示。

③汇总结果显示在数据下方：每组的汇总结果放在该组数据下方。如果不选，汇总结果放在该数据的上方。

（2）按“报考单位”对报考人员分类计数，并求最高分。

第（1）种方式的汇总中已经完成了按“报考单位”对报考人员分类计数，因此只需要在前面操作的基础上，完成对“成绩”列最高分的分类汇总。

单击数据区域的任一单元格，单击“数据”选项卡→“分级显示”组→“分类汇总”按钮，进入“分类汇总”对话框。“分类字段”选择“报考单位”，“汇总方式”选择“最大值”，“选定汇总项”选择“成绩”，取消选择“替换当前分类汇总”，单击“确定”按钮，汇总结果如图3-81所示。

（3）统计不同“报考单位”报考总人数及不同“性别”的人数。

①因分类关键字是两个字段，因此要先按照主要关键字“报考单位”，次要关键字“性别”进行排序。

②单击数据区域的任一单元格，单击“数据”选项卡→“分级显示”组→“分类汇总”按钮，进入“分类汇总”对话框，“分类字段”选择“报考单位”，“汇总方式”选择“计数”，“选定汇总项”选择“姓名”，完成按“报考单位”统计人数的分类汇总。

③在上述分类汇总的基础上，单击数据区域的任一单元格，单击“数据”选项卡→“分级显示”组→“分类汇总”按钮，进入“分类汇总”对话框，“分类字段”选择“性别”，“汇总方式”选择“计数”，“选定汇总项”选择“性别”，取消选择“替换当前分类汇总”，完成按“性别”统计人数的操作，汇总结果如图3-82所示。

	A	B	C	D	E	F	G	H
1	公务员报考人员数据表							
2	报考单位	报考职位	准考证号	姓名	性别	出生年月	学历	成绩
3	一中院	法官（行政）	20240108	吴晨	男	1992/9/23	本科	84.37
4	一中院	法官（经济）	20240104	赵婷婷	女	1991/7/9	本科	90.56
5	一中院	法官（刑事）	20240112	徐璐	女	1992/10/17	本科	85.46
6	一中院	法官（民事）	20240116	罗燕	女	1991/5/6	本科	87.58
7	一中院 最大值							90.56
8	一中院 计数			4				
9	市高院	法官（行政）	20240103	张伟	男	1988/3/21	本科	88.31
10	市高院	法官（民事）	20240111	林涛涛	男	1990/4/2	本科	87.73
11	市高院	法官（知识产权）	20240115	高峰峰	男	1988/7/24	本科	89.47
12	市高院	法官（刑事）	20240107	周芳芳	女	1993/4/11	本科	89.55
13	市高院 最大值							89.55
14	市高院 计数			4				
15	三中院	检察官（民事）	20240106	孙杰杰	男	1990/2/28	硕士	91.69
16	三中院	检察官（经济）	20240114	何强	男	1993/3/12	本科	88.34
17	三中院	检察官（行政）	20240118	刘波	男	1990/8/29	硕士	92.05
18	三中院	检察官（刑事）	20240102	王丽	女	1992/8/5	硕士	92.47
19	三中院	检察官（知识产权）	20240110	陈萍	女	1991/6/19	本科	86.28
20	三中院 最大值							92.47
21	三中院 计数			5				
22	区法院	法官（民事）	20240101	李明	男	1990/5/12	本科	85.23
23	区法院	法官（知识产权）	20240105	钱斌	男	1989/11/14	本科	87.42
24	区法院	法官（经济）	20240109	郑磊磊	男	1987/12/5	硕士	93.82
25	区法院	法官（刑事）	20240117	韩冬冬	男	1992/12/13	本科	85.92
26	区法院	法官（行政）	20240113	朱静静	女	1989/1/8	硕士	94.19
27	区法院 最大值							94.19
28	区法院 计数			5				
29	总计最大值							94.19
30	总计数			18				

图 3-81 “报考单位”对报考人员分类计数，并求最高分

A1 公务员报考人员数据表

	A	B	C	D	E	F	G	H
1	公务员报考人员数据表							
2	报考单位	报考职位	准考证号	姓名	性别	出生年月	学历	成绩
3	一中院	法官（行政）	20240108	吴晨	男	1992/9/23	本科	84.37
4				男 计数	1			
5	一中院	法官（经济）	20240104	赵婷婷	女	1991/7/9	本科	90.56
6	一中院	法官（刑事）	20240112	徐璐	女	1992/10/17	本科	85.46
7	一中院	法官（民事）	20240116	罗燕	女	1991/5/6	本科	87.58
8				女 计数	3			
9	一中院 计数			5				
10	市高院	法官（行政）	20240103	张伟	男	1988/3/21	本科	88.31
11	市高院	法官（民事）	20240111	林涛涛	男	1990/4/2	本科	87.73
12	市高院	法官（知识产权）	20240115	高峰峰	男	1988/7/24	本科	89.47
13				男 计数	3			
14	市高院	法官（刑事）	20240107	周芳芳	女	1993/4/11	本科	89.55
15				女 计数	1			
16	市高院 计数			5				
17	三中院	检察官（民事）	20240106	孙杰杰	男	1990/2/28	硕士	91.69
18	三中院	检察官（经济）	20240114	何强	男	1993/3/12	本科	88.34
19	三中院	检察官（行政）	20240118	刘波	男	1990/8/29	硕士	92.05
20				男 计数	3			
21	三中院	检察官（刑事）	20240102	王丽	女	1992/8/5	硕士	92.47
22	三中院	检察官（知识产权）	20240110	陈萍	女	1991/6/19	本科	86.28
23				女 计数	2			
24	三中院 计数			6				
25	区法院	法官（民事）	20240101	李明	男	1990/5/12	本科	85.23
26	区法院	法官（知识产权）	20240105	钱斌	男	1989/11/14	本科	87.42
27	区法院	法官（经济）	20240109	郑磊磊	男	1987/12/5	硕士	93.82
28	区法院	法官（刑事）	20240117	韩冬冬	男	1992/12/13	本科	85.92
29				男 计数	4			
30	区法院	法官（行政）	20240113	朱静静	女	1989/1/8	硕士	94.19
31				女 计数	1			
32	区法院 计数			6				
33				总计数	18			

图 3-82 不同“报考单位”报考总人数及不同“性别”的人数

2.删除分类汇总

操作步骤如下：

（1）单击分类汇总结果中的任一单元格。

（2）单击数据区域的任一单元格，单击“数据”选项卡→“分级显示”组→“分类汇总”按钮，进入“分类汇总”对话框，单击“全部删除”按钮即可完成删除。

（3）汇总结果分级显示。

在图3-82分类汇总的结果中，左边有几个标有“1”“2”“3”“4”的小按钮，利用这些按钮可以实现数据的分级显示。单击外括号下的“-”，则将数据折叠，仅显示汇总的总计，单击“+”展开。单击 左上方“1”，仅显示汇总总计；单击左上方“2”，显示二级汇总；单击左上方“3”，显示三级汇总；单击左上方“4”，显示所有数据。

（三）筛选

数据筛选是在数据表中只显示出满足条件的行，而隐藏不满足条件的行。Excel表格提供了筛选和高级筛选两种操作来筛选数据。

1. 筛选

筛选是一种简单方便的数据处理方法，当用户确定筛选条件后，可以只显示符合条件的数据，隐藏不符合条件的数据。

在公务员报考人员数据表中，筛选以下数据：

（1）硕士的数据。

（2）成绩在80～90分之间的报考人员数据。

（3）市高院的成绩为89分及以上的报考人员数据。

通过完成上述三个案例，介绍筛选的用法。

（1）硕士的数据筛选。

操作步骤如下：

①单击表格中的任一单元格。

②单击“数据”选项卡→“排序和筛选”组→“筛选”按钮，每个字段右边出现一个下拉按钮，如图3-83所示。

公务员报考人员数据表

报考单位	报考职位	准考证号	姓名	性别	出生年月	学历	成绩
一中院	法官（行政）	20240108	吴晨	男	1992/9/23	本科	84.37
一中院	法官（经济）	20240104	赵婷婷	女	1991/7/9	本科	90.56
一中院	法官（刑事）	20240112	徐璐	女	1992/10/17	本科	85.46
一中院	法官（民事）	20240116	罗燕	女	1991/5/6	本科	87.58
市高院	法官（行政）	20240103	张伟	男	1988/3/21	本科	88.31
市高院	法官（民事）	20240111	林涛涛	男	1990/4/2	本科	87.73
市高院	法官（知识产权）	20240115	高峰峰	男	1988/7/24	本科	89.47
市高院	法官（刑事）	20240107	周芳芳	女	1993/4/11	本科	89.55
三中院	检察官（民事）	20240106	孙杰杰	男	1990/2/28	硕士	91.69
三中院	检察官（经济）	20240114	何强	男	1993/3/12	本科	88.34
三中院	检察官（行政）	20240118	刘波	男	1990/8/29	硕士	92.05
三中院	检察官（刑事）	20240102	王丽	女	1992/8/5	硕士	92.47
三中院	检察官（知识产权）	20240110	陈萍	女	1991/6/19	本科	86.28
区法院	法官（民事）	20240101	李明	男	1990/5/12	本科	85.23
区法院	法官（知识产权）	20240105	钱斌	男	1989/11/14	本科	87.42
区法院	法官（经济）	20240109	郑磊磊	男	1987/12/5	硕士	93.82
区法院	法官（刑事）	20240117	韩冬冬	男	1992/12/13	本科	85.92
区法院	法官（行政）	20240113	朱静静	女	1989/1/8	硕士	94.19

图 3-83 “筛选”示意图

③单击“学历”处的下拉按钮，弹出一个下拉列表，提供了有关“筛选”和“排序”的详细选项，如图3-84所示。

④在“名称”中选择“硕士”，即可完成数据的筛选，筛选结果如图3-85所示。

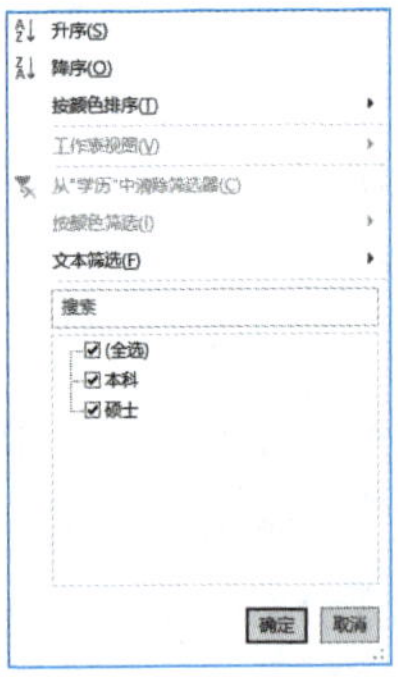

图 3-84 筛选下拉列表

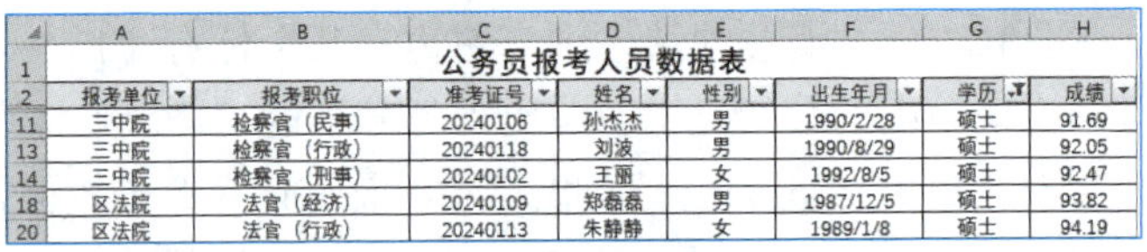

公务员报考人员数据表

报考单位	报考职位	准考证号	姓名	性别	出生年月	学历	成绩
三中院	检察官（民事）	20240106	孙杰杰	男	1990/2/28	硕士	91.69
三中院	检察官（行政）	20240118	刘波	男	1990/8/29	硕士	92.05
三中院	检察官（刑事）	20240102	王丽	女	1992/8/5	硕士	92.47
区法院	法官（经济）	20240109	郑磊磊	男	1987/12/5	硕士	93.82
区法院	法官（行政）	20240113	朱静静	女	1989/1/8	硕士	94.19

图 3-85 “硕士”筛选数据

注意：自动筛选完成以后，数据记录单中只显示满足筛选条件的记录，不满足条件的记录被隐藏。如果需要显示全部数据，选择“数据”选项卡→“排序和筛选”组→“清除”按钮即可。

（2）成绩在80～90分之间的报考人员数据筛选。

①单击表格中的任一单元格。

②单击“成绩”的下拉按钮，单击“数字筛选”选择“介于”，进入“自定义自动筛选”对话框，如图3-86所示。

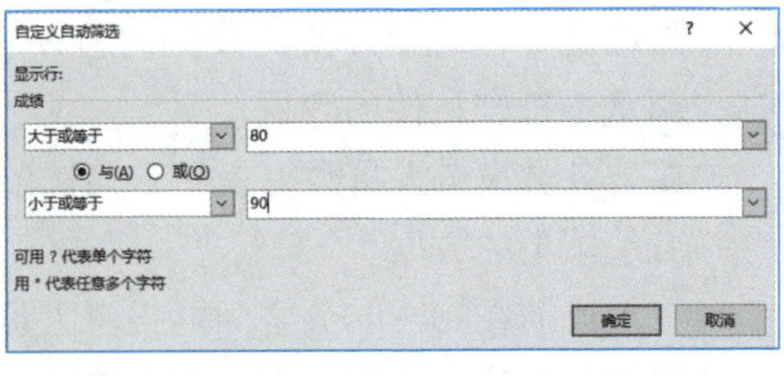

图 3-86 “自定义自动筛选”对话框

③在“大于或等于”文本框中输入“80”，“小于或等于”文本框中输入“90”，单击“确定”按钮，完成成绩在80～90分之间的报考人员数据筛选。

（3）市高院的成绩89分及以上的报考人员数据筛选。

①单击表格中的任一单元格。

②单击“报考单位”的下拉按钮，“内容筛选”中选择“市高院”，将完成“市高院”的数据筛选，再单击“成绩”的下拉按钮，单击“数字筛选”→“大于或等于”，进入“自定义自动筛选方式”对话框，在“大于或等于”文本框中输入“89”，即可完成市高院的成绩89分及以上的报考人员数据筛选。

总结前面三个案例，可以看到筛选能够解决如下三种情况的筛选：

（1）只有一个条件的数据筛选。

（2）针对同一列的多条件数据筛选。

（3）条件针对多列数据，且条件与条件之间是逻辑“与”的关系。

如果条件针对多列数据，且条件与条件之间是逻辑“或”的关系的时候，就必须使用高级筛选来进行筛选了。

2. 高级筛选

下面仍以公务员报考人员数据表为例，筛选学历为硕士和分数在88分及以上的人员数据。

高级筛选在进行数据筛选之前，先要完成条件区域的定义。条件区域有如下要求：

（1）条件区域要放在与数据列表至少隔开一行或者一列的位置，以便与数据列表区分开。

（2）条件区域的第一行是所有作为筛选条件的字段名，这些字段名与数据列表中的字段名必须一致。

（3）条件区域的构造规则是：不同行的条件之间是“或”关系，同一行中的条件之间是“与”关系。

操作步骤如下：

（1）建立条件区域：将条件涉及的字段名“学历”和“成绩”复制到数据记录下方的空白区域，然后在不同的字段中输入筛选条件“硕士”和“>=85”，用条件错开位的方式表达条件与条件之间的“或者”关系，如图3-87所示。

学历	成绩
硕士	
	>=89

图 3-87　建立条件区域

（2）单击数据记录表中的任一单元格。

（3）单击“数据”选项卡→“排序和筛选”组→“高级筛选”按钮，进入“高级筛选”对话框，如图3-88所示。“方式”选择“在原有区域显示筛选结果”，“列表区域”默认为数据列表区域，“条件区域”选择第（1）步建立的条件区域，单击“确定”按钮，完成高级筛选。筛选的结果如图3-89所示。

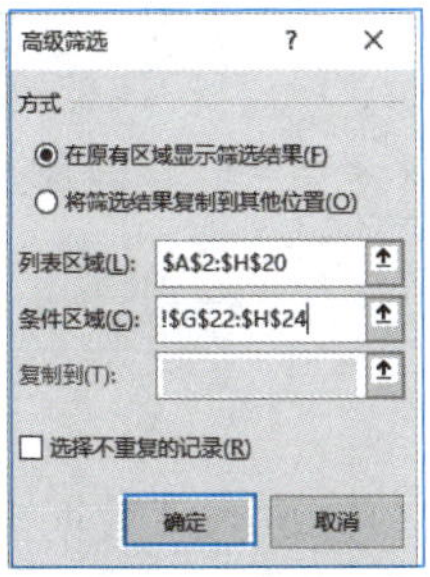

图 3-88　“高级筛选”对话框

	A	B	C	D	E	F	G	H
1	公务员报考人员数据表							
2	报考单位	报考职位	准考证号	姓名	性别	出生年月	学历	成绩
4	一中院	法官（经济）	20240104	赵婷婷	女	1991/7/9	本科	90.56
9	市高院	法官（知识产权）	20240115	高峰峰	男	1988/7/24	本科	89.47
10	市高院	法官（刑事）	20240107	周芳芳	女	1993/4/11	本科	89.55
11	三中院	检察官（民事）	20240106	孙杰杰	男	1990/2/28	硕士	91.69
13	三中院	检察官（行政）	20240118	刘波	男	1990/8/29	硕士	92.05
14	三中院	检察官（刑事）	20240102	王丽	女	1992/8/5	硕士	92.47
18	区法院	法官（经济）	20240109	郑磊磊	男	1987/12/5	硕士	93.82
20	区法院	法官（行政）	20240113	朱静静	女	1989/1/8	硕士	94.19

图 3-89　高级筛选结果

用于筛选数据的条件，有时并不能明确指定某项内容，而是指定某一类内容，如所有“陈”

姓考生，这种情况下，可以使用Excel表格提供的通配符来筛选。

通配符仅用于文本型数据，对数字和日期无效。Excel表格允许两种通配符："?"和"*"。"*"表示任意多个字符，"?"表示任意一个字符，如果要表示字符"*"本身，则需要用"～*"表示。如果要表示字符"？"本身，则需要用"～？"表示。

（四）数据透视表

数据透视表是一种对大量数据快速汇总和建立交叉列表的交互式报表。它可以快速分类汇总、比较大量数据，并可以随时选择其中页、行和列中的不同元素，以达到快速查看源数据的不同统计结果。使用数据透视表可以深入分析数值数据，以不同的方式来查看数据，从而挖掘数据之间的关系与规律。合理使用数据透视表进行计算和分析，能将复杂问题简单化，并且极大地提高工作效率。

1.创建数据透视表

操作步骤如下：

（1）单击数据表的任一单元格。

（2）单击"插入"选项卡→"图表"组→"数据透视图"下拉按钮→"数据透视图"，打开如图3-90所示"创建数据透视图"对话框。

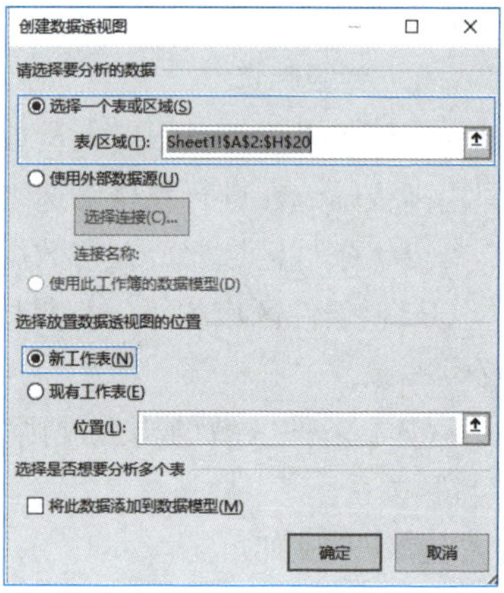

图 3-90 "创建数据透视图"对话框

（3）由于在插入数据透视表之前，单击了数据表中的任一单元格，所以数据表区域会默认被选中。如果"请选择单元格区域"中不是数据表区域，可以单击对话框"表/区域"右侧的折叠按钮，对数据区域进行重新选择。

（4）如果数据透视表的位置选择"新工作表"，单击"确定"按钮之后，将会添加一张新的工作表，数据透视表被放置到新的工作表中。如果选择"现有工作表"，需要指定数据透视表所在的区域。这里选择"新工作表"，单击"确定"按钮后，进入"数据透视表布局"窗口，如图3-91所示。

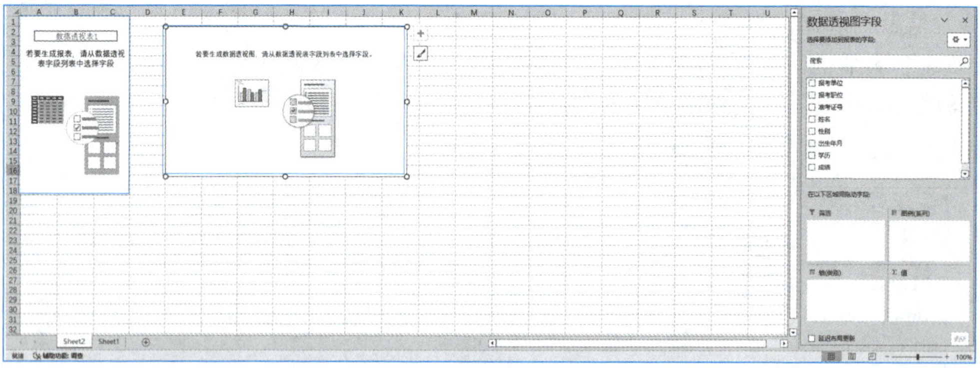

图 3-91 "数据透视表布局"窗口

（5）在"数据透视表布局"窗口中，被划分成三个区域。左侧窗口区域为"数据透视表"，生成的数据透视表即将显示在此处。中间窗口区域为"数据透视图"。右侧窗口区域的上方区域为"数据透视图字段"区域，该区域中显示的是数据表中的所有字段名。下方区域为"数据透视表区域"，对数据透视表的"行字段""列字段""值""筛选器"的设置均在此处完成。

（6）通过选中字段名、拖动鼠标的方式，可将字段添加到数据透视表中。如果我们完成不同“报考单位”的人员的平均分统计，可选中“报考单位”拖动到“轴（类别）”字段，然后将“成绩”字段拖到“值”字段，“值”字段默认的统计方式为“求和”，可单击值字段中“求和项：成绩”的下拉按钮，选择“值字段设置”，进入“值字段设置”对话框，如图3-92所示，“计算类型”选择“平均值”。即可完成对不同报考单位的人员平均分的计算，如图3-93所示。

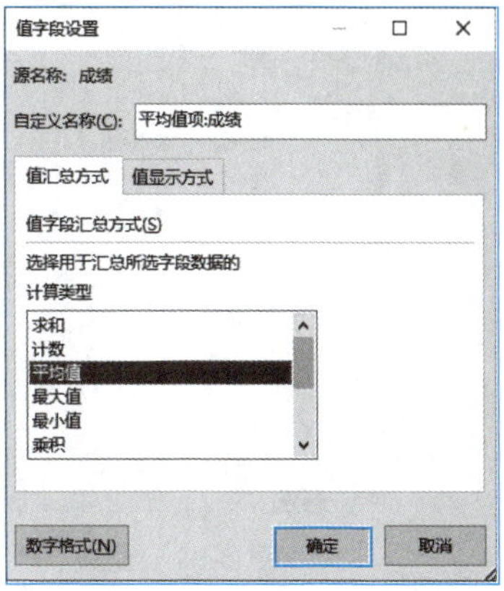

图 3-92 “值字段设置”对话框

（7）如果想要汇总每个报考单位不同学历人员的平均成绩，可在第（6）步基础上，将“学历”字段拖动到“图例（系列）”字段中，汇总结果如图3-94所示。

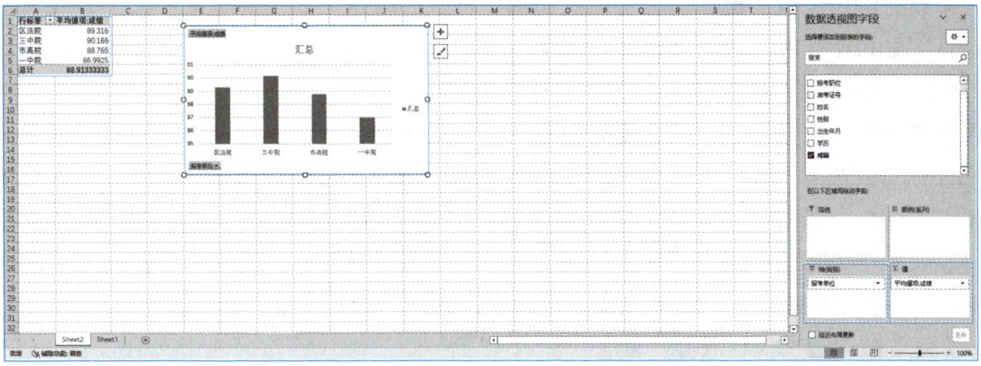

图 3-93 不同“报考单位 6”的人员的平均分统计

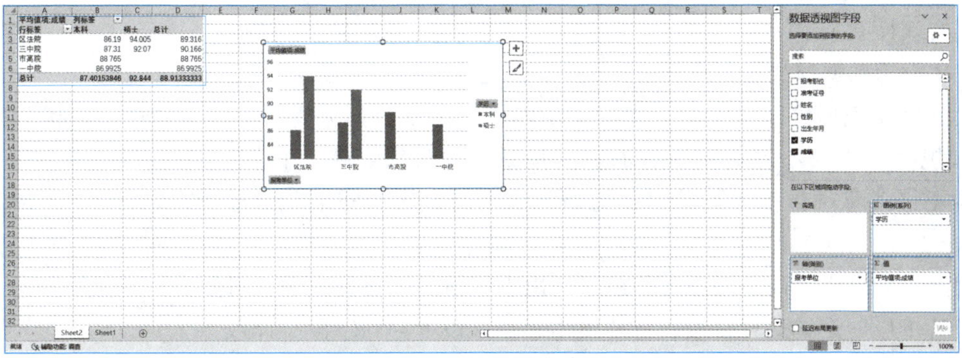

图 3-94 不同“报考单位”不同“学历”人员平均成绩汇总

（8）如果希望上述步骤（7）的汇总数据，能够通过“性别”进行筛选，可以将“性别”字段拖动在筛选器中，汇总结果如图3-95所示。

通过上述案例操作过程我们可以认识到，数据透视表的本质是分类汇总+筛选。通过对“轴（类别）”字段、“图例（系列）”字段、“值”字段、“筛选”字段进行不同方式的组合，可以根据需要快速实现数据的分析与统计。

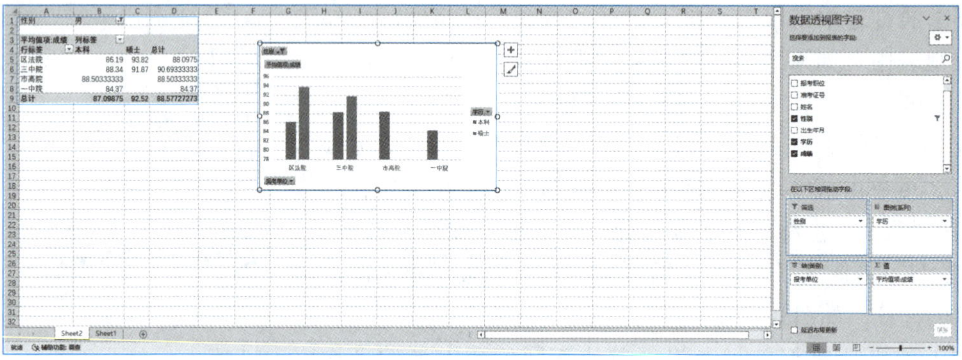

图 3-95　通过“性别”筛选不同“报考单位”不同“学历”人员平均成绩汇总

2.修改数据透视表

创建数据透视表后，根据需要可以对布局、样式、数据汇总方式、值的显示方式、字段分组、计算字段和计算项、切片器等进行修改。

（1）修改数据透视表结构。

数据透视表创建完成后，可以根据需要对其布局进行修改。对已创建的数据透视表，如果要改变行、列、数字、筛选器中的字段，可直接选中字段，拖动鼠标完成删除，也可以单击标签编辑框右端的下拉按钮，在快捷菜单中选择“删除字段”，然后重新将新的字段拖入相应位置即可。如果一个标签中添加了多个字段，想改变字段的顺序，只需选中字段向上拖动或向下拖动就可以调整字段的顺序。字段顺序发生改变，透视表的外观也将发生改变。

（2）修改数据透视表样式。

数据透视表可以像工作表一样进行样式的设置，用户可以单击“设计”选项卡功能区中的任意一个样式，将Office内置的数据透视表样式应用到选中的数据透视表中，同时也可以新建数据透视表样式。

（3）设置数据透视表字段分组。

数据透视表提供了强大的分类汇总功能，但由于数据分析需求的多样性，使得数据透视表的常规分类方式不能适用所有的应用场景。通过对数字、日期、文本等不同类型的数据进行分组，可增强数据透视表分类汇总的适应性。

例如，如果要统计不同报考单位不同出生年份的人员的人数，可将“报考单位”设置为行字段，将“出生年月”设置为列字段，计数项为“姓名”。为完成按年份计数的要求，需要进行如下操作：

单击选中数据透视表任一日期单元格，右击弹出快捷菜单，选择“组合”命令，弹出图3-96所示的“组合”对话框，“步长”选择“年”，即可完成对不同报考单位不同出生年月按年份分组计数的要求。完成后的结果如图3-97所示。

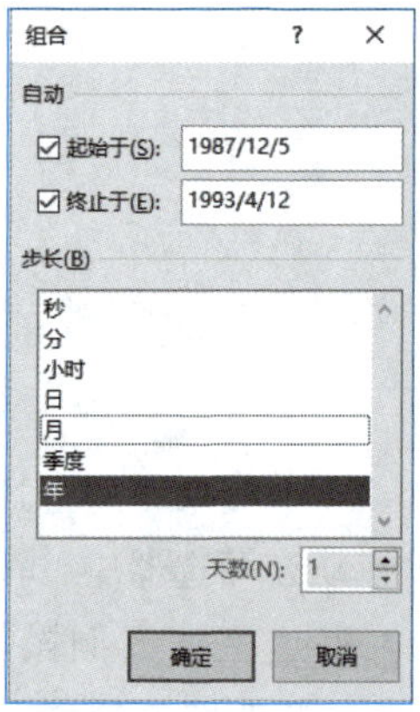

图 3-96　“组合”对话框

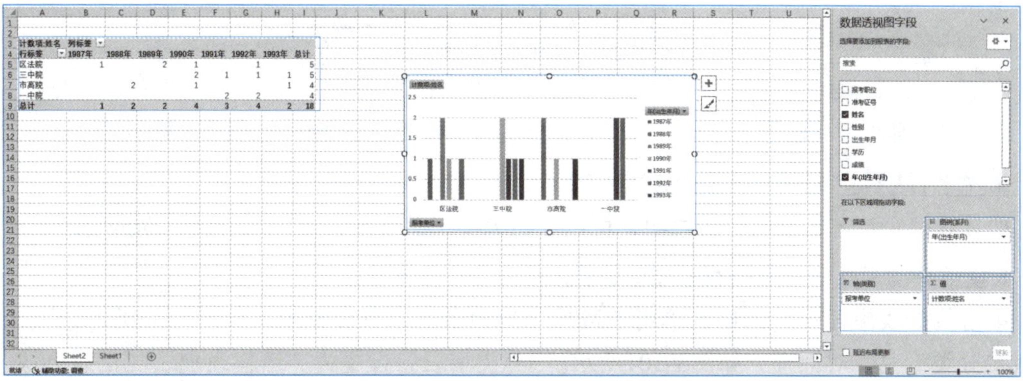

图 3-97 按年份对各报考单位的出生年月进行分组计数

三、项目实现

（一）筛选2023年的销售数据

筛选2023年的销售数据，只有一个条件，因此只需要筛选功能即可完成筛选，操作步骤如下：

（1）单击“销售信息表”中的任一单元格。

（2）单击“数据”选项卡→“排序和筛选”组→“筛选”按钮，每个字段右边出现一个下拉按钮。

（3）单击“销售日期”的下拉按钮，在“内容筛选”中选择“2023”，单击“确定”按钮，完成2023年销售数据的筛选，如图3-98所示。

	A	B	C	D	E	F	G	H	I	J
1	销售信息表									
2	客户编	车辆识别码	销售日期	一次性付	原价	折扣1	折扣2	实际价格	销售员	销售级
3	015	300200010000015	2023/6/1	否	¥430,000.00	0%	2%	¥421,400.00	常鹏	一级
4	006	30020001000006	2023/8/14	是	¥370,000.00	5%	1%	¥347,985.00	赵秀兰	一级
5	007	30020001000007	2023/3/29	是	¥370,000.00	5%	1%	¥347,985.00	王桂荣	二级
6	014	300200010000022	2023/4/29	是	¥300,000.00	5%	0%	¥285,000.00	颜娟	二级
7	008	30020001000008	2023/10/28	否	¥460,000.00	0%	3%	¥446,200.00	颜娟	二级
8	010	300200010000020	2023/3/2	是	¥320,000.00	5%	0%	¥304,000.00	程飞	三级
9	016	300200010000016	2023/4/23	是	¥430,000.00	5%	2%	¥400,330.00	程飞	三级
10	002	30020001000002	2023/5/22	否	¥390,000.00	0%	1%	¥386,100.00	梁勇	三级

图 3-98 2023 年销售数据

（二）筛选2023年和程飞的销售数据

同时筛选2023年和程飞的销售数据，两个条件分别涉及两个不同的字段，条件与条件之间是逻辑“或”的关系，因此应该使用高级筛选来完成任务。操作步骤如下：

（1）在离原始表格至少一行的空白位置处建立条件区域，将涉及的两个字段名“销售日期”和“销售员工”复制到第一行。

（2）“销售日期”列输入筛选条件“2023”，“销售员工”列输入筛选条件“程飞”,用条件错开位的方式表达条件与条件之间的“或者”关系。建立条件区域如图3-99所示。

（3）单击数据记录表中的任一单元格。

（4）单击“数据”选项卡→“排序和筛选”组→“高级”按钮，进入“高级筛选”对话框，方式选择“在原有区域显示筛选结果”，“列表区域”默认为数据列表区域，“条件区域”选择第（2）步建立的条件区域，单击“确定”按钮，完成高级筛选，筛选的结果如图3-100所示。

视 频

Excel 项目三：项目实现

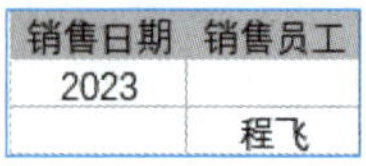

图 3-99　建立条件区域

图 3-100　2023 年和程飞的销售数据

（三）计算每个销售级别的销售总额

要计算每个销售级别的销售总额，可以使用分类汇总实现，也可以通过数据透视表实现。

1.使用分类汇总计算每个月的销售总额

单击数据表中任一单元格，单击“数据”选项卡→“分级显示”组→“分类汇总”按钮，进入“分类汇总”对话框，如图3-101所示。“分类字段”设置为“销售级别”，“汇总方式”选择“求和”，“选定汇总项”选择“实际价格”，其他选择默认，单击“确定”按钮，完成每个月销售总额计算，结果如图3-102所示。

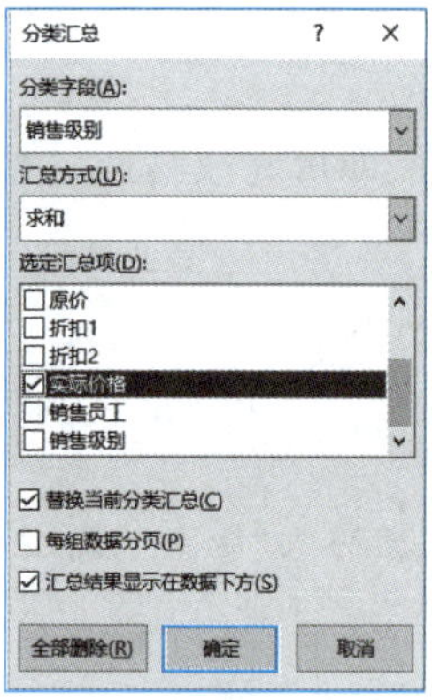

图 3-101　“分类汇总”对话框

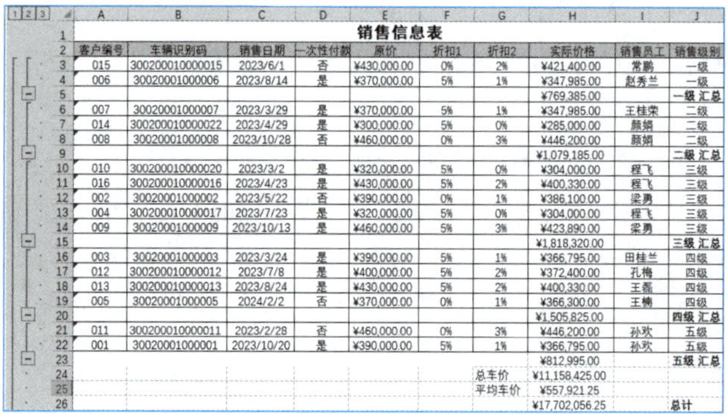

图 3-102　每个月销售总额分类汇总

2.使用数据透视表计算每个月的销售总额

单击“销售信息表”中的任一单元格。单击“插入”选项卡→“图表”组→“数据透视图”下拉按钮→“数据透视图”按钮，在“数据透视表”对话框中选择“现有工作表”，“位置”选择“销售信息表”中的任一空白单元格，单击“确认”按钮。“轴（类别）”字段设置为“销售级别”，“值”字段设置为“实际价格”求和，完成每个销售级别总额的汇总计算，结果如图3-103所示。

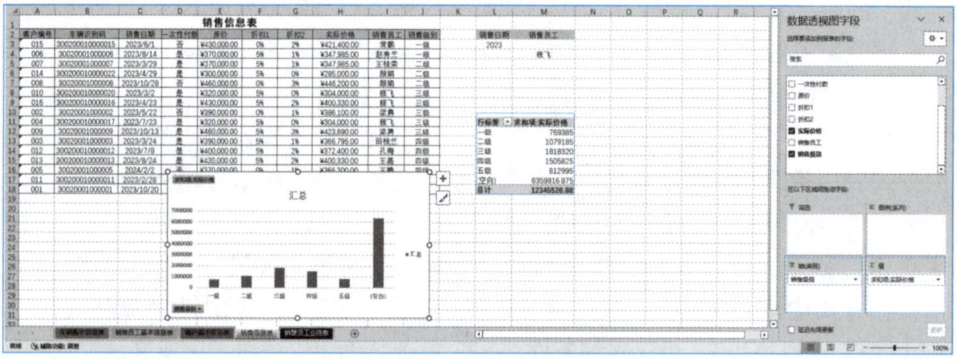

图 3-103　每个月销售总额汇总数据透视表

四、技巧与提高

（一）合并计算

合并计算也是数据分析和统计时常用的工具，有两种类型：按位置合并计算和按分类合并计算。

1. 按位置合并计算

如果待合并的数据来自同一模板创建的多个工作表，则可以通过位置合并计算。

例如，图3-104所示是某班级2023-1学期的成绩，图3-105所示是2023-2学期的成绩，若要合并两个学期的成绩，求2023学年的平均成绩，其操作步骤如下：

	A	B	C	D	E
1	2023-1学期成绩				
2	学号	姓名	期中	期末	平均分
3	1001	赵一	78	89	83.5
4	1002	钱二	67	72	69.5
5	1003	孙三	95	96	95.5
6	1004	李四	82	89	85.5

图 3-104　2023-1 学期成绩

	A	B	C	D	E
1	2023-2学期成绩				
2	学号	姓名	期中	期末	平均分
3	1001	赵一	82	90	86
4	1002	钱二	65	71	68
5	1003	孙三	92	98	95
6	1004	李四	87	80	83.5

图 3-105　2023-2 学期成绩

（1）在工作表标签处单击“新建工作表”按钮，新建一个工作表，标签重命名为“2023学年平均成绩”。

（2）在新建的工作表中输入汇总表的标题、与前面两张表相同的前两行文本、前两列文本，如图3-106所示。

（3）单击新建工作表的C3单元格，单击“数据”选项卡→“数据工具”组→“合并计算”按钮，进入“合并计算”对话框，如图3-107所示。

（4）“函数”选择“平均值”。在“引用位置”处，如果要引用的数据在另一个工作簿中，可单击“浏览”按钮，找到相应数据进行引用。本例引用当前工作簿的数据区域，需单击“引用位置”对话框右侧折叠按钮，选择“2023-1”工作表中的$C$3:$E$6区域，单击折叠按钮回到对话框后，单击“添加”按钮，同样操作添加“2023-2”工作表中的$C$3:$E$6区域，不勾选“标签位置”下面的“首行”“最左列”，单击“确定”按钮，完成两个工作表数据的合并运算，运算结果如图3-108所示。

	A	B	C	D	E
1	2023-1学期成绩				
2	学号	姓名	期中	期末	平均分
3	1001	赵一			
4	1002	钱二			
5	1003	孙三			
6	1004	李四			

图 3-106　合并数据工作表中输入的内容

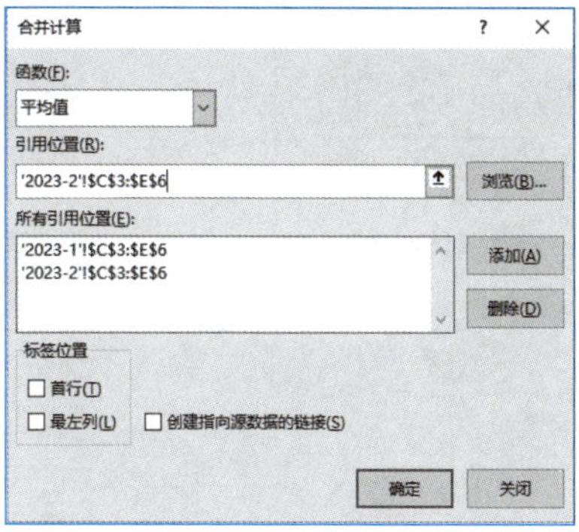

图 3-107　“合并计算”对话框

	A	B	C	D	E
1	2023学年平均成绩				
2	学号	姓名	期中	期末	平均分
3	1001	赵一	80	89.5	84.75
4	1002	钱二	66	71.5	68.75
5	1003	孙三	93.5	97	95.25
6	1004	李四	84.5	84.5	84.5

图 3-108　合并计算结果

2. 按分类合并计算

“按分类合并计算”与“按位置合并计算”的主要区别是：

（1）多个待合并的数据源前者不一定要求具有相同模板，后者要有相同模板。

（2）在“合并计算”对话框中，“标签位置”下有“首行”和“最左列”复选框。前者是一定要勾选其中一个或两个，按照勾选的标签对数据进行分类合并计算。后者则不勾选，即按照相应位置进行合并计算。例如，图3-109所示的销售表1和图3-110所示的销售表2，不同类别的数据出现的次数、位置都不一样，无法按照位置进行合并计算，只能按照类别进行合并。操作步骤如下：

	A	B
1	类别	销售
2	a	10
3	a	20
4	b	35
5	b	47
6	c	34
7	d	33
8	e	34
9	f	23

图 3-109　销售表 1

	A	B
1	类别	销售
2	a	45
3	a	32
4	b	33
5	c	45
6	d	61

图 3-110　销售表 2

（1）添加一个工作表，命名为“销售合并”。

（2）单击“销售合并”表格中的A1单元格，单击“数据”选项卡→“数据工具”组→“合并计算”按钮，进入“合并计算”对话框，如图3-111所示。

（3）“函数”选择“求和”，“引用位置”分别选择“销售表1!$A$1:$B$9”和“销售表2!$A$1:$B$6”，“标签位置”处选择“首行”“最左列”复选框，单击“确定”按钮。

（4）合并计算的结果如图3-112所示。

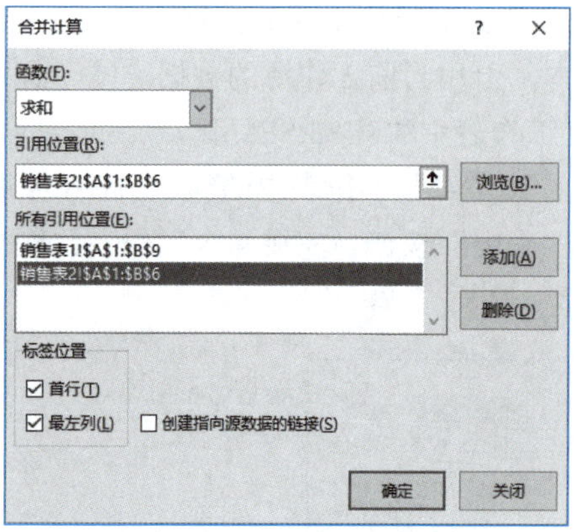

图 3-111　“合并计算”对话框

	A	B
1		销售
2	a	107
3	b	115
4	c	79
5	d	94
6	e	34
7	f	23

图 3-112　合并计算结果

五、测评

（一）知识测评

1. 填空题

（1）________可以将数据记录单中的数据按某一字段进行分类，并实现按类求和、计数、平均值、最大值、最小值等运算，还能将计算的结果进行分级显示。

（2）进行高级筛选之前，必须建立________区域。

（3）如果筛选的数据条件针对的不同列，且条件与条件之间是________逻辑关系，必须使用________筛选。

（4）Excel表格允许两种通配符：“________”和“________”。“________”表示任意多个字符，“________”表示任意一个字符。

（5）________是一种对大量数据快速汇总和建立交叉列表的交互式报表。它可以快速分类汇总、比较大量数据，并可以随时选择其中页、行和列中的不同元素，以达到快速查看源数据的不同统计结果。

（6）合并计算是数据分析和统计时常用的工具，有________和________两种类型。

2. 简答题

（1）常用的Excel表格数据分析工具有哪些？

（2）结合本任务，描述你最喜欢的数据分析工具及其使用方法和使用场景。

（二）能力测评

按表3-9中所列的操作要求，对自己完成的文档进行检查，根据实际情况自评。

表3-9　技能测评表

序号	操作要求（具体见项目实现）	分值	完成情况	自评分
1	筛选2023年的销售数据	30		
2	筛选2023年和程飞的销售数据	30		
3	使用分类汇总计算每个销售级别的销售总额	40		
总　分				

（三）素质测评

针对表3-10中所列出的素质与素养观察点，反思项目实现的过程，思考总结相关项目，根据实际情况自评。

表3-10　素质测评表

序号	素质与素养	分值	总结与反思	得分
1	计算思维——具备利用Excel表格中的筛选、分类汇总、数据透视表等工具对数据进行分析和统计的意识和能力	25		
2	信息意识——能主动地寻求恰当的方式提取和分析数据，能使用数据分析工具对数据隐藏的规律、趋势、可能产生的影响进行预期分析，能自觉地充分利用Excel表格数据分析工具解决生活、学习和工作中的实际问题	25		
3	数字化创新与发展——具备使用数据分析统计工具创造性地支持专业发展问题的意识和能力	25		
4	信息社会责任——具备使用Excel表格数据分析工具进行数据分析、理性判断和选择的能力	25		
总　分				

六、拓展训练

本阶段的训练是在项目二拓展训练作业中所建立的“学生成绩表”的基础上，使用排序、分类汇总、数据透视表和数据透视图等工具，完成“学生成绩表”的数据分析与统计。具体要求如下：

（1）在“学生成绩表”中姓名列右侧增加一列为“性别”，使用公式与函数引用“学籍表”中的“性别”列。

（2）在“学生成绩表”中最右侧增加一列“寝室号码”，使用公式与函数引用“宿舍安排

表”中的“寝室号码”列。(若“寝室号码”列在项目1中已完成相同内容单元格合并，请在引用前完成拆分)

(3)按照性别统计“学生成绩表”中“平均分”的最高分。

(4)统计“学生成绩表”中不同寝室的人员的平均成绩。

(5)建立“学生成绩表”的数据透视图，显示每个寝室的平均分的对比图。

模块四 PowerPoint应用——演示文稿制作

随着多媒体设备的普及和应用，演示文稿的应用场景也越来越广泛。公司会议、商业推广、产品介绍、培训教育、投标竞标等，都要用到演示文稿，因此演示文稿的设计与制作能力也成为办公一族必备的职场技能。本模块将以“木艺榄雕·非遗手作工作室”创新创业计划书的演示文稿制作为例，讲述演示文稿的设计原则和制作流程、图片与多媒体应用、演示文稿的美化与修饰、动画设计与制作、演示文稿的放映与输出等内容。通过本模块的学习，提高PowerPoint 2016（以下简称PPT）演示文稿软件的应用能力，提升演示文稿的设计能力和创新水平，培养艺术审美素养和文化素质。

知识目标

①了解演示文稿的应用场景，熟悉相关工具的功能、操作界面和制作流程；

②掌握演示文稿的创建、打开、保存、退出等基本操作；

③熟悉演示文稿不同视图方式的应用；

④掌握幻灯片的创建、复制、删除、移动等基本操作；

⑤理解幻灯片的设计及布局原则；

⑥掌握在幻灯片中插入各类对象的方法，如文本框、图形、图片、表格、音频、视频等对象；

⑦理解幻灯片母版的概念，掌握幻灯片母版、备注母版的编辑及应用方法；

⑧掌握幻灯片切换动画、对象动画的设置方法及超链接、动作按钮的应用方法；

⑨了解幻灯片的放映类型，会使用排练计时进行放映；

⑩掌握幻灯片不同格式的导出方法。

能力目标

①能进行演示文稿的创建、打开、保存、退出等基本操作；

②能创建、复制、删除、移动幻灯片；

③能在幻灯片中插入各类对象的方法，如文本框、图形、图片、表格、音频、视频等对象并进行属性设置；

④会使用母版完成幻灯片的共性设置；

⑤能设置动画、超链接、动作按钮；

⑥会根据不同的应用场景设置放映方式，进行排练计时；

⑦能理解并应用演示文稿设计的原则和理念；

⑧能根据需要导出不同的幻灯片格式。

素质目标

①具备数字化创新与发展意识，能够用PPT演示文稿技术解决工作、学习、生活中的实际问题；

②具有团队协作精神，善于与他人合作、共享信息，实现信息的更大价值；

③具备基本的审美素养，善于通过演示文稿制作表达美、传递美、分享美；

④具备信息意识，善于使用PPT演示工具提取、分析、表达、分享信息；

⑤具备计算思维，能利用PPT演示软件界定问题、抽象特征、表达信息、管理信息。

项目一　大学生创新创业计划书——演示文稿制作

一、项目描述

大学生小A团队最近申报了一项创新创业计划，项目内容是“木艺榄雕·非遗手作工作室”。目前需要准备一份演示文稿进行汇报展示。前期的素材收集和准备工作已经完成，Word文档的创新创业计划书已经有了，当前阶段的任务是根据已有文档，完成制作演示文稿首页、目录页和主题页等，实现演示文稿的基本内容录入。

“大学生创新创业计划书”的Word文档内容如图4-1所示。

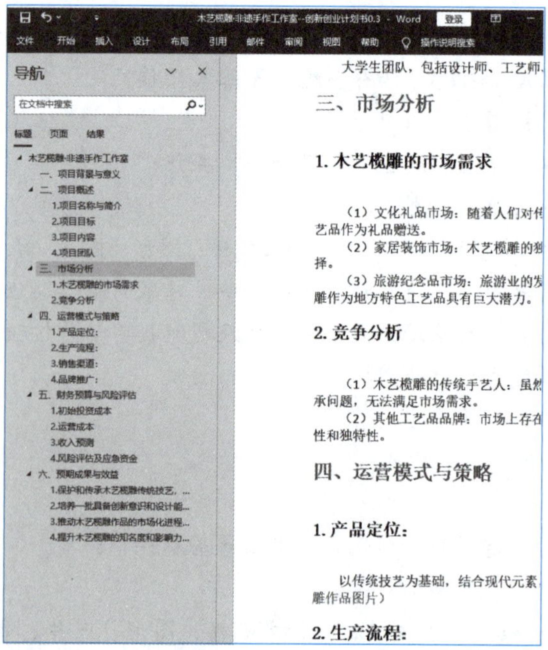

图 4-1　“大学生创新创业计划书”Word 文档

二、知识准备

（一）演示文稿的设计原则

要制作一个专业的演示文稿并非一件容易的事情，明确演示文稿的设计原则之后，演示文稿的制作才能得心应手。

1. 主题明确

做演示文稿之前，先要明确演示文稿应用的场景，分析制作演示文稿的核心目标和使用场合；了解听众的年龄、社会角色等基础属性，大致推断观众喜欢的文字风格、设计风格和演讲风格；了解听众的知识结构与所讲的内容是否存在较大的专业跨度，如果存在跨度，要避免使用太多专业术语，尽量用简单易懂的方式讲述专业的内容。

在上述分析的基础上，确定演示文稿的主题。主题是演示文稿的灵魂和核心。要对内容提炼归纳，形成鲜明的主题。

2. 内容精炼

演示内容是一个演示文稿成功的关键，如果内容不恰当，无论演示文稿制作多精美，都无法达到预期目的。初学者往往把幻灯片当成“筐”，什么都往里装。如果文字充满了整张幻灯片，观众不仅无法从幻灯片获取有效信息，甚至会因此放弃对演讲内容的关注。

3. 逻辑清晰

明确主题，提炼内容之后，如何组织、管理这些内容成为当务之急。成功的演示文稿必须有清晰而完整的逻辑，所有的幻灯片内容围绕着主题表达的需要缓缓展开，各负其责，相互配合，相互呼应，从而达到有效传输信息的目的。

通常一个完整的演示文稿应该包含首页、目录页、主题页、内容页、总结页、致谢页等页面，各自的角色和内容为：

（1）首页：演示文稿的封面，也是演示文稿的“门面”。首页中应明确主题，明确作者、时间，如果还有其他关键性信息，必须在首页中明确。

（2）目录页：展示演示文稿的整体结构，是演示文稿的提纲，是观众了解认识整体演讲内容的页面。

（3）主题页：也称过渡页、章节页，把不同的内容部分划分开，呼应目录页，保障整个演示文稿的连贯。

（4）内容页：对主题页主题的详细说明。如果说首页、目录页、主题页是演示文稿的骨架，那内容页就是演示文稿的血肉。

（5）总结页：用于概括整个演示的核心信息、关键点或行动呼吁。

（6）致谢页：用来结束演讲，向观众致谢。

4. 风格一致

统一的外观，配色背景会给观众一种规范专业的感觉，所以正式的PPT往往都会设置统一的演示文稿模板。这里所讲的统一并不是说从头到尾都需要一模一样。例如：在介绍某个产品时，风格、色彩、文字的格式应该做到统一。但就整个PPT来讲，标题、封面、目录、摘要内容和片尾的幻灯片，则可以在统一的前提下进行适当的变化。

（1）不同主题的幻灯片，应选取不同的风格。比如年终表彰大会上用的演示文稿，应该选取红色、金色等喜庆色调的主题风格，毕业论文答辩时用的演示文稿，则应该选择蓝色、白色、黑色等客观理性的主题风格。

（2）所有幻灯片的格式应保持一致，包括字体、颜色、背景等。

5. 形象生动

为了让观众能够更好地记住演示文稿的内容，在设计演示文稿时应尽量采用简洁大方的风格，而且要避免过多的文字呈现，介绍事物之间的关系时能用图形来表达的，尽量不要用整段的文字来描述，在分析数据结果时能用表格的就不要用文字。

（二）演示文稿的制作流程

演示文稿的制作流程大致分为如下几个步骤：

1. 准备工作

准备好相关素材，理清整体思路，确定整体风格。

2. 设计主题和版式

选择用来表现内容的主题模板，并确定各张幻灯片的适当版式。利用主题和模板可以统一幻灯片的颜色、字体和效果，使幻灯片具有统一的风格。如果PPT演示文稿提供的主题不能满足需要，可以通过母版进行修改，添加背景图、Logo图片、装饰图片等。

3. 创建PPT页面，并录入内容

建立各个幻灯片，并在幻灯片中加入标题、正文等文字对象。

4. 丰富美化PPT

在幻灯片中加入艺术字、图片、表格、图表、结构图、声音、影片等对象，美化演示文稿。

5. 动画设计

动画是吸引观众注意力的重要手段。除了完成对页面元素动画的设计，还要根据需要制作自然、无缝衔接的页面切换。动画设计时，首先根据演示文稿使用场合考虑是否使用动画，而后谨慎选择动画形式，保证每一个动画都有存在的道理。套用他人的动画可能很省力，但并不一定完全适合自己，必须抵制绚丽动画的诱惑，避免华而不实的动画效果。动画完成之后需要多次放映，仔细地检查，修改顺序错误的动画以及看起来稍显刻意的效果。

（三）认识PPT演示文稿窗口构成

启动PPT演示文稿软件，进入图4-2所示窗口。

（1）标题栏：展示正在编辑的文档的文件名及常用按钮，包括标准的“最小化”“还原”“关闭”按钮。可使用微信、钉钉、QQ、手机短信登录等方式登录PPT，登录后将在标题栏中显示用户头像。

（2）选项卡：PPT演示文稿采用选项菜单的方式组织管理功能选项。选择不同的选项，功能区将出现不同的命令组合。

（3）功能区：以选项组的方式组织管理相应的功能按钮。单击选项卡最右侧的 ^ 图标，可以将功能区隐藏起来。

（4）缩略图和大纲面板：选择“幻灯片”视图，窗格中显示每张幻灯片的缩略图，可以完成整张幻灯片的复制、粘贴、移动、删除等操作。选择“大纲”视图，可以快速完成演示文稿大纲框架的搭建。示例如图4-3所示。可以使用【Tab】功能键完成文本降级，使用【Shift+Tab】功能键完成文本升级。

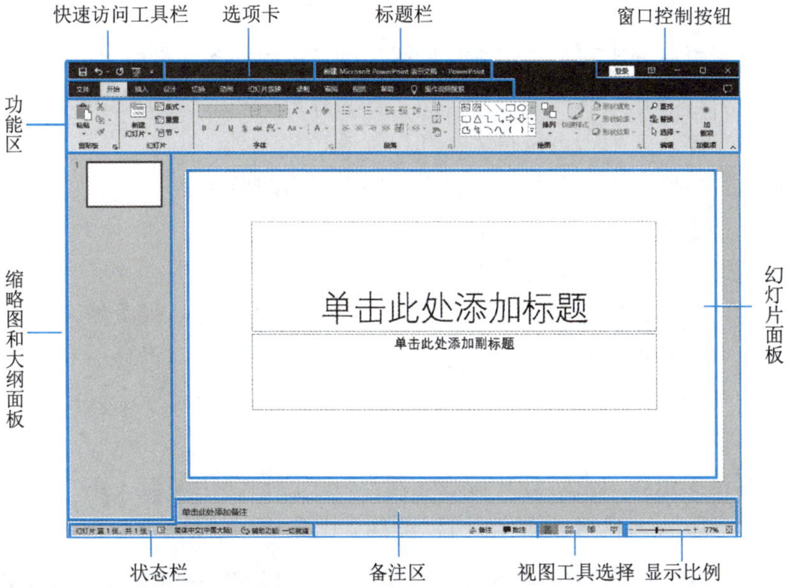

图 4-2　PPT 演示文稿窗口

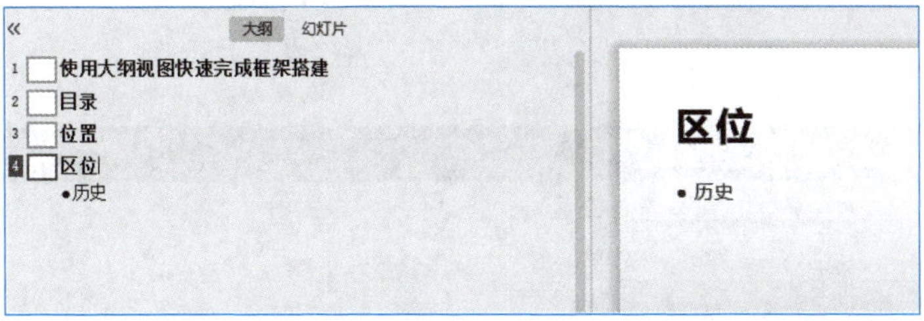

图 4-3　大纲视图快速完成框架搭建示例

（5）幻灯片面板：即幻灯片编辑区域，对幻灯片进行内容编辑、格式设置、动画设置在此窗格中完成。

（6）备注区：对幻灯片的解释、说明和补充可以在该窗格中进行编辑，幻灯片放映时不会显示备注窗格的内容。

（7）视图工具选择：共提供了四种视图选择。

①普通视图：该视图是幻灯片编辑使用的视图，主窗口默认分成三个区域，即“缩略图和大纲面板”“幻灯片面板”“备注面板”。

②幻灯片浏览视图：该视图中，将以缩略图的形式对幻灯片进行显示。当幻灯片设计完毕，需要浏览幻灯片的整体构成时，可以使用该视图。在该视图中，可以完成对幻灯片整体的复制、粘贴、移动和删除等操作。

③阅读视图：该视图以阅读视角放映幻灯片。在这种视图中，幻灯片放映窗口中提供了“标题栏”和“视图切换”区域以及“菜单”。在“菜单”中可以选择“前一张”“后一张”来切换幻灯片。

④放映按钮：从当前幻灯片开始放映，整张幻灯片的内容占满整个屏幕，这也是将来制成胶片后用幻灯机放映出来的效果。

（8）显示比例：可以根据个人需求调整窗口显示比例。

（四）母版

演示文稿的母版可以分成三类：幻灯片母版、讲义母版和备注母版。

（1）幻灯片母版：一种特殊的幻灯片，用于存储有关演示文稿的主题和幻灯片版式的信息，包括背景、颜色、字体、效果、占位符大小和位置等。

（2）讲义母版：主要用于控制幻灯片以讲义形式打印的格式。

（3）备注母版：主要用于设置备注幻灯片的格式。

下面介绍的是幻灯片母版的使用方法。

通过对母版的格式和内容修改，可以修改幻灯片的一些共性。母版修改以后，所有使用该母版的幻灯片格式都会修改，从而提升演示文稿设计的效率，提高设计的专业性。例如，如果要在所有的幻灯片中添加一个Logo图片，只需要在幻灯片母版中添加Logo图片，该图片即可被添加到所有幻灯片中。

每个演示文稿至少包含一个幻灯片母版。新建一个空白演示文稿，在“视图”选项卡功能区中选择“幻灯片母版”，如图4-4所示。可以看到如图4-5所示的幻灯片母版视图窗口。

图 4-4　通过“视图”选项卡选中“幻灯片母版”

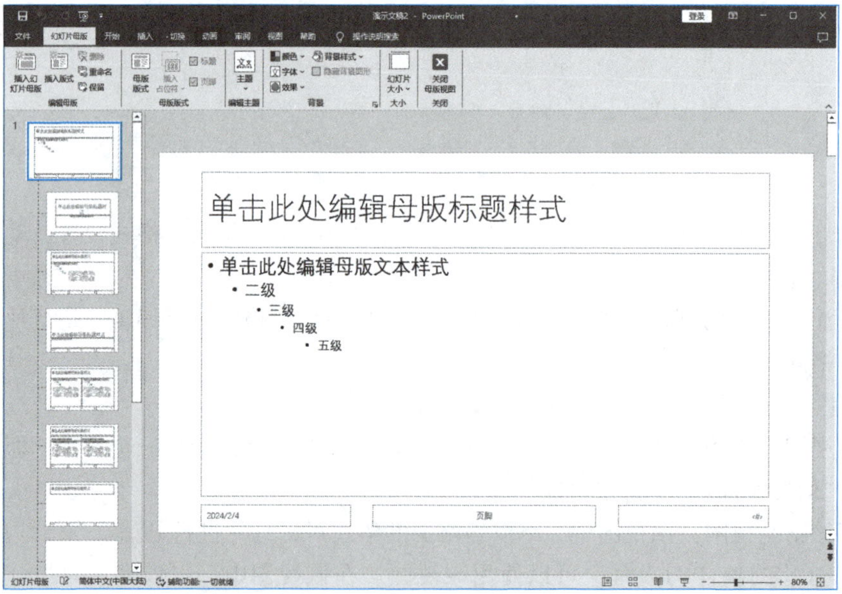

图 4-5　幻灯片母版视图

在幻灯片母版视图的左侧缩略图窗格中，第一张较大的幻灯片缩略图是幻灯片母版，对第一张母版的修改将会应用到所有版式的幻灯片中。下方的幻灯片缩略图是各不同版式的幻灯片母版，对这些母版的修改只会应用到使用该版式的幻灯片中。

在幻灯片母版视图中，可以通过以下操作对幻灯片母版进行修改：

（1）插入母版：插入一个新的幻灯片母版。每个演示文稿可以包含多个不同格式的幻灯片母版。每个母版可以应用不同的模板。如果演示文稿较长，不同的模块体现不同的风格，就可以应用不同的幻灯片母版。

（2）插入版式：插入一个包含标题样式的自定义版式。

（3）重命名母版：对母版进行重命名。

（4）母版版式：可以设置母版中的占位符元素。

（5）主题、颜色、字体和效果：可统一修改所有幻灯片的主题、字体、颜色和效果。

（6）背景：统一更换所有幻灯片的背景。

（7）关闭母版视图：关闭幻灯片母版视图并返回演示文稿编辑模式。

（五）版式

幻灯片的版式包含要在幻灯片上显示的全部内容的格式设置、位置和占位符。占位符是版式中文本、图片、图表、视频等内容的容器。

一套幻灯片母版中包含数个关联的幻灯片版式。PPT演示文稿提供了11种常用的内置版式，如图4-6所示。下面介绍几种最常用的版式。

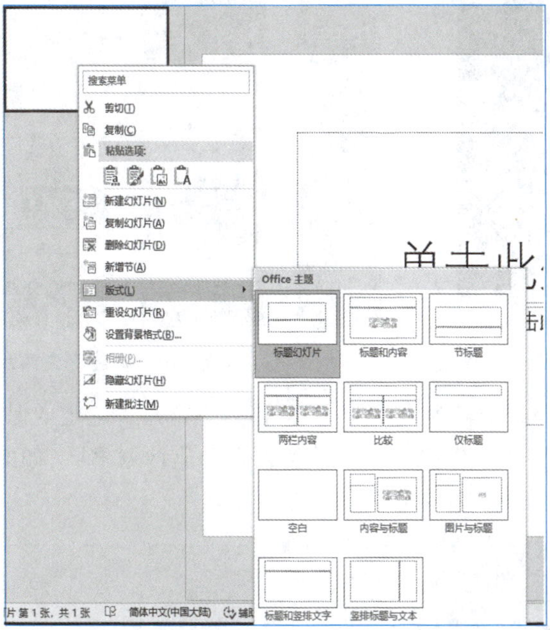

图 4-6　PPT 演示文稿内置的 11 种版式

（1）“标题幻灯片”版式：一般用于演示文稿的首页，包含主标题和副标题两个占位符。

（2）“标题和内容”版式：可用于除了封面外的其他幻灯片，包含标题和内容占位符，其中内容占位符可以输入文本，插入图片、图表、表格、视频等各类对象。

（3）“节标题”版式：演示文稿分成不同模块呈现的时候，可以使用节标题版式页来进行各个模块之间的过渡。

（4）“空白”版式：该版式没有任何占位符，可以让制作者自由选择内容和位置。

如果要修改幻灯片的版式，可以在选中幻灯片的前提下，右击“版式”，在弹出的快捷菜单中选择相应的版式，或者单击“开始”选项卡功能区中的“版式”下拉按钮，在打开的版式列表中选择相应的版式即可。

用户也可以根据需要创建自定义版式。单击“视图”选项卡功能区中的“幻灯片母版”按钮，在“幻灯片母版”选项卡功能区中单击“插入版式”按钮即可完成一个自定义版式的创建。

视 频

PPT 项目一之创建演示文稿

三、项目实现

（一）创建“木艺榄雕·非遗手作工作室”——大学生创新创业计划书演示文稿

启动PPT，新建空白演示文稿并保存。操作步骤如下：

（1）单击“开始”按钮→“PowerPoint”命令，如图4-7所示，启动PPT，单击“新建”→“空白演示文稿”，如图4-8所示，新建文档。

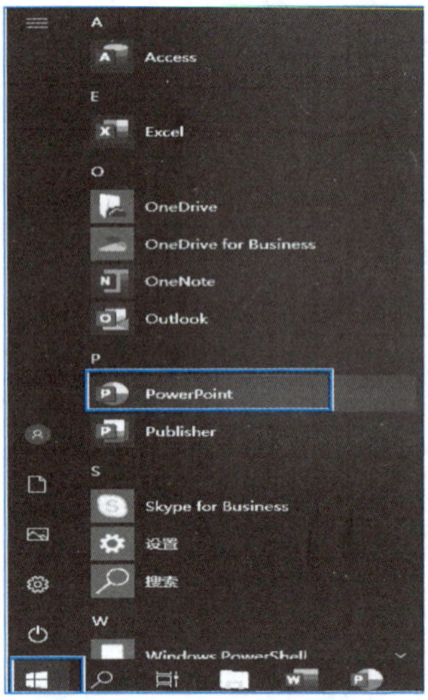

图 4-7　启动 PPT

图 4-8　新建空白演示文稿

（2）单击“文件”→“另存为”，打开“另存为”窗口，选定“保存位置”，将演示文稿命名为“木艺榄雕·非遗手作工作室——大学生创新创业计划书”，如图4-9所示，单击“保存”按钮，保存演示文稿。

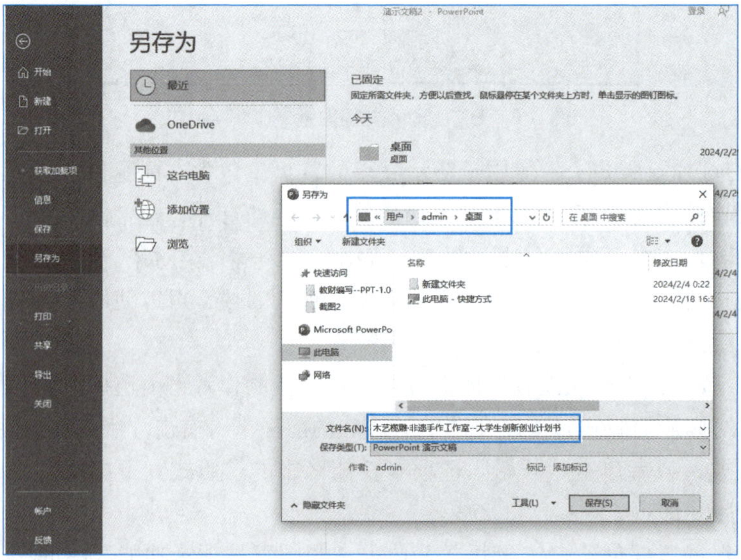

图 4-9　命名并保存演示文稿

（二）幻灯片母版设置

1. 打开母版视图

单击“视图”选项卡功能区中“幻灯片母版”，进入“幻灯片母版”视图，在“主题”下拉列表中选择“环保”主题，如图4-10所示。

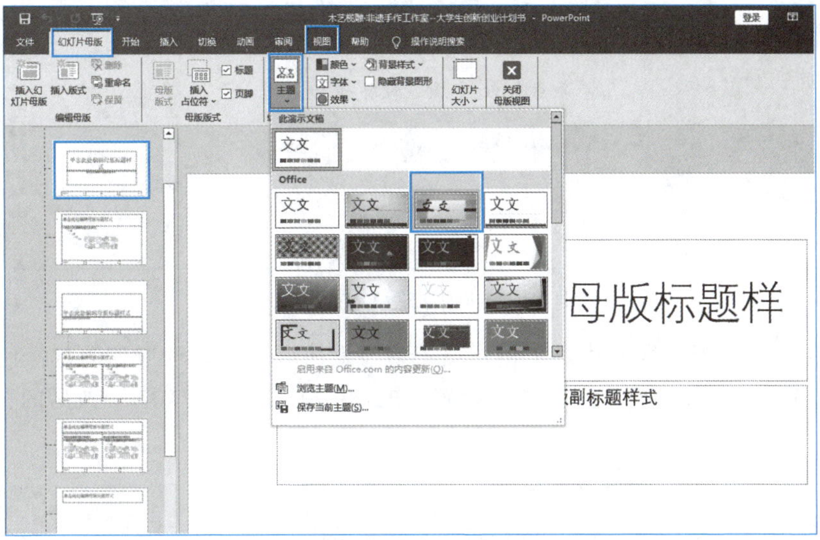

图 4-10 母版主题设置

视频
PPT 项目一之幻灯片母版设置

2. 为母版添加Logo并设置背景

操作步骤如下：

（1）选中左侧母版缩略图窗格中的第一张，即“幻灯片母版”（如果选择下方的版式母版设置，则该设置只能应用到相应版式的幻灯片中），选择“插入”选项卡中的“图片”→“此设备”（见图4-11），在弹出的对话框中选中素材里的“公司Logo”插入母版中，并放置在幻灯片右上角，如图4-12所示。

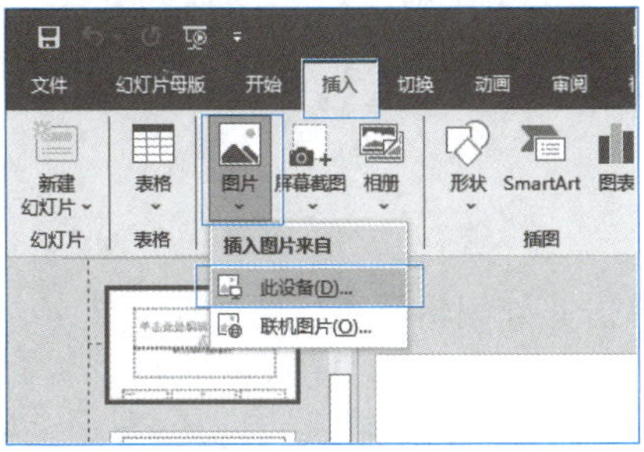

图 4-11 插入图片

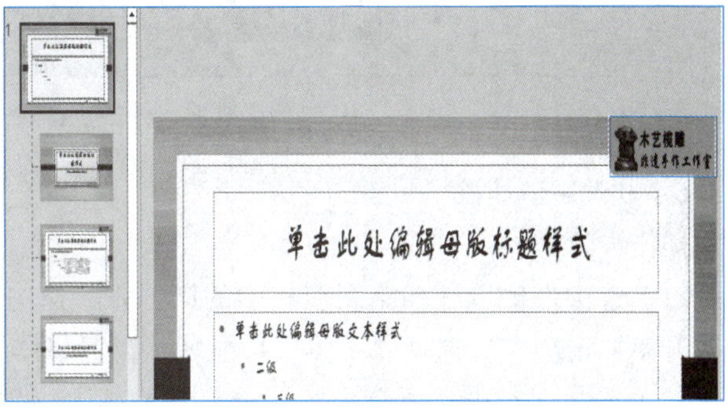

图 4-12 设置公司 Logo

（2）选择“幻灯片母版”功能区中的“背景样式”，在下拉列表中选择“设置背景格式”，窗口右侧将出现“设置背景格式”面板，填充中选择“纯色填充”，单击“颜色”下拉按钮选择“取色器”，在Logo的榄雕图片中找到合适的颜色，单击选中，即可完成母版的背景设置，如图4-13所示。

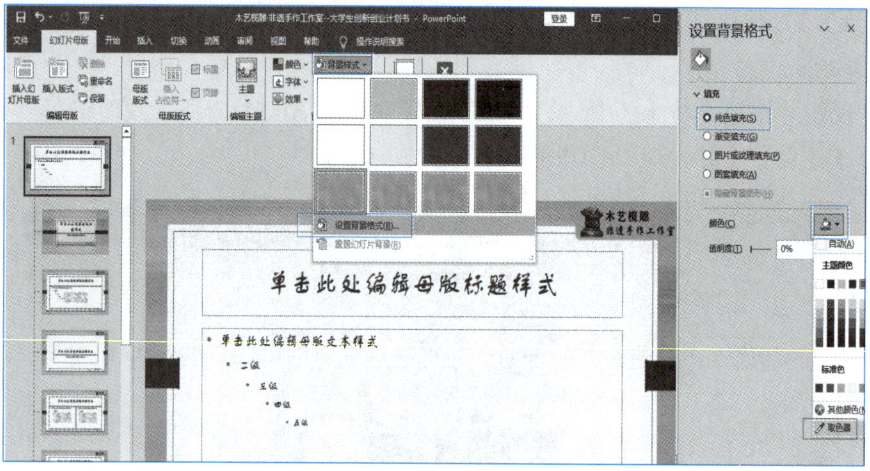

图 4-13　设置母版幻灯片背景色

背景色利用取色器选取的优点是色彩更容易显得协调。此处选取到的背景色也可以通过“取色器”上面的“其他颜色(M)..”进行设置（R:180，G:94，B:74），修改后的背景色效果如图4-14所示。

PDF

图4–13、图4–14
彩色版

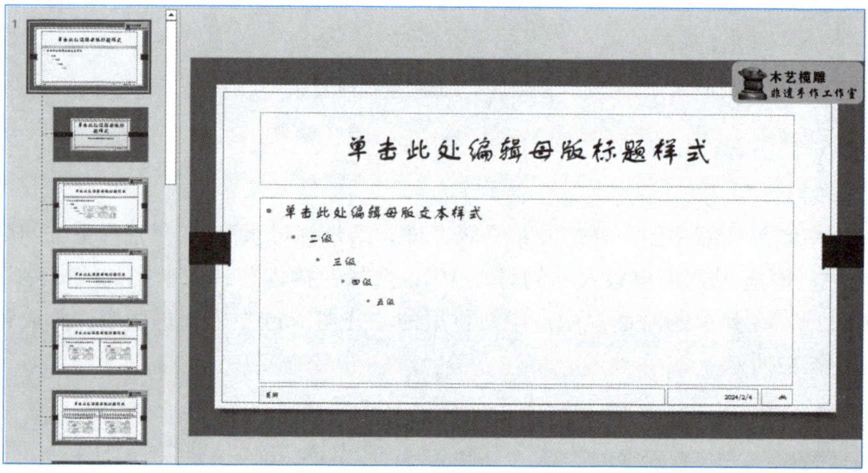

图 4-14　修改后的背景色效果

3. 母版字体和段落设置

操作步骤如下：

（1）选中左侧母版缩略图窗格中的第一张，选中“单击此处编辑母版标题样式”文字，单击“开始”选项卡，选择“字体”功能区，设置字体为“微软雅黑”，字号为48。

（2）选中文本样式所有内容，选择“段落”→“项目符号”下拉列表，选择“无”。选中“单击此处编辑母版文本样式”，设置字体为“微软雅黑”，字号为28；“二级/三级”设置字体为“微软雅黑”，字号为20。

（3）删除“四级/五级”。

（4）选中“二级/三级”，设置“段落”格式：“缩进”→“文本之前”→“0厘米”，“度量值”为“1.27厘米”，“间距”→“行距”为“1.5倍行距”，如图4-15所示。

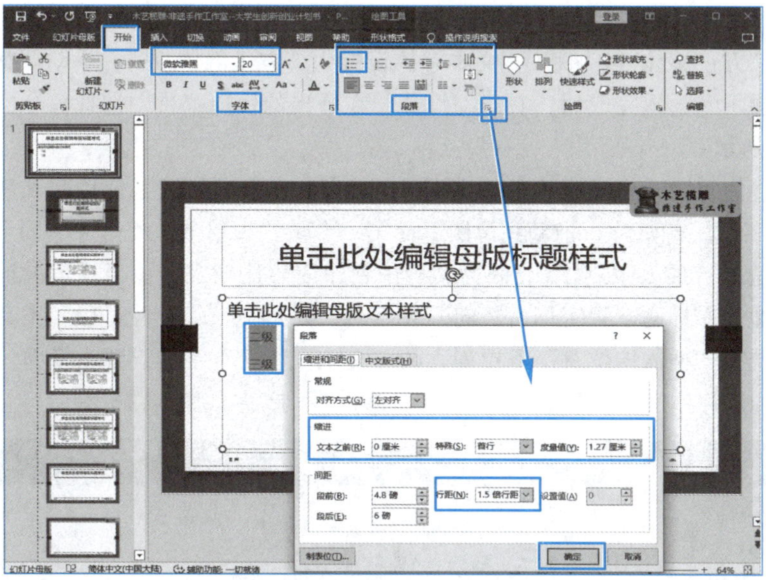

图 4-15 母版中字体段落设置

4. 母版页眉页脚设置

单击“插入”→“页眉和页脚”，设置“日期和时间(D)”→“自动更新(U)”，勾选“幻灯片编号(N)”和“页脚(F)”，并编辑页脚内容“大学生创新创业计划”，勾选“标题幻灯片中不显示(S)”，单击“全部应用”按钮，如图4-16所示，返回到母版首页，将页脚字体设置为“方正舒体”，14号。

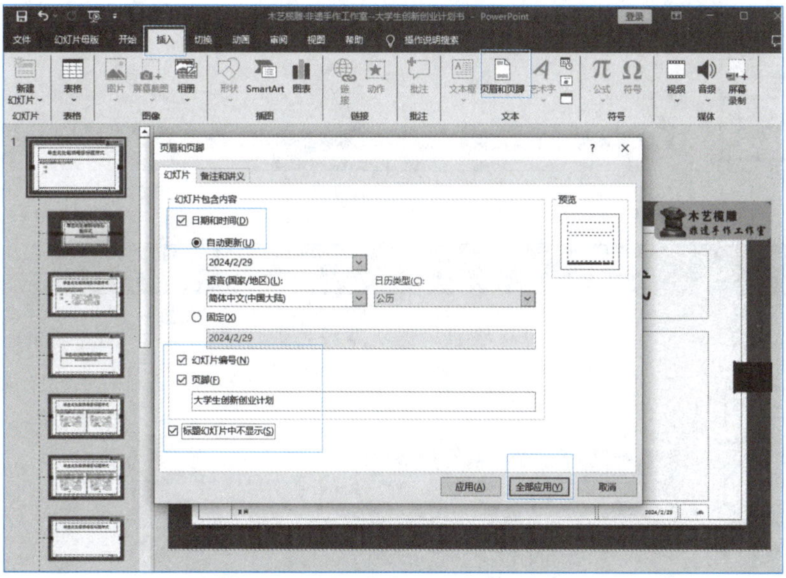

图 4-16 母版中的页眉页脚设置

5. 幻灯片母版下的版式设置

PPT提供了11种常用版式。根据演示文稿内容要素，也可以将版式设置为标题、目录、过渡页、正文和尾页。本项目根据Word文档“木艺榄雕·非遗手作工作室——创新创业计划书”内容，对以上几个版式进行设计。

视 频

PPT 项目一之幻灯片母版下的版式设置

（1）标题：因为标题内容比较长，该主题下选取“节标题 版式”设置为标题版式，其中标题字体设置为“方正姚体 54 加粗”，文本字体设置为“方正舒体 36”，手动调整占位符，使文字都在一行内显示。设置完成后，右击幻灯片，在弹出的快捷菜单中选择命令，重命名为“标题”，如图4-17所示。

（2）目录：内置版式中没有“目录 版式”，可以自己新建。为了使用起来清晰方便，按住刚才的“标题 版式”幻灯片，拖动到母版下面第一个位置，单击该幻灯片下面空白处，右击弹出快捷菜单，选择“插入版式(I)”，因为文档中目录内容比较多，该目录页设计为左右两个占位符，左窄右宽，左标题设置字体为竖向，48字号，右边在“幻灯片母版”工具栏下“母版版式”选项卡中选择“插入占位符”下拉列表的“文本”版式，字体设置为横向，32字号。设置完成后，右击幻灯片弹出快捷菜单，重命名版式为“目录”，如图4-18所示。

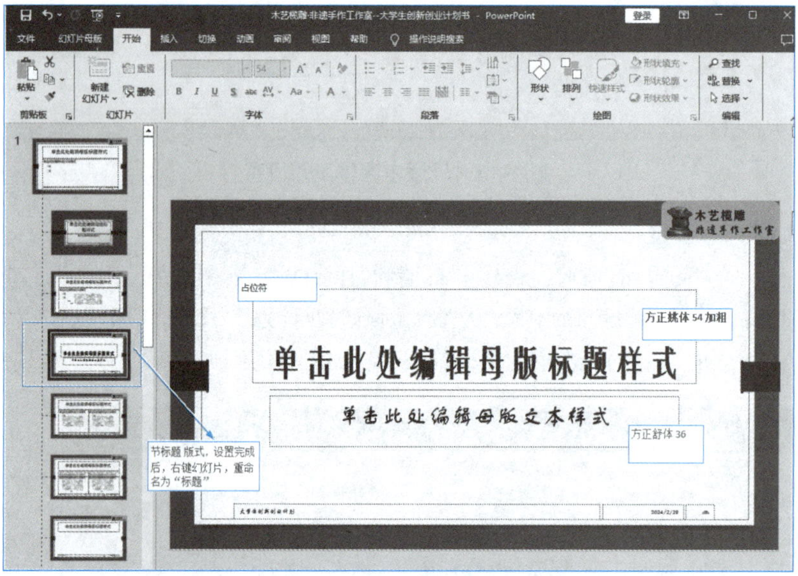

图 4-17　标题版式设置

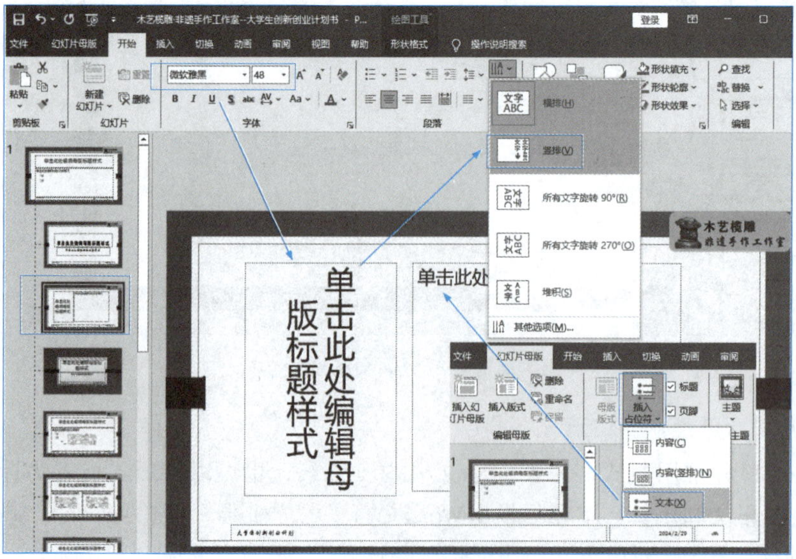

图 4-18　目录版式设置

（3）过渡页：一般可通过“节标题版式”设置，当演示文稿章节多，且每节内容丰富时，宜设置过渡页。通过在母版中可以一次设置，多次使用，提高工作效率。

本演示文稿中，虽然目录章节比较多，但每章内容比较少，所以未设置过渡页。

（4）正文：用于显示演示文稿的主要内容，包括大量的图文信息，PPT 自带的“标题和内容”“标题和描述”“图片和标题”等多个版式都可以用在正文中。

根据文档内容，PPT正文设置了三个利用率比较高的版式：标题和内容、内容与标题、两栏内容。

标题和内容版式如图4-19所示，内容与标题版式如图4-20所示。两栏内容版式如图4-21所示。

正文版式因母版首页已设置字体段落，只是选取几个现有版式，并未进行再设计。后续可根据演示文稿创建情况，使用比较多的正文版式，可以回到母版版式中进行统一调整。

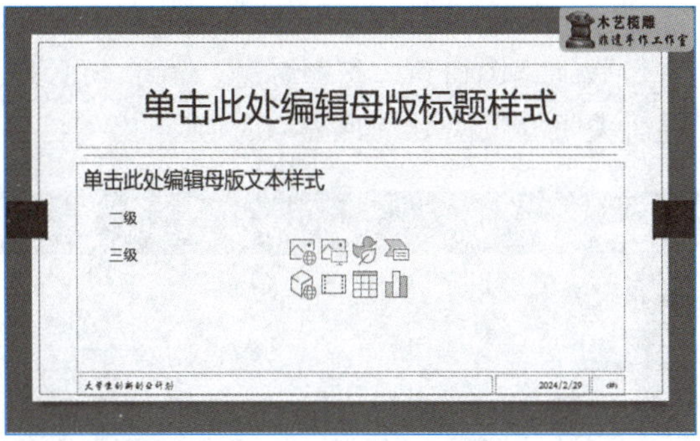

图 4-19　正文版式 1：标题和内容版式

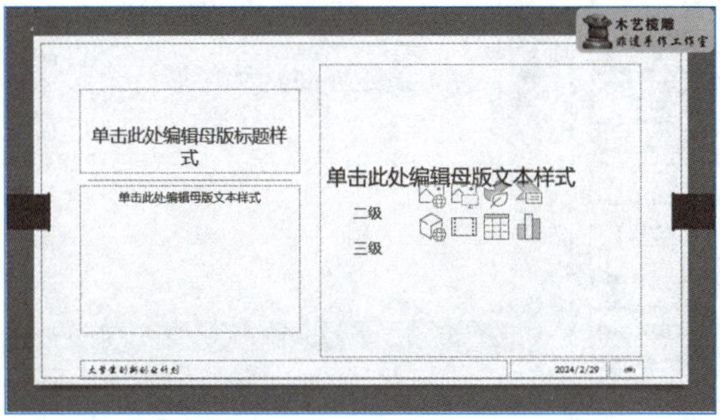

图 4-20　正文版式 2：内容与标题版式

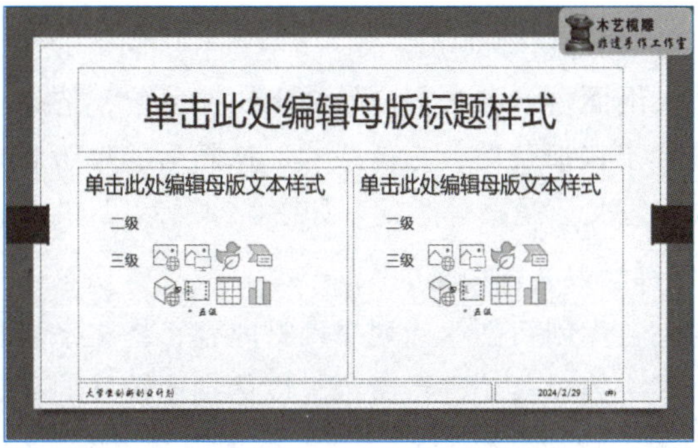

图 4-21　正文版式 3：两栏内容

（5）尾页：设置方法同上，插入一张素材图片，设置字体效果为“华文行楷，60号”，重命名版式为“尾页”，效果如图4-22所示。

图 4-22　尾页版式

全部版式设置好后，在母版缩略图窗口，按照标题、目录、正文、尾页整理好顺序，方便后续进行修正和完善，保存后关闭母版视图，如图4-23所示。

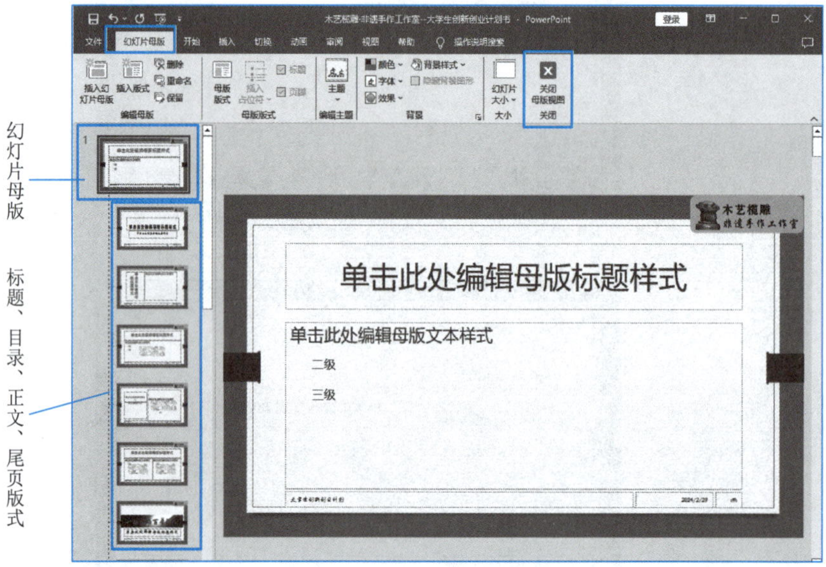

图 4-23　初步完成的母版

（三）录入文档内容到演示文稿

视频

PPT 项目一之新建幻灯片并选用版式

1. 新建幻灯片并选用版式

在缩略图和大纲面板，右击空白处弹出快捷菜单，选择相应命令新建幻灯片。选中幻灯片后右击弹出快捷菜单，选择版式，从随后的母版版式列表中分别选取前面创建的标题、目录、正文、尾页等版式，如图4-24所示。

视频

PPT 项目一之幻灯片文字录入

2. 每张幻灯片录入文档内容

根据提供的大学生创新创业计划书素材内容，将文字复制粘贴到幻灯片中。粘贴文字过程中，可对字体段落等进行微调，以达到比较好的显示效果。灵活使用【Tab】键对文本进行降级，快速调整格式。完成后选择“视图”→“幻灯片浏览”，效果如图4-25所示。

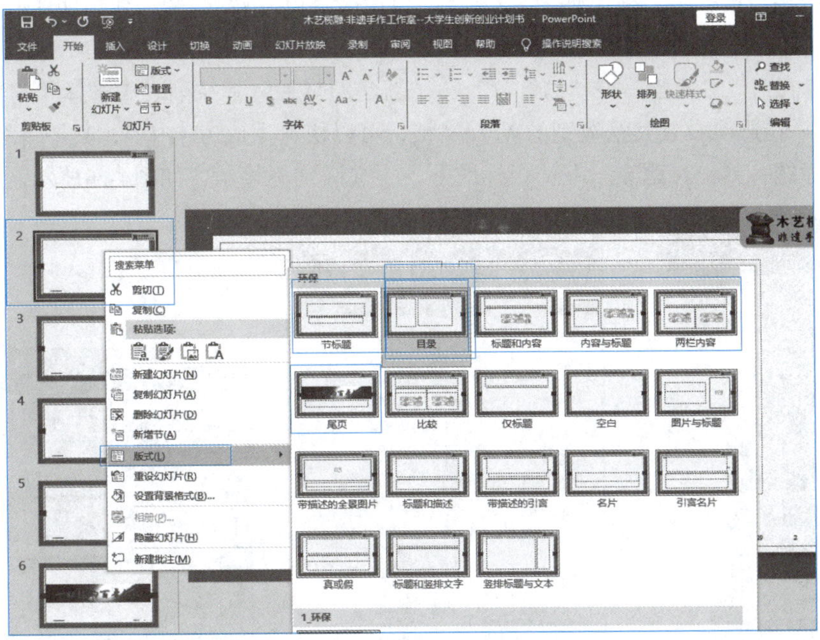

图 4-24　新建幻灯片并使用母版版式

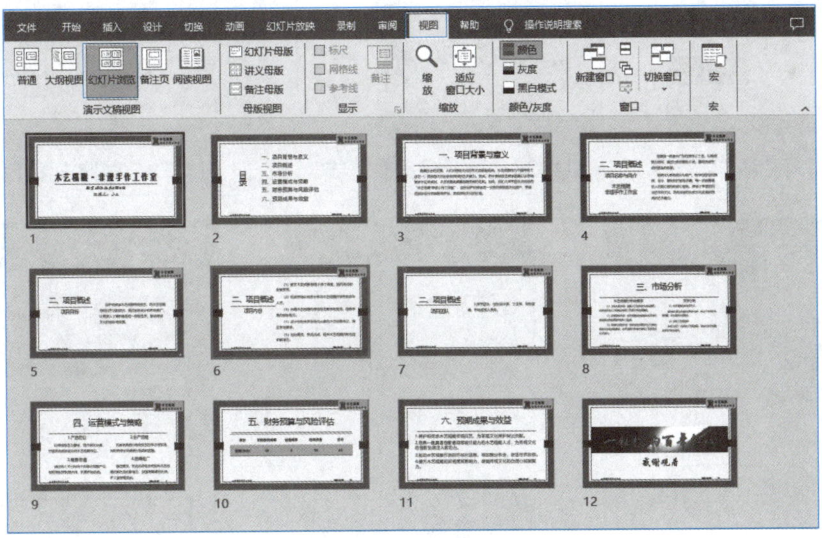

图 4-25　文档录入幻灯片

四、技巧与提高

（一）幻灯片“节”的使用

在PPT设计中，“节”是一个重要的组织工具，它允许用户将具有相同中心思想或主题的幻灯片分组，从而创建出更清晰有条理的演示文稿结构。

使用方法：在缩略图和大纲视图面板，在空白处右击弹出快捷菜单，选择“新增节(A)”，输入节的名字，单击“重命名(R)”，根据PPT的内容，选取增加节的位置。

视频

幻灯片“节”的使用

视频 使用大纲快速创建 PPT

添加“节”后效果如图4-26所示。节添加完成后，右击空白处弹出快捷菜单，可以选择折叠或展开节，效果如图4-27所示。打开幻灯片浏览视图，效果如图4-28所示。

（二）使用大纲快速创建PPT

在PPT“开始”→“幻灯片”→“新建幻灯片”下拉列表中选择“幻灯片(从大纲)(L)…”选项设置大纲级别的Word文档，可以快速生成PPT内容，其中一级标题自动生成标题，其他标题显示在一级标题下，正文级别不显示，如图4-29所示。

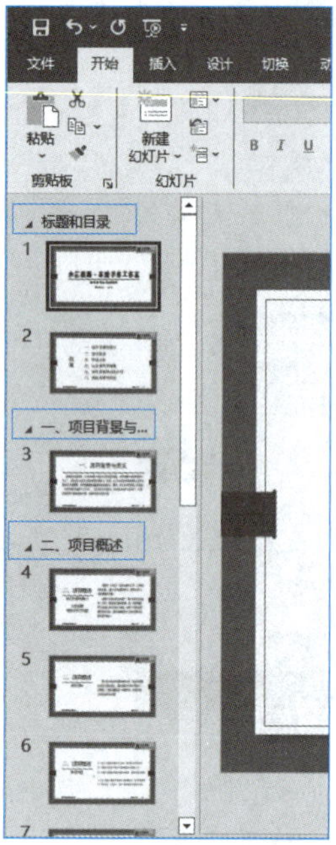

图 4-26　幻灯片添加“节”

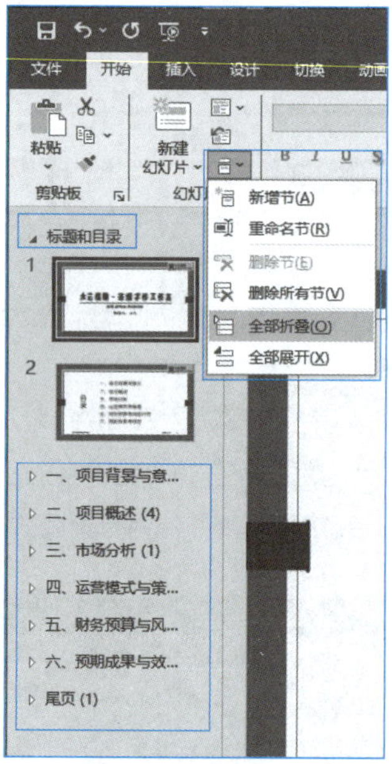

图 4-27　展开或折叠“节”

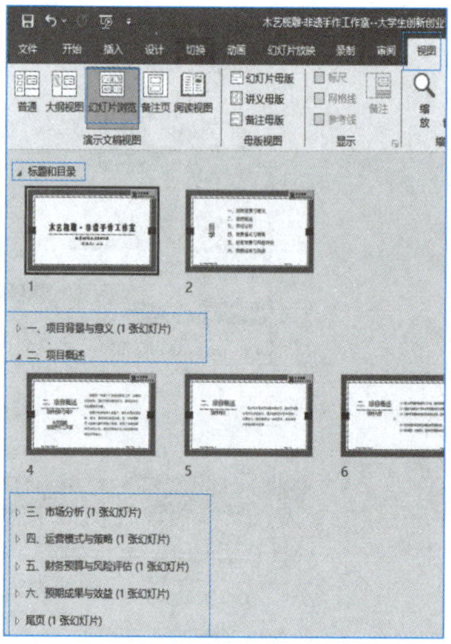

图 4-28　浏览视图下的“节”

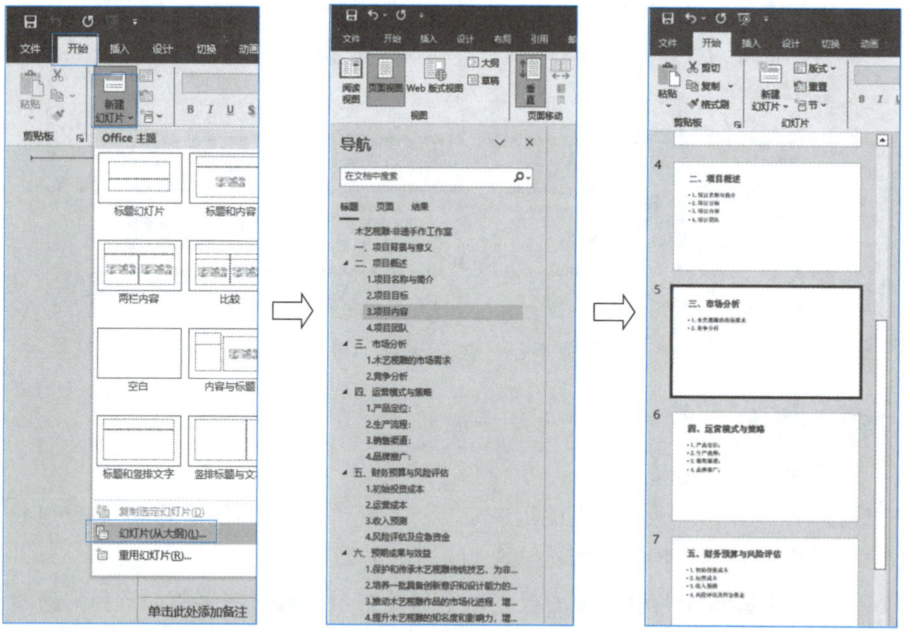

图 4-29　使用大纲级别快速创建 PPT

五、测评

（一）知识测评

1. 填空题

（1）如果需要在所有幻灯片中添加一张背景图片，可以在________视图中选择________母版添加图片并修改图片属性。

（2）幻灯片的首页应该包含________和________及其他关键信息。

（3）________可以展示演示文稿的整体结构，是演示文稿的提纲，是观众了解认识整体演讲内容的页面。

（4）演示文稿设计中，色彩不可过多，一般以________种色彩为宜，分别是________色、________色和________色。

（5）在幻灯片的________视图，可以浏览整个演示文稿的全貌，可以完成对整张幻灯片的复制、移动、剪切和删除等操作。

（6）幻灯片的________包含要在幻灯片上显示的全部内容的格式设置、位置和占位符。占位符是版式中文本、图片、图表、视频等内容的容器。

2. 简答题

（1）简述演示文稿设计与制作的基本流程。

（2）简述演示文稿制作的基本原则。

（二）能力测评

按表4-1中所列的操作要求，对自己完成的文档进行检查，操作完成得满分，未完成或错误得0分。

表 4-1 技能测评表

序号	操作要求（具体见任务实现）	分值	完成情况	自评分
1	文件创建与保存，选项卡和功能区熟练使用	30		
2	幻灯片母版设置与应用	40		
3	文档内容输入与呈现	30		
总 分				

（三）素质测评

针对表4-2中所列出的素质与素养观察点，反思项目实现的过程，思考总结相关项目，做到即得分，未做到得0分。

表 4-2 素质测评表

序号	素质与素养	分值	总结与反思	得分
1	信息意识——具备使用PPT演示工具与他人合作、共享信息，实现信息的更大价值的意识	20		
2	数字化创新与发展——具备使用PPT演示工具对表达内容进行可视化创新表达的意识和能力	20		
3	审美素养——具备基本的审美素养，善于通过演示文稿制作表达美，传递美，分享美	20		
4	工匠精神——具备通过图片、文字、艺术字的位置、大小、对齐等格式设置的细节提升幻灯片美观度的能力，具备精益求精、追求卓越的工匠精神	20		
5	工匠精神——具备以“敬业、精益、专注、创新”为底色的工匠文化的传承精神	20		
总 分				

六、拓展训练

在接下来的任务中，我们将以小组为单位，搜集本专业的历史沿革、发展趋势、就业岗位等素材，以“职业生涯规划”为主题设计制作演示文稿，完成首页、目录页、过渡页、内容页、总结页、致谢页等页面制作，组织主题班会，以小组为单位进行“职业生涯规划”演讲比赛。通过任务实施，提高PPT演示文稿的应用能力、团队协作能力、演讲汇报能力，提升审美素养和审美能力，培养创新能力，培养计算思维。

本阶段的任务是建立演示文稿的框架，具体要求如下：

（1）在首页中明确主题、小组名称、小组成员名称、时间、比赛信息等内容。

（2）利用母版完成演示文稿的背景设置。

（3）利用智能图形、艺术字等完成目录页设计。

（4）利用母版完成版式页格式设置。

（5）完成各页面内容制作。

项目二　大学生创新创业计划书——演示文稿丰富与美化

一、项目描述

演示文稿基本模板和文字录入完成后，接下来的工作是进一步丰富演示文稿的内容和设计，在幻灯片中加入艺术字、图片、表格、图表、结构图、声音、影片等对象，美化演示文稿，以求达到最佳的视觉效果。主要包括两部分：一是在幻灯片中添加非文字的内容资源，如图片、视频、图形图表等对象；二是对幻灯片中已有内容进行美化排版等设计。

二、知识准备

（一）图片处理和应用

在演示文稿中，图片比文字能够产生更大的视觉冲击力，也能够使页面更加简洁、美观。制作演示文稿，经常需要对图片进行各种处理，以达到更好的视觉效果。PPT演示文稿提供了丰富的图片处理工具。单击选中任一图片时，在图4-30所示的“图片工具”选项卡功能区中可以完成对图片的删除背景、压缩图片、裁剪、重新着色、设置图片轮廓以及图片效果等操作。

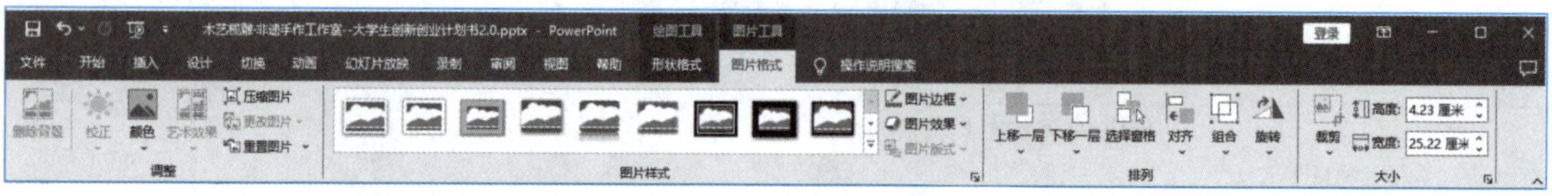

图 4-30　“图片工具”选项卡

（二）SmartArt图形和表格应用

1. SmartArt图形

SmartArt允许用户以图形的方式展示信息、概念和流程，可以帮助观众更容易地理解和记忆演讲内容，因为它将复杂的信息以视觉化的形式展现出来。

SmartArt的主要特点有：

（1）多种布局：SmartArt提供了多种布局，包括列表、流程、循环、层次结构、关系、矩阵等，以适应不同的演示需求。

（2）易于编辑：用户可以轻松添加或删除形状，修改文本，更改颜色和样式，以符合演示的整体设计。

（3）动画效果：SmartArt可以应用动画效果，使信息在幻灯片中以动态方式呈现，增加视觉吸引力。

（4）与文字的转换：用户可以将文字列表转换为 SmartArt图形，反之亦然，这使得创建和修改图形变得非常方便。

2. 表格

PPT中的表格功能允许用户在幻灯片中插入和格式化表格，以展示数据、比较信息或提供详细的统计数据。

表格的主要特点如下：

（1）数据展示：表格非常适合展示数据，如财务报表、统计数据或产品特性对比。

（2）格式化选项：用户可以调整列宽和行高，应用不同的字体和文本格式，添加边框和背景颜色，以使表格更具吸引力。

（3）数据排序和筛选：PowerPoint表格支持基本的排序和筛选功能，有助于组织大量数据。

（4）图表转换：表格中的数据可以轻松转换为图表，以提供更直观的数据展示方式。

3. 应用场景

当需要以直观的方式展示流程、层次结构或关系时，SmartArt是一个很好的选择。例如，在介绍项目计划、组织结构或概念关系时。

当需要详细展示数据或进行比较分析时，表格非常有用。例如，在商业演示中展示市场调查数据或产品规格。

在实际应用中，SmartArt和表格可以结合使用，以提供更全面的信息展示效果。例如，SmartArt可用来展示一个项目的总体流程，而表格可用来展示与该项目相关的详细数据。

（三）多媒体处理和应用

演示文稿制作的一个目的是使用声音、图片、图形、视频、图表等多媒体元素弥补语言表达过于抽象的不足。同时，恰当使用多媒体元素可使幻灯片更富有感染力和吸引力。

1. 音频

演示文稿设计是一门集文本声音、图像、视频等多种元素的综合艺术，恰当地使用声音，可以让幻灯片更富有表现力。

选择要插入音频的幻灯片，单击“插入”选项卡功能区中的“音频”下拉列表，可以根据需要选择音频来源。如果将音频设为背景音乐，音频在幻灯片放映时会自动播放，当切换到下一张幻灯片时不会中断播放，一直循环播放到幻灯片放映结束。

2. 视频

在演示文稿中添加一些视频并进行相应的处理，可以大大丰富演示文稿的内容和表现力。PPT演示文稿提供了丰富的视频处理功能。

（1）插入本地视频。

单击“插入”选项卡功能区中的“视频”下拉按钮，选择“此设备”或“联机视频”命令，在“插入视频”对话框中选择合适的视频文件插入幻灯片，可选中视频对象，按住控制点⊙旋转视频。通过拖动视频周边的控制点可调整视频的大小。选中视频，可移动视频位置，预览视频播放效果，调整播放进度和音量大小等。在“视频工具”选项卡下的“播放”功能区中，可以完成是否全屏播放、是否隐藏播放等选项设置，如图4-31所示。

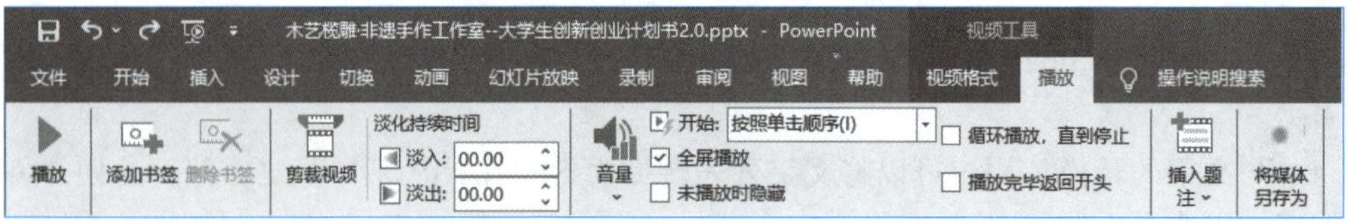

图 4-31 “视频工具”选项卡功能区

（2）为视频添加封面。

视频封面可以是事先制作的图片，也可以选择当前视频中某一帧画面。

①图片作为封面:“视频工具”选项卡→“视频格式”功能区中单击“海报框架”下拉按钮，选择“文件中的图像”，找到事先准备好的图片即可。

②某一帧画面设置为封面：定位到某帧画面后，“海报框架”下拉按钮，选择“当前帧”，即可将当前帧设置为视频封面。

若要恢复到以前的设置，可以单击“视频工具”选项卡→“视频格式”功能区中的“重置设计”选择重置内容。

③剪裁视频：选中视频，单击“视频工具”选项卡→“播放”中功能区中的“剪裁视频”选项，弹出“剪裁视频”对话框，通过调整开始时间和结束时间，可以完成视频的剪裁工作。

视 频

PPT 项目二之为幻灯片插入素材图片

三、项目实现

（一）为幻灯片插入素材图片

1. 单张图片设置

操作步骤如下：

（1）第一页标题幻灯片，单击“插入”→“图片”→“此设备”，如图4-32所示，在打开的对话框中选择素材文件夹的榄雕作品1.png图片。插入图片后，右击图片弹出快捷菜单，选择“置于底层”，如图4-33所示。

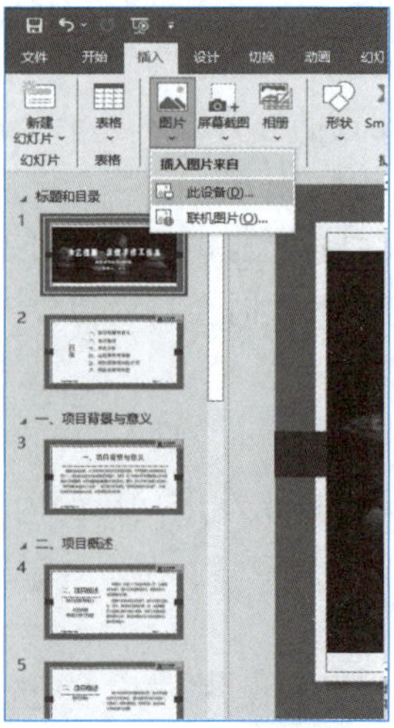

图 4-32 “插入”图片

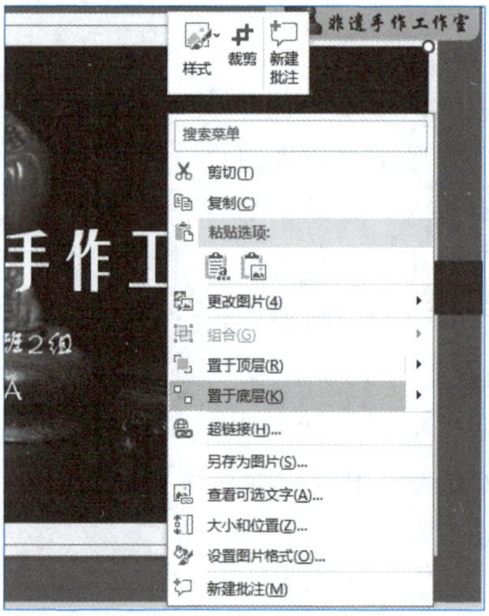

图 4-33 图片“置于底层”

（2）手动调整图片大小，使其适配页面显示，并将标题字体设置为白色，单击“图片格式”→“艺术效果”→“虚化”，如图4-34所示。

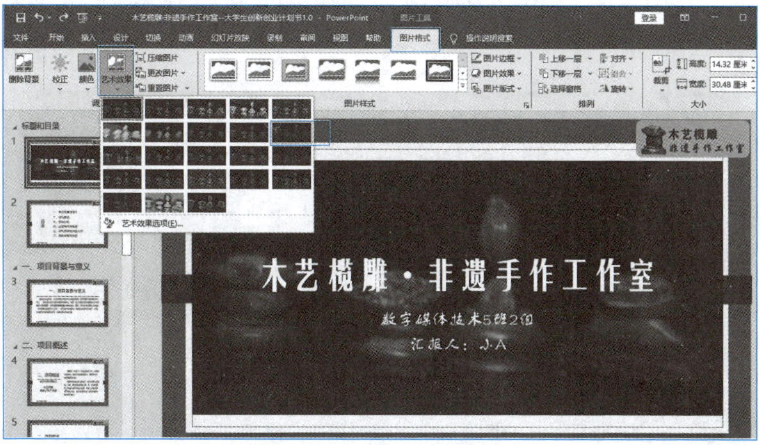

图 4-34　图片格式设置

2. 多张图片设置

操作步骤如下：

（1）在幻灯片第三页“插入”→“图片”→“此设备”→同时选中“手艺1.png”“手艺2.png”“手艺3.png”三张素材图片，如图4-35所示。

图 4-35　批量插入多张图片

（2）“图片格式”→“大小”→“大小和位置”（“大小”工具栏右下角箭头）→“缩放高度”和“缩放宽度”均设置为25%，如图4-36所示。

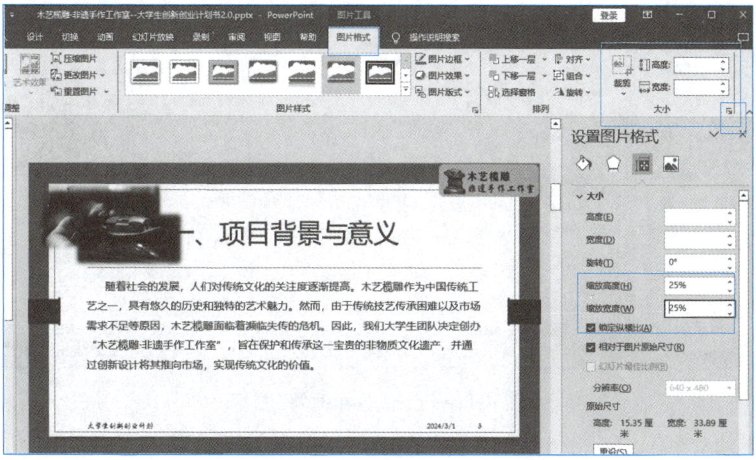

图 4-36　设置图片缩放比例

（3）将图片移动到文字下方，手动排列底端对齐，按住【Ctrl】键，依次单击选中三张图片“图片格式”→“排列”→“组合”→“组合”设置图片组合。组合完成后，选择“图片样式”→“快速样式”→“柔化边缘椭圆”，实现图片的组合和批量设置样式，如图4-37所示。

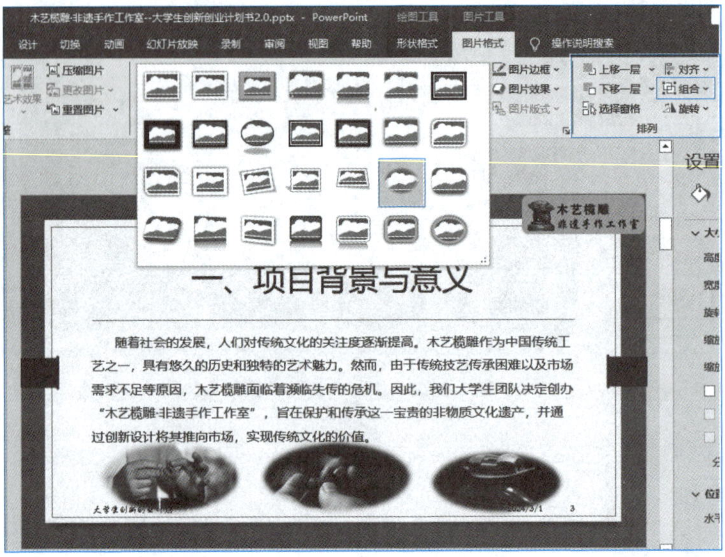

图 4-37　批量处理图片

（二）为幻灯片插入SmartArt图形

1. 选择SmartArt图形

选定幻灯片第七页，单击“插入”选项卡“插图”功能区中的“SmartArt”，进入“选择SmartArt图形”对话框，选择“矩阵”中的“基本矩阵”，单击“确定”按钮，如图4-38所示。

视 频

PPT 项目二之为幻灯片插入SmartArt 图形

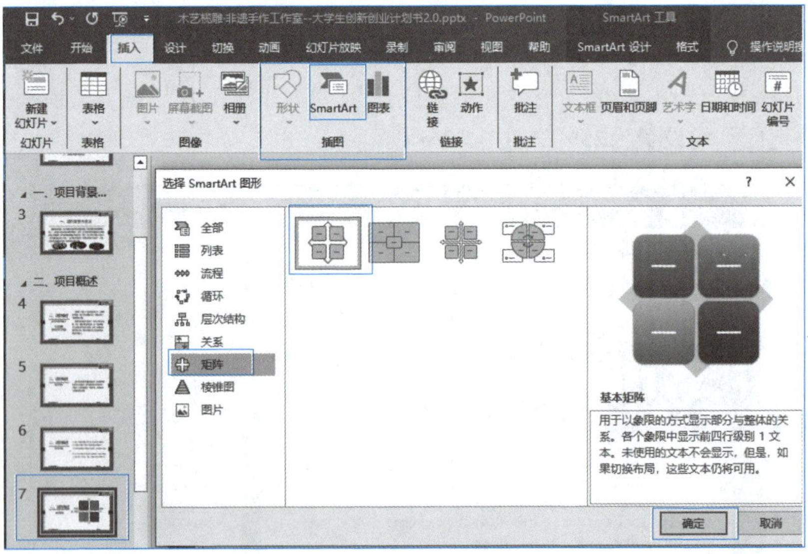

图 4-38　选择 SmartArt 图形

2. 编辑SmartArt文字

单击SmartArt图形左侧按钮，打开输入文字窗口，将项目团队成员角色输入列表中，数据会同步显示在SmartArt图形中，如图4-39所示。完成后关闭左侧文字输入窗口。

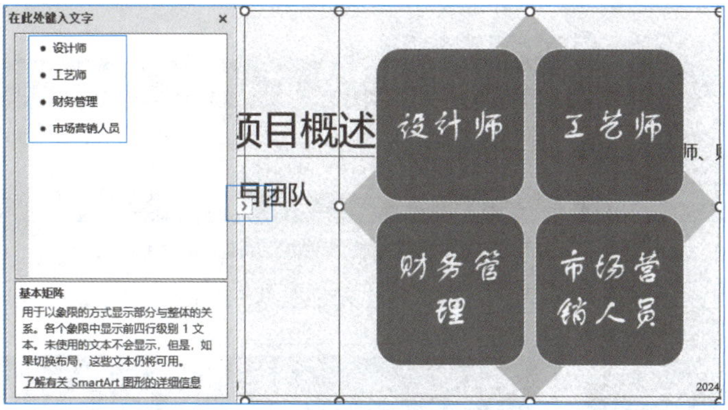

图 4-39　编辑 SmartArt 文字

3. 设计SmartArt 图形

单击“SmartArt设计”选项卡→“更改颜色”下拉列表→选择“彩色-个性色”。“更改颜色”右边是快速样式，选择“文档的最佳匹配对象的”→“强烈效果”，如图4-40所示。

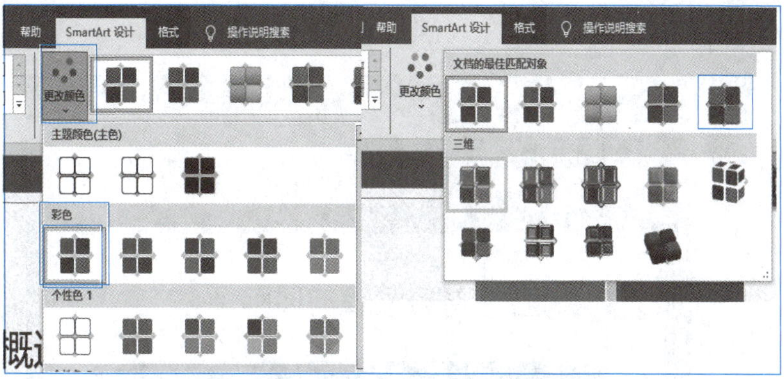

图 4-40　设计 SmartArt 图形

SmartArt图形录入文字后，记得删除原文档中的文字，最终效果如图4-41所示。

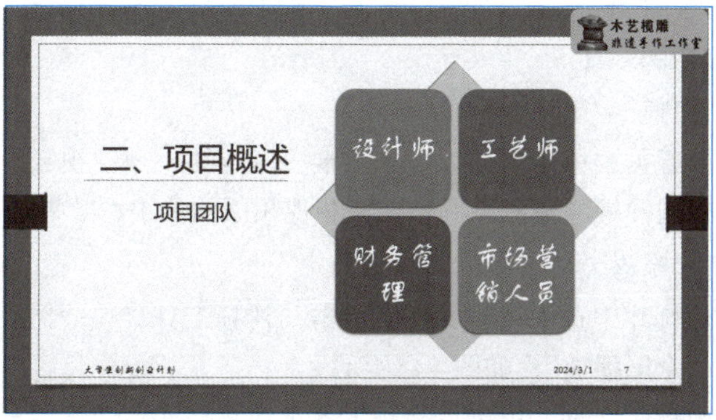

图 4-41　SmartArt 图形效果

（三）表格的插入与设置

1. 插入表格

幻灯片第十页，单击“插入”选项卡→“表格”→选择生成5列2行的表格，并填写预算内容，如图4-42所示。

视 频

PPT 项目二之表格的插入与设置

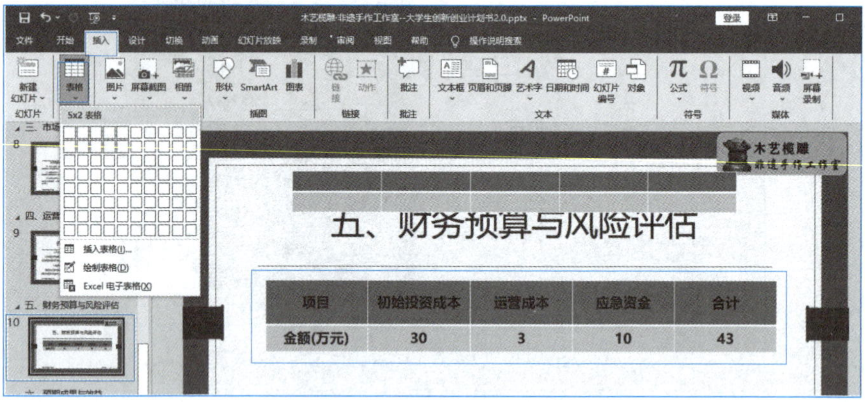

图 4-42　插入表格

2. 表格样式设计

选中表格，单击“表设计”选项卡→“表格样式”→选择“主题样式2-强调4”，效果如图4-43所示。

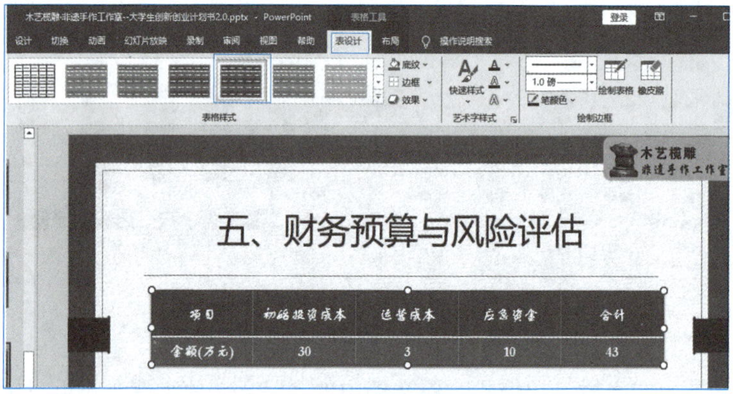

图 4-43　表格样式设计

（四）视频的插入与设置

视 频

PPT 项目二之视频 DE 插入与设置

1. 插入视频

幻灯片第五页，单击“插入”选项卡→“媒体”→“视频”→选择“此设备”在素材文件夹中选择视频资源，调整文字和视频框的大小，效果如图4-44所示。

2. 设置视频格式

（1）在幻灯片中选中视频文件，单击“视频工具”→“播放”选项卡→“视频选项”→勾选“全屏播放”，如图4-45所示。

（2）选中视频文件，单击“视频工具 | 视频格式”选项卡→“调整”→“海报框架”，在下拉列表中可以设置视频封面，单击幻灯片中视频的播放按钮，当播放到如图4-46所示

内容时，单击“海报框架”下拉列表中的“当前帧”，为视频选定视频中的画面作为视频封面。

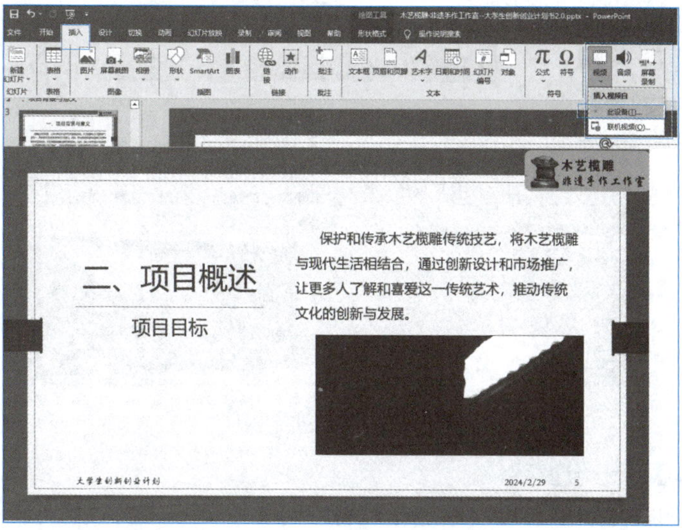

图 4-44　插入视频

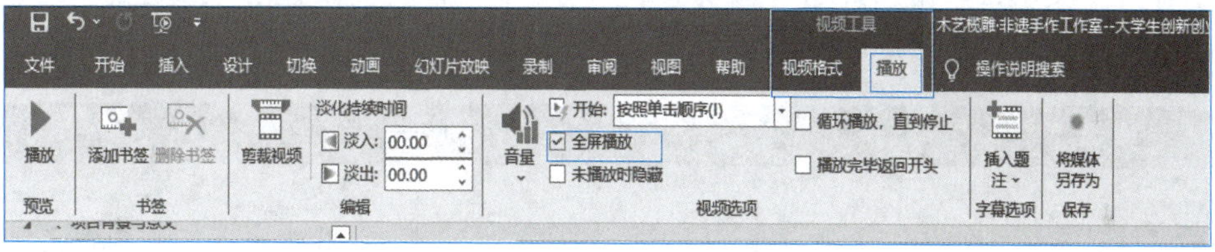

图 4-45　视频播放设置

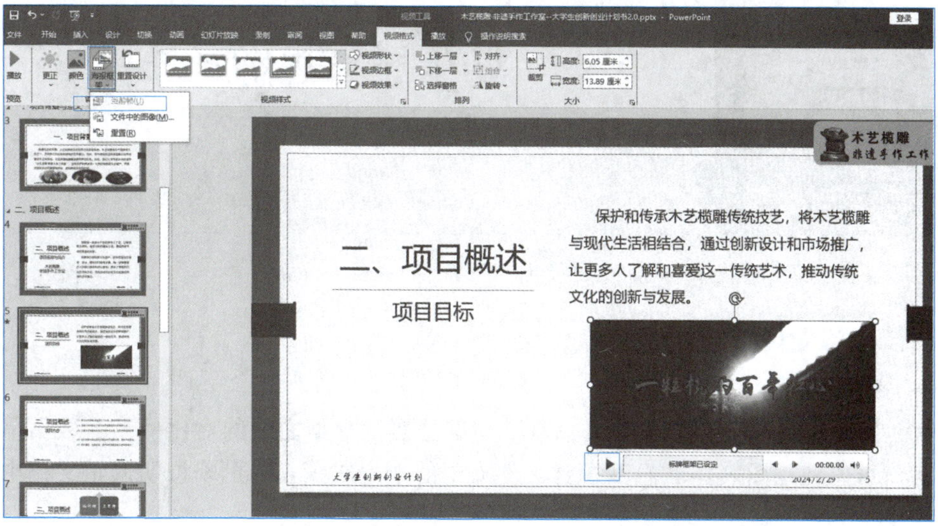

图 4-46　视频封面设置

（3）选中视频文件，单击“视频工具 | 视频格式”选项卡→“视频样式”下拉列表→选中“强烈”→“监视器，灰色”，如图4-47所示。

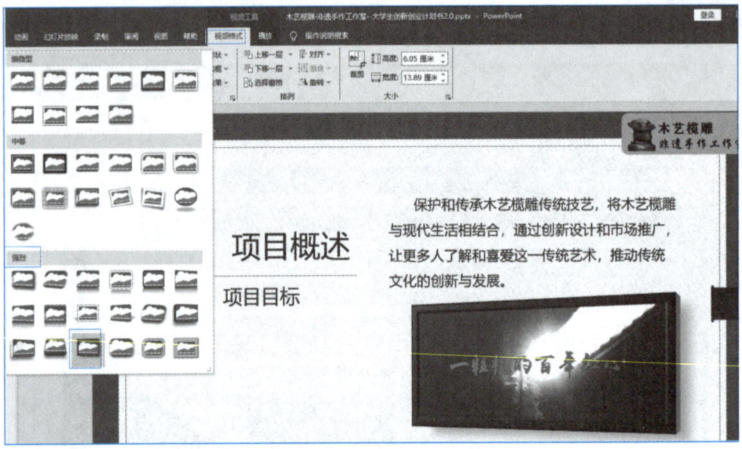

图 4-47　视频样式设计

（五）通过母版统一设置字体

为了丰富PPT的视觉效果，可以通过母版将幻灯片中的一些内容进行统一修改，单击“视图”→“幻灯片母版”，打开幻灯片母版视图，定位到第一张母版视图，选中“单击此处编辑母版标题样式”文字，单击“开始”选项卡→“字体”功能区，设置字体颜色为“红色，个性4”，如图4-48所示，完成后关闭母版视图。

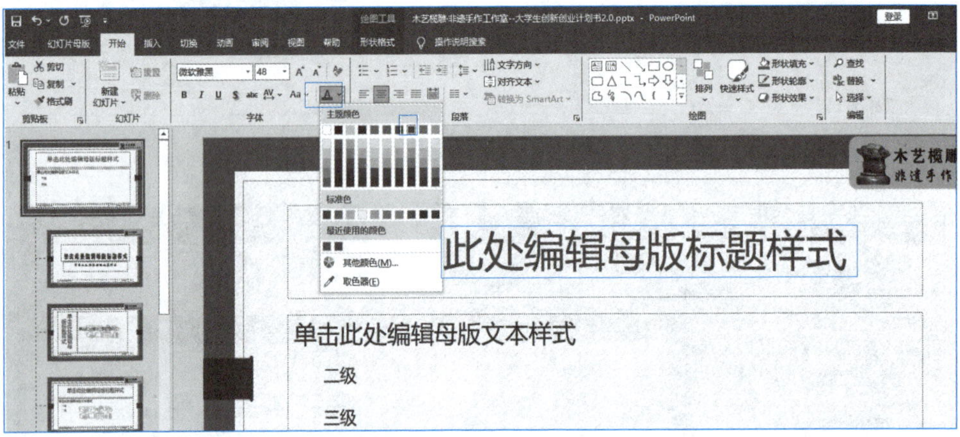

图 4-48　母版字体设置

四、技巧与提高

（一）图表应用

演示文稿制作过程中，如果需要直观、明确地表达数据之间的对比关系、数据呈现的规律和趋势，可以使用图表。下面以素材文件夹中的学生成绩表为例来说明演示文稿中图表的应用。

1. 图表插入

单击“插入”选项卡功能区的“图表”下拉列表，选择“图表”，打开“图表”对话框。PPT提供了非常丰富的图表类型，如柱形图、折线图、饼图、面积图等。用户可以根据需要选择图表类型。本例选择“条形图”→“簇状条形图”，插入后效果如图4-49所示。

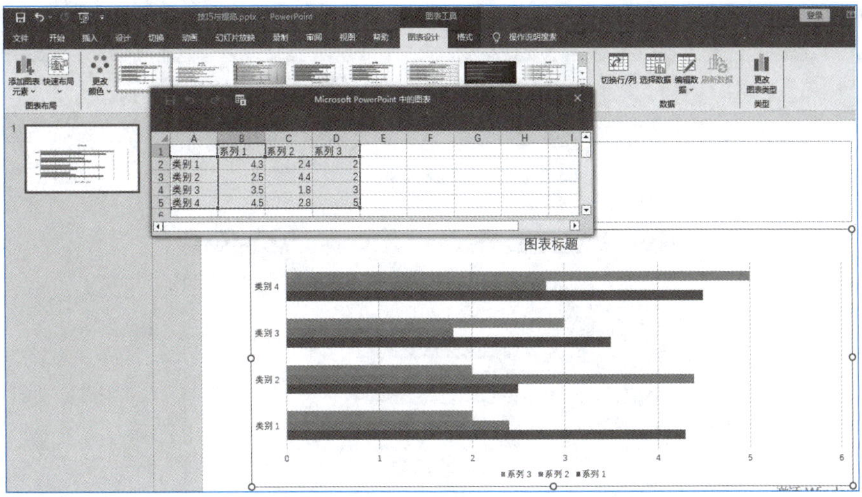

图 4-49 簇状条形图效果

2. 数据选择或编辑

选中图表右击，在弹出的快捷菜单中选择“编辑数据”，PPT将自动调用Office2016表格组件，打开“Microsoft PowerPoint中的图表”窗口，数据表中将显示默认数据，紫色边框范围内的是类别数据，蓝色边框范围内的是数据系列，默认有三个系列，如图4-49所示。将学生成绩表中的“学生姓名”复制到类别数据列，将“语文”“数学”“英语”成绩复制到和系列1~3列，并将图表标题改为“学生成绩”，如图4-50所示。数据录入完成后关闭“Microsoft PowerPoint中的图表”窗口。

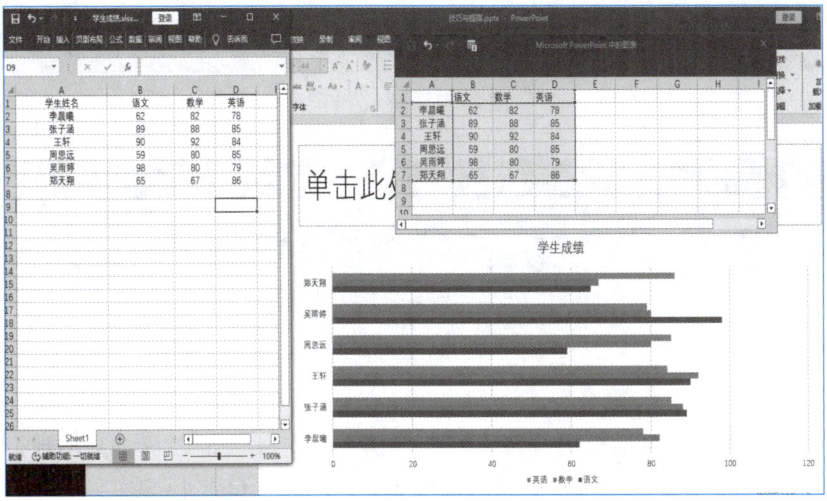

图 4-50 图表数据录入

3. 图表属性设置

完成图表数据编辑之后，通过图4-51所示的“图表工具”选项卡功能区中的命令，可以完成对图表属性的设置，包括“添加图表元素”“编辑数据”“更改图表类型”等功能。单击“图表设计”功能区中的“更改颜色”下拉按钮，选择“彩色调色板2”，图表完成后的效果如图4-52所示。

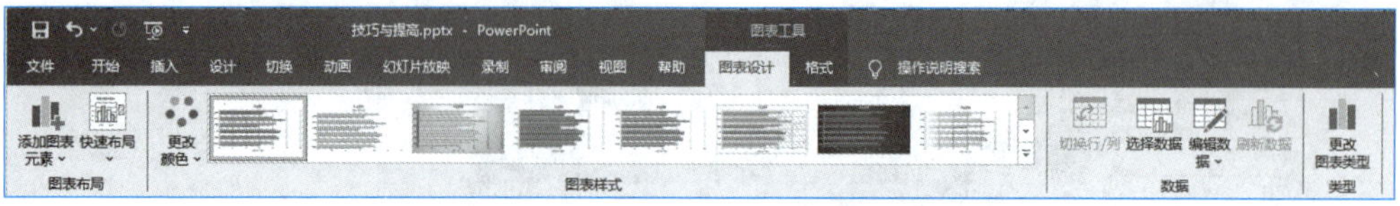

图 4-51　“图表工具”选项卡

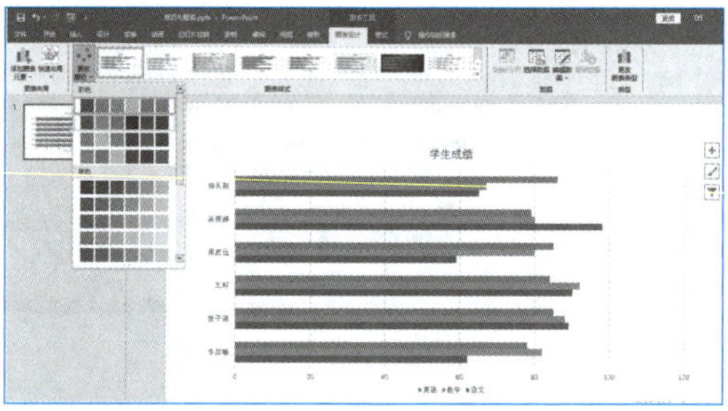

图 4-52　图表样式设计

（二）幻灯片设置背景音乐

1. 插入音频

单击“插入”选项卡→“媒体”→“音频”下拉列表，选择“PC上的音频”，如图4-53所示，成功将音频插入PPT。单击该音频，可以看到“音频工具”选项卡，如图4-54所示。

图 4-53　插入音频

图 4-54　“音频工具”选项卡

2. 音频设置

操作步骤如下：

（1）在“插入音频”对话框中选择声音文件插入幻灯片，幻灯片将会出现音频图标，如图4-55所示。在此可以预览音频播放效果，调整播放进度和音量大小等。

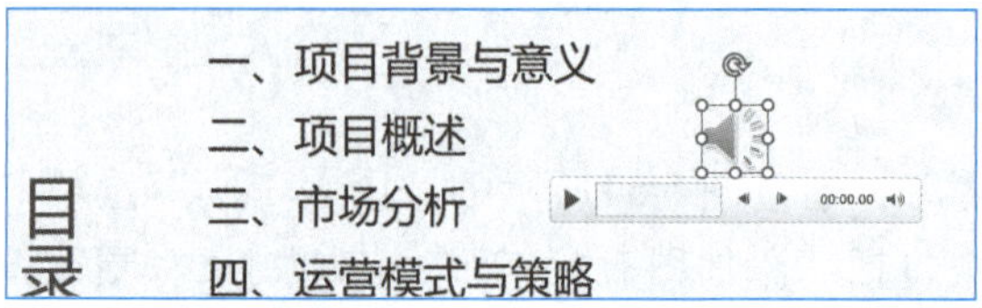

图 4-55　幻灯片中的音频图标

（2）选中插入的音频图标，在“音频工具丨播放”选项卡→“音频选项”组中设置音频“自动开始”“跨幻灯片播放”“放映时隐藏”“循环播放，直到停止”“播放完毕返回开头”等选项，如图4-56所示，实现将音频设置为PPT播放的背景音乐。

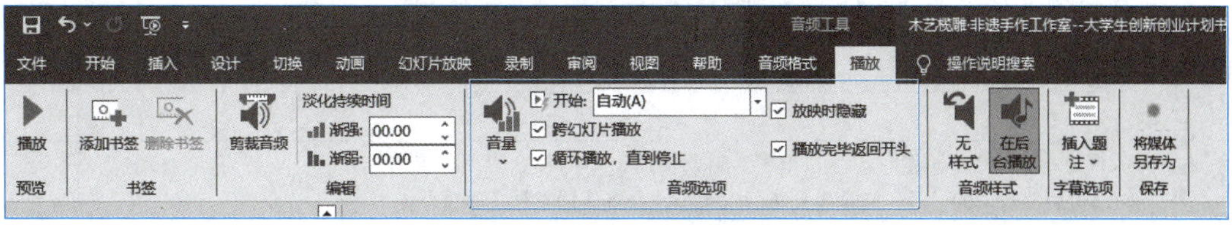

图 4-56　设置音频选项

五、测评

（一）知识测评

1. 填空题

（1）PowerPoint 是一个________软件。

（2）幻灯片中如果要插入SmartArt 图形，通过________选项卡中的相应命令完成。

（3）在需要整体观察幻灯片时，应该选择________视图。

（4）PPT表格中的数据可以轻松转换为________，以提供更直观的数据展示方式。

（5）演示文稿制作的一个目的，是使用声音、图片、图形、视频、图表等________元素，弥补语言表达过于抽象的不足。

（6）SmartArt 和表格可以结合使用，以提供更全面的信息展示效果。例如，________可以用来展示一个项目的总体流程，而________可以用来展示与该项目相关的详细数据。

2. 简答题

（1）如何在幻灯片中插入音频、视频、艺术字、图形等？

（2）美化演示文稿包括什么？设置主题和母版使用如何操作？

（二）能力测评

按表4-3中所列的操作要求，对自己完成的文档进行检查，操作完成得满分，未完成或错误得0分。

表 4-3　能力测评表

序号	操作要求（具体见任务实现）	分值	完成情况	自评分
1	幻灯片中图片插入与设置	30		
2	幻灯片SmartAart图形和表格插入与设置	20		
3	幻灯片中视频的插入与设置	20		
4	幻灯片通过母版等丰富优化幻灯片呈现效果	30		
总　分				

（三）素质测评

针对表4-4中所列出的素质与素养观察点，反思项目实现的过程，思考总结相关项目，做到即得分，未做到得0分。

表 4-4　素质测评表

序号	素质与素养	分值	总结与反思	得分
1	创新意识——具备根据主题和内容表达需要创造性设计的意识与能力	20		
2	技术应用能力——通过学习和实践PPT制作技能，增强学生在数字化时代的技术应用能力	20		
3	审美素养——具备基本的审美素养，善于通过演示文稿制作表达美，传递美，分享美	20		
4	版权意识——PPT制作时，涉及很多素材的使用，如图片、音频、视频等，通过版权知识的学习，使学生具备版权意识，合规使用素材，尊重原创	20		
5	工匠精神——具备通过图片、文字、艺术字的位置、大小、对齐等格式设置的细节提升幻灯片美观度的能力，具备精益求精、追求卓越的工匠精神	20		
总　分				

六、拓展训练

本阶段将在项目一“职业生涯规划”主题演示文稿制作框架的基础上继续完成内容页的设计与制作。通过内容页的设计与制作，深化利用图形、图片、图表、音频、视频等多种元素进行幻灯片平面设计的能力，提升审美素养和审美能力，培养创新能力，培养信息化、数字化思维。

本阶段的任务是建立演示文稿的内容页，具体要求如下：

（1）最少完成六张内容页制作。

（2）每张内容页尽可能做到图文并茂，尽可能使用图形、图片、图表、音频、视频等元素完成页面内容设计和格式设置。

（3）内容页设计时，尽可能体现技术应用的深度与广度。

（4）围绕主题进行素材选择，所有素材不能出现与主题无关的内容。

（5）每个页面设计和谐美观。

（6）页面与页面之间风格一致。

项目三　大学生创新创业计划书——演示文稿放映与展示

一、项目描述

项目一、二中已经基本完成了“大学生创新创业计划书”主题演示文稿的设计与制作，但这只是设计的初步。演示文稿第一要提纲挈领地表达演讲者的意图；第二是对演讲者所讲的内容用图片、图表等形象化的表达方式补充语言、文字表达的不足；第三是适当使用各种放映技巧和动画效果，强调主题，吸引观众的注意力，增强与观众的现场互动。

为了达到上述目的，项目三将在项目一、二设计的“大学生创新创业计划书”主题演示文稿的基础上，完成对演示文稿中的幻灯片中的对象设置动画效果，设置页面之间的切换方式，设置放映方式等。

二、知识准备

（一）动画

制作演示文稿是为了辅助语言表达，让沟通更加有效，表达更加精彩。通过排版、配色、配图，多媒体等多种手段，提升演示文稿的平面设计表达效果，是演示文稿设计的一个重点。同时，通过动画设计提升演示文稿的动感和美感，是演示文稿设计的另一个重点。

1. 动画设计的目的

人类对运动和变化具有天生的敏感。不管这个运动有多么微不足道，变化多么微小，都会抓住我们的视线，吸引我们的注意力。动画设置要达到以下效果：

（1）抓住观众的视觉焦点，如逐条显示，通过放大、变色、闪烁等方法突出关键词。

（2）显示各个页面的层次关系，如通过页面之间的过渡区分页面的层次。

（3）帮助内容可视化。动画本身也是有含义的，它与图片刚好形成互补关系。与图片可以表示人、物、状态等含义类似，动画可以表示动作、关系、方向、进程和变化、序列以及强调等含义。

2. 动画设计的误区

初学者设计动画，往往存在如下误区：

（1）动画本身成为焦点。动画设计的目的是强调或突出显示某些内容，不能让动画喧宾夺主，把观众的注意力吸引到动画本身。

（2）动作设计不自然，不得体。跟人穿衣服一样，动画设计要得体。所谓得体，指的是动画的设计符合内容的需要，符合幻灯片整体风格的需要，符合观众的审美需要。不能把动画设计得跟奇装异服一般，更不能把动画设计当成炫技表演。

3. 动画设计的原则

在演示文稿添加动画时，要掌握以下几个动画设计原则，可以让演示文稿更专业。

（1）强调原则。

如果一页幻灯片内容比较多，要突出强调某一点，可以单独对某个元素添加动画，其他页面元素保持静止，达到强调的效果。

（2）符合自然规律原则。

自然的基本思想就是要符合常识。由远及近的时候肯定也会由小到大；球形物体运动时往往伴随着旋转；两个物体相撞时肯定会发生抖动；场景的更换最好是无接缝效果；物体的变化往往与阴影的变化同步发生；不断重复的动画往往让人感到厌倦。

自然在视觉上的集中体现就是连贯。比如制造空间感极强或者颜色渐变的页面切换，在观众不知不觉中转换背景。

（3）把握节奏，依次呈现原则。

把握节奏的本质是隐藏信息，不让所有信息一次性全部出现，而是按照设计逻辑以某种节奏依次出现。这样做的目的是抓住观众的注意力，引导观众按照设计者的思路和逻辑思考问题。

（4）展现逻辑原则。

为了表达内容之间的各种逻辑关系，比如平衡、交叉、聚集、平行、包含等关系，仅仅靠平面空间上的设计无法准确呈现。通过动画设计，可以更好地表达内容之间的逻辑关系。

4. 自定义动画

PPT演示文稿提供了四种类型的动画，分别是进入、强调、退出、动作路径，如图4-57所示。

（1）进入：用于设置对象进入幻灯片时的动画效果。常用的进入效果如图3-57所示，适合的场景较多。单击“更多进入效果”，可以看到更多的进入效果。进入效果分为“基本型”“细微型”“温和型”“华丽型”等多种类型。

（2）强调：用于强调已经在幻灯片中的对象设置的动画效果。常用的强调效果如图 3-57所示。同样单击“更多强调效果”，可以看到更多的强调效果。

（3）退出：用于设置对象离开幻灯片时的动画效果。常用退出效果如图3-57所示。单击“更多退出效果”，可以看到更多退出效果。

（4）动作路径：用于设置动画对象按照一定路线运动的动画效果。常见的动作路径效果如图3-57所示。单击“更多动作路径”，可以看到更多动作路径。

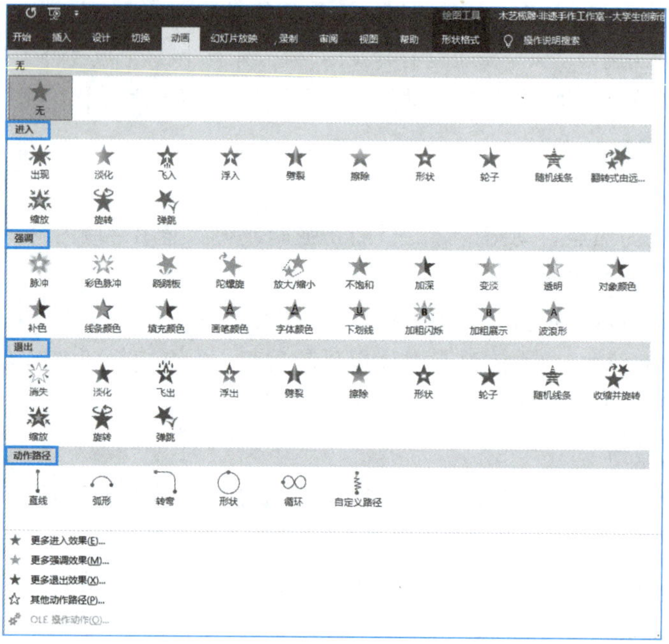

图 4-57　动画类型与部分选项

（二）切换

幻灯片切换效果是指在幻灯片放映过程中，当一张幻灯片转到下一张幻灯片时所出现的动画效果。通过设置幻灯片切换效果，可以让幻灯片与幻灯片之间过渡更加自然，衔接更加流畅，能够更好地体现幻灯片内容的整体性。

1. 切换的类型

PPT演示提供了多种幻灯片切换的效果。单击“切换”选项卡中切换效果选择列表最右侧的下拉列表，可以看到PPT提供的切换类型列表，如图4-58所示。

2. 切换选项设置

完成切换效果设置后，如果单击“应用到全部”按钮，选中的切换效果将应用到全部，否则应用到选中的幻灯片。切换选项设置如图4-59所示。单击“切换”选项卡中的“效果选项”，将完成对切换效果的设置（不同的切换类型，对应着不同的效果选项）。通过对“持续时间”的修改，可以修改切换的速度，声音的选择可以在切换的同时有音效。默认换片方式为单击鼠标时换片，可以选择自动换片，也可以同时选择两种换片方式。

小贴士：单击鼠标时换片是演讲者放映模式对应的换片方式。一般在讲课、会议、报告等场合，需要用幻灯片配合发言时，使用这种换片方式。自动换片是展台自动循环放映模式对应的换片方式。一般在展会、路演等场合，没有演讲者发言，只需要播放幻灯片时采用。

图 4-58　幻灯片切换类型列表

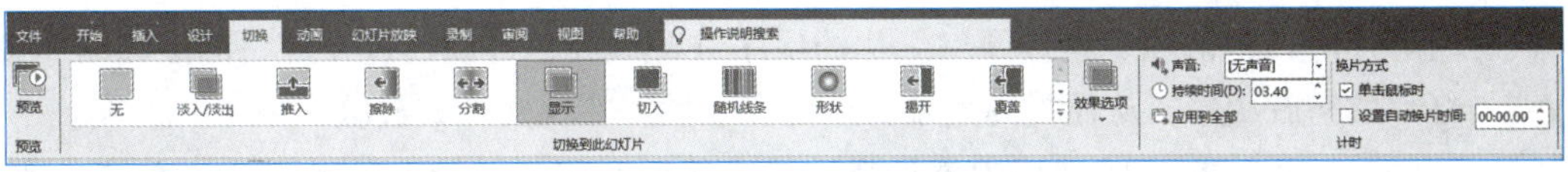

图 4-59　切换选项设置

（三）放映

不同的场合，演示文稿需要设置不同的放映方式，PowerPoint为用户提供了多种幻灯片放映方式。

1. 放映方式设置

单击“幻灯片放映”选项卡中的“设置幻灯片放映”，打开“设置放映方式”对话框，如图4-60所示。

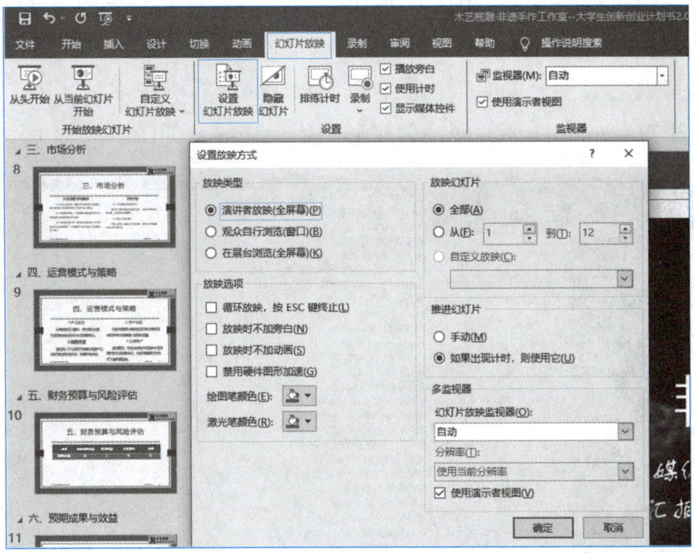

图 4-60　“设置放映方式”对话框

（1）演讲者放映：这是最常用的放映方式。放映过程中幻灯片全屏显示，由演讲者通过鼠标控制演示文稿放映幻灯片，默认放映幻灯片为“全部”，也可以选择幻灯片放映的范围。

放映选项：如果选择循环放映，可以使用【Esc】键终止放映；绘图笔是放映时使用的，通过下拉列表可以完成颜色选择，默认为红色；如果选择“放映时不加动画”，则演示文稿播放时将不再播放所有动画。

换片方式：一般选择“手动”。“如果出现计时，则使用它”选项是在已经排练计时并且保存过时间的情况下，使用计时时间自动播放幻灯片。

（2）观众自行浏览窗口：是一种非全屏的演示模式，允许观众在演示过程中有更多的交互性。

（3）展台自动循环放映：这种放映方式一般适用于大型的放映场所，如展览、户外广告等。这种放映方式将自动循环放映演示文稿，鼠标此时已经不起作用，退出需要按键盘上的【Esc】键。

2. 自定义放映

“幻灯片放映”选项卡下的“自定义幻灯片放映”可以称作演示文稿中的演示文稿，可以对现有的演示文稿中的幻灯片进行重新组合，以便为特定的观众进行个性化的播放。

3. 交互式放映

放映幻灯片时，默认顺序是按照幻灯片的次序进行播放，可以通过设置超链接和动作按钮来改变幻灯片的播放次序，从而提高演示文稿的交互性，实现交互式放映。

（1）超链接：可以在演示文稿中添加超链接，然后利用超链接，跳转到其他文件、网页、本文档中的其他幻灯片。

（2）动作按钮：动作按钮是一种现成的按钮，可将其插入演示文稿中，也可以为其定义超链接。动作按钮包含形状（如右箭头和左箭头）及通常被理解为用于转到下一张、上一张、第一张、最后一张幻灯片和用于播放影片或声音的符号。动作按钮通常用于观众自行放映的模式，如在公共区域的触摸屏上自动、连续播放的演示文稿。

超链接和动作按钮的添加，通过“插入”选项卡下的“链接”功能组进行设置，如图4-61所示。

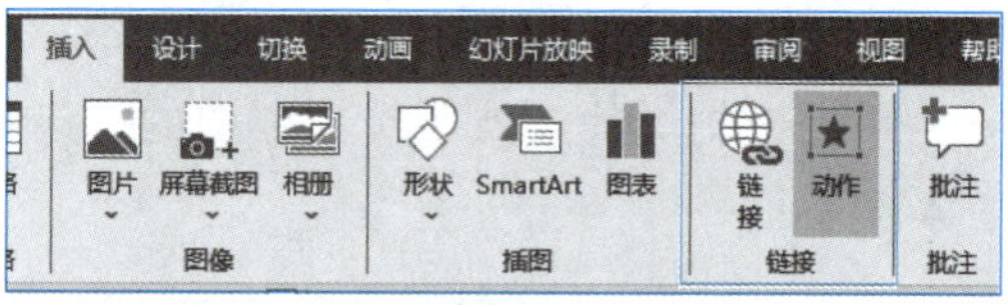

图 4-61　添加超链接和动作按钮

（四）输出

演示文稿制作完成之后，为了便于在没有安装PPT的计算机中演示，PPT提供了多种输出方式，可以将演示文稿打包成文件夹、转换为视频或者PDF等，如图4-62所示。

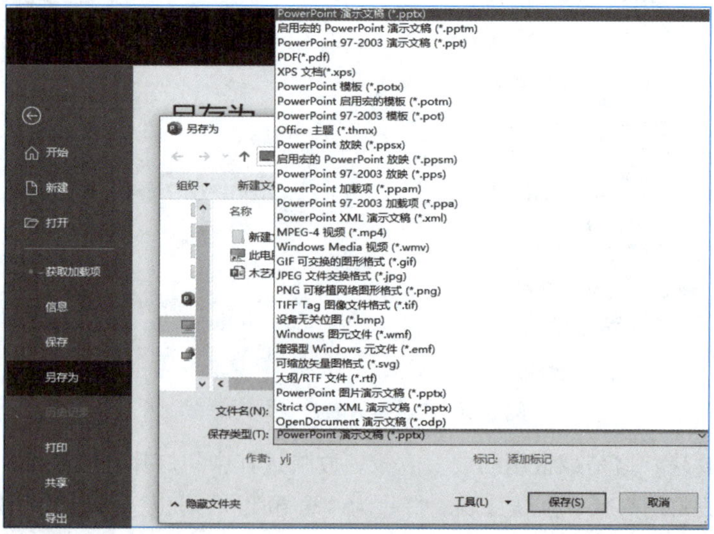

图 4-62　PPT 的多种输出保存方式

三、项目实现

（一）为演示文稿内容添加动画

视 频

PPT 项目三之为演示文稿内容添加动画

1. 为文字添加动画

操作步骤如下：

（1）幻灯片第二页，选中目录内容，单击“动画”→“动画样式”下拉列表→“更多进入效果”，选择“温和”效果里的“伸展”动画，并单击“确定”按钮，为目录添加动画效果，如图4-63所示。

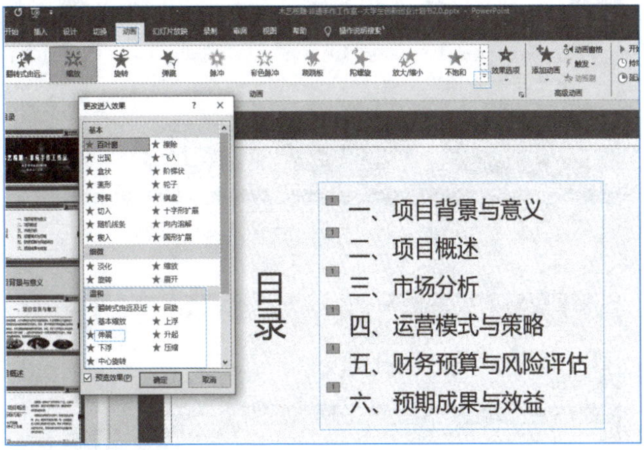

图 4-63　为目录文本添加伸展动画

（2）单击“动画”选项卡→“高级动画”功能组的“动画窗格”，显示已经设置了动画的文字内容，单击打开“开始”后的下拉列表，选定“从上一项后开始”，所有目录都选定该项。实现目录内容按顺序自动播放出现。设置完成后，可单击“动画”选项卡下的“预览”查看动画实现效果，如图4-64所示。

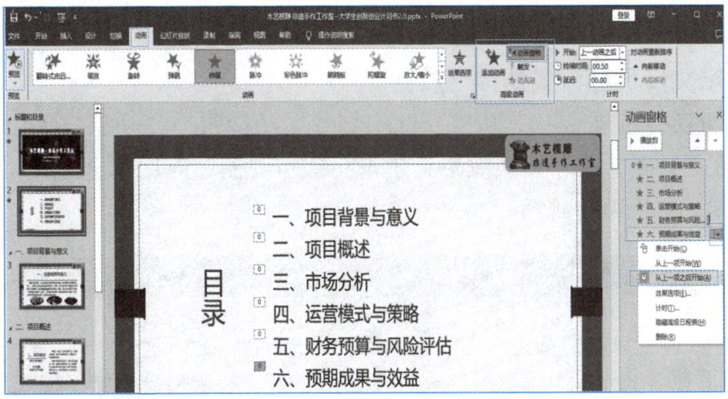

图 4-64　动画窗格设置动画效果

2. 为图片添加动画

在幻灯片第三页，选中三张图片后，单击“绘图工具”→“形状格式”→“组合”下拉列表→选择“取消组合”，如图4-65所示。按住【Ctrl】键，同时选中三张非组合的图片，添加“动画样式”→“进入”→“轮子”的动画效果，“开始”设置为“上一动画之后”，可通过“预览”查看动画效果，如图4-66所示。

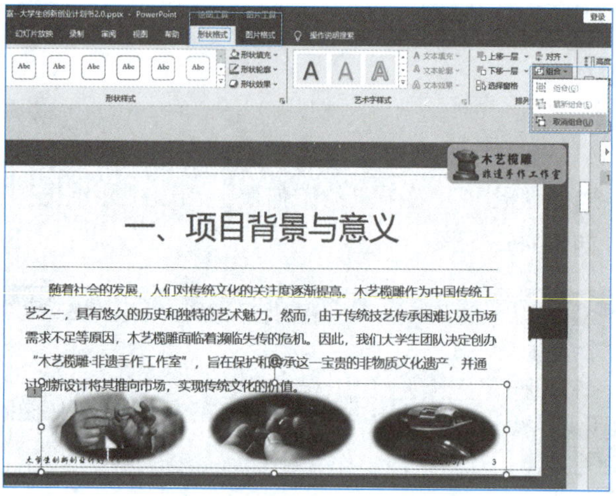

图 4-65　取消图片组合

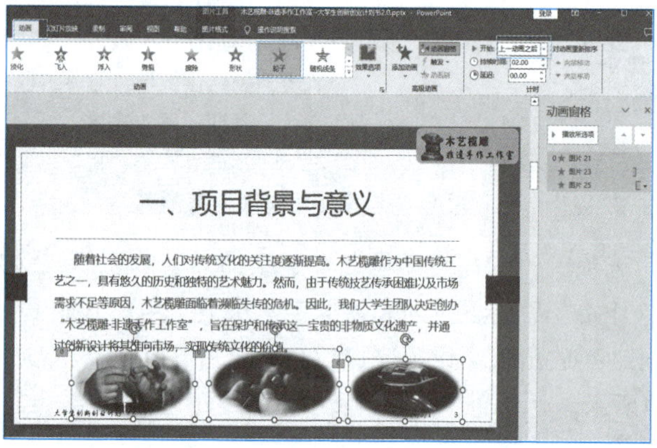

图 4-66　为图片添加动画效果

（二）为演示文稿页面设置切换与放映

（1）单击“切换”选项卡→“切换到此幻灯片”功能组→“切换效果”下拉列表，选中“华丽”效果内的“页面卷曲”切换效果，单击功能组右侧“应用到全部”为整个演示文稿设定该页面切换效果，如图4-67所示。

视 频

PPT 项目三之为演示文稿设置切换与放映

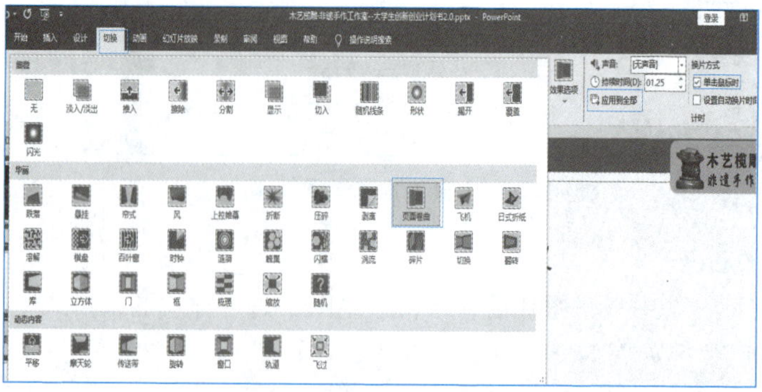

图 4-67　演示文稿页面切换效果

（2）单击“切换”选项卡→“计时”，勾选“设置自动换片时间：00:03.00”，如图4-68所示。

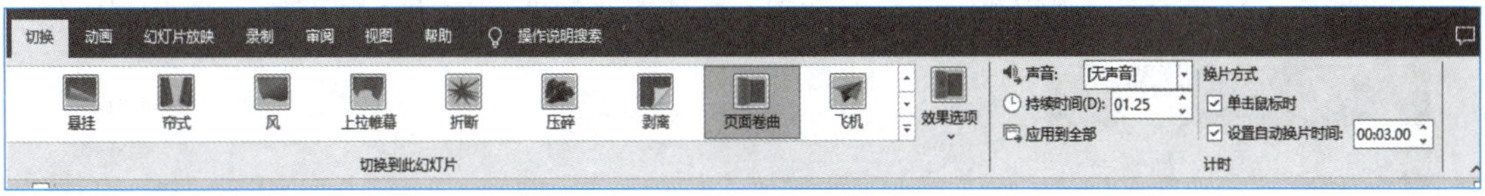

图 4-68　设置自动换片时间

（三）文件保存

操作步骤如下：

（1）按下【Ctrl+S】功能键对演示文稿进行保存。

（2）单击“文件”→“另存为”，选定存放路径，文件保存类型选择“*.mp4”文件，单击“保存”按钮，将PPT转存为视频格式文件，如图4-69所示。

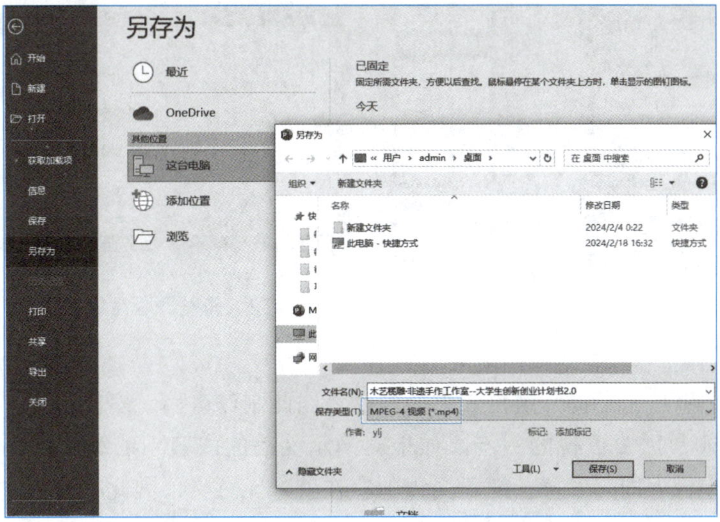

图 4-69　PPT 转存为视频格式

（3）在演示文稿底部状态栏，可以看到视频保存进度，如图4-70所示。因为该PPT有一段视频，转存时会比较慢。

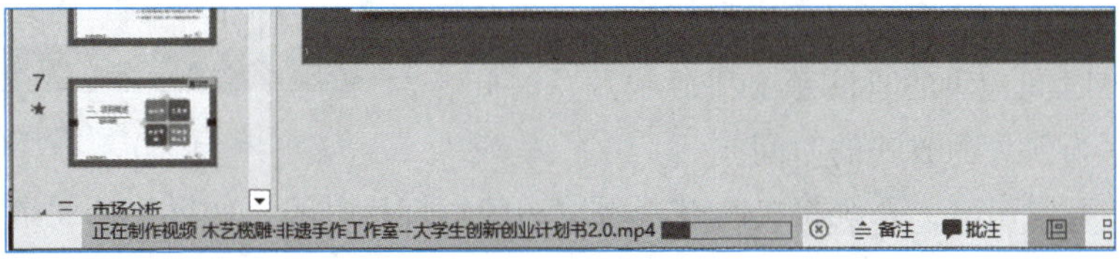

图 4-70　文件转存状态

四、技巧与提高

（一）通过母版设置PPT内容的动画效果

以该项目为例，项目第二部分项目概述下又有多个二级目录，通过为二级目录添加动画，可以适当地吸引听众的注意力，更好地理解和获取演讲者演讲的重点内容。此处拟为这几页的次标题，如图4-71所示，选取“动画”选项卡→“动画效果”→“进入”→“弹跳”动画。

四个页面版式相同，可以直接通过母版设置动画，选择“视图”→“幻灯片母版”，找到该版式，选定待设置的文字或者占位符，通过“动画”选项卡，设置为“弹跳”动画，如图4-72所示。

图 4-71　选定需要添加动画内容

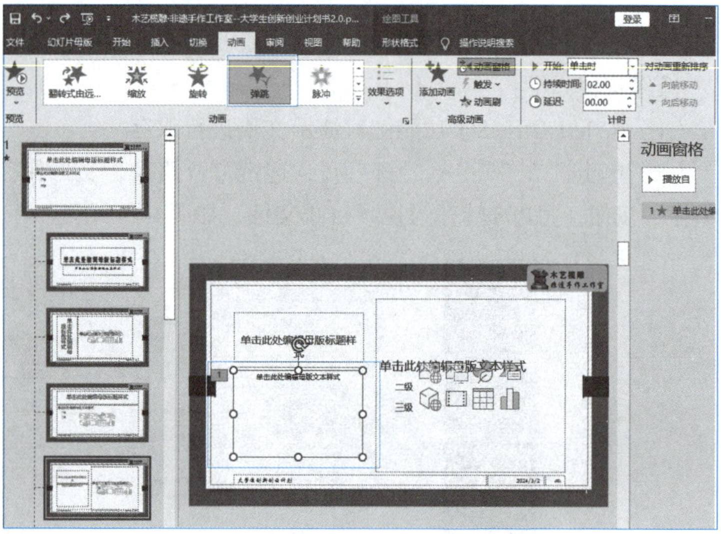

图 4-72　通过母版设置动画

（二）排练计时

演示型演示文稿是为了提升演讲效果而设计。因此制作讲稿，多次进行计时和排练是绝对不能跳过的，是非常需要重视的一步。如果对演示文稿的内容不熟练，记不清动画的先后顺序，甚至准备站在台上即兴发挥，演示文稿的存在就毫无意义，因此在演示文稿完成后，演讲者应该在每页幻灯片的备注中写下每一页的详细讲稿，然后多次排练、计时、修改讲稿，直至完全能将演讲内容和演示文稿完美配合为止。

排练计时的具体步骤如下：

（1）单击“幻灯片放映”选项卡中的“排练计时”按钮。

（2）在屏幕左上方，将显示如图4-73所示的预演时间记录窗口，右侧时间记录的是演示文稿放映的总时间，左侧时间记录的是当前页面放映的时间。

图 4-73　预演时间记录窗口

（3）预演结束退出时，系统将提问是否保留新的幻灯片时间。如果选择“是”，将用新的排练时间取代原有的换片时间。

五、测评

（一）知识测评

1. 填空题

（1）PowerPoint 2016演示提供了四种类型的动画，分别是________、________、________、________。

（2）为幻灯片中的同一个对象添加动画时，需要单击动画窗格中的________。

（3）如果需要调整动画顺序，可以在________中，选中动画，拖动鼠标完成动画顺序的调整。

（4）________是演讲者放映模式对应的换片方式，一般在讲课、会议、报告等场合，需要用幻灯片配合发言时，使用这种换片方式。________是展台自动循环放映模式对应的换片方式，一般在展会、路演等场合，没有演讲者发言，只需要播放幻灯片时采用。

（5）幻灯片放映方式有三种，分别是________、________和________。如果是开会或者演讲，幻灯片放映方式可以设置为　；如果是参加展会，幻灯片放映方式可以设置为________。

（6）幻灯片放映方式如果设置为展台自动循环放映，幻灯片的切换方式应该设置为________。

2. 简答题

（1）简述演示文稿动画设计的基本原则。

（2）简述动画设计的目的。

（二）能力测评

按表4-5中所列的操作要求，对自己完成的文档进行检查，操作完成得满分，未完成或错误得0分。

表 4-5　技能测评表

序号	操作要求（具体见任务实现）	分值	完成情况	自评分
1	文字内容动画选定与设置	30		
2	图片动画设置	30		
3	幻灯片放映设置	20		
4	文件保存和另存为其他格式	20		
总　分				

（三）素质测评

针对表4-6中所列出的素质与素养观察点，反思项目实现的过程，思考总结相关项目，做到即得分，未做到得0分。

表 4-6　素质测评表

序号	素质与素养	分值	总结与反思	得分
1	团队精神——具有团队协作精神，善于与他人合作、共享信息，实现信息的更大价值	20		
2	数字化创新与发展——具备使用PPT演示工具对表达内容进行可视化创新表达的意识和能力	20		
3	审美素养——具备基本的审美素养，善于通过演示文稿动画制作、放映设置表达美、传递美、分享美	20		
4	文化自信——具备对中国传统手工技艺的尊重，能够从非遗传承里面汲取文化自信	20		
5	工匠精神——具备以“敬业、精益、专注、创新”为底色的工匠文化的传承精神	20		
总　分				

六、拓展训练

本阶段将在项目一和项目二“职业生涯规划”主题演示文稿制作框架和内容页基础上完成

幻灯片的动画设计和切换设置。通过动画设计与制作及切换设置，掌握动画设计、切换设置的基本原则、理念和方法，培养想象能力和创新能力。

本阶段的任务是完成“职业生涯规划”动画设计和切换设置，具体要求如下：

（1）演示文稿应用切合主题的切换设置。

（2）结合演示文稿内容、主题表达设计动画。

（3）至少有六页幻灯片完成了动画设计。

（4）动画设计体现了技术应用的深度与广度。

（5）动画设计富有想象力和创造力，令人耳目一新。

模块五
信息检索技术

在本模块中，我们探索互联网的无限可能性，学习如何高效地检索、分析和应用网络上的海量信息。在这个数字化时代，互联网已成为我们获取知识、信息和资源的关键渠道。对于高职院校一年级学生而言，掌握信息检索的技能不仅是学术成功的基石，也是职业发展和日常生活中不可或缺的能力。通过深入了解互联网的工作原理，包括TCP/IP协议、IP地址、域名系统（domain name system, DNS）以及数据的传输和路由过程，学生将建立对网络技术的基本认知。此外，本模块将着重讲授如何利用搜索引擎进行有效搜索、评估信息的可靠性以及使用各种在线工具和数据库，为学生提供必要的知识和技能，以便他们能够在信息泛滥的时代中快速获取到准确、可靠的信息。

知识目标

①了解互联网的基础知识，包括互联网的定义、历史和工作原理；

②理解TCP/IP协议、IP地址、域名系统（DNS）等关键网络技术概念；

③掌握个人计算设备、调制解调器和路由器等网络设备的基本功能和作用；

④理解搜索引擎的工作原理，包括爬行、索引和检索过程；

⑤掌握高级搜索技巧，包括关键词选择、使用引号进行精确匹配和利用高级搜索操作符；

⑥掌握使用生成式人工智能对信息进行个性化检索；

⑦熟悉主要的中文学术期刊数据库，如中国知网（CNKI）、万方数据资源系统和维普资讯；

⑧掌握不同数据库的结构和功能，以及如何根据学科领域进行专题分类搜索。

能力目标

①能够配置设备以连接到家庭或学校的网络；

②能诊断和解决常见的网络连接问题，如信号弱、连接断开等；

③能进行基本的网络设置，如更改Wi-Fi密码、设置静态IP地址等；

④能利用搜索引擎进行有效的信息检索，包括定义搜索关键词、运用高级搜索技巧和评估搜索结果的相关性和可靠性；

⑤能利用生成式人工智能对信息进行检索，并简单判断信息的可靠性；

⑥能快速收集高质量的研究资料，为毕业设计提供理论支持和新的研究思路；
⑦能熟练运用数据库检索工具，高效筛选出最相关和最权威的学术文献；
⑧能综合利用不同的数据库资源，获取不同领域内的最新研究成果和学术观点。

素质目标

①培养信息素养，学会批判性地思考和分析网络信息；
②提高解决问题的能力，能够有效地利用互联网资源支持学术研究和个人发展；
③培养良好的网络安全意识和道德责任感；
④具备团队协作精神，能够与他人合作共享信息，实现信息的更大价值。

项目一　计算机连接互联网

高效地检索互联网信息是当今社会必不可少的技能之一。对于高职院校一年级学生而言，掌握这些技能不仅能帮助他们在学术研究中取得成功，也能在日常生活和将来的职业生涯中发挥重要作用。本项目介绍“计算机连接互联网”，旨在帮助学生了解和掌握如何将计算机连接到互联网，并进行基本的网络设置和故障排除。

一、项目描述

本项目的目标是让学生理解计算机如何连接到互联网，包括有线和无线连接的基本概念和实际操作步骤。学生将学习网络的基础结构，如何配置设备以连接到家庭或学校的网络，以及如何诊断和解决常见的网络连接问题。

二、知识准备

（一）互联网基础

1. 互联网的定义与历史

互联网，这个词汇源自“网络之间的网络”（inter-network），它是一个全球性的网络系统，通过一系列的标准化通信协议（主要是TCP/IP）连接世界各地数以亿计的私人、公共、学术、商业和政府网络。从20世纪60年代的ARPANET（高级研究计划署网络），到今天这个连接全球的庞大网络，互联网经历了翻天覆地的变化，彻底改变了人类获取、分享信息的方式。

2. 互联网的工作原理

互联网的工作原理是一个复杂而精巧的系统，它使全球范围内数十亿台计算机和其他电子设备能够相互连接和通信。要彻底理解这一系统，我们需要从基础的网络协议和地址开始，深入到数据的传输和路由选择。

（1）TCP/IP协议。

互联网的核心基于一组协议，统称为TCP/IP协议。TCP（传输控制协议）和IP（互联网协议）是这套协议中最重要的两个。

TCP（传输控制协议）确保数据包的顺序正确无误地到达接收端，并且在传输过程中丢失的数据包能够被重新发送。TCP在数据包到达时重新组装它们，确保最终传输的数据是完整和准确的。

IP（互联网协议）负责将数据分割成小的数据包，并确保这些数据包能够从源头被送达目的地。每个数据包都包含有关其起点和终点的信息，即IP地址。

（2）IP地址。

IP地址是互联网通信的基础，为每个连接到网络的设备提供了一个唯一的标识符。存在两种类型的IP地址：

①IPv4：是一种32位地址，通常表示为四组由点分隔的数字（如192.168.1.1）。

②IPv6：是一种128位地址，用于解决IPv4地址耗尽的问题，表示为八组由冒号分隔的十六进制数（如2001:0db8:85a3:0000:0000:8a2e:0370:7334）。

（3）域名和DNS。

尽管IP地址是互联网通信的基础，但记住这些数字序列对于人类来说非常困难。为了解决这个问题，引入了域名系统（DNS）。DNS将易于记忆的域名（如www.example.com）转换为相应的IP地址，使用户能够通过域名访问网站而不需要记忆复杂的数字序列。

（4）数据包传输。

当信息在互联网上发送时，它被分割成称为数据包的小块。每个数据包包含了源IP地址、目的IP地址、数据内容以及其他控制信息。这些数据包独立传输，可能通过不同的路径到达目的地。在目的地，TCP协议负责将这些数据包重新组合成原始信息。

（5）路由。

数据包在互联网上的传输依赖于路由器。路由器是智能设备，负责决定数据包从源地址到目的地址的最佳路径。路由器通过查阅路由表来决定下一跳路由器的地址，直到数据包到达最终目的地。这个过程可能涉及跨越多个网络和路由器。

（6）协议栈。

在发送和接收数据时，互联网使用了一系列的协议栈。当发送数据时，数据从应用层（如HTTP）开始，向下通过传输层（TCP）、网络层（IP），最后到达链路层，然后在物理介质上传输。接收端则按相反的顺序处理数据，从链路层开始，最终到达应用层。

（7）加密和安全。

为了保护数据在传输过程中的安全和隐私，互联网引入了加密协议，如SSL/TLS。这些协议在数据传输时提供加密，确保即使数据包被截获，信息也无法被未授权的第三方读取。

（8）互联网络。

互联网的美妙之处在于，它实际上是一个由无数小型网络组成的巨大网络。这些小型网络可能是家庭网络、企业网络或政府网络，它们通过互联网服务提供商（Internet service provider, ISP）连接到互联网上。ISP们再通过更大规模的网络互相连接，形成了我们今天所知的全球互联网。

（二）网络设备和基础设施

互联网由众多不同的硬件组件构成，包括个人计算设备、服务器、路由器、交换机、调制解调器以及构成互联网骨干的大型传输线路。

1. 个人计算设备

一切从个人计算设备开始，包括台式计算机、笔记本计算机、智能手机和平板电脑等。这些设备是用户接入互联网的终端，通过各种方式（有线或无线）连接到更广泛的网络中。个人计算设备上运行的应用程序（如浏览器、电子邮件客户端、社交媒体应用等）允许用户发送和接收数据，实现信息的交换。

2. 调制解调器和路由器

调制解调器是个人计算设备与互联网连接的桥梁。它将数字信号转换为适合通过电话线路、有线电视线或光纤等传输介质的模拟信号。对于家庭用户而言，调制解调器通常是他们从互联网服务提供商（Internet service provider, ISP）处获得的设备，用于接入宽带互联网服务。

路由器是家庭和企业网络中不可或缺的设备，负责在多个网络之间转发信息。路由器可以是有线的，也可以是无线的，后者允许设备通过Wi-Fi技术连接到网络。路由器不仅管理内部设备的网络通信，还负责将数据从本地网络路由到互联网上，以及反向操作。

3. 交换机和集线器

交换机在网络中扮演着至关重要的角色，它负责在多个设备之间高效转发信息。不同于集线器（Hub）简单的广播传输模式，交换机能够学习连接设备的物理地址（MAC地址），直接将数据包传送到目标设备，减少不必要的网络流量和冲突。

集线器是一种较老的网络设备，现在已经被交换机广泛取代。集线器将接收到的每个数据包广播给其所有端口，而不管数据包的实际目的地，这导致效率低下和数据冲突。

4. 网络接口卡

网络接口卡是连接网络的硬件组件，每个希望接入网络的设备都需要有一张NIC。它可以是有线的（例如，以太网卡）或无线的（例如，Wi-Fi适配器）。网络接口卡负责在物理层面上实现对网络的接入，以及在数据链路层面上的通信。

5. 服务器和数据中心

服务器是专门配置的计算机，旨在处理请求并提供数据给其他计算机（客户端）。它们在互联网基础设施中扮演核心角色，承载着从网页托管到在线游戏、数据库管理等各种服务。

数据中心是存放大量服务器的设施，是互联网数据处理和存储的心脏。数据中心内部有复杂的冷却和电源系统，确保服务器24/7运行，同时采取高级安全措施保护数据不受物理和网络攻击。

6. 光纤和卫星

光纤是现代互联网的主要传输介质，以极高的速度和带宽传输数据。光纤通信利用光脉冲来传输信息，能跨越长距离而几乎不衰减，是连接数据中心、城市和国家的关键技术。

卫星通信则为偏远地区提供了互联网接入的可能。通过地球同步卫星，数据可以在无法铺设光纤的地区传输，虽然速度和延迟可能不如基于光纤的解决方案。

7. 互联网骨干

互联网骨干由全球范围内的一系列高容量数据传输线路组成，这些线路连接了世界各地的主要数据中心和网络交换点。它是互联网能够实现高效全球通信的基础，由多个大型电信公司和网络服务提供商共同维护。

（三）互联网服务和应用

互联网服务和应用是现代社会不可或缺的组成部分，极大地丰富了我们的工作、学习和生活。这不仅有助于我们更有效地利用互联网资源，也为将来的职业生涯提供了宝贵的知识储备。

1. 万维网（WWW）

万维网（World Wide Web），简称Web，是一种信息空间，用户可以通过浏览器访问网页。网页通常由HTML（超文本标记语言）编写，支持文本、图片、视频和其他多媒体内容的嵌入。网页之间通过超链接相互连接，形成了一个庞大而复杂的信息网络。Web应用广泛，从简单的个人博客到复杂的企业网站和在线商务平台，都是基于Web技术构建的。

2. 电子邮件

电子邮件是互联网上最早的服务之一，允许用户发送和接收电子消息。每个用户有一个独特的电子邮件地址，用于接收邮件。电子邮件系统基于SMTP（简单邮件传输协议）用于发送邮件，IMAP（互联网邮件访问协议）和POP3（邮局协议第三版）用于接收邮件。电子邮件使得个人和企业的通信变得快速而便捷，是日常工作和生活中不可或缺的工具。

3. 社交媒体和社交网络

社交媒体平台如微信、微博、抖音和LinkedIn等，改变了人们的交流方式和社交习惯。用户可以创建个人或企业的资料页，发布消息、图片和视频，与朋友和关注者互动。社交网络不仅促进了个人之间的联系，也为品牌提供了与客户互动的新途径。

4. 在线视频和流媒体

在线视频平台如优酷、哔哩哔哩等提供了大量的视频内容，包括电影、电视节目、教学视频和个人制作的内容。用户可以在任何支持互联网的设备上观看这些内容，流媒体技术使得视频可以在下载的同时播放，提供了流畅的观看体验。

5. 云计算和云存储

云计算是一种基于互联网的计算服务，提供了从简单的文件存储到复杂的数据分析和人工智能处理的各种服务。用户可以根据需要访问这些资源，而无须在本地安装复杂的硬件和软件。云存储服务如百度网盘和OneDrive允许用户存储文件在远程服务器上，并从任何地方通过互联网访问这些文件。

6. 电子商务

电子商务或电子商务网站如阿里巴巴、京东和希音，使得消费者可以在线购买商品和服务。电子商务不仅为消费者提供了更多的购物便利性，也为小型企业和个人卖家提供了接入全球市场的机会。

7. 远程工作和协作工具

随着互联网技术的发展，远程工作成为可能。协作工具（如腾讯会议、Microsoft Teams和Zoom）支持团队成员在不同地点工作时进行沟通和协作。这些工具提供了文本聊天、视频会议、文件共享和项目管理功能，使得远程工作和团队协作更加高效。

8. 在线教育和MOOCs

在线教育平台和MOOCs（大规模开放在线课程）如职教云、中国大学MOOC网和Khan Academy，提供了从小学教育到大学课程甚至职业培训的广泛学习资源。这些平台使得学习者可以根据自己的节奏学习新知识和技能，无论他们身在何处。

（四）互联网的意义

互联网不仅是技术的集合，它是人类文明的一个转折点，极大地促进了信息的自由流通，改变了教育、商业、政府和社会交往的方式。通过提供即时通信、海量信息资源和全球连接性，互联网已成为现代生活不可或缺的一部分。

三、项目实现

配置Windows 10设备以连接到互联网是一项基本但重要的技能，对于理解网络操作至关重要。以下步骤将指导您完成无线和有线网络连接的设置过程，确保您的设备能够顺利接入互联网。

（一）连接到无线网络

1. 打开网络设置

单击屏幕右下角的网络图标，将打开一个菜单，显示可用的无线网络列表。

如果未看到网络图标，请单击“开始”按钮，然后选择“设置”（齿轮图标）。

2. 选择无线网络

在弹出的网络列表中找到并单击您想要连接的无线网络名称（SSID）。

如果您的网络是隐藏的，需要单击“网络和互联网设置”中的“管理已知网络”，然后单击“添加新网络”，输入网络名称和安全类型。

3. 输入密码

输入无线网络的安全密钥（密码），然后单击“下一步”按钮。

如果连接成功，您将看到“已连接”状态，并且网络图标会显示信号强度。

4. 测试连接

打开任何Web浏览器，尝试访问一个网站（如www.baidu.com）以确认您的设备已成功连接到互联网。

（二）连接到有线网络

连接Windows 10设备到有线网络通常比无线连接更简单，因为它不需要密码认证。

1. 准备网络电缆

确保有一根以太网（Ethernet）电缆。

2. 连接电缆

将以太网电缆的一端插入计算机上的以太网端口。将另一端插入宽带调制解调器、路由器或网络插座。

3. 确认连接

Windows 10通常会自动检测到有线连接并建立互联网连接。

检查屏幕右下角的网络图标，如果看到了有线连接图标，表示设备已经连接到网络。

4. 测试连接

和无线连接一样，打开Web浏览器尝试访问网站以确认连接成功。

四、技巧与提高

在日常生活和工作中，安全高效地连接互联网至关重要。以下是关于如何确保网络连接安全、提高网络性能以及在使用公共Wi-Fi时应采取的安全措施的详细介绍。

（一）安全连接：识别安全的Wi-Fi网络

在连接Wi-Fi网络时，识别安全的网络是非常重要的。安全的Wi-Fi网络通常是由可信任的组织或个人设置的，具有以下特征：

（1）加密：使用WPA2或WPA3加密的网络比较安全。避免连接使用WEP加密或未加密的网络，因为这些网络更容易被黑客攻击。

（2）认证：许多公共场所提供的Wi-Fi网络在连接后需要通过网页登录认证。确保登录页面是通过HTTPS进行加密的，以保护您的信息安全。

（3）网络名称：小心伪装成官方或可信任网络的“流氓”Wi-Fi热点。确认网络名称（SSID）是否与提供Wi-Fi服务的组织或地点相符。

（二）提高网络性能

提高网络性能可以通过优化网络设置来实现。以下是一些提高上网速度和稳定性的方法：

（1）更改DNS服务器：默认情况下，大多数人使用的是互联网服务提供商（ISP）分配的DNS服务器。更换为公共DNS服务，如中国电信DNS或阿里云DNS，有时可以提高浏览速度和提升连接的稳定性。

（2）限制带宽占用：在多设备同时使用网络的情况下，某些应用或设备可能会占用过多带宽，影响其他设备的网络性能。使用路由器的带宽控制功能或第三方应用来限制特定应用或设备的带宽占用可以提高整体网络性能。

（3）网络硬件优化：确保您的网络硬件（如路由器和调制解调器）是最新的，并且放置在中心位置，以减少信号衰减和干扰。

（三）公共Wi-Fi使用注意事项

在公共场所使用Wi-Fi时，安全是首要考虑的因素。以下是一些必要的安全措施：

（1）避免访问敏感账户：在公共Wi-Fi网络上，尽量避免登录银行账户或其他含有敏感信息的服务，以减少被黑客窃取信息的风险。

（2）禁用共享：确保在连接公共Wi-Fi时，关闭文件共享和网络发现功能。在Windows 10中，可以在网络连接提示为“公共网络”时自动实现这一点。

（3）保持软件更新：确保您的操作系统和防病毒软件是最新的，以保护您的设备不受恶意软件和网络攻击的威胁。

通过采取以上措施，可以在连接互联网时保护自己的网络安全，提高网络性能，并在使用公共Wi-Fi时减少安全风险。这些知识对于任何希望在数字时代安全高效地使用网络资源的人来说都是宝贵的。

五、测评

（一）知识评测

（1）互联网的核心协议包括________协议和________协议。

（2）将域名转换为IP地址的过程由________系统完成。

（3）IPv4地址是一种________位的地址格式，通常表示为四组由点分隔的数字。

（4）数据在互联网上传输时被分割成________，这些数据块独立传输，最终在接收端重组。

（5）为了解决IPv4地址耗尽的问题，提出了________这种新的地址格式。

（6）路由器在互联网中负责确定数据包的________，以便从源地址到目的地址传输数据。

（7）________是连接网络设备的硬件组件，每个设备都需要具备此组件才能接入网络。

（8）调制解调器的作用是将________信号转换为适合传输的模拟信号。

（9）在连接到公共Wi-Fi网络时，应避免登录含有________信息的服务。

（10）为了提高搜索引擎的搜索精度，可以使用引号进行________匹配。

（二）能力评测

按表5-1中所列的操作要求，对自己完成的文档进行检查，操作完成得满分，未完成或错误适当扣减分数。

表 5-1 能力评测表

序号	操作要求	分值	完成情况	自评分
1	能够配置设备以连接到家庭或学校的网络	33		
2	能诊断和解决常见的网络连接问题，如信号弱、连接断开等	33		
3	能进行基本的网络设置，如更改Wi-Fi密码、设置静态IP地址等	34		
总分				

（三）素质评测

针对表5-2中所列出的素质与素养观察点，反思项目实现的过程，思考总结相关项目，做到即得满分，未做到适当扣减分数。

表 5-2 素质评测表

序号	素质与素养	分值	总结与反思	得分
1	培养信息素养，学会批判性地思考和分析网络信息。	25		
2	提高解决问题的能力，能够有效地利用互联网资源支持学术研究和个人发展	25		
3	培养良好的网络安全意识和道德责任感	25		
4	具备团队协作精神，能与他人合作共享信息，实现信息的更大价值	25		
总分				

项目二 使用互联网检索信息

一、项目描述

毕业设计是高职学生教育生涯中的一个重要里程碑，要求学生运用所学知识独立完成一个专业项目或研究。这个过程不仅检验了学生的学术能力，也是其分析问题、解决问题能力的综合体现。在毕业设计的早期阶段，学生需要进行广泛的文献回顾和资料搜集，以确保他们对选定主题有深入的理解和全面的视角。有效地使用搜索引擎搜索相关材料成为这一过程中的关键步骤。通过精确地定义搜索关键词、运用高级搜索技巧和评估搜索结果的相关性和可靠性，学生可以快速地收集到高质量的研究资料。这些资料不仅为毕业设计提供理论支持，也可以启发新的研究思路，帮助学生更好地构建研究框架和设计研究方法。因此，掌握如何有效地使用搜索引擎是进行毕业设计研究的基本而重要的技能。

二、知识准备

搜索引擎是互联网上最强大的工具之一，它们能够在数十亿网页中迅速找到具有相关性的信息。为了有效地使用搜索引擎进行研究或日常信息检索，理解其基本工作原理和搜索技巧至关重要。本部分将深入探讨搜索引擎的基础知识，旨在帮助职业大专学生提高搜索效率和结果的准确性。

随着互联网和人工智能技术的发展，信息检索的方式不再局限于传统的搜索引擎，生成式人工智能（又称生成式AI）的应用正在改变信息检索的场景和方法。生成式AI可以生成文本内容，帮助用户更快地找到所需信息，提高检索效率和内容创作的质量。

（一）搜索引擎

1. 搜索引擎的工作原理

搜索引擎通过三个基本步骤工作：爬行（crawling）、索引（indexing）和检索（retrieving）。

（1）爬行：搜索引擎使用爬虫（又称蜘蛛或机器人）在互联网上浏览网页、收集信息。

（2）索引：收集到的信息被存储在一个巨大的数据库中，这个过程被称为索引。每个网页都会被分析，其内容、链接及其他相关数据将被编入索引。

（3）检索：当用户输入查询时，搜索引擎会从索引中检索信息，使用复杂的算法确定哪些网页最相关，并将结果按相关性排序展示给用户。

2. 搜索技巧的重要性

了解搜索引擎的工作原理后，使用高效的搜索技巧就显得尤为重要。正确的搜索技巧可以帮助用户快速找到准确、相关的信息，避免浪费时间在不相关的结果上。

（1）关键词选择：选择合适的关键词是搜索过程中的第一步。关键词应尽可能准确地反映信息需求的本质。

（2）使用引号进行精确匹配：将搜索短语放在引号中，可以让搜索引擎查找包含完全相同短语的页面，这对于查找精确信息非常有用。

（3）利用高级搜索操作符：如使用“site:”限定在特定域名下搜索，或使用“filetype:”搜索特定格式的文件。这些操作符能够让搜索更加精确，尤其是在进行学术研究时。

3. 理解搜索结果

理解搜索引擎如何展示结果也是一项重要技能。搜索结果页面通常包括：

（1）搜索结果摘要：每个结果都会有标题、URL和简短描述。学会快速浏览这些信息，可以帮助你判断哪些网页值得深入阅读。

（2）广告与自然搜索结果的区分：许多搜索引擎会在搜索结果中展示广告。了解如何区分广告和自然搜索结果，可以避免被不相关的内容分散注意力。

（3）使用搜索工具：大多数搜索引擎提供过滤工具，如按时间过滤，这对于找到最新的信息非常有帮助。

（二）搜索关键词选择

关键词选择是进行有效搜索的关键步骤，尤其是在进行学术研究或寻找特定信息时。良好的关键词选择能够显著提高搜索引擎返回结果的相关性和质量。掌握如何选择和优化关键词是提高研究效率、获取高质量信息的基本技能。以下是关于关键词选择的深入讨论，旨在帮助学生精确地定位所需的信息资源。

1. 理解研究主题

首先，深入理解你的研究主题是选择有效关键词的前提。这意味着你需要明确研究的具体领域、研究问题以及相关的理论和概念。将研究主题细分为几个核心概念或问题，这些将作为选择关键词的基础。

2. 选择初始关键词

（1）使用主题术语：从你的研究主题中提取主题术语，这些通常是描述研究领域、对象或概念的词汇。

（2）同义词和相关词：考虑你的主题术语的同义词或相关术语。不同作者可能使用不同的术语来描述相同的概念，包括这些词汇可以扩大搜索范围。

（3）专业术语和通俗术语：包括专业术语和更通俗的表述方式。例如，学术文献可能使用“心血管疾病”（Cardiovascular Diseases），而非专业受众可能使用“心脏病”（Heart Disease）。

3. 扩展和精细化关键词

（1）使用背景资料：查阅课本、综述文章或百科全书等背景资料，可以帮助你发现与主题相关的额外关键词。

（2）探索已有研究：阅读相关的研究论文或报告，注意作者如何描述他们的研究。引用部分和关键词列表是发现新关键词的好地方。

（3）利用搜索引擎的建议功能：大多数搜索引擎提供搜索建议功能，输入初始关键词时，注意搜索引擎推荐的相关搜索查询。

4. 关键词组合技巧

（1）布尔运算符：使用AND连接不同的核心概念，使用OR连接同义词或相关词，使用NOT排除不相关的概念。

（2）短语搜索：将关键词组合成短语，并使用引号进行精确匹配，这对于寻找特定信息或引用非常有用。

（3）使用通配符和截词：许多搜索引擎允许使用通配符（如*）和截词符号（如$），以包括关键词的不同形态或拼写变体。

5. 评估和调整关键词

有效的关键词选择是一个迭代过程。开始搜索后，根据搜索结果的质量和相关性评估关键词选择：

（1）如果结果太少：考虑使用更广泛的术语，或使用OR连接更多同义词和相关词。

（2）如果结果太多或不相关：使用更具体的术语，或利用AND连接更多核心概念来缩小搜索范围。

（三）使用高级搜索技巧

1. 初步关键词搜索

（1）基本搜索：首先，以“数字孪生”作为基础关键词进行搜索。这是获取入门级信息的起点。

（2）关键词变体：探索不同的关键词组合和同义词，如“数字双胞”、“虚拟仿真”以及“数字副本”，来扩展搜索范围。

2. 应用布尔运算符

（1）精确搜索：通过AND连接具体应用或领域，如“数字孪生 AND 智能制造”，来定位特定行业内的应用实例。

（2）扩展搜索范围：OR运算符用于链接同义词或相关概念，如“数字孪生 OR 虚拟仿真”，以捕捉更广泛的相关信息。

（3）排除非相关结果：使用NOT排除不希望出现的结果，如“数字孪生 NOT 游戏”，以过滤掉与研究无关的内容。

3. 精确匹配和特定站点搜索

（1）短语搜索：将关键短语放在引号中，如“数字孪生技术原理”，进行精确匹配搜索，确保结果的相关性。

（2）特定站点搜索：使用“site:”指令限定在特定的网站或领域内搜索，如“site:edu”定位学术资源，“site:gov”查找政府工作报告。

（四）评估和筛选信息

1. 评估搜索结果

（1）选择权威资源：优先考虑来自学术期刊、专业会议或知名研究机构的资料。

（2）快速评估：通过浏览标题、摘要或简介，迅速判断信息是否与研究目标紧密相关，以及其可靠性和权威性。

2. 深入阅读和整理

（1）深度阅读：对于初步筛选后的资料，进行深入阅读，特别关注那些阐述技术特点、应用案例、发展趋势和面临挑战的资料。

（2）资料整理：对收集到的信息进行整理，归纳总结关键点，为后续的毕业设计研究和分析做好准备。

（五）利用生成式AI进行检索

1. 生成式AI简介

生成式AI是一种能够根据用户输入（如问题或主题）生成自然语言文本的技术。它可以用于回答问题、自动总结、写作辅助等多种场景。通义千问等工具是生成式AI的典型应用，通过分析用户输入生成相关的回答或建议。

2. 传统搜索引擎结合生成式AI的检索

一些现代搜索引擎（如百度）已经集成了生成式AI。当用户输入搜索查询时，除了传统的网页搜索结果，还会生成由AI生成的简要回答。这种结合方式可以提高信息获取的速度和质量。

3. 直接使用生成式AI

通过生成式AI工具（如通义千问），用户可以直接提出问题，获得个性化的回答或内容创作。这些工具不仅可以生成直接回答，还能生成文本摘要、撰写建议等。

三、项目实现

（一）使用搜索引擎进行信息检索

选择合适的关键词并优化搜索策略。

（1）明确检索目标。

①先确定要检索的具体问题和主题。例如，如果研究的是“数字孪生技术”，需要明确是想了解其概念、应用场景、技术优势，还是发展趋势。

②分析研究问题的核心概念，如“数字孪生技术的应用”，可以将其分解为多个关键词或短语，如“数字孪生”“智能制造”“虚拟仿真”等。

（2）选择和优化关键词。

①提取主要关键词：从问题中提取核心关键词，如“数字孪生”和“智能制造”。这些词汇要能精准地描述搜索需求。

②使用同义词和相关词扩展：考虑使用不同的表达方式扩展搜索，如“虚拟孪生”“数字双胞”等术语。

③结合限定词优化关键词：加入特定的限定词可以使搜索更有针对性，如“数字孪生+应用场景”“数字孪生+技术挑战”。

（3）使用百度的高级搜索技巧。

①布尔运算符：虽然百度不支持明确的布尔运算符（如AND、OR），但可以使用加号“+”表示必须包含的关键词，减号“-”表示排除某个关键词。例如，“数字孪生+智能制造-游戏”表示查找数字孪生在智能制造中的应用，同时排除与游戏相关的内容。

②短语搜索：将关键词放在引号内进行精确匹配搜索，如“数字孪生技术的优势”，以确保搜索结果包含完整的短语。

③使用通配符：在百度中，通配符“”可用于表示模糊搜索，例如“数字孪生”可查找“数字孪生技术”“数字孪生系统”等相关内容。

（4）限定特定的搜索范围。

①使用“site:”命令：百度支持通过“site:”命令限定搜索在特定网站或域名范围内进行。例如，“site.cn 数字孪生”可以查找中国高校网站上的相关内容；“site.cn 数字孪生”则可查找政府网站发布的信息。

②限制文件类型：使用“filetype:”命令查找特定格式的文件，如PDF或DOC文档。例如，“数字孪生 filetype”可以查找关于数字孪生的PDF文档。

③按地域限制搜索：如果需要区域性的资料，可以在关键词中添加地域信息，如“北京 数字孪生”，以查找北京地区的相关信息。

（5）利用百度的搜索工具进行时间和语言过滤。

①时间过滤：使用百度搜索结果页面的“时间”筛选功能，将搜索结果限制在最近一天、一周、一个月等范围内，以便查找最新的研究资料或新闻。

②语言过滤：虽然百度主要用于中文搜索，但在某些特定情况下，可以选择按语言分类，或使用翻译工具查找外文资料。

（6）分析初步搜索结果并调整关键词。

①浏览搜索结果的标题和摘要：快速浏览百度搜索结果的摘要，判断其是否符合搜索需求。如果结果不够精准，可以进一步优化关键词。

②使用百度的相关搜索建议：在搜索结果页面底部，百度会提供相关搜索的推荐，这些建议可以为进一步优化搜索策略提供参考。

③迭代调整关键词组合：根据初步搜索结果的反馈，不断调整关键词的组合、顺序或添加限定词，以提高搜索的准确性和相关性。

（7）保存和管理有价值的资源。

①收藏功能：使用百度的收藏夹功能，将有用的搜索结果保存起来，便于日后查阅。

②记录成功的搜索策略和关键词：将有效的搜索组合和策略记录下来，为将来的搜索提供参考。

（二）利用生成式AI进行信息检索

1. 使用百度搜索引擎的生成式AI进行信息检索

（1）选择合适的搜索关键词：确定检索目标，如“数字孪生在智能制造中的应用”，并使用相关的关键词进行搜索。使用具体的关键词以获得更精确的AI生成答案，如“数字孪生的挑战与优势”。

（2）查看生成式AI的搜索结果：百度搜索会显示生成式AI的简要答案，通常位于搜索结果顶部。仔细阅读生成的内容，判断其是否满足需求。若生成的答案不够详细，可以单击相关网页链接获取更多信息。

（3）结合传统搜索结果验证信息：与常规的网页结果对比，确保AI生成的答案是可靠的，特别是涉及学术研究时。

2. 使用通义千问等生成式AI工具直接进行信息检索

（1）输入明确的问题或主题：在通义千问中输入问题，如“什么是数字孪生技术？有哪些应用场景？”，通义千问会生成详细的回答，用户可以根据其内容判断参考价值。

（2）生成摘要和写作辅助：当处理大量文本时，可将文本复制到通义千问中进行摘要生成，提取重要信息。

在写作中，通义千问可为文档的结构提供建议。

3. 评估生成式AI内容的可靠性

（1）检查信息源：确认生成的内容与已知的权威信息相符，特别是在学术领域。

（2）验证信息的全面性和时效性：结合多个来源进行验证，确保信息的完整性和时效性。

4. 安全使用AI工具

（1）避免共享敏感信息：避免在AI工具中输入私人或机密数据。

（2）了解AI的局限性：生成的内容可能存在偏差或过时，应慎重使用。

四、技巧与提高

（一）进阶搜索技巧

1. 利用高级搜索功能

大多数搜索引擎提供高级搜索选项，允许用户根据特定参数（如日期范围、网站或文档类型等）进行搜索。熟练运用这些高级功能可以帮助你更快地找到最相关的资料。

2. 使用搜索引擎的学术资源

针对学术研究，特别是技术领域的研究，百度学术、微软学术等专门的学术搜索引擎能够提供大量的学术论文、专利和学术出版物。这些资源通常都经过同行评审，质量较高。

3. 网站特定搜索

如果你知道某个可靠网站或数据库可能含有大量相关信息，直接在该网站内进行搜索往往比在广泛的互联网上搜索更有效。此外，许多专业网站和在线数据库还提供了高级搜索工具，可以更精准地定位信息。

（二）搜索策略的优化

1. 动态调整搜索策略

搜索不应是一次性的活动，而是一个迭代过程。根据初始搜索结果的反馈，适时调整关键词和搜索策略。如果某个关键词组合返回了大量不相关的结果，尝试使用更具体的术语或加入额外的限定词。

2. 开发一个关键词库

随着对数字孪生技术领域理解的加深，持续收集和整理相关的术语、作者名、重要论文和项目等，形成一个个性化的关键词库。这不仅可以帮助提高未来搜索的效率，也有助于跟踪领域内的最新发展。

3. 利用社交媒体和专业网络

许多研究人员和行业专家会在社交媒体平台（如微信公众号）或专业社区（如科学网）上分享最新的研究成果和见解。定期关注这些平台，可以获取行业的最新动态和前沿研究。

（三）信息评估与整合

1. 评估信息的质量和可靠性

学会评估找到的信息的质量和可靠性至关重要。检查信息来源（是否权威）、发布日期（是否最新）、引用情况（是否被广泛引用）等，可以帮助判断信息的价值。

2. 整合和归档找到的资料

使用文献管理工具（如EndNote）来整理和保存重要的文献和资料。这不仅可以帮助你在需要时快速找到这些信息，也便于在撰写报告或论文时进行引用。

五、测评

（一）知识评测

（1）搜索引擎工作的三个基本步骤是爬行、索引和________。

（2）使用引号进行精确匹配的搜索技巧可以让搜索引擎查找包含完全相同短语的页面，这对于查找________信息非常有用。

（3）利用高级搜索操作符“site:”可以限定在特定________下搜索。

（4）评估搜索结果时，优先考虑来自________、专业会议或知名研究机构的资料。

（5）利用搜索引擎进行有效的信息检索包括定义搜索关键词、运用高级搜索技巧和评估搜索结果的________和可靠性。

（6）高级搜索技巧还包括使用“________”进行特定格式的文件搜索。

（7）在多设备同时使用网络时，某些应用或设备可能会占用过多带宽，使用________的带宽控制功能可以提高网络性能。

（8）在公共Wi-Fi网络上，应避免登录含有________信息的服务，以减少被黑客窃取信息的风险。

（9）电子邮件系统基于SMTP用于发送邮件，IMAP和________用于接收邮件。

（10）利用________和截词符号可以包括关键词的不同形态或拼写变体，增加搜索的灵活性。

（11）生成式AI可以生成________内容，帮助用户快速获取信息。

（12）使用百度搜索引擎时，生成式AI的答案通常显示在搜索结果的________位置。

（13）在使用生成式AI生成的信息时，应该结合________验证其可靠性。

（14）通过通义千问等生成式AI工具可以自动生成文本摘要，提取文档的________信息。

（15）生成式AI的回答可能存在信息偏差，因此需要结合多个________进行验证。

（二）能力评测

按表5-3中所列的操作要求，对自己完成的文档进行检查，操作完成得满分，未完成或错误适当扣减分数。

表 5-3　能力评测表

序号	操作要求	分值	完成情况	自评分
1	能利用搜索引擎进行有效的信息检索，包括定义搜索关键词、运用高级搜索技巧和评估搜索结果的相关性和可靠性	50		
2	能利用生成式人工智能对信息进行检索，并简单判断信息的可靠性	50		
总　分				

（三）素质评测

针对表5-4中所列出的素质与素养观察点，反思项目实现的过程，思考总结相关项目，做到即得满分，未做到适当扣减分数。

表 5-4　素质评测表

序号	素质与素养	分值	总结与反思	得分
1	培养信息素养，学会批判性地思考和分析网络信息	25		
2	提高解决问题的能力，能够有效地利用互联网资源支持学术研究和个人发展	25		
3	培养良好的网络安全意识和道德责任感	25		
4	具备团队协作精神，能够与他人合作共享信息，实现信息的更大价值	25		
总　分				

项目三　利用中文学术期刊数据库检索毕业论文资料

一、项目描述

在毕业论文写作的过程中，学生面临着广泛而深入地搜集专业知识和实证资料的需求。为了确保研究的深度和广度，有效利用中文学术期刊数据库成为一项必要且关键的技能。该任务要求学生不仅能够清晰地界定自己的研究主题和问题，还需能够熟练地运用数据库检索工具，从海量的学术资源中筛选出最相关和最权威的文献来支撑自己的论点和分析。此外，学生需要学会如何综合利用不同的数据库资源，比如中国知网、万方数据资源系统和维普资讯等，以获取不同领域内的最新研究成果和学术观点。通过这一过程，学生将加深对所研究领域的理解，提升研究论文的质量，同时培养自己的信息检索能力和批判性思维能力。这不仅对完成高质量的毕业论文至关重要，也为学生未来的学术研究或职业生涯打下坚实的基础。

二、知识准备

（一）文献数据库

1. 主要的中文学术期刊数据库

（1）中国知网（China National Knowledge Infrastructure, CNKI）：中国最大的学术研究综

合数据库，提供了包括学术期刊、博士学位论文、会议论文等在内的广泛资源。CNKI特别强大的地方在于它对中国大陆出版的学术资源有几乎全面的覆盖，是研究中国相关学术话题不可或缺的资源库。

（2）万方数据资源系统：一个综合性的学术资源平台，收录了大量的中文期刊文章、学位论文和会议论文。万方数据的特点是用户界面友好，搜索功能强大，特别适合需要进行跨学科研究的学者和学生使用。

（3）维普资讯：以其庞大的期刊文章数据库而闻名，尤其是在医学、科学和工程领域的文献收录上有着良好的口碑。维普资讯提供了便捷的文献检索和高级搜索功能，使得用户可以快速定位到所需的研究材料。

2. 数据库知识的重要性

（1）熟悉数据库结构：每个数据库都有其独特的界面和功能。了解不同数据库的结构和搜索机制，可以帮助用户更有效地进行文献检索。例如，学习如何使用高级搜索条件、如何利用分类浏览功能等，都是提高检索效率的关键。

（2）掌握资源类型：中文学术期刊数据库不仅包含期刊文章，还可能包括学位论文、会议记录、专利、标准等多种类型的学术资源。了解这些不同类型的资源特点，可以帮助研究者更全面地收集背景资料和支持证据。

（3）学习文献管理：高效地管理检索到的文献资源是进行学术研究的另一个关键环节。学习如何利用数据库提供的文献管理工具，如导出引用、建立个人文献库等功能，不仅可以节省时间，还可以避免在文献整理和引用过程中的错误。

（二）检索数据库

1. 使用高级搜索功能

（1）时间范围限定：大多数数据库允许用户根据发布日期对搜索结果进行筛选。这对于寻找最新的研究成果特别有用。例如，如果你的研究需要最近五年内的资料，可以设置时间范围从当前年份往回数五年，以确保获取到的文献是最新的。

（2）作者和机构筛选：通过指定特定作者或研究机构进行搜索，可以快速找到某个领域内专家或团队的研究成果。这种方法特别适合当你已经知道某位学者或某个研究团队在你关注的领域内有重要贡献时使用。

（3）文档类型和语言限定：根据研究需要，可能只对特定类型的文档感兴趣，如学术论文、会议记录或博士论文等。高级搜索允许用户根据文档类型进行筛选。此外，还可以根据语言进行筛选，尤其是在多语种数据库中，这一功能尤为重要。

（4）引用次数：一些数据库提供了根据文章的被引用次数进行搜索的功能。高引用次数可能意味着该文献在学术圈内具有较高的认可度和影响力。通过这一功能，可以帮助你快速定位到领域内的重要文献。

2. 利用专题分类搜索

很多数据库根据学科领域提供了专题分类搜索功能，用户可以直接在特定的学科分类下进行检索，这有助于快速缩小搜索范围，直接进入研究领域的核心文献集合。

3. 使用字段搜索

高级搜索通常允许用户指定搜索词出现的字段，如标题、摘要、关键词等。这种精确的字段搜索可以提高检索的相关性，尤其是当搜索词比较通用，而你希望它们出现在文献的关键部位时。

4. 结合使用多种高级搜索技巧

在实际操作中，结合使用上述高级搜索技巧，可以大幅提升信息检索的准确性和效率。例如，可以同时设置时间范围、作者筛选和文档类型限定，以便快速精准地获取目标文献。

三、项目实现

（一）确定搜索策略

1. 明确研究主题

首先，明确你的研究需求是关于“百千万工程”的哪个方面，如项目背景、实施效果、案例分析等。这有助于你在后续步骤中更精确地选择和使用关键词。

2. 构建关键词列表

基于研究主题，列出可能的关键词和同义词。例如，“百千万工程”“人才发展计划”等，考虑到不同作者可能使用不同的术语描述相同的概念。

（二）执行搜索

1. 登录中国知网

访问中国知网网站，并登录。如果你所在的学校或机构订阅了CNKI，通常可以通过校园网络免费访问。

2. 使用高级搜索

选择高级搜索功能，可以更灵活地定义搜索条件，包括但不限于关键词在标题、摘要或全文中出现，以及指定文献的发表时间范围等。

在关键词输入框中输入“百千万工程”，并将搜索范围设置为标题，以便于找到直接相关的文献。

利用布尔运算符，如AND连接“人才发展”，OR扩展搜索范围，如“百千万工程 OR 人才发展计划”。

3. 设置时间和类型过滤

根据研究需要，可以设置特定的时间范围，例如选择最近五年的文献，以获取最新的研究成果。

如果需要特定类型的文献，比如学位论文或会议论文，可以在文献类型选项中进行相应选择。

（三）文献筛选和评估

1. 初步筛选

浏览搜索结果列表，快速查看每篇文献的标题、作者、摘要等信息，初步判断其相关性和价值。

利用CNKI的“相关文献”功能查找更多相关文献，这有助于发现你在最初搜索时可能错过的重要文献。

2. 深入阅读与评估

对于看似高度相关的文献，下载全文进行深入阅读，重点关注研究方法、数据分析和结论等部分。

评估文献的质量和可靠性，注意检查文献的出处、作者资质和文献被引用情况。

四、技巧与提高

（一）利用保存和导出功能

使用CNKI的保存和导出功能，将有价值的文献信息保存至个人账户或导出到文献管理软件中，便于后续管理和引用。

（二）持续跟踪最新研究

利用CNKI的邮箱订阅服务，定期接收与“百千万工程”相关主题的最新文献，保持对领域内发展动态的持续关注。

五、测评

（一）知识评测

（1）中国知网学术研究综合数据库，提供了学术期刊、博士学位论文、会议论文等广泛资源，尤其在________相关学术话题的研究中不可或缺。

（2）利用专题分类搜索功能可以快速缩小搜索范围，直接进入研究领域的核心文献集合，这对于进行________研究特别有帮助。

（3）文献数据库中，文档类型和语言限定功能允许用户根据需要筛选特定类型的文档，如学术论文或会议记录，以及特定的语言，这对于寻找________文献非常有效。

（4）一些数据库提供根据文章的被引用次数进行搜索的功能，这可以帮助定位领域内的________文献。

（5）在确定搜索策略时，构建关键词列表是关键步骤之一，需要考虑不同作者可能使用的________或相关术语。

（6）使用字段搜索时，可以指定搜索词出现的字段，如标题、摘要或关键词等，这种方法可以提高检索的________。

（7）在使用中文学术期刊数据库时，设置时间范围是一个常用的高级搜索技巧，特别是选择最近________年内的文献，以获取最新的研究成果。

（8）通过指定特定作者或研究机构进行搜索，可以快速找到某个领域内专家或团队的研究成果，特别是当研究主题涉及特定的________时。

（9）在文献筛选和评估阶段，初步筛选通常通过查看每篇文献的标题、作者、摘要等信息来判断其________和价值。

（10）利用数据库的保存和导出功能，可以将有价值的文献信息保存至个人账户或导出到________软件中，便于后续管理和引用。

（二）能力评测

按表5-5中所列的操作要求，对自己完成的文档进行检查，操作完成得满分，未完成或错误适当扣减分数。

表 5-5 能力评测表

序号	操作要求	分值	完成情况	自评分
1	能快速收集高质量的研究资料，为毕业设计提供理论支持和新的研究思路	33		
2	能熟练运用数据库检索工具，高效筛选出最相关和最权威的学术文献	33		
3	能综合利用不同的数据库资源，获取不同领域内的最新研究成果和学术观点	34		
总　分				

（三）素质评测

针对表5-6中所列出的素质与素养观察点，反思项目实现的过程，思考总结相关项目，做到即得满分，未做到适当扣减分数。

表 5-6 素质评测表

序号	素质与素养	分值	总结与反思	得分
1	培养信息素养，学会批判性地思考和分析网络信息	25		
2	提高解决问题的能力，能够有效地利用互联网资源支持学术研究和个人发展	25		
3	培养良好的网络安全意识和道德责任感	25		
4	具备团队协作精神，能够与他人合作共享信息，实现信息的更大价值	25		
总　分				

模块六 新一代信息技术

在浩瀚的历史长河中，信息技术既是推动人类文明进步的动力，更是人类文明进步的标志。语言、文字、印刷术、电磁波、互联网，这些信息技术发展史上的标志性成果，一次又一次地改变着人类的生活方式，推动着人类文明走向更高的山峰，让人类获得了更广泛意义上的自由。

到了今天，以人工智能、量子信息、移动通信、物联网、区块链、云计算、大数据等为代表的新兴信息技术，与制造业、金融业、服务业等领域深度融合，正在全球范围内引发一场新一轮的科技革命，以前所未有的速度转化为现实生产力，引领社会以日新月异的速度变革和发展。

本模块通过寻找生活中的信息新技术任务的实现，以信息技术发展为主线，介绍信息技术发展史和信息技术发展的几大新兴领域（即云计算、大数据、物联网、人工智能、工业互联网、区块链以及新媒体技术与虚拟现实）的基本概念、核心技术及典型应用场景。

知识目标

①理解新一代信息技术及其主要代表技术的基本概念；

②了解新一代信息技术各主要代表技术的技术特点；

③了解新一代信息技术各主要代表技术的典型应用；

④了解新一代信息技术与制造业等产业的融合发展方式。

能力目标

①能根据云计算、大数据、物联网、人工智能、工业互联网、区块链以及新媒体技术与虚拟现实的概念和典型应用场景，感知和判断与个人生活相关的新技术应用；

②能通过网络检索收集新技术应用的典型场景；

③能使用手机采集、编辑新技术在生活中的典型应用场景；

④能使用Ollama自动本地部署指定的qwen2.5:0.5b大语言模型。

素质目标

①具备信息意识：主动地寻求恰当的方式捕获、提取和分析信息新技术的典型应用场景；

②树立建设创新型国家、制造强国、质量强国、网络强国的信心。

项目一 云 计 算

一、项目描述

在本项目中，学生们将深入探索云计算技术，并学习如何实际应用这一技术以解决现实世界的问题。任务的核心是让学生通过注册和配置云服务账户，具体操作一个云计算平台，如阿里云。学生们将首先学习如何在云平台上创建和管理虚拟机，接着部署简单的网络应用程序，并通过这一过程，理解云资源的动态分配和扩展性。此外，本项目还将涉及基本的云安全概念，确保学生能够建立起对云计算安全性的基本认识。通过这些活动，学生将获得实际操作云计算基础设施的经验，为未来在信息技术或相关领域的职业生涯奠定坚实的基础。

二、知识准备

随着信息技术的快速发展，云计算作为一种创新的计算模式，正逐步改变我们的工作和生活方式。本文旨在全面介绍云计算的定义、特点、发展历程以及其在中国的重要性。通过深入探讨云计算的关键技术，包括虚拟化、分布式存储和计算、数据中心和网络技术，本文展现了这些技术如何共同确保云计算服务的灵活性、效率和安全性。同时，文章还探讨了云计算在各个领域的应用情况，如互联网、金融、政府、医疗健康、教育和制造业等，展示了云计算如何为这些领域带来变革和机遇。此外，本文还概述了中国云计算的现状、政策支持、市场规模和主要企业情况，以及云计算技术的创新与突破。

（一）云计算概述

1. 云计算的定义与特点

云计算是一种基于互联网的计算模式。通过这种方式，共享的软硬件资源和信息可以按需提供给计算机和其他设备。云计算的特点包括灵活性、可扩展性、高可靠性和低成本。它使得用户可以随时随地、使用各种设备访问数据和应用程序，而无须关心底层硬件和软件的具体实现。

2. 云计算的发展历程

云计算的发展可以分为几个阶段：首先是基础设施阶段，以数据中心和虚拟化技术为基础，提供计算和存储资源；其次是平台阶段，提供开发环境和应用程序运行平台；最后是软件阶段，提供各种在线应用服务。随着技术的不断进步，云计算已经从单一的服务模式发展到现在的多元化服务模式。

3. 云计算在我国的重要性

云计算在我国具有重要意义。首先，它有助于推动信息技术产业的发展，提高国际竞争力。其次，云计算可以降低企业的运营成本，提高效率，促进产业升级。此外，云计算还为政府部门提供了高效、便捷的服务手段，有助于提高政府治理能力。最后，云计算在教育、医疗、金融等领域的应用，有助于改善民生，提高人民生活水平。

（二）云计算的关键技术

云计算的关键技术是支撑其服务模式和架构的核心组件，它们共同确保了云计算的灵活性、效率和安全性。以下是云计算的一些关键技术：

1. 虚拟化技术

定义与作用：虚拟化技术是云计算的基础，它允许在一台物理服务器上运行多个虚拟机，每个虚拟机都可以执行自己的操作系统和应用程序。

类型：包括服务器虚拟化、存储虚拟化、网络虚拟化等。

优势：提高资源利用率，降低硬件成本，增强系统弹性和可管理性。

2. 分布式存储技术

定义与作用：分布式存储技术通过将数据分散存储在多个节点上，提高数据的可靠性和访问速度。

关键技术：包括数据冗余、数据分片、数据复制和数据恢复等。

优势：提高数据的可用性和持久性，支持大规模数据存储和处理。

3. 分布式计算技术

定义与作用：分布式计算技术将大型计算任务分解成多个小任务，分配给网络中的多个节点并行处理。

关键技术：包括负载均衡、任务调度、容错机制等。

优势：提高计算效率，缩短处理时间，适用于大规模数据处理和分析。

4. 数据中心技术

定义与作用：数据中心是云计算服务的物理基础，它集中了大量的服务器、存储和网络设备。

关键技术：包括服务器集群、制冷系统、电源管理系统等。

优势：提供稳定、高效、安全的服务环境，支持大规模数据中心的运营和管理。

5. 网络技术

定义与作用：网络技术是云计算中数据传输和通信的基础，它确保了数据中心内部以及与外部用户之间的连接。

关键技术：包括宽带网络、虚拟私有网络（virtual private network, VPN）、内容分发网络（content delivery network, CDN）等。

优势：提供高速、可靠的网络连接，支持全球范围内的数据传输和访问。

这些关键技术共同构成了云计算的基础架构，使得云计算服务能够满足不同用户的需求，并能够在各种应用场景中发挥作用。随着技术的不断进步，云计算的关键技术也在不断地发展和完善，为云计算的广泛应用提供了强大的支持。

（三）云计算的应用领域

云计算作为一种革命性的技术，已经被广泛应用于多个领域，它改变了传统的工作方式和商业模式，为各个行业带来了巨大的变革和机遇。

1. 互联网行业

应用：云计算为互联网公司提供了强大的基础设施支持，使得他们能够快速扩展服务，应对高并发访问。

案例：社交媒体平台、在线视频服务、电子商务网站等。

2. 金融行业

应用：金融云提供了安全、高效的计算环境，支持金融服务的创新和发展。

案例：在线支付、个人理财、风险管理和数据分析等。

3. 政府领域

应用：政府云可提高政府服务的效率和透明度，实现信息资源的共享和协同工作。

案例：电子政务、智能城市建设、公共安全治理等。

4. 医疗健康

应用：云计算为医疗行业提供了强大的数据存储和处理能力，支持医疗信息的共享和远程医疗服务。

案例：电子病历系统、医疗影像存储与诊断、远程医疗咨询等。

5. 教育行业

应用：教育云为学校和教育机构提供了丰富的教学资源和在线学习平台，促进了教育的个性化和信息化。

案例：在线教育平台、数字化图书馆、虚拟实验室等。

6. 制造业

应用：云计算可帮助制造业企业实现生产过程智能化，提高生产效率和产品质量。

案例：工业互联网、智能制造、供应链管理优化等。

拓展阅读 我国的云计算发展现状

1. 政策支持与产业布局

国家层面政策：中国政府高度重视云计算产业的发展，出台了一系列政策措施，如“互联网+”行动计划、数字化战略写进了“十四五”规划纲要等，以推动云计算技术创新和产业发展。

地方政府政策：各地政府也纷纷制定相应的政策，如上海、深圳、杭州等地，通过建设云计算产业基地、提供财政补贴等方式，吸引企业投资和发展。

产业园区与示范区建设：全国范围内建立了多个云计算产业园区和示范区，为云计算企业提供研发、测试和产业化条件。

2. 云计算市场规模与增长

市场规模：中国云计算市场规模逐年扩大，根据相关报告，2023年中国云计算市场规模已超过6165亿元，未来几年仍将保持高速增长。

市场增长速度：中国云计算市场增长速度迅猛，在全球范围内处于领先地位。

行业竞争格局：中国云计算市场竞争激烈，阿里云、腾讯云、华为云等本土企业占据主导地位，同时国际巨头如亚马逊AWS、微软Azure也在中国市场积极布局。

3. 主要云计算企业介绍

阿里云：作为中国最大的云计算服务提供商，阿里云在云计算领域拥有强大的技术实力和市场影响力。

腾讯云：腾讯云凭借其在社交、游戏等领域的优势，为用户提供丰富的云计算产品和解决方案。

华为云：华为云以其在通信设备领域的深厚积累，提供全栈全场景的云计算服务。

百度云：百度云利用其在人工智能领域的优势，为用户提供智能云服务。

金山云：金山云专注于为企业和个人提供安全、可靠的云计算服务。

4. 我国云计算技术创新与突破

开源项目与技术标准：中国在云计算领域积极参与国际开源项目，推动云计算技术的发展和创新。

核心技术自主研发：中国云计算企业在虚拟化、分布式存储、大数据处理等方面取得了重要突破，形成了自主知识产权的核心技术。

人才培养与引进：中国高校和研究机构加强云计算领域的人才培养，同时吸引海外高层次人才回国发展。

5. 云计算在我国的行业应用案例

互联网行业：云计算为互联网公司提供了强大的基础设施支持，如阿里巴巴、腾讯等公司利用云计算技术支持其庞大的业务规模。

金融行业：云计算在金融行业中的应用逐渐深入，如中国银行、蚂蚁金服等金融机构利用云计算技术提升业务效率和创新能力。

政府领域：云计算在政府领域的应用日益广泛，如智慧城市建设、电子政务等，提高了政府服务效率和透明度。

医疗健康：云计算在医疗健康领域的应用逐渐深入，如远程医疗、电子病历系统等，提升了医疗服务的质量和效率。

教育行业：云计算在教育行业的应用逐渐普及，如在线教育平台、数字化图书馆等，推动了教育的个性化和信息化。

制造业：云计算在制造业中的应用逐渐深入，如智能制造、供应链管理优化等，提升了制造业的智能化水平。

物联网：云计算为物联网提供了强大的数据处理和分析能力，支持海量设备的连接和管理，如智能家居、智能交通等领域的应用。

三、项目实现

（一）目标

本实践的目标是帮助用户了解如何注册阿里云账号、获取ECS服务器试用版，并在此基础上部署Windows 10操作系统。

（二）准备工作

（1）拥有一台可以连接到互联网的计算机。

（2）准备有效的电子邮箱地址或手机号。

（3）完成实名认证，须提供身份证信息。

（三）操作步骤

步骤1： 注册阿里云账号

打开浏览器，访问阿里云官方网站，单击页面右上角的“注册”按钮，输入电子邮件地址或手机号，设置密码，然后按照提示完成注册流程。

步骤2：实名认证

登录阿里云控制台，根据页面提示完成实名认证，需提供身份证信息。

步骤3：获取ECS服务器试用版

在阿里云控制台首页，找到“产品”菜单，选择“云计算基础”下的“云服务器ECS”。在ECS页面找到“立即体验”或“免费试用”按钮。根据提示选择相应的试用产品，完成试用申请，等待审核通过。

步骤4：配置ECS服务器

审核通过后，返回ECS管理控制台，在左侧菜单栏中，选择“实例”，找到刚获取的ECS实例，单击“管理”按钮。在实例管理页面，根据需要配置安全组、公网IP等。

步骤5：部署Windows 10系统

根据要求修改实例属性中的主机名。切换默认系统为Windows 10操作系统。您可以选择从阿里云提供的镜像中安装（使用镜像市场的Window10），或者自行上传Windows 10安装镜像进行安装。在ECS实例管理页面，单击“远程连接”。选择“Workbench远程连接”或“VNC远程连接”。在远程连接窗口中，输入用户名和密码，登录ECS实例。

（四）实践总结

通过本实践，您将学会如何注册阿里云账号、获取ECS服务器试用版，并在ECS实例上部署Windows 10操作系统。这将有助于更好地了解云计算服务的基本操作，为后续的云计算实践奠定基础。

四、测评

（一）知识评测

（1）云计算是一种基于________的计算模式，允许共享的软硬件资源和信息可以按需提供给计算机和其他设备。

（2）云计算的主要特点之一是其________性，用户可以随时随地、使用各种设备访问数据和应用程序。

（3）在云计算的发展历程中，最初阶段主要关注的是数据中心和________技术，提供基础的计算和存储资源。

（4）云计算平台阶段的重点是提供开发环境和应用程序运行的________。

（5）软件阶段的云计算服务主要是提供各种在线________服务。

（6）中国云计算市场的快速增长得益于国家层面的政策支持，如“________”行动计划和《云计算产业发展规划（2017—2020年）》。

（7）虚拟化技术允许在一台物理服务器上运行多个________，每个虚拟机都可以执行自己的操作系统和应用程序。

（8）分布式存储技术的关键在于通过数据________、数据分片和数据复制来提高数据的访问速度和可靠性。

（9）分布式计算技术优势之一是可以提高计算效率，适用于大规模数据处理和________。

（10）云计算在教育领域的应用之一是通过教育云为学校和教育机构提供丰富的教学资源和________学习平台。

（二）能力评测

按表6-1中所列的操作要求，对自己完成的文档进行检查，操作完成得满分，未完成或错误适当扣减分数。

表 6-1　能力评测表

序号	操作要求	分值	完成情况	自评分
1	能根据云计算、大数据、物联网、人工智能、工业互联网、区块链和新媒体技术与虚拟现实的概念和典型应用场景，感知和判断与个人生活相关的新技术应用	33		
2	能通过网络检索收集新技术应用的典型场景	33		
3	能使用手机采集、编辑新技术在生活中的典型应用场景	34		
总　分				

（三）素质评测

针对表6-2中所列出的素质与素养观察点，反思项目实现的过程，思考总结相关项目，做到即得满分，未做到适当扣减分数。

表 6-2　素质评测表

序号	素质与素养	分值	总结与反思	得分
1	具备信息意识：主动地寻求恰当的方式捕获、提取和分析信息新技术的典型应用场景	50		
2	树立建设创新型国家、制造强国、质量强国、网络强国的信心	50		
总　分				

项目二　大　数　据

一、项目描述

在信息技术迅猛发展的今天，大数据已经成为我们社会发展不可或缺的一部分。它的应用范围涵盖了从商业决策、科学研究到日常生活的各个方面。因此，了解大数据技术的基本概念、意义、发展现状及其对未来的影响，对于信息技术基础的学习者来说，具有十分重要的意义。

二、知识准备

（一）大数据的概念

大数据（big data）指的是传统数据处理应用软件难以处理的大规模数据集。它的特点可以总结为“五个V”：体量巨大（volume）、速度快（velocity）、种类繁多（variety）、价值密度低（value）和真实性（veracity）。大数据的处理和分析，能够揭示人类行为和商业趋势等方面的深刻见解。

（二）大数据技术的意义

大数据技术的意义主要体现在以下几个方面：

决策支持：通过分析和处理大规模数据集，为企业和组织提供更加准确的决策支持。

知识发现：在庞大的数据中发现之前未知的模式、趋势和知识，促进科学研究和技术进步。

个性化服务：依据大数据分析结果，为用户提供更加个性化的服务和产品。

优化运营：通过分析用户行为、优化资源配置等方式，提高企业运营效率和效果。

（三）大数据技术的发展现状

大数据技术的发展现状可以从以下几个方面进行概述：

技术层面：现有的大数据技术架构主要包括数据采集、数据存储、数据处理、数据分析和数据展示等环节。技术工具和平台不断丰富，例如Hadoop、Spark等分布式处理平台已经成为大数据处理的重要工具。

应用层面：大数据技术已广泛应用于电商、金融、医疗、交通等多个领域，极大地推动了这些行业的发展。

挑战与机遇：随着大数据技术的发展，也面临着数据隐私、数据安全、数据治理等挑战。同时，人工智能、物联网等新兴技术与大数据的融合，为大数据技术的发展带来了新的机遇。

三、项目实现

本项目带领大家了解知名企业中大数据技术的应用。

（一）亚马逊（Amazon）

工具和平台：Amazon Redshift、Amazon S3、DynamoDB、EMR（Elastic MapReduce）。

业务应用：Amazon使用Redshift作为数据仓库解决方案来分析所有收集的数据，包括用户购买历史、浏览习惯等，以提供个性化推荐。EMR被用来处理大规模数据集的分析，支持亚马逊的日志分析和商业智能应用。S3和DynamoDB提供了数据存储解决方案，帮助亚马逊有效管理其大量的数据。

（二）谷歌（Google）

工具和平台：Google BigQuery、Google Cloud Storage、MapReduce。

业务应用：Google使用BigQuery进行快速的SQL查询和数据分析，以优化搜索结果和广告定位。MapReduce用于处理大量数据的生成和处理，是谷歌许多核心服务（如搜索和Gmail）的基础。Cloud Storage提供数据存储服务，支撑了谷歌的多种云服务。

（三）Netflix

工具和平台：Apache Hadoop、Apache Spark、Cassandra。

业务应用：Netflix使用Apache Hadoop和Apache Spark来处理和分析其海量的用户数据，包括观看历史和用户行为数据，以提供个性化的内容推荐。Cassandra作为高性能的分布式数据库系统，支持Netflix的大规模数据管理需求。

（四）阿里巴巴

工具和平台：Apache Hadoop、Apache Flink、Apache Kafka、OceanBase。

业务应用：阿里巴巴使用Hadoo和Kafka进行大数据的存储和流处理，支持其在电商、云计算等领域的业务。Apache Flink用于实时数据处理，帮助阿里巴巴进行实时分析和决策。OceanBase是一款分布式数据库，用于处理高并发的电商交易数据。

（五）腾讯

工具和平台：Tencent Cloud Hadoop、Tencent Cloud Oceanus（实时计算服务）。

业务应用：腾讯利用自家的云服务平台，包括基于Hadoop的云服务和Oceanus实时计算服务，来处理和分析用户数据。这些工具和平台支持腾讯的社交网络服务、在线游戏和广告业务，提供个性化的内容推荐和优化用户体验。

（六）百度

工具和平台：Baidu Big Data Cloud、Hadoop、Spark。

业务应用：百度使用自家的大数据云服务平台，结合Hadoop和Spark，进行搜索数据的处理和分析。这些技术帮助百度优化其搜索算法，提升广告定位的准确性，同时也支撑了百度在人工智能和自动驾驶技术研究中的数据处理需求。

（七）未来趋势

大数据技术的未来发展趋势可以预见的包括：

技术融合：大数据将与人工智能、物联网等技术更加深入地融合，推动智能化应用的发展。

数据隐私和安全：随着对数据隐私和安全重视度的提高，相关的技术和法规也将得到进一步的完善。

云计算平台：云计算平台将成为大数据存储和处理的主要场所，提供更加灵活和高效的大数据服务。

四、测评

（一）知识评测

（1）大数据的特点可以概括为体量巨大、速度快、种类繁多、价值密度________和真实性。

（2）大数据技术主要包括数据________、数据存储、数据处理、数据分析和数据展示等环节。

（3）在电商领域，大数据应用可以提高________决策的准确性和效率。

（4）大数据与________技术的结合，推动了智能化应用的发展。

（5）保护个人信息的隐私和安全是大数据面临的一大挑战，需要完善相关的________和法规。

（6）亚马逊使用________作为数据仓库解决方案来分析所有收集的数据。

（7）谷歌利用________进行快速的SQL查询和数据分析，优化搜索结果和广告定位。

（8）百度结合Hadoop和Spark，进行搜索数据的处理和________。

（9）中国的云计算市场规模在2023年已超过________亿元。

（10）大数据的未来发展趋势之一是与人工智能更加深入的________。

（二）能力评测

按表6-3中所列的操作要求，对自己完成的文档进行检查，操作完成得满分，未完成或错误适当扣减分数。

表 6-3　能力评测表

序号	操作要求	分值	完成情况	自评分
1	能根据大数据的概念和典型应用场景，感知和判断与个人生活相关的新技术应用	33		
2	能通过网络检索收集新技术应用的典型场景	33		
3	能使用手机采集、编辑新技术在生活中的典型应用场景。	34		
总　分				

（三）素质评测

针对表6-4中所列出的素质与素养观察点，反思项目实现的过程，思考总结相关项目，做到即得满分，未做到适当扣减分数。

表 6-4　素质评测表

序号	素质与素养	分值	总结与反思	得分
1	具备信息意识：主动地寻求恰当的方式捕获、提取和分析信息新技术的典型应用场景	50		
2	树立建设创新型国家、制造强国、质量强国、网络强国的信心	50		
总　分				

项目三　物　联　网

一、项目描述

在本项目中，学生们将深入探索物联网技术，并了解它如何改变我们的日常生活和工作方式。任务的核心是通过实际操作物联网设备和模拟智能城市与智能家居应用场景，来体验物联网技术的实际应用。学生们将首先学习物联网的基本概念，然后探讨它在智能交通、健康管理、智能农业等领域的应用。

二、知识准备

物联网（Internet of Things, IoT）技术，作为信息技术基础的重要组成部分，正逐步改变着我们的工作和生活方式。通过将日常生活中的各种物体连接到互联网，物联网技术能够实现数据的收集、传输和分析，进而优化服务、提高效率并创造新的价值。本节旨在对物联网技术的基本概念、意义、发展现状及其未来趋势进行概括性介绍。

（一）物联网的基本概念

物联网是一个由众多感知设备、网络和应用系统组成的综合网络，它能够实现人、机、物之间的智能互联。这些设备通过传感器收集数据，然后通过网络传输数据，最终通过应用系统对数据进行处理和分析，实现智能化的决策和管理。

（二）物联网技术的意义

物联网技术的核心意义在于其能够连接实体世界和数字世界，通过对现实世界中的数据进行实时收集和分析，为人们提供更加精准、高效的服务和管理。具体来说，物联网技术的应用可以带来以下几个方面的意义：

（1）提高效率：通过自动化收集和分析数据，物联网技术可以帮助企业和组织提高运营效率，减少资源浪费。

（2）创造新的商业模式：物联网技术的应用促进了新的商业模式和服务的产生，如智能家居、智慧城市等。

（3）优化用户体验：物联网技术能够根据用户的行为和偏好提供个性化的服务，极大地提升了用户体验。

（4）增强决策能力：通过分析收集到的大量数据，物联网技术可以为决策者提供科学的数据支持，提高决策的准确性。

三、项目实现

（一）了解物联网技术的发展现状

物联网技术的发展已经渗透到社会生活的各个领域，包括智能家居、智慧交通、智能制造、智慧医疗等，具体表现在以下几个方面：

（1）技术成熟度提高：随着传感器、芯片等基础设备技术的进步，物联网设备的成本降低，性能提升，为物联网技术的普及和应用提供了基础。

（2）标准化进程加快：为了实现不同设备和平台之间的有效互联互通，相关标准和协议的制定和推广逐渐加快。

（3）应用场景丰富：从家庭到工业，从城市到农村，物联网技术的应用场景越来越丰富，形成了覆盖广泛的应用体系。

（4）数据处理能力增强：随着云计算、大数据分析技术的发展，物联网系统能够处理的数据量和复杂度大大增加，数据的价值得到了更充分的挖掘。

（二）了解物联网技术的日常应用

在智能家居领域，物联网技术使得家电不再是孤立的设备，而是通过互联网连接成一个智能化的网络。例如，智能空调可以根据室内外温度自动调节，智能冰箱能够监测食物的存储情况并及时提醒用户，甚至可以根据存储的食物推荐菜谱。通过智能手机或语音助手，用户可以远程控制家中的各种设备，大大提高了生活的便捷性和舒适度。

在智慧城市的构建中，物联网技术发挥着核心作用。交通管理系统通过安装在道路上的各种传感器收集交通流量数据，实时调整信号灯，缓解交通拥堵。公共安全领域，通过安装的摄像头和传感器可以及时响应各类紧急情况，提高城市管理效率和居民的安全感。

健康管理也是物联网技术应用的重要领域。穿戴式设备能够实时监测用户的健康状况，如心率、睡眠质量等，并通过分析数据给出健康建议。在疫情防控中，物联网技术还被用于追踪健康码状态，确保公共场所的安全。

在农业领域，物联网技术通过智能传感器监测土壤湿度、温度等信息，实现精准灌溉和施肥，提高了农作物的产量和品质。

（三）了解物联网技术的未来趋势

物联网技术的未来发展趋势展现出以下特点：

（1）智能化水平提升：随着人工智能技术的融合，物联网设备将变得更加智能，能够进行更复杂的数据分析和处理，实现更高级的自动化功能。

（2）安全性重视：随着物联网设备数量的增加和应用范围的扩大，数据安全和隐私保护成为重要议题，相关的技术和法规也将得到进一步发展。

（3）融合创新：物联网技术将与云计算、大数据、边缘计算等其他技术更加紧密地融合，推动新技术和新应用的创新发展。

四、测评

（一）知识评测

（1）物联网的英文缩写是________。

（2）物联网技术能实现数据的收集、传输和________，进而优化服务、提高效率。

（3）通过物联网技术，智能________可以根据室内外温度自动调节。

（4）物联网在________领域的应用可以提高城市管理效率和居民的安全感。

（5）穿戴式设备利用物联网技术监测用户的________状况。

（6）物联网技术在农业领域可以通过智能传感器实现精准________和施肥。

（7）随着传感器、芯片等基础设备技术的进步，物联网设备的成本________，性能提升。

（8）为了实现不同设备和平台之间的有效互联互通，相关标准和协议的制定和推广逐渐________。

（9）物联网技术将与________、大数据、边缘计算等其他技术更加紧密地融合。

（10）物联网技术在智能家居领域中能够使家电通过互联网连接成一个________网络。

（二）能力评测

按表6-5中所列的操作要求，对自己完成的文档进行检查，操作完成得满分，未完成或错误适当扣减分数。

表 6-5　能力评测表

序号	操作要求	分值	完成情况	自评分
1	能根据物联网的概念和典型应用场景，感知和判断与个人生活相关的新技术应用	33		
2	能通过网络检索收集新技术应用的典型场景	33		
3	能使用手机采集、编辑新技术在生活中的典型应用场景	34		
总　分				

（三）素质评测

针对表6-6中所列出的素质与素养观察点，反思项目实现的过程，思考总结相关项目，做到即得满分，未做到适当扣减分数。

表 6-6　素质评测表

序号	素质与素养	分值	总结与反思	得分
1	具备信息意识：主动地寻求恰当的方式捕获、提取和分析信息新技术的典型应用场景	50		
2	树立建设创新型国家、制造强国、质量强国、网络强国、数字中国、智慧社会的信心	50		
总　分				

项目四　人工智能

一、项目描述

本项目的任务是结合所学的人工智能的知识，寻找生活中的人工智能典型应用场景，使用手机拍摄视频和照片或者使用网络搜索相关信息进行收集、记录。

二、知识准备

（一）人工智能的定义

广义的人工智能，是创造出能像人类一样思考的机器。而狭义的人工智能，是怎样获得知识、怎样表示知识并使用知识的学科。

从人工智能实现的功能来定义，是指智能机器所执行的通常与人类智能有关功能，如判断、证明、识别、学习和问题求解等思维活动。这些反映了人工智能学科的基本思想和基本内容，即研究人类智能活动的规律。

（二）人工智能的产生和发展

1956年8月，在美国汉诺斯镇达特茅斯学院的会议上，一群科学家通过集中讨论，引出了人工智能这个概念，这一年也成了人工智能的元年。

从1956年至今，人工智能的发展经历了三次浪潮。

1. 1956—1976年——第一次人工智能浪潮

这个阶段主要是符号主义、推理、专家系统等领域发展很快。1964—1966年，约瑟夫·维森鲍姆（Joseph Weizenbaum）教授建立了世界上第一个自然语言对话程序ELIZA，可以通过简单的模式匹配和对话规则与人聊天。第一次浪潮的高峰在1970年，当时由于机器能够自动证明数学原理中的大部分原理，人们认为第一代人工智能机器甚至可以在5～10年达到人类智慧水平。20年以后，大家当时设计的理想目标很多都没有实现，由此进入第一个低潮期，符号主义和连接主义由此消沉。

2. 1976—2006年——第二次人工智能浪潮

20世纪80年代，由于专家系统和人工神经网络的新进展，人工智能浪潮再度兴起。1980年，卡耐基梅隆大学为迪吉多公司开发了一套名为XCON的专家系统，这套系统当时每年可为迪吉多公司节省4000万美元。XCON的巨大价值激发了工业界对人工智能尤其专家系统的热情。1982年，约翰·霍普菲尔德提出了一种新型的网络形式，即霍普菲尔德神经网络，其中引入了相关存储（associative memory）的机制。1986年，《通过误差反向传播学习表示》论文的发表，使反向传播算法被广泛用于人工神经网络的训练。80年代后期，由于专家系统开发与维护的成本高昂，而商业价值有限，人工智能的发展再度步入冬天。

3. 2006年至今——第三次人工智能浪潮

21世纪，人类迈入了“大数据”时代，此时电脑芯片的计算能力高速增长，人工智能算法也因此取得重大突破。研究人工智能的学者开始引入不同学科的数学工具，为人工智能打造更坚实的数学基础。在数学的驱动下，一大批新的数学模型和算法被发展起来，逐步被应用于解决实际问题，让科学家看到了人工智能再度兴起的曙光。2012年全球的图像识别算法竞赛ILSVRC（或称ImageNet挑战赛）中，多伦多大学开发的多层神经网络Alex Net取得了冠军，且大幅超越传统算法的亚军，引起了人工智能学界的震动。从此，多层神经网络为基础的深度学习被推广到多个应用领域。2016年谷歌通过深度学习训练的阿尔法狗（AlphaGo）程序战胜围棋世界冠军李世石。

（三）人工智能的实现方式

人工智能通过以下两种方式实现：一是采用传统的编程技术，使系统呈现智能的效果，而不考虑所用方法是否与人或动物机体所用的方法相同。这种方法叫工程学方法，它已在一些领域内做出了成果，如文字识别，电脑下棋等。二是模拟法，它不仅要看效果，还要求实现方法也和人类或生物机体所用的方法相同或相类似。遗传算法和人工神经网络均属于模拟法。

1. 机器学习

机器学习是研究怎样使用计算机模拟或实现人类学习活动的科学，是人工智能中最具智能特征，最前沿的研究领域之一。自20世纪80年代以来，机器学习作为实现人工智能的途径，在人工智能界引起了广泛的兴趣，特别是近十几年来，机器学习领域的研究工作发展很快，它已成为人工智能的重要课题之一。

2. 深度学习

深度学习是学习样本数据的内在规律和表示层次，这些学习过程中获得的信息对诸如文字，图像和声音等数据的解释有很大的帮助。它的最终目标是让机器能够像人一样具有分析学习能力，能够识别文字、图像和声音等数据。深度学习是一个复杂的机器学习算法，在语音和图像识别方面取得的效果，远远超过先前相关技术。

3. 强化学习

强化学习（reinforcement learning, RL），又称再励学习、评价学习或增强学习，是机器学习的范式和方法论之一，用于描述和解决智能体（agent）在与环境的交互过程中通过学习策略以达成回报最大化或实现特定目标的问题。

4. 迁移学习

迁移学习是一种机器学习方法，就是把为任务A开发的模型作为初始点，重新使用在为任务B开发模型的过程中。

5. 知识共享

布朗大学、加利福尼亚大学伯克利分校、德国达姆施达特工业大学等知名高校的机器人项目，目的是使世界各地研究型机器人学习如何发现和处理简单的物品，并将数据上传至云端，允许其他机器人分析和使用这些信息。2016年，布朗大学教授斯蒂芬妮 · 泰勒斯（Stefanie Tellex）团队已经收集了大约200个物品的数据，并且开始共享这些数据。她希望能建立一个信息库，让机器人能够很容易地获取它们所需要的信息。

上面提到的就是知识分享型机器人，它是可以学习任务，并同时将知识传送到云端，以供其他机器人学习的机器人。当机器人执行任务时，它们能下载数据，并寻求其他机器人的帮助，更快地在新环境下工作。

6. 大语言模型

大语言模型是一种通过大量文本数据训练的人工智能系统，能理解和生成自然语言。比如，模型可以理解问题并生成回答，也可以完成文章撰写、翻译、总结等任务。

（1）特点：

数据驱动：大语言模型依赖于海量的语言数据进行训练，从中学习语言模式。

多任务能力：它可以同时处理多种不同的任务，比如语言生成、翻译、问答等。

逐步提升的理解能力：随着模型参数规模的增加，语言理解和生成能力也会相应提升。

（2）优势：

语言理解能力强：通过海量文本数据的学习，模型可理解复杂的语言结构和语义。

自动化语言生成：可根据给定的提示生成相关文本，应用于写作、对话生成等场景。

学习速度快：模型能够在短时间内处理大量信息，提供高效的输出。

（3）应用场景：

文本生成：自动生成文章、博客、社交媒体内容等。

问答系统：在智能客服或搜索引擎中，回答用户问题。

翻译：通过多语言训练，模型可以准确翻译多种语言。

代码生成与调试：帮助程序员编写代码或调试代码。

教育与学习辅助：在教育领域，用于生成练习题、作业提示或学习辅助。

三、项目实现

（一）了解人工智能典型应用场景

人工智能应用（applications of artificial intelligence）的范围很广，包括医药、诊断、金融贸易、机器人控制、科学发现和玩具。许多种人工智能应用深入于每种工业的基础。

1. 人工智能在图像识别领域的应用

一般而言，传统图像识别系统主要由图像分割、图像特征提取以及图像识别分类构成。图像分割将图像划分为多个有意义的区域，然后将每个区域的图像进行特征提取，最后根据提取的图像特征对图像进行分类。高性能芯片、摄像头和深度学习算法的进步都为图像识别技术发展提供了源源不断的动力，日渐成熟的图像识别技术已开始探索在各类行业的应用。

（1）人脸识别：也称人像识别、面部识别，是基于人的脸部特征信息进行身份识别的一种生物识别技术。人脸识别涉及的技术主要包括计算机视觉、图像处理等。人脸识别系统的研究始于20世纪60年代，之后随着计算机技术和光学成像技术的发展，人脸识别技术水平在20世纪80年代得到不断提高。在20世纪90年代后期，人脸识别技术进入初级应用阶段。目前，人脸识别技术已广泛应用于多个领域，如金融、司法、公安、边检、航天、电力、教育、医疗等。图6-1是人脸识别在天眼系统中的应用。

（2）交通系统：图像识别技术被广泛应用于交通运输领域，如图6-2所示。车牌识别、交通违章监测、交通拥堵检测、信号灯识别提高交通管理者的工作效率，更好地解决城市交通问题。

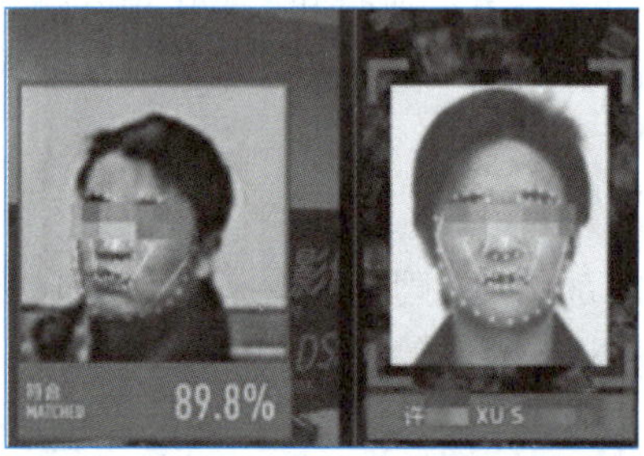

图 6-1　人脸识别在天眼系统中的应用

图 6-2　图像识别在交通系统中的应用

（3）医学图像处理：这是目前人工智能在医疗领域的典型应用，如在临床医学中广泛使用的核磁共振成像、超声成像等生成的医学影像。传统的医学影像诊断，主要通过观察二维切片图去发现病变体，这往往需要依靠医生的经验来判断。而利用计算机图像处理技术，可以对医学影像进行图像分割、特征提取、定量分析和对比分析等工作，进而完成病灶识别与标注，针对肿瘤放疗环节的影像的靶区自动勾画，以及手术环节的三维影像重建。该应用可以辅助医生对病变体及其他目标区域进行定性甚至定量分析，从而大大提高医疗诊断的准确性和可靠性。另外，医学图像处理在医疗教学、手术规划、手术仿真、各类医学研究、医学二维影像重建中也起到重要的辅助作用。图 6-3所示的是“腾讯觅影”筛查AI系统。

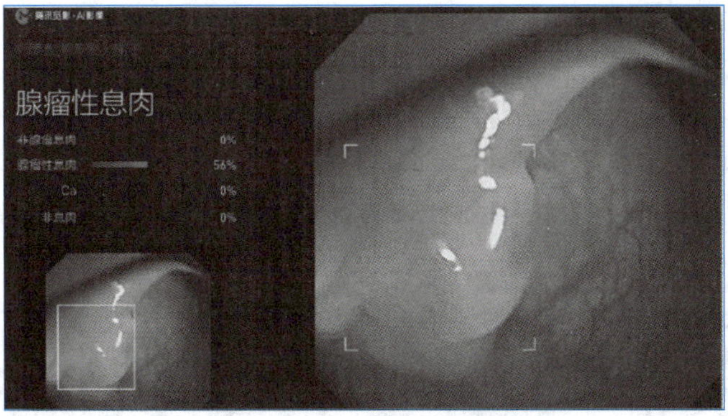

图 6-3 “腾讯觅影”筛查 AI 系统

2. 人工智能在自动驾驶领域的应用

无人驾驶汽车是智能汽车的一种，主要依靠车内以计算机系统为主的智能驾驶控制器来实现无人驾驶。无人驾驶中涉及的技术包含多个方面，例如计算机视觉、自动控制技术等。美国、英国、德国等发达国家从20世纪70年代开始就投入无人驾驶汽车的研究中，中国从20世纪80年代起也开始了无人驾驶汽车的研究。近年来，伴随着人工智能浪潮的兴起，无人驾驶成为人们热议的话题，国内外许多公司都纷纷投入自动驾驶和无人驾驶的研究中。

2018年2月，小马智行第一支无人驾驶车队（见图6-4）正式在广州南沙上路。百度与金龙客车合作打造的L4级自动驾驶巴士“阿波龙”量产下线。2020年，百度宣布在黄埔区、广州开发区开启中国首个数字交通运营商模式及自动驾驶示范运营模式，全球最大的自动驾驶MaaS平台正式启动，形成中国智能网联应用的“广州模式”。2021年，小马智行于12月8日获颁深圳市智能网联汽车道路测试牌照。取得牌照后，小马智行自动驾驶车队随即开启在深圳市公开道路的道路测试及技术验证。

图 6-4 小马智行车队

截至 2023 年 8 月，全国累计开放测试道路超过 2 万公里，小马智行、蔚来、理想等一批搭载自动驾驶功能的智能网联汽车产品开展大量研发测试验证。2023 年 11 月，工业和信息化部联合多部门发布了《关于开展智能网联汽车准入和上路通行试点工作的通知》，助力智能网联汽车产业协同创新与高质量发展。

3. 人工智能在语音识别领域的应用

语音识别技术，也被称为自动语音识别（automatic speech recognition, ASR），其目标是将人类的语音中的词汇内容转换为相应的文字。语音识别技术广泛应用于工业、家电、通信、汽车电子、医疗、虚拟现实和家庭服务等多个领域。Siri、小度、小爱同学都是人工智能在语音识别领域的典型应用，可用在个人移动、智能家庭、智能穿戴、智能办公、儿童娱乐、智能出行、智慧酒店、智慧学习等多种应用场景中。在语音识别领域，科大讯飞（Flytek）已占有中文语音技术市场70%以上的市场份额。

文心一言、讯飞星火、ChatGPT 等大模型工具通过语音和自然语言处理技术正在改变人机交互方式，在文本创作、智能问答、知识检索、商业文案生成等诸多场景中展现出巨大潜力。

4. 人工智能在制造业领域的应用

目前制造企业中应用的人工智能技术，主要围绕在智能语音交互产品、人脸识别、图像识别、图像搜索、声纹识别、文字识别、机器翻译、机器学习、大数据计算、数据可视化等方面。在智能分拣（见图6-5）、设备健康管理、基于视觉的表面缺陷检测、基于声纹的产品质量检测与故障判断、智能决策、数字孪生、创成式设计、需求预测，供应链优化等方面有非常广泛的应用。

图 6-5　智能分拣机器人

（二）寻找生活中的人工智能

1. 通过网络检索

根据子任务一介绍的人工智能典型应用场景，使用模块五中介绍的网络检索方法，检索人工智能典型应用的案例，搜集相关视频、文本、图片信息，并进行整理。

2. 利用手机记录生活中的人工智能

使用手机拍照和视频功能，记录生活中的人工智能典型应用场景，比如公寓智慧宿管的“人脸识别”、车站的“身份证识别”、校园大门的“车牌识别”、“无人售货超市”、小度、小爱的应用等场景。

（三）部署自己的本地大语言模型

Ollama是一个在线大语言模型部署平台，用户可以通过简单的界面访问和运行各种开源的大模型。该平台支持快速部署和测试模型，如阿里巴巴的Qwen，方便用户进行自然语言处理任务的开发和实验。Ollama平台简化了模型调用过程，适合开发者和研究人员进行模型评估和集成应用。

使用浏览器访问Ollama的官网下载对应操作系统的安装包进行安装，如图6-6所示，Windows版本安装没有可以修改的配置。待安装完毕后使用Windows系统搜索，如图6-7所示，并按照图6-8所示在下方搜索栏输入powershell。最终选取最佳匹配项目单击。最终在PowerShell界面中输入图6-8所示命令：ollama run qwen2.5:0.5b。

Ollama会自行下载对应大语言模型。自动下载部署完毕后，可以在PowerShell中提问并得到qwen2.5:0.5b大语言模型的回答，如图6-9所示。

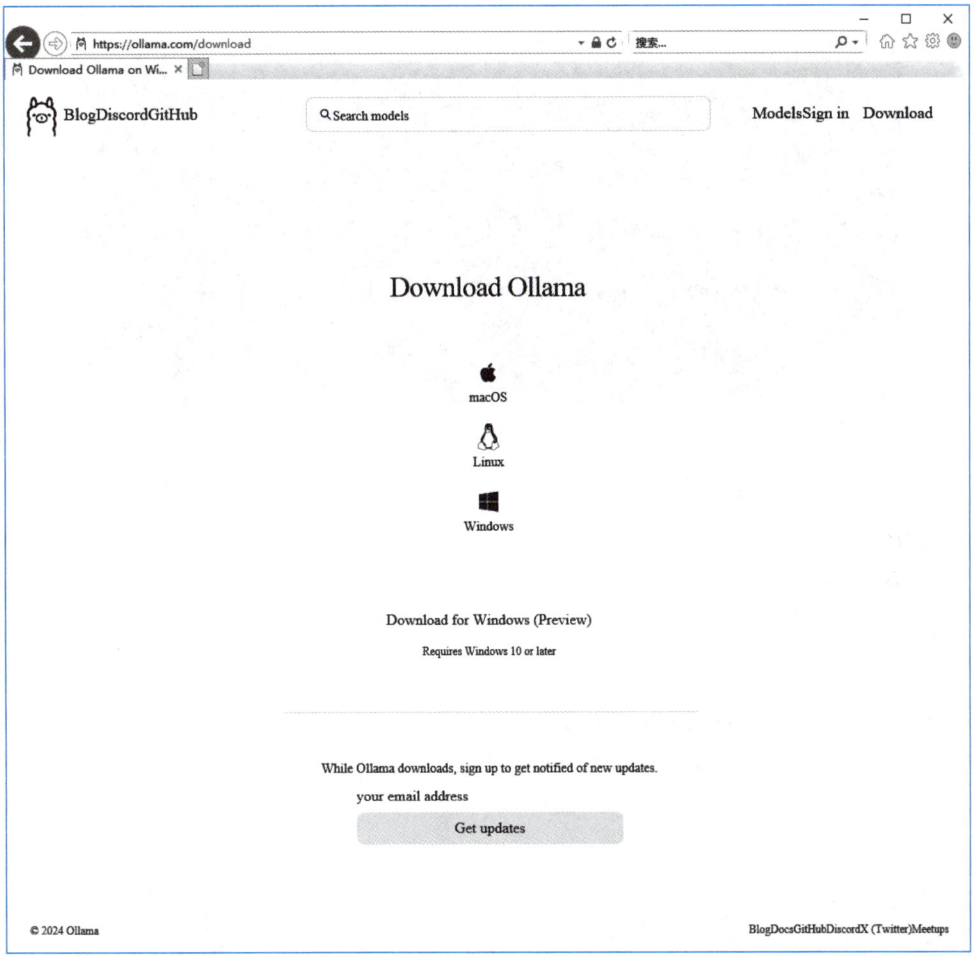

图 6-6　Ollama 下载

图 6-7　Windows 10 搜索

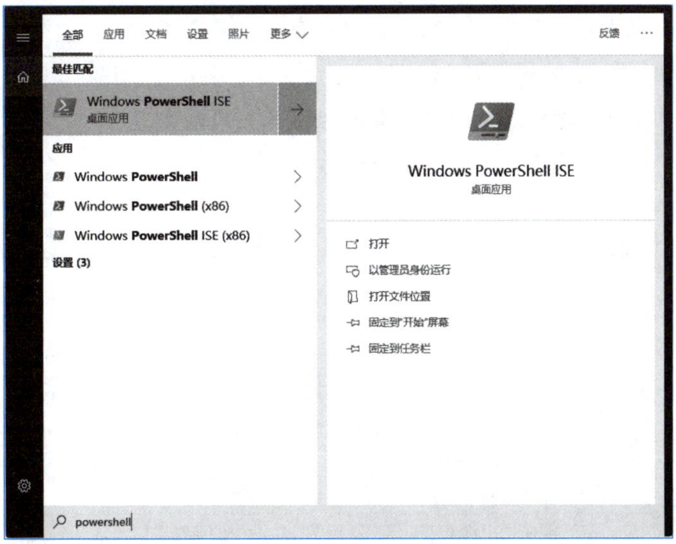

图 6-8　搜索 PowerShell

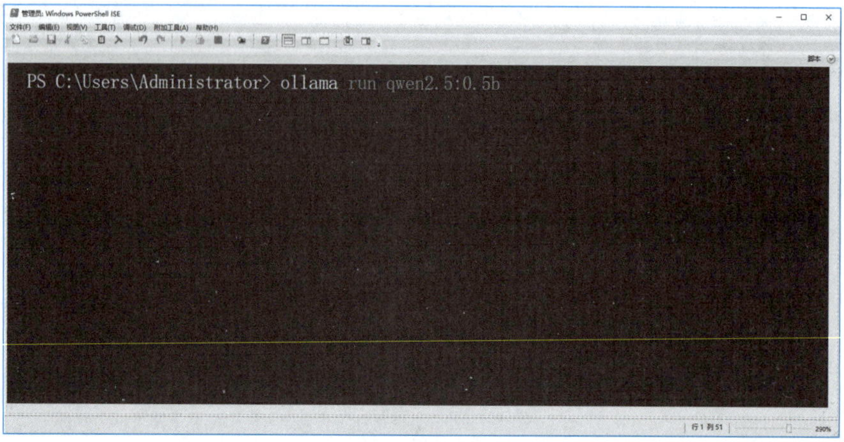

图 6-9　使用 Ollama 部署 qwen2.5:0.5b

四、测评

（一）知识测评

1. 填空题

（1）人工智能，英文缩写为________。它是研究、开发用于模拟、延伸和扩展人的智能的理论、方法、技术及应用系统的一门新的技术科学。

（2）________年，在美国汉诺斯镇达特茅斯学院的会议上，一群科学家通过集中讨论，引出了人工智能这个概念，这一年也成了人工智能的元年。

（3）从1956年至今，人工智能的发展经历了________次浪潮。

（4）人工智能技术总体来说可分为两层，即________层和________层。

（5）2016年谷歌通过深度学习训练的________程序战胜围棋世界冠军李世石。

（6）智慧公寓的门禁系统是人工智能在________中的应用。

（7）校园的车牌识别系统是人工智能在________中的应用。

（8）使用语音唤醒小爱智能音箱，是人工智能在________中的应用。

2. 简答题

（1）简述人工智能发展过程中的三次浪潮。

（2）简述人工智能实现的方法。

（二）能力评测

按表6-7中所列的操作要求，对自己完成的文档进行检查，操作完成得满分，未完成或错误适当扣减分数。

表 6-7　能力评测表

序号	操作要求	分值	完成情况	自评分
1	能根据人工智能的概念和典型应用场景，感知和判断与个人生活相关的新技术应用	25		
2	能通过网络检索收集新技术应用的典型场景	25		
3	能使用手机采集、编辑新技术在生活中的典型应用场景	25		
4	能使用Ollama自动本地部署指定的qwen2.5:0.5b大语言模型	25		
总　分				

（三）素质评测

针对表6-8中所列出的素质与素养观察点，反思项目实现的过程，思考总结相关项目，做到即得满分，未做到适当扣减分数。

表 6-8　素质评测表

序号	素质与素养	分值	总结与反思	得分
1	具备信息意识：主动地寻求恰当的方式捕获、提取和分析信息新技术的典型应用场景	50		
2	树立建设创新型国家、制造强国、质量强国、网络强国的信心	50		
总　分				

项目五　工业互联网

一、项目描述

随着信息技术的迅速发展，特别是互联网和移动通信技术的飞速进步，工业互联网和5G技术已经成为推动现代工业革命的重要力量。本项目旨在为大学一年级新生介绍工业互联网和5G技术的基本概念、主要技术特征及其在当代社会的发展现状和未来趋势。

二、知识准备

（一）工业互联网概述

1. 概念

工业互联网是指通过高度先进的信息技术和工业系统的深度融合，实现设备智能化、生产自动化、管理信息化的一种新型工业体系。它涵盖了物联网、大数据、云计算等技术，旨在提高生产效率，降低成本，提升工业系统的智能化水平。

2. 主要技术

物联网：是工业互联网的基础，通过传感器和设备连接实现数据的实时采集和交换。

大数据分析：利用先进的数据处理技术，分析和挖掘大规模数据中的价值，为决策提供支持。

云计算：提供弹性的计算资源，支持海量数据的存储和处理，降低企业IT成本。

边缘计算：将数据处理近似于数据源头（设备端），减少延迟，提高响应速度和系统的实时性。

3. 发展现状

工业互联网的发展受到全球多个国家和地区的高度重视。中国、美国、德国等国家相继推出了一系列政策和计划，如中国的“工业互联网平台”、德国的“工业4.0”、美国的“工业互联网联盟”等，旨在推动工业互联网的发展和应用。

（二）5G技术概述

1. 概念

5G是第五代移动通信技术的简称，与4G相比，5G具有更高的速度、更低的延迟和更广的连接能力。5G技术是实现工业互联网深度应用的关键技术之一，为各种新兴应用如自动驾驶、远程医疗、智能制造等提供技术支撑。

2. 主要技术特征

高速度：5G的峰值理论传输速度可达20Gbps，是4G的数十倍。

低延迟：5G的端到端延迟低至1ms，满足实时交互的需求。

大连接：5G能够支持每平方公里百万级设备的连接，实现广泛的物联网应用。

3. 发展现状

全球多个国家和地区正加速5G网络的部署和商用化进程。中国、韩国、美国等国家在5G网络建设和应用推广方面走在了世界前列。5G技术的应用已从消费领域扩展到工业领域，为工业互联网的实现提供了强大的网络基础。

2018年3月9日，中国已经着手研究6G，并于2019年11月成立了国家6G技术研发推进工作组、国家6G技术研发总体专家组。2019年6G峰会上，《6G无线智能无处不在的关键驱动与研究挑战》发布，用于明确6G发展的基本方向。该文指出，6G的大多数性能指标相比5G将提升10到100倍。在6G时代，1秒下载10部同类型高清视频成为可能。

2024年1月，工业和信息化部等七部门发布关于推动未来产业创新发展的实施意见。其中提出：前瞻布局6G、卫星互联网、手机直连卫星等关键技术研究，构建高速泛在、集成互联、智能绿色、安全高效的新型数字基础设施。2024年7月，中国率先搭建了国际首个通信与智能融合的6G外场试验网，实现了6G主要场景下通信性能的全面提升。

三、项目实现

（一）了解工业互联网与5G技术的融合应用

工业互联网与5G技术的结合，为工业生产和管理带来了革命性的变革。5G的高速度、低延迟和大连接特性，为工业互联网的实时数据采集、远程控制和智能决策提供了可靠的技术支持。在智能制造、智慧城市、智能物流等领域，工业互联网和5G技术的融合应用正展现出巨大的潜力和价值。

（二）了解工业互联网和5G技术的未来发展趋势

工业互联网和5G技术正处于快速发展阶段，它们的融合应用将深刻影响未来的工业生产和社会发展。随着技术的不断成熟和应用场景的不断扩展，工业互联网和5G技术将为实现智能化、数字化、网络化的新型工业体系提供强大动力。

为了更好地适应这一发展趋势，作为未来社会的建设者，我们需要不断学习和掌握相关知识和技能，积极参与到新一轮工业革命中来，为推动社会的进步和发展作出贡献。

四、测评

（一）知识评测

（1）工业互联网是通过信息技术和工业系统的深度融合，实现设备智能化、生产自动化和管理信息化的一种新型工业________。

（2）物联网是工业互联网的基础，它通过________和设备连接实现数据的实时采集和交换。

（3）大数据分析在工业互联网中用于利用先进的数据处理技术，分析和挖掘大规模数据中的________，为决策提供支持。

（4）云计算在工业互联网中提供弹性的计算资源，支持海量数据的存储和处理，从而降低企业________成本。

（5）边缘计算能将数据处理近似于数据源头（设备端），减少延迟，提高响应速度和系统的________。

（6）工业互联网的发展受到全球多个国家和地区的高度重视，例如中国的“工业互联网平台”、德国的“________”、美国的“工业互联网联盟”等。

（7）5G技术是第五代移动通信技术的简称，它提供比4G更高的________和更低的延迟。

（8）工业互联网使得生产过程中的信息流和物料流更加________，从而提高生产效率和降低成本。

（9）在工业互联网中，________计算帮助数据在产生地即被处理，有效支持实时数据分析和决策制定。

（10）工业互联网为企业提供了通过________技术优化其运营和服务的机会，推动了数字化转型。

（二）能力评测

按表6-9中所列的操作要求，对自己完成的文档进行检查，操作完成得满分，未完成或错误适当扣减分数。

表 6-9　能力评测表

序号	操作要求	分值	完成情况	自评分
1	能根据工业互联网的概念和典型应用场景，感知和判断与个人生活相关的新技术应用	33		
2	能通过网络检索收集新技术应用的典型场景	33		
3	能使用手机采集、编辑新技术在生活中的典型应用场景	34		
总　分				

（三）素质评测

针对表6-10中所列出的素质与素养观察点，反思项目实现的过程，思考总结相关项目，做到即得满分，未做到适当扣减分数。

表 6-10　素质评测表

序号	素质与素养	分值	总结与反思	得分
1	具备信息意识：主动地寻求恰当的方式捕获、提取和分析信息新技术的典型应用场景	50		
2	树立建设创新型国家、制造强国、质量强国、网络强国的信心	50		
总　分				

项目六　区　块　链

一、项目描述

在当前的信息技术浪潮中，区块链技术以其独特的特性引起了广泛关注。从比特币的诞生到区块链技术的应用扩展，它不仅仅是数字货币的底层技术，更是一种创新的信息处理方式，对金融、医疗、供应链管理等多个领域产生了深远的影响。本项目旨在为大一新生提供一个关于区块链技术的概括性介绍，涵盖其基本概念、主要技术及发展现状。

二、知识准备

（一）区块链技术的基本概念

区块链技术，最初为比特币的一个账本技术，是一种分布式数据库技术。其核心在于利用加密技术，将数据分散存储于全球范围内多个节点的网络中，每个数据块都按照时间顺序串联成链，形成“区块链”。每一个区块内包含一系列交易记录，而每个区块通过加密的方式与前一个区块相连接，保证了数据的不可篡改性和可追溯性。

（二）区块链的主要技术特点

去中心化：区块链技术去除了传统中介机构的作用，所有交易直接在网络参与者之间进行，增强了系统的透明度和安全性。

不可篡改性：一旦交易被加入区块链中，就无法被修改或删除，这得益于区块链的加密算法和共识机制。

匿名性：区块链上的交易参与者可以选择匿名或实名，保护了用户隐私。

智能合约：通过在区块链上运行的自动执行合约，实现无需第三方介入的自动化交易。

（三）区块链的关键技术

加密技术：区块链使用公钥加密和哈希算法来保证数据安全和完整性。

共识机制：为了保证网络中所有节点数据的一致性，区块链设计了多种共识机制，如工作量证明、权益证明等。

分布式网络：区块链技术的一个核心特点是数据存储在全球范围内分布式的节点上，每个节点保存着整个区块链的副本。

三、项目实现

（一）了解区块链的应用领域

区块链技术的应用已经从最初的数字货币扩展到多个行业领域，包括但不限于：

金融服务：包括数字货币、跨境支付、资产管理等。

供应链管理：通过区块链技术提高供应链的透明度，有效防止假冒伪劣商品。

智能合约：在没有第三方中介的情况下，自动执行合同条款。

数字身份：提供更加安全可靠的身份验证方法。

医疗健康：保护患者隐私，同时确保数据的不可篡改性和可追溯性。

（二）了解区块链的发展现状与挑战

尽管区块链技术展现出巨大的潜力，但它仍然面临着一些挑战和限制，包括技术成熟度、规模扩展性、监管政策等。当前，全球多个国家和地区正在积极探索区块链技术的应用，并制定相应的政策和标准来指导区块链技术的健康发展。

区块链技术作为信息技术领域的一次重要创新，其独特的特性为解决传统信息处理中的信任、安全等问题提供了新的思路。随着技术的不断成熟和应用场景的不断拓展，区块链将在未来的数字化转型中扮演越来越重要的角色。作为大一新生，了解区块链技术的基本概念、主要技术特点和应用领域，对于培养未来的信息技术素养具有重要意义。

（三）了解数字人民币的应用

数字人民币，作为中国人民银行发行的数字货币，是国家主权的象征，体现了我国在全球金融科技领域的领导地位。它不仅是区块链技术应用的一个重要实践，也是我国金融体系创新和完善的重要一环。数字人民币的推广使用，不仅可以提高金融系统效率，降低交易成本，还能增强金融服务的普及性和便捷性，对促进经济发展具有重要意义。

数字人民币的应用不仅是技术革新的体现，更是国家主权和货币安全的重要保障。它体现了我国在金融科技领域自主创新的能力，展现了社会主义制度的优越性，特别是在全球化背景下，增强了国家金融的独立性和自主性，有助于提升国家在国际金融体系中的话语权。

数字人民币的发展和应用，也是对大学生责任感和使命感的一种激发。作为未来社会的建设者和接班人，大学生应该积极关注和学习国家的重大科技创新成果，增强国家意识和安全意识，理解和支持国家的重大战略决策。同时，通过学习数字人民币等前沿科技知识，培养自身的科技素养和创新能力，为推动国家科技进步和社会发展贡献力量。

四、测评

（一）知识评测

（1）区块链技术最初是与________货币比特币一起被开发出来的。

（2）区块链是一种通过加密技术保证交易安全性的________技术。

（3）在区块链中，每一个区块包含多次交易，这些区块通过哈希值以________方式链接起来。

（4）区块链技术的一个关键特点是它的去中心化结构，这意味着没有中央________来控制整个网络。

（5）区块链技术可以提供透明度，因为交易记录对所有用户都是可见的，且记录一经确认无法被________。

（6）智能合约是区块链技术中的一项创新，它允许在没有第三方中介的情况下执行________。

（7）区块链的一大应用是在供应链管理中，它可以提高供应链的透明度和追踪商品的________。

（8）在金融行业中，区块链技术被用于改进支付系统，提高交易的速度和________。

（9）数据的不可篡改性是区块链提供安全性的关键因素之一，这是通过复杂的________机制来实现的。

（10）区块链技术的一个潜在挑战是它的扩展性问题，特别是关于交易速度和网络________的问题。

（二）能力评测

按表6-11中所列的操作要求，对自己完成的文档进行检查，操作完成得满分，未完成或错误适当扣减分数。

表 6-11　能力评测表

序号	操作要求	分值	完成情况	自评分
1	能根据区块链的概念和典型应用场景，感知和判断与个人生活相关的新技术应用	33		
2	能通过网络检索收集新技术应用的典型场景	33		
3	能使用手机采集、编辑新技术在生活中的典型应用场景	34		
总　分				

（三）素质评测

针对表6-12中所列出的素质与素养观察点，反思项目实现的过程，思考总结相关项目，做到即得满分，未做到适当扣减分数。

表 6-12 素质评测表

序号	素质与素养	分值	总结与反思	得分
1	具备信息意识：主动地寻求恰当的方式捕获、提取和分析信息新技术的典型应用场景	50		
2	树立建设创新型国家、制造强国、质量强国、网络强国的信心	50		
总分				

项目七 新媒体技术与虚拟现实

一、项目描述

在21世纪的信息时代，新媒体技术和虚拟现实技术已经成为信息传播和科技发展的重要驱动力。从社交网络的普及到虚拟现实的沉浸式体验，这些技术正不断地重塑我们的工作、学习和娱乐方式。本项目旨在概括性地介绍新媒体技术与虚拟现实技术的基本概念、主要技术及其发展现状，为大家提供一个全面的理解框架。

二、知识准备

（一）定义与特点

新媒体技术指的是依托于数字技术，通过计算机或者网络平台进行信息处理和传播的媒体技术。它的特点包括数字化、交互性、网络化和多媒体化。相较于传统媒体，新媒体技术提供了更为丰富的信息表达方式和更加便捷的交互渠道。

（二）主要技术

数字内容创作：包括文本、图像、音频和视频等内容的数字化制作和编辑技术。

社交网络服务（SNS）：如微博、微信等，为用户提供互联网社交平台。

移动通信技术：以4G、5G为代表的高速移动网络技术，支撑移动终端的数据传输和信息交换。

云计算与大数据：为新媒体提供强大的数据存储、处理和分析能力。

（三）发展现状

新媒体技术的快速发展，带动了信息传播方式的革新。移动互联网的普及使得信息获取更为便捷，社交媒体成为信息传播的重要渠道。同时，人工智能和大数据技术的应用，使得个性化内容推荐成为可能，极大地丰富了用户的信息消费体验。

三、项目实现：认识虚拟现实技术

（一）定义与特点

虚拟现实（virtual reality, VR）技术是一种通过计算机模拟产生一个三维空间的虚拟世界，让用户能够在这个世界中进行交互操作的技术。它的特点包括沉浸感、交互性和想象力。

（二）主要技术

头戴显示器：为用户提供视觉上的沉浸体验。

运动跟踪设备：通过跟踪用户的手部、身体或头部的运动，实现与虚拟环境的交互。

3D音频技术：通过模拟声音的空间分布，增强虚拟环境的真实感。

触觉反馈技术：通过特定的设备模拟触觉感受，如振动、压力等，使用户能够“触摸”到虚拟世界中的对象。

（三）发展现状

虚拟现实技术正处于快速发展阶段，广泛应用于游戏、教育、医疗、军事模拟等多个领域。随着技术的进步和成本的降低，虚拟现实的应用范围将进一步扩大，为人们提供更加丰富和真实的虚拟体验。

（四）新媒体技术与虚拟现实的融合

新媒体技术与虚拟现实技术的融合，正在开创新的交互体验和应用场景。例如，通过虚拟现实技术，用户可以在新媒体平台上参与到三维空间的社交活动中，体验沉浸式的网络会议、虚拟旅游等。此外，结合人工智能和大数据技术，能够创造出更加智能和个性化的虚拟环境，进一步提升用户体验。

新媒体技术和虚拟现实技术的发展，不仅推动了信息技术的创新，也为社会发展带来深刻影响。随着这些技术的不断进步和融合，未来我们将迎来更加丰富多彩的数字生活方式。作为大一新生，理解这些基础概念和技术发展趋势，将有助于你更好地适应未来的学习和工作环境。

（五）生成式AI与虚拟现实

生成式AI在新媒体和虚拟现实领域具有深远的意义，这种技术的出现和发展为内容创造、用户体验和交互方式带来了革命性的变化。Sora和EMO作为生成式AI的代表，它们在新媒体和虚拟现实中的应用展示了这种技术的潜力和影响。

首先，生成式AI能够极大地扩展新媒体内容的生产能力。传统的视频和图像制作需要大量的人力和时间投入，而Sora这样的文本到视频生成模型可以自动化这个过程，快速生成高质量的视频内容。这对于新媒体行业来说，意味着更高效的生产流程和更低的成本。同时，这种技术也为个性化内容的创造提供了可能，因为生成式AI可以根据用户的具体需求或偏好来定制内容。

其次，生成式AI在新媒体领域的应用也极大地丰富了用户体验。EMO这样的AI肖像视频生成系统可以创造高度逼真的虚拟形象，这些形象能够根据音频输入作出相应的表情和动作。这种技术的应用不仅可以用于娱乐和游戏行业，为用户提供更加沉浸式的体验，还可以用于在线教育和远程工作，提供更加自然和互动的交流方式。

在虚拟现实（VR）领域，生成式AI的作用同样重要。通过结合生成式AI和VR技术，可以创造出更加逼真的虚拟环境和角色，为用户提供沉浸式的体验。例如，Sora可以用来生成VR环境中的背景和角色动画，而EMO则可以用来创造具有丰富表情和动作的虚拟人物。这种结合不仅能够提升VR内容的真实感，还能够根据用户的行为和反馈实时生成新的内容，从而提供更加个性化的体验。

四、测评

（一）知识评测

（1）新媒体技术通常指的是通过数字技术实现的信息传播方式，常见的新媒体平台包括社交网络、博客和________。

（2）虚拟现实（VR）技术通过头戴式显示器（HMD）和传感器，创建用户可以与之互动的三维________环境。

（3）新媒体技术的一个重要应用是在广告领域，它允许制作更加个性化和定位精确的广告________。

（4）虚拟现实技术在________行业中的应用包括模拟飞行训练和复杂的手术过程。

（5）新媒体技术改变了新闻行业，新闻机构现在可以通过实时更新的网页和移动应用程序快速发布________。

（6）虚拟现实为游戏开发者提供了新的可能性，可以创建沉浸式的游戏体验和交互式的________场景。

（7）在教育领域中，虚拟现实可以用来创建模拟的历史场景或复杂的科学实验，提高学生的学习________。

（8）新媒体技术使得内容创作者可以利用平台如YouTube和TikTok直接与观众互动，这种现象被称为“________经济”。

（9）虚拟现实技术的一个挑战是需要高性能的计算设备来处理复杂的图形和保持低________以避免用户晕动症。

（10）新媒体技术和虚拟现实的融合正在开拓新的广告和娱乐领域，通过创建交互式和沉浸式的广告________来吸引用户。

（二）能力评测

按表6-13中所列的操作要求，对自己完成的文档进行检查，操作完成得满分，未完成或错误适当扣减分数。

表 6-13　能力评测表

序号	操作要求	分值	完成情况	自评分
1	能根据新媒体技术与虚拟现实的概念和典型应用场景，感知和判断与个人生活相关的新技术应用	33		
2	能通过网络检索收集新技术应用的典型场景	33		
3	能使用手机采集、编辑新技术在生活中的典型应用场景	34		
总　分				

（三）素质评测

针对表6-14中所列出的素质与素养观察点，反思项目实现的过程，思考总结相关项目，做到即得满分，未做到适当扣减分数。

表 6-14　素质评测表

序号	素质与素养	分值	总结与反思	得分
1	具备信息意识：主动地寻求恰当的方式捕获、提取和分析信息新技术的典型应用场景	50		
2	树立建设创新型国家、制造强国、质量强国、网络强国的信心	50		
总　分				

模块七 信息素养与社会责任

“信息素养”的概念，最早是在1974年由美国信息产业协会主席保罗•车可斯基（Paul Zurkowski）提出，当时还被定义为：“利用大量的信息工具及主要信息源使问题得到解答的技术和技能。”随着我国从工业化时代进入到互联网时代，特别是随着互联网技术的进步和人工智能的发展，信息素养已经成为人们在互联网时代的基本素养，它是基于信息解决问题的综合能力和基本素质。信息素养是终身学习的核心，在我国社会主义核心价值观的引领下，成为一个有信息素养的人更是我们的社会责任，可以更好地帮助我们共同发展。本模块以“我为家乡美食上大分”主题短视频素材收集、制作、发布为例，通过这些信息素养在短视频制作中的综合应用，可以制作出一部既具有专业性又富有创意的“我为家乡美食上大分”的主题短视频作品。这些能力的综合应用将有助于提高短视频的质量和传播效果，同时也展现了制作者在信息时代的素养和技能。通过这样的视频制作，不仅能够推广家乡美食，还能提升个人在信息处理和表达方面的能力，有效地应用信息素养，更好地承担社会责任。

知识目标

①了解信息素养的基础概念及六大信息素养基础能力；

②明确成为一个有信息素养的人是我们的社会责任及了解如何成为一名有信息素养的公民；

③掌握短视频素材收集、制作、发布的方法。

能力目标

①遇到问题，能通过信息素养知道如何准确识别并快速定位自己的所需；

②能把六大信息素养基础能力应用到学习工作生活中，有信息安全意识，借助工具有效分辨虚假信息；

③能通过使用剪映等工具，完成抖音等平台的短视频制作与发布，有信息化社会责任意识。

素质目标

①培养终身学习意识，善于基于信息素养通过自己的探究解决问题；

②塑造社会主义核心价值观下的信息素养观念；

③提高学习效率，培养团队协作精神，树立和发扬爱国爱家乡的情怀。

项目一　“我为家乡美食上大分”主题短视频信息需求的明确及素材收集——信息素养

信息素养主要是指基于信息解决问题的综合能力和基本素养。做一个有信息素养的人，首先需要有信息素养的基础认知，在这里，我们需要先有信息意识。什么是信息意识呢？就是我们在日常的学习生活中，遇到新鲜的事物，要敏锐地意识到有新的信息了，遇到问题了，第一时间能够想到，我需要通过获取什么样的信息来解决。有了这个潜移默化的信息意识后，我们就可以通过已有的信息知识，以搜索工具为抓手，注意适当的搜索语法，应用一些信息搜索的技巧，不断地去扩大我们的信息资源库，找到解决问题的办法。

因此我们要注意做一个有信息素养与有社会责任的人，遵守信息伦理“三不做”原则。一不做网络暴力的推手，未窥全貌，决不恶意诱导舆论。二不非法获取他人隐私及传播他人隐私，在处理个人信息、企业机密或敏感数据时，必须严格遵守隐私和保密规定。不得未经授权擅自泄露他人的隐私信息，维护信息的机密性和隐私，有助于保护个人权益和企业利益。三不制造信息垃圾，散布虚假信息，虚假信息的传播可能给个人和社会带来严重的后果，在发布信息之前，应该核实信息的真实性和准确性，确保所发布的信息不会对他人造成误导或伤害。同时，也要积极抵制和举报虚假信息的传播，维护信息的真实性和公信力。

信息素养的提高有助于个人更好地履行社会责任。提高信息素养和强化社会责任意识是相辅相成的。在信息化社会中，个人和组织应当不断提升自身的信息素养，同时积极履行社会责任，共同营造一个健康、和谐的信息环境。

具备较高信息素养的人，能够更好地识别信息的真伪和价值，避免被虚假信息误导或欺骗，从而保护自己和他人的权益。同时，他们也能够更加自觉地遵守信息道德和法律法规，规范自己的信息行为，维护良好的信息秩序。

信息素养的六大能力包括：

（1）信息需求识别能力：指能够明确识别自己的信息需求，潜意识地想到基于信息如何去解决问题，以及知道在何时需要何种信息。

（2）信息检索能力：指明确自己的信息需求后，能够通过一定的渠道，有效地搜索和获取所需的信息，包括从各种来源和媒体中检索信息。

（3）信息获取能力：指能够准确地获取所需的信息，包括识别信息的真伪、价值和来源。

（4）信息评价能力：指能够批判性地评价信息，判断其准确性、可靠性和适用性，并且在信息过载的环境下，评价筛选出有效信息。

（5）信息管理能力：指能够有效地存储、组织和利用信息，能对信息进行分类、存储、编辑和分享，以便在需要时能够快速找到和使用。

（6）信息应用能力：指能够将所获取的信息应用到实际生活和工作中，解决问题和做出决策。

这六大能力共同构成了信息素养的核心，帮助我们在信息化社会中有效地获取、评估、利用和创造信息，同时也强调了我们在信息活动中应遵循的道德规范和社会责任。

一、项目描述

本阶段的项目是：收集“我为家乡美食上大分”主题短视频素材，利用网络检索和手机拍摄等方法收集主题相关的文本、图片、音频、视频等资料。通过这些信息素养在短视频制作中的综合应用，制作出一部既具有专业性又富有创意的“我为家乡美食上大分”的主题短视频作品。并基于信息素养实现“我为家乡美食上大分”主题短视频素材收集，通过团队协作，识别信息需求，进行检索信息、获取信息、评价筛选信息和应用信息，同时做好要注意信息伦理和虚假信息的判断，遵守相应的法律法规，不传递虚假信息，有效地应用信息素养，更好地承担社会责任。

二、知识准备

信息素养的六大能力包括信息需求识别、信息检索、信息获取、信息评价、信息管理和信息应用的认识。这些能力在商业领域有着广泛的应用，这些能力对于企业的成功和发展至关重要。比如，要制作一个“我为家乡美食上大分”的主题短视频涉及多方面的技能和应用，与信息素养的六大能力紧密相关。那结合信息素养的六大基础能力，我们要如何完成本次项目？

（一）信息需求识别

能够明确识别制作一个“我为家乡美食上大分”的主题短视频，需要哪些信息，首先，我们需要明确短视频的主题和目标受众。既然是为家乡美食代言，那么我们需要了解家乡的特色美食有哪些？它们的历史渊源、制作方法、口感特点等。此外，还需要考虑短视频的风格、时长、传播渠道等因素，以确保视频内容能够吸引目标受众的注意力。明确自己需要解决的问题是什么，有基础的信息意识。

（二）信息检索

除了基本的互联网搜索，还可以利用社交媒体平台、美食博客、专业烹饪网站等获取更丰富的家乡美食信息。通过与家乡的长辈、厨师或当地美食家交流，获取一手的、具有地方特色的美食知识和故事。参加线下的美食节、烹饪课程等活动，亲身体验和收集信息，使视频内容更加生动真实。

（三）信息获取

在检索到相关信息后，我们需要进一步筛选和整理，以获取真正有用的信息。比如，我们可以从多个来源收集家乡美食的图片和视频素材、相关热门音乐，挑选出最具有代表性和吸引力的部分；同时，也可以整理出美食的制作方法或者美食特色和历史背景等文字资料，为短视频的旁白和字幕提供依据。

（四）信息评价

获取信息后，需要对获取的信息进行评价和分析，以判断其真实性和可靠性。比如，通过对比分析不同来源的信息，筛选出最具代表性和吸引力的家乡美食，确保视频内容的精炼和高效。选择我们可以对比不同来源的信息，看它们是否一致；也可以评估信息的来源和作者的权威性；还可以根据自己的经验和知识来判断信息的合理性和可信度。识别并验证信息的真实性、时效性和相关性，避免传递错误或过时的信息给观众。这样，我们才能确保短视频所传递的信息是准确和可信的。

（五）信息管理

对收集到的信息进行分类整理，如按照食材、烹饪方法、口味等进行区分，有助于在视频中条理清晰地呈现。可以使用专门的软件或平台来存储和整理收集到的图片、视频和文字资料；也可以为这些信息建立详细的标签和分类，以便在需要时能够快速找到和使用；还可以定期备份和更新信息库，以确保数据的安全性和时效性。

（六）信息应用

在视频构思上融入创意元素，如通过剧情化的方式讲述家乡美食的故事，或者设计有趣的挑战和互动环节吸引观众参与。通过富有感染力的语言和表情，以及精心设计的视频画面和音效，激发观众的情感共鸣和兴趣。熟练使用视频编辑软件，对拍摄的素材进行精确的剪辑、调色、音效等后期处理，提升视频的专业度和观感。提供明确的行动指引或呼吁，如鼓励观众尝试制作家乡美食、分享自己的美食故事等，增强视频的互动性和影响力。

注意在六大基础信息素养的应用中，信息伦理和信息道德与安全，严格遵守版权法规，确保使用的素材和音乐都经过合法授权或免费可用。在视频中注明信息来源和引用出处，尊重原创者的知识产权。注意保护个人隐私和敏感信息，避免在视频中泄露不必要的个人详情或联系方式。提醒观众在尝试制作家乡美食时注意安全卫生问题，避免因操作不当导致食品安全风险。

通过这些信息素养在短视频制作中的综合应用，可以制作出一部既具有专业性又富有创意的“我为家乡美食上大分”主题短视频作品。这些能力的综合应用不仅能够推广家乡美食，同时也展现了制作者在信息时代的素养和技能。

三、项目实现

（一）明确本次“我为家乡美食上大分”主题短视频的信息需求及进行素材收集

1. 信息需求明确

在制作“我为家乡美食代言”主题短视频前，我们首先要通过网络明确具体的信息需求。这些信息需求将指导我们后续的素材收集和内容创作。主要的信息需求包括：

（1）家乡美食的种类与特色：了解家乡有哪些独特的美食，它们的特色是什么，为何能够代表家乡。

（2）美食的制作过程：深入探索美食的制作流程，包括所需的食材、独特的烹饪技巧和步骤等。

（3）美食背后的故事：挖掘美食背后的历史渊源、文化传承或与当地人的情感联系。

（4）美食的呈现与品尝：如何更好地展示该美食的色香味，以及人们品尝时的真实反应和感受。

（5）目标受众的喜好：研究目标观众对美食类短视频的偏好，以确保内容能够吸引他们的兴趣。

2. 素材收集

明确了信息需求后，接下来就可以通过线上线下等多种渠道进行有针对性的素材收集。

（1）需要收集的素材。

①图片与视频素材：在搜索引擎、社交媒体平台或专业的图片/视频库中搜索家乡美食的高清图片和视频片段。这些素材可以展示美食的外观、制作过程和品尝场景。

②文字资料：阅读相关的文章、新闻报道、地方志书等，收集关于家乡美食的详细描述、历史背景和文化内涵。

③用户评价与推荐：在美食点评网站、社交媒体或论坛上查看其他人对家乡美食的评价和推荐，了解大众的口味偏好和美食的受欢迎程度。

④音频素材：搜集与美食相关的背景音乐、音效等，以增强短视频的氛围和观赏性。

⑤访谈与实地拍摄：如果条件允许，可以安排对当地厨师、美食家或普通市民进行访谈，并实地拍摄美食的制作和品尝过程，这样的第一手素材将为短视频增添真实感和深度。

通过网络进行明确信息需求和素材收集后，我们就能够拥有丰富的素材和明确的方向来制作一部引人入胜的“我为家乡美食代言”主题短视频。

（2）素材收集流程。

①确定选题。想要打造爆款短视频，选题是第一步，也是最核心的一步。通过参考现有互联网的优秀博主的短视频，以及大众点评、美团、小红书、微博、抖音、B站等优秀美食案例，确定自己主题相关短视频的风格、类型（美食教程、美食探店类、美食测评类、乡村生活美食类……）、了解其拍摄思路和方法。

②调研其他人对该家乡美食的色香味等的评价，以及美食背后的传承故事或写出你与美食的故事，可利用大众点评、美团、去哪儿等用户点评平台，完成基础调研信息收集。

③拆解优秀的短视频案例脚本，或自己撰写脚本，明确“我为家乡美食上大分”短视频的拍摄和制作内容，在短视频构思上融入创意元素，如通过剧情化的方式讲述家乡美食的故事，或者设计有趣的挑战和互动环节吸引观众参与，或者在视频中直接呈现观众尝试制作家乡美食、分享自己的美食故事等，增强视频的互动性和影响力，设计好相对应的短视频文案。

3. 完成本实训项目参考使用工具及网站

完成本实训项目参考使用工具及网站主要有新浪微博热搜榜、百度搜索风云榜、知乎热榜、本地宝、小红书、抖音、B站等。

（二）使用手机拍摄短视频制作素材

根据子项目一收集的素材和撰写的短视频脚本，如果是家乡美食探店类短视频可参考此短视频脚本拍摄框架：

（1）拍摄真人一句话介绍家乡特色美食店的特色。

（2）拍摄特色美食店的门店环境。

（3）拍摄该特色美食店的团购套餐及美食明细。

（4）拍摄真人品尝该美食的色香味和体验感。

（5）还可适当加其他顾客和该美食的故事或者采访美食传承人。

（6）给出美食定位，欢迎大家一起来打卡给家乡美食上大分。

使用手机拍摄撰写的短视频脚本所需内容，完成图片、音频、视频等素材的制作工作。注意，如果我们是通过剧情演绎方式创作、发布虚构内容时，需在显著位置、形式明确标注相关视频系演绎，文案包括但不限于“虚构/演绎作品，仅供娱乐”等。就像是影视剧作品一般片头都会加上“本故事纯属虚构，如有雷同实属巧合。”这是对观众的一种负责任的举动，对于一些缺乏辨识能力的用户来说，这个注明能给他们带去一定善意的提醒。

四、技巧与提高

（一）如何明确“我为家乡美食上大分”主题短视频中的美食选题（以抖音为例）

利用抖音短视频内容洞察平台巨量算数创作指南等板块，找到相关播放量较高或者内容较好的美食短视频选题参考分析，可参考图7-1美食短视频创作指南页面和图7-2 巨量算数（手机版）选题关键词搜索页面。

图 7-1　美食短视频创作指南页面

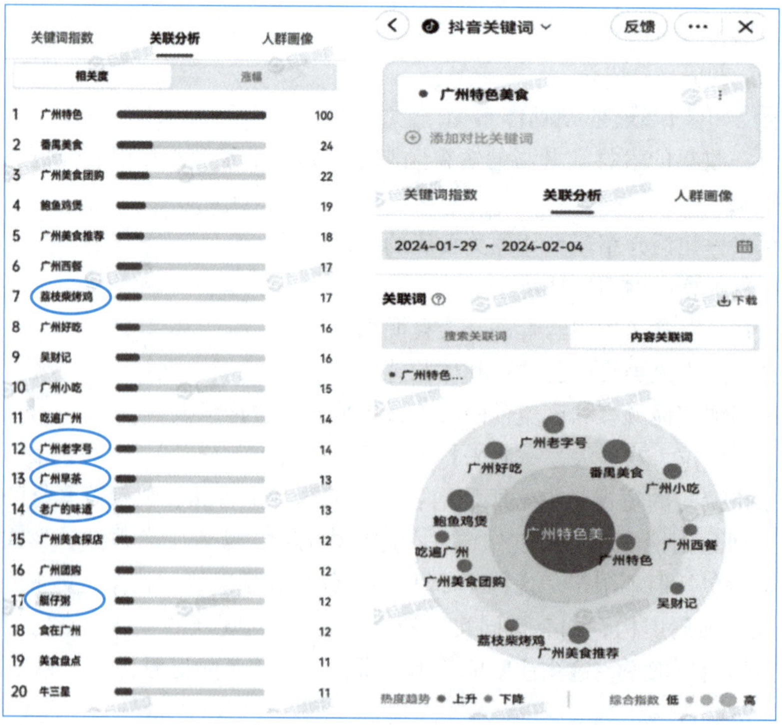

图 7-2　巨量算数（手机版）选题关键词搜索页面

利用不同的渠道进行信息检索，并筛选出最具代表性和吸引力的家乡美食，如图4-2 巨量算数（手机版）选题关键词搜索页面中，可筛选的相关“我为家乡美食上大分”的广州美食选题可以有艇仔粥、荔枝，还有广州老字号餐厅等，明确信息需求才可提高收集素材的效率。

在做信息获取时，仔细评估不同信息源的权威性和可靠性，优先选择官方发布和专家推荐的。

（二）拍摄短视频的工作准备——脚本

提前编写脚本，具体如图7-3所示短视频拍摄简易脚本参考，可以提前确认好要拍摄什么，拍摄谁，在哪里拍，如何拍，拍的时候做什么动作。脚本编写得越详细，后期拍摄越省力。

文案	拍摄内容	镜头	时间
挑战拍一组城市宣传大片，第一站	主人公介绍	固定	2s
甘孜	主人公往房子跑	固定	2s，
拾 吃耗牛肉	主人公在房子里吃牛肉	固定	2s
玖 吃花馍馍	主人公在房子里吃馍馍	固定	2s
捌 穿羊皮袄	主人公走出房子	推	2s
柒 玉科草原	主人公草地转圈	横移动	2s
陆 赶耗牛	主人公牵着小女孩在耗牛后方	固定	2s
伍 打八然	主人公和村民打八然	固定	2s
肆 骑马	主人公骑马，有人牵马	跟随	2s
叁 系经幡	主人公拿着经幡往前跑	跟随	2s
贰 撒隆达	主人公在飞舞的隆达中转圈	横移动	2s
壹 听藏戏	主人公双手合十听藏戏	固定	2s

图 7-3　短视频拍摄简易脚本参考

脚本参考使用工具及网站有梅花网、数英网、vlog小站、巨量创意、抖几句、编剧网、剧本网等。

（三）了解本次制作的信息素养高的短视频会带来的积极影响

在“我为家乡美食上大分”的短视频制作中，信息素养的应用会对观众带来积极影响。短视频中的信息素养应用不仅限于家乡美食信息的传递，还包括对生活方式、审美观念和价值观的塑造。通过观看具有高质量信息素养的短视频，观众可能会受到潜移默化的影响，从而改变他们的消费观念和价值观。

而信息素养高的短视频往往更注重与观众的互动和参与。通过评论、点赞、分享等方式，观众可以更深入地参与到“我为家乡美食上大分”的短视频的内容创作和传播过程中，这不仅提升了他们的互动体验，也使他们更加认同和信任短视频中的家乡美食或品牌。

短视频制作者在应用信息素养时，也间接地向观众传递了信息道德的重要性。通过遵守信息道德规范和法律法规，制作者为观众树立了良好的榜样，有助于培养消费者的信息道德素养和增强他们的网络安全意识。

五、测评

（一）知识测评

1. 选择题

（1）（单选）以下选项中，（　　）不是信息素养基础认知。

A. 信息伦理　　B. 信息检索　　C. 信息意识　　D. 互联网

（2）（多选）信息素养高的短视频会带来的积极影响有哪些？（　　）

A. 通过观看具有高质量信息素养的短视频，观众可能会受到潜移默化的影响，从而改变他们的消费观念和价值观

B. 通过遵守信息道德规范和法律法规，制作者为观众树立了良好的榜样，有助于培养消费者的信息道德素养和增强他们的网络安全意识

C. 降低与观众的互动和参与感

D. 会潜移默化地塑造观众的生活方式、审美观念和价值观

2. 填空题

（1）信息素养的六大基础能力包括：________、________、信息获取能力和________、________、________。

（2）信息伦理“三不做”原则：一不做网络暴力的推手，未窥全貌，恶意诱导舆论；________和________。

3. 问答题

在日常工作学习中，你是通过什么方式来获取信息的？你还能想到其他来源渠道吗？

4. 实践题

信息素养培养实践题目三选一。

（1）图书馆利用课：

案例：该如何使用图书馆的目录系统、在线数据库和馆际互借服务。

实践方法：可以分组进行实际的项目研究，如针对某个历史事件或科学问题，利用图书馆资源进行深入研究并形成报告。

（2）网络搜索挑战：

案例：网络搜索挑战，要求使用限定的时间内找到关于某个主题的最相关和权威的信息。

实践方法：可以提供评价搜索结果质量的标准，请提供你的搜索策略和经验。

（3）新闻素养教育：

案例：如何识别假新闻和偏见，以及如何在社交媒体上负责任地分享信息。

实践方法：可以分析真实的新闻案例，讨论新闻来源的可靠性和新闻报道的客观性。

（二）能力测评

按表7-1中所列的操作要求，对自己完成的短视频素材收集过程进行检查，操作完成得满分，未完成或错误得0分。

表 7-1　技能测评表

序号	操作要求（具体见项目实现）	分值	完成情况	自评分
1	能使用互联网进行“我为家乡美食上大分”主题短视频制作的素材收集、整合	25		
2	能使用手机进行“我为家乡美食上大分”素材拍摄、编辑	25		
3	能形成“我为家乡美食上大分”主题短视频的制作思路	25		
4	能有信息安全意识和能分辨虚假信息	25		
总　分				

（三）素质测评

针对表7-2中所列出的素质与素养观察点，反思项目实现的过程，思考总结相关项目，做到即得分，未做到得0分。

表 7-2　素质测评表

序号	素质与素养	分值	总结与反思	得分
1	信息素养——请回答素材收集过程中应注意的事项。	25		
2	信息安全意识——请结合个人经历，描述自己平常是如何辨别虚假信息的。	25		
3	信息伦理——请在发布信息之前，核实信息的真实性和准确性，确保所发布的信息不会对他人造成误导或伤害	25		
4	社会责任感——请描述我们要在信息社会活动中应遵循的哪些道德规范和如何承担社会责任	25		
总　分				

六、拓展训练

本阶段要以小组为单位，确定本组“我为家乡美食上大分”短视频主题，通过不同途径收集短视频制作所需的素材，构思本组短视频制作方案。具体要求如下：

（1）确定本组“我为家乡美食上大分”短视频主题。

（2）完成小组成员分工。

（3）撰写短视频拍摄简易脚本。

（4）根据脚本，围绕主题，使用网络或手机完成素材的搜集、整理、整合。

（5）设计短视频短片制作方案。

项目二　“我为家乡美食上大分”主题短视频的内容制作——剪辑软件的应用

短视频和直播，已经成为大学生当下及未来文娱生活和内容消费不可或缺的一部分。随着抖音、微信视频号、快手、B站等新兴平台的出现，短视频平台不断优化内容生态，鼓励全民共创，形成全社会共享的发展态势。内容生产和传播的方式也在不断创新，以适应不断变化的市场需求和用户习惯。它可以作为商品进行交易，也可以作为工具链接各行各业，成为社会经济文化生活的基础性应用；它也可以服务于媒体、政府、企业等多个领域，提供丰富的应用价值，是我们信息技术非常重要的板块，也是我们大学生信息素养的重要组成部分。

本项目将围绕“我为家乡美食上大分”主题短视频的内容制作进行。在数字时代，短视频作为一种流行的媒介形式，对大众信息素养的提升起到了重要作用。短视频内容制作不仅需要技术技能，还需要制作者具备筛选和评估信息的能力，以及将信息以有吸引力和负责任的方式呈现给观众的能力。这就要求制作者具有较高的信息素养，以确保内容的质量和传播的效果。短视频作为媒介可以促进信息素养的提升，再者，制作优质短视频内容也需要制作者具备高水平的信息素养。在这个数字化迅速发展的时代，提升个人和社会整体的信息素养显得尤为重要。

一、项目描述

通过上一项目利用网络检索和手机拍摄等方法收集主题相关的文本、图片、音频、视频等资料，基于信息素养实现“我为家乡美食上大分”主题短视频素材收集及筛选、方案设计等后，本项目着重让大家利用剪映实现“我为家乡美食上大分”主题短视频的内容制作，完成本次项目二剪辑软件的应用。

了解并熟悉剪映等剪辑软件的基本剪辑流程，包括视频的导入、粗剪、添加过渡效果、调整画面和音频、添加字幕文本等。重点是学会视频素材的基本处理、能为视频添加音频及能添加字幕、能运用视频转场和特效即可，实现“我为家乡美食上大分”主题短视频的内容制作。（本项目实现可使用剪映手机版，也可使用剪映电脑版，主要展示剪映电脑版即PC端）

二、知识准备

（一）短视频的内容创作基础流程

短视频的内容创作基础流程如下：

（1）竞品分析及账号定位：数据有效性是指通过建立一定的规则来限制单元格中输入数据的类型和范围，以提高单元格数据输入的效率和规范性。另外，还可以使用数据有效性定义提示和帮助信息，或者圈释无效数据。

（2）建立短视频素材库：含标题库、文案库、表情包库、音乐及音效库、视频分类库、图片库（可用花瓣网做实时分类）。

（3）选题规划：小组内部讨论、分为常规选题和热门选题，灵感来源可以是地方官网非遗美食推荐，如大众点评、美团、小红书、抖音等。

（4）脚本内容框架的搭建：美食脚本的基础脚本内容框架搭建可以先从不同的美食短视频类别入手，如美食教程类、美食测评类、美食溯源vlog类、美食探店类等。

（5）找素材：美食短视频的找素材，主要是调研美食背后的色香味是如何去呈现的，美食背后的厨艺传承的情感故事挖掘，或是和不同的人品尝家乡美食的氛围或情感的表达。包含短视频素材库中提到的视频、图片等。

（6）内容填充：进行演员、导演、拍摄、剪辑等的分工，并围绕家乡美食脚本进行拍摄剪和素材获取。结合脚本进行短视频内容的填充，含音效及BGM音乐的填充等。

（7）起标题。

（8）短视频各平台内容分发。

（二）提高剪映剪辑技巧

1. 分析优秀作品

观看并分析至少十部优秀的剪映作品，注意观察它们的剪辑节奏、配乐、情感表达等细节。通过一帧帧的分析，理解每个镜头的含义和衔接，以及镜头的时长等要素。从中学习大师级别的剪辑手法，并逐步培养出自己独特的剪辑风格。或直接在抖音和剪映中找到喜欢的短视频模板，一键仿拍，二次创作。

2. 学习不同的剪辑思路

视频的本质是一帧帧的图片+音频等媒体的融合，而帧率（frame rate）是指视频或电影中每秒钟显示的帧数（图像的数量），通常以FPS（frames per second）表示。在电影行业中，24帧/秒是一个历史悠久的标准，24帧/秒能够提供足够流畅的视觉运动效果，使观众获得良好的观影体验，因此在视频中，我们常用的帧率为24、30、60等。而在视频的剪辑过程中我们可以使用图片或者视频素材进行以下几种剪辑思路尝试。

（1）混剪法：在拍摄同一美食场景画面时，从多个角度拍摄大量素材，如美食和人物和场景的镜头都拼接在一起，此剪辑方法较常用于有节假日的美食制作，比如端午节的“肇庆裹蒸粽”，可以取包粽子时的人物镜头素材和包粽子的食材视频素材以及划龙舟吃“裹蒸粽”的场景拼接，会使视频更有故事性和有细节。

（2）排比法：对获取的素材，抽取其有相同的行为或相同的角度的片段，按照一定的顺序和逻辑进行排比剪辑，此方法适用于音乐卡点，更有节奏感，比如“拿起”行为的排比剪辑，从用手拿起食材1、2、3组清洗处理素材拼接，再到用筷子拿起做好的食材品尝素材拼接，是较为常用的剪辑方法。

（3）相似物剪辑法：在项目一获取的素材中，抽取有相似的形状或者相似的颜色的素材进行剪辑，让视频的画面产生跳跃的动感，在视觉上会造成炫酷转场的效果，如美食原材料的三角形食材的摆放、三角形粽子的造型捆绑、三角形粽子撕开外衣对半切开的美食、一起吃粽子过节的一家三口俯拍坐出来的三角形等，让画面更有冲击力。

（4）做减法：剪辑视频时，最容易出现“流水账式”剪辑，过于冗长，因此在现有视频的基础上，我们尽量删除那些没有什么意义的素材，仅保留和主题相关的有故事性的素材即可。

（5）环形剪辑法：在写好的脚本的基础上，从地点或者时间线上做素材的切割，把切割后的素材设为A、B、C、D；环形剪辑法即为ABCDA，毫无想法时，此方法最为适用，从A点出发，途径B、C、D点，然后再巧妙地回到A点的剪辑方式，如视频的开始是端午节河边看划龙舟吃粽子的一家人的温馨画面，中间是小朋友的回忆，小时候怎么和妈妈一起做粽子的过程，最后再回到成年后带着自己的孩子也在河边看划龙舟吃粽子。

3. 了解剪映的基础功能

（1）剪辑与拼接：在时间线上选择需要剪辑的视频片段，通过剪切、分割等工具进行精确剪辑。可以将多个视频片段拼接在一起，形成完整的视频。

（2）转场过渡：在两个视频片段之间添加转场过渡效果，使画面流畅自然。剪映提供了多种转场效果，如淡入淡出、滑动、溶解等。

（3）音频处理：添加背景音乐、人声等音频素材，调整音量、淡入淡出等参数。还可以使用音频分离功能，将视频中的音频与画面分开处理。

（4）文字与字幕：添加标题、字幕和文字动画，提升视频的观赏性。

（5）滤镜与调色：为视频添加滤镜，调整色彩平衡、对比度和饱和度等参数，使画面更具美感。

（6）特效与动画：实现画面抖动、缩放、旋转等特效效果，为视频增加创意元素。

（7）画中画与蒙版：在视频中添加画中画效果，实现多个画面同时呈现。

（8）变速与变焦：实现视频的变速播放和变焦效果，使视频更具表现力。

（9）关键帧：利用关键帧可以制作动画效果，例如文字出现效果等。

一般而言，精细化的剪辑进行场景组接转场效果添加后，会制作短视频的片头片尾，再进行音频处理，含同期声匹配、音效、背景音乐及旁白；紧接着进行调色和滤镜的添加，最后添加字幕和文案。

三、项目实现

（一）下载或打开网页版剪映导入素材

计算机或者手机下载剪映软件并安装，进入剪映首页页面，如图7-4所示，或直接使用剪映网页版抖音扫码或手机号注册登录使用。单击“上传素材”按钮，如图7-5所示，在页面弹出的“上传素材”对话框中选择项目一提前拍摄好的短视频素材导入，如图7-6所示。

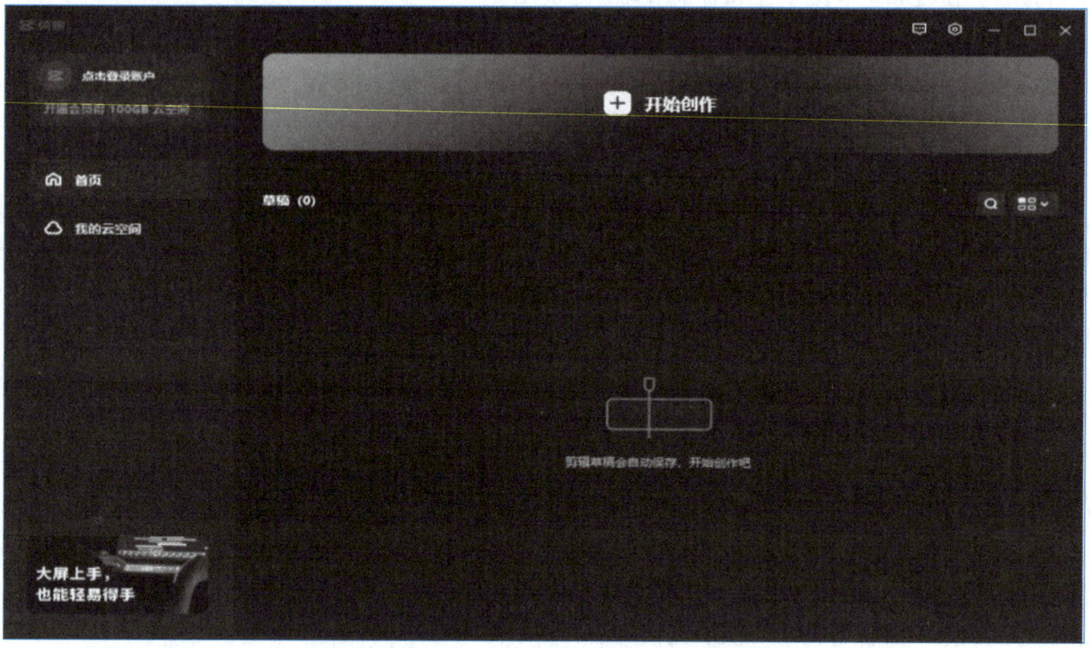

图 7-4　剪映软件首页页面

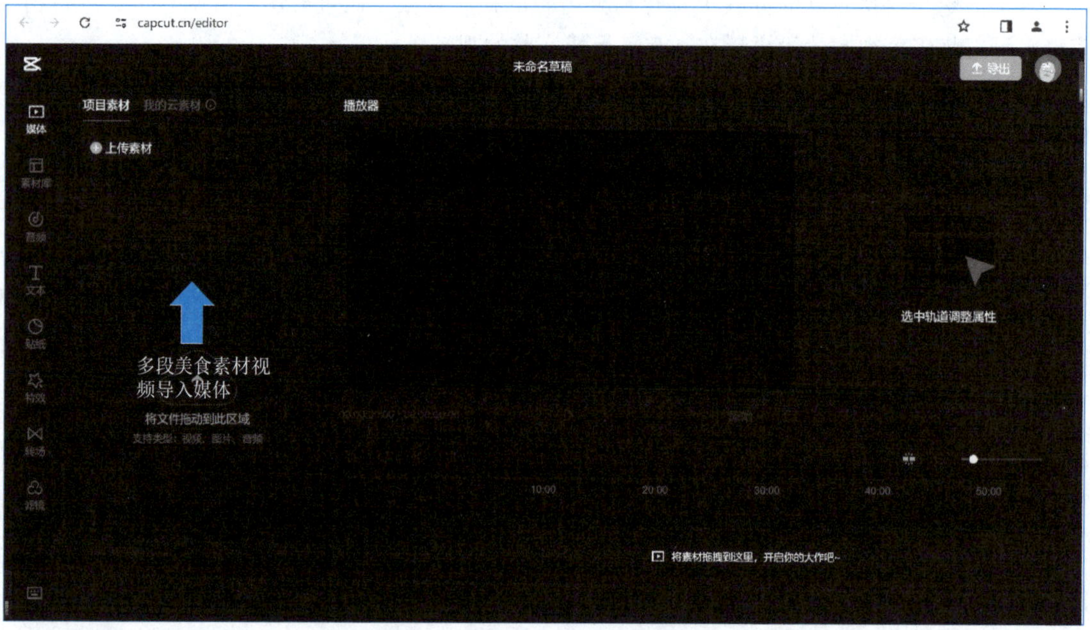

图 7-5　剪映网页版素材导入页面

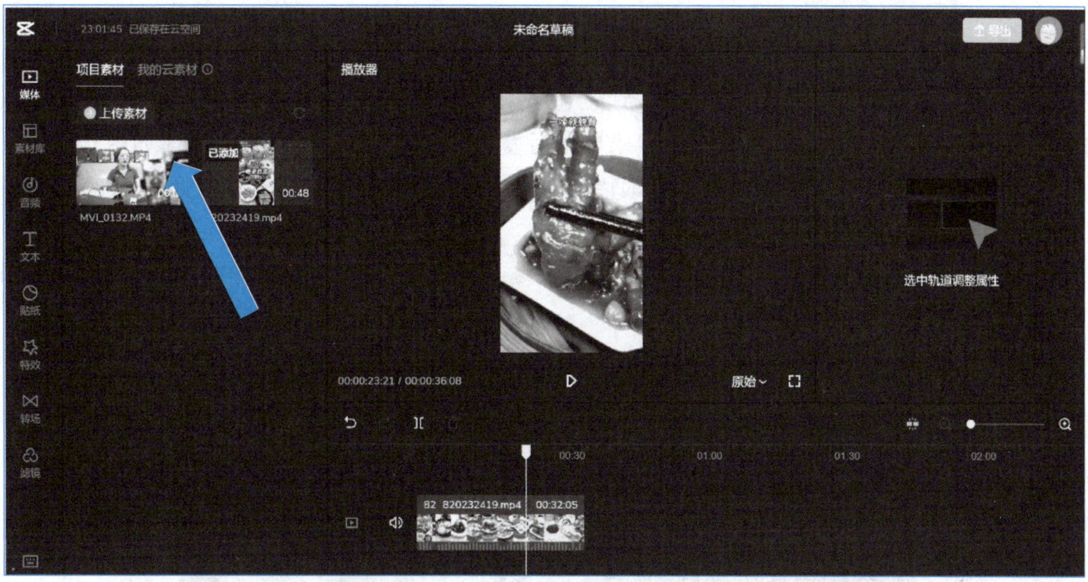

图 7-6　剪映网页版上传素材操作示例

（二）添加多个媒体素材，调出属性面板和时间轴面板

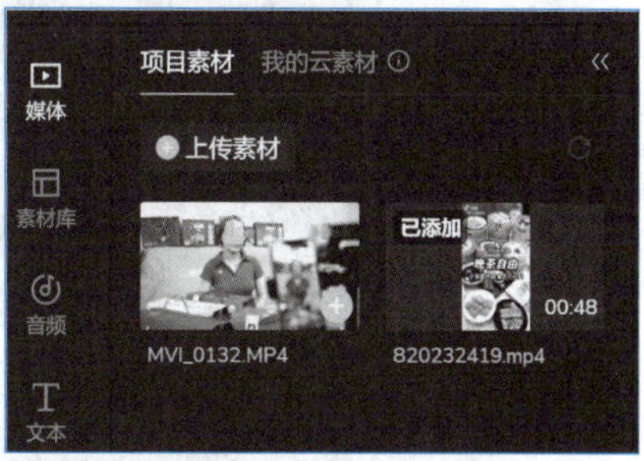

图 7-7　剪映素材添加

把鼠标移到已经添加好的素材上，直到素材右下方出现“+”，单击即可添加素材到“时间轴面板”（见图7-7），移动鼠标至时间轴面板中选中任一素材单击即可在右上方调出“媒体属性面板”（见图7-8），方可对导入的素材进行编辑。

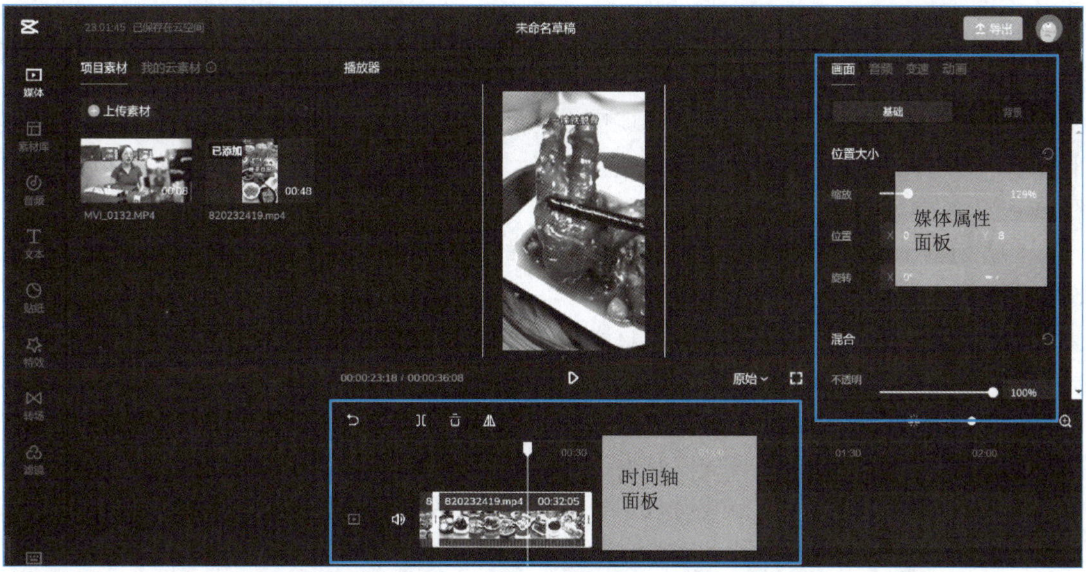

图 7-8　剪映媒体属性面板及时间轴面板调取

（三）设置项目画幅大小

（1）选中时间轴轨道中的视频素材，然后单击“适应”或播放器中的“原始”，在弹出的比例选项中选择需要的比例，例如16:9（横屏）或9:16（竖屏），也可以选择自定义分辨率，本次“我为家乡美食上大分”的短视频项目要求剪辑后发布到剪映中，故选9:16，具体如图7-9所示。

（2）裁剪和旋转：如果需要进一步调整画面大小，可以单击视频素材，选择“裁剪和旋转”功能，在这里可以使用双指缩放来调整视频位置。

（3）背景调整：如果视频转换比例后出现黑边，可以选择添加背景，可以是纯色背景或者上传自己喜欢的图片作为背景。

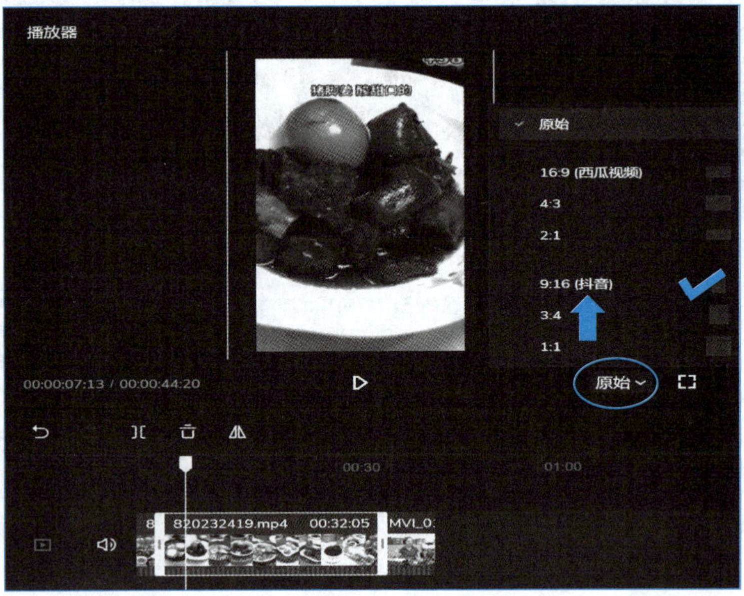

图 7-9　剪映中短视频画幅的大小调整示例

（四）对视频进行简单的剪辑操作

1. 视频粗剪编辑

在导入素材后，根据脚本，对几段项目一中获取的素材视频进行剪辑，包括裁剪不需要的部分、调整顺序、对视频进行加速和减速处理等，以增强视频的观赏性和节奏感。功能按钮如图7-10所示。

（1）“切割”视频：移动时间轴选择需要处理的关键帧，单击“分割”按钮即可切割视频，如图7-11所示。

（2）“删除”视频：切割后可拖动鼠标把多余无需用到的素材选中，并单击上方的“删除”按钮即可删除。

（3）对视频进行“加速和减速”处理：对于需要加速和减速的视频处理，可移动鼠标选中需要处理的素材后，单击右上方的“变速”按钮进行倍速和时长的处理，具体如图7-12所示。

（4）素材视频顺序调整：调整片段素材的链接顺序可直接拖动鼠标选中片段后单击该片段长按鼠标不放，直至拖动该片段到需要调整到的位置中。

如需放大时间轴的视频轨道进行调整，方便加速减速的处理等，可直接拖动“音视频轨道大小调节”按钮，对细节的处理会更加精细。

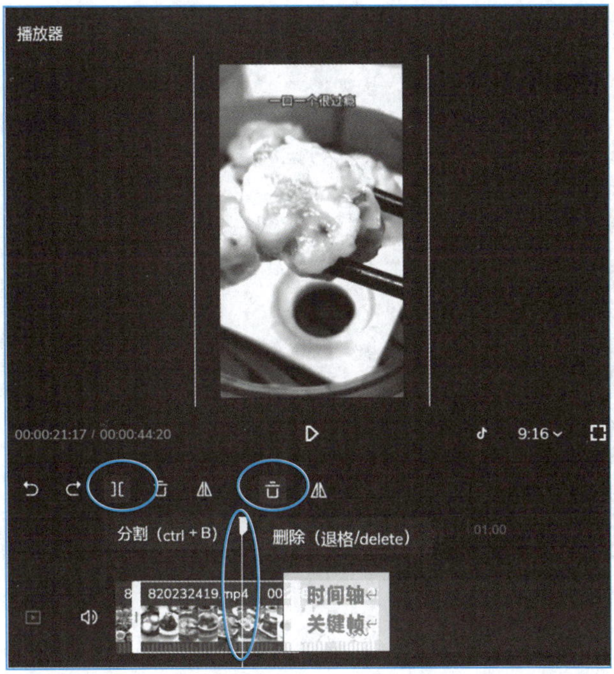

图 7-10　视频编辑按钮说明

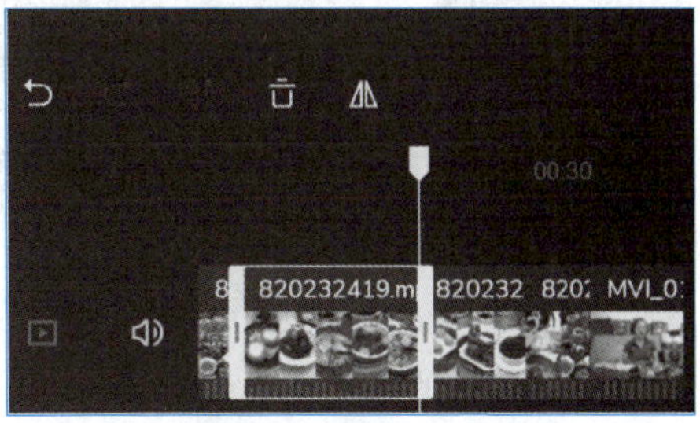

图 7-11　分割后的视频素材片段

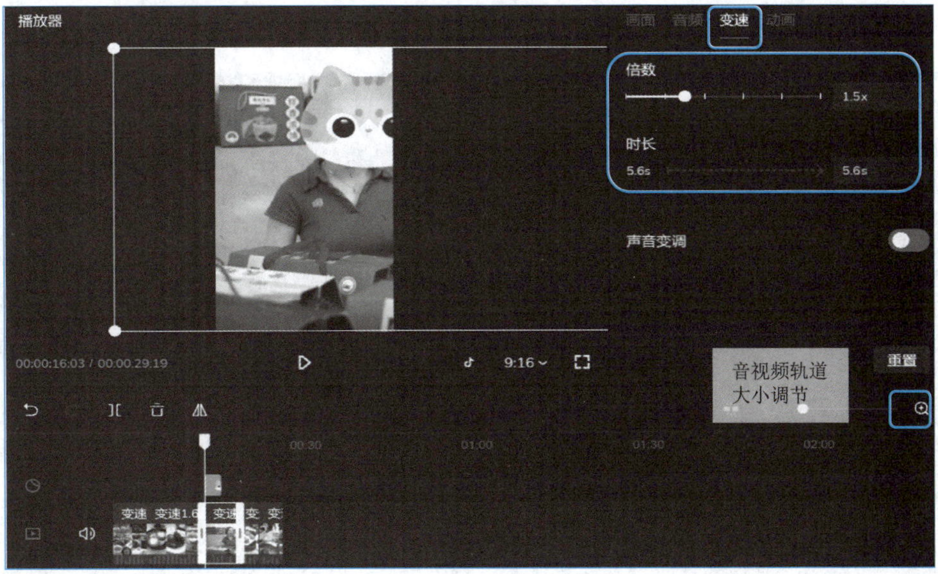

图 7-12　视频素材的变速处理

2. 添加转场、音频、字幕等

（1）转场效果的添加：在对素材进行简单的排列和粗略剪辑后，为不同的素材片段添加转场效果，鼠标在时间轴面板中移动选中需要添加转场效果的片段，单击左边菜单栏中的“转场”即可加载系统自带的各类转场效果，移动鼠标选中合适的转场效果单击该效果左下方的“+”即可，具体转场参数可直接在弹出的“转场面板”中调整，含转场需要的时长等，以及选择是否应用到所有片段的衔接中，使片段的转场过渡效果更为自然，如图7-13所示。

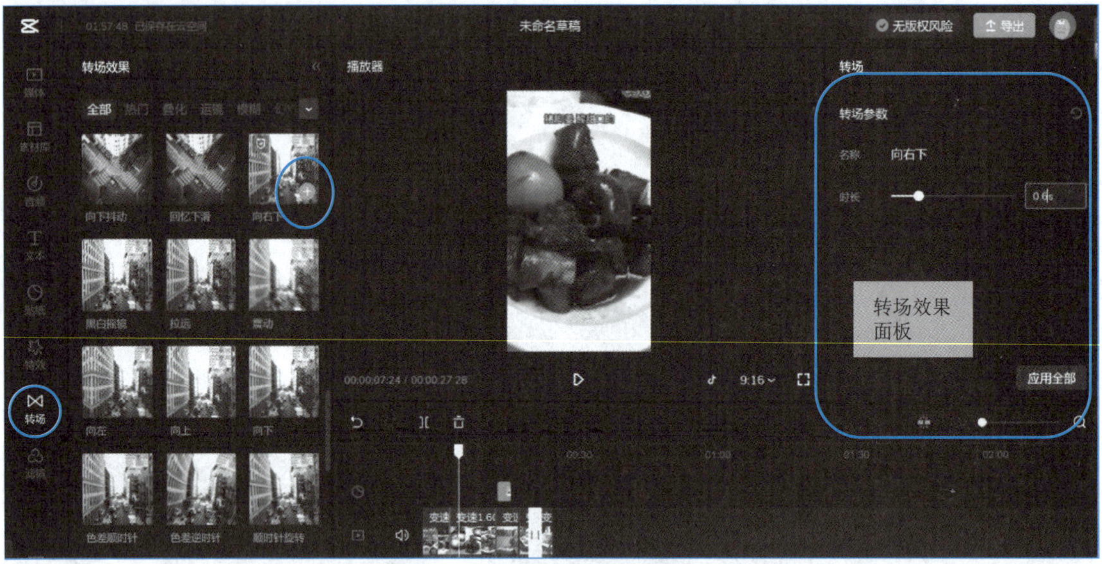

图 7-13　视频转场效果的添加

（2）音频的添加：此处含音乐（BGM）及音效的处理，选择合适的背景音乐可以营造氛围，在适当的时候加上特殊的音效可以为短视频添加不一样的乐趣，结合项目一撰写的脚本和提前准备好的音乐、音效素材，添加音频到视频中，手机版剪映和电脑下载版电影还可结合添加的音乐节奏自动踩点卡点，方便视频节奏和音乐节奏同步，如图7-14所示。

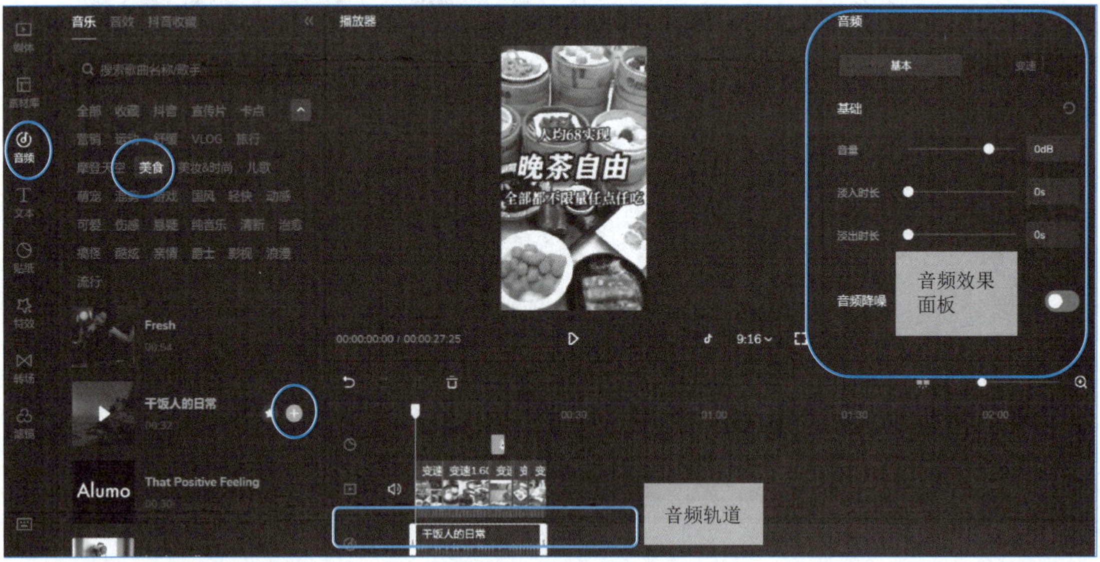

图 7-14　音频效果的添加

（3）字幕和文本朗读、特效的添加：结合项目一完成的脚本，为项目二的视频添加字幕，则可以帮助观众更好地理解视频内容。在时间轴面板中，移动鼠标单击时间轴移动到需要添加文本的关键帧中，单击左边菜单栏的“文本”，选择合适的花字（即字体样式），移动鼠标至相关“花字”的右下方，单击“+”即可调取文本效果面板，并在基础输入框中，输入对应的文字，即可添加，如图7-15所示。

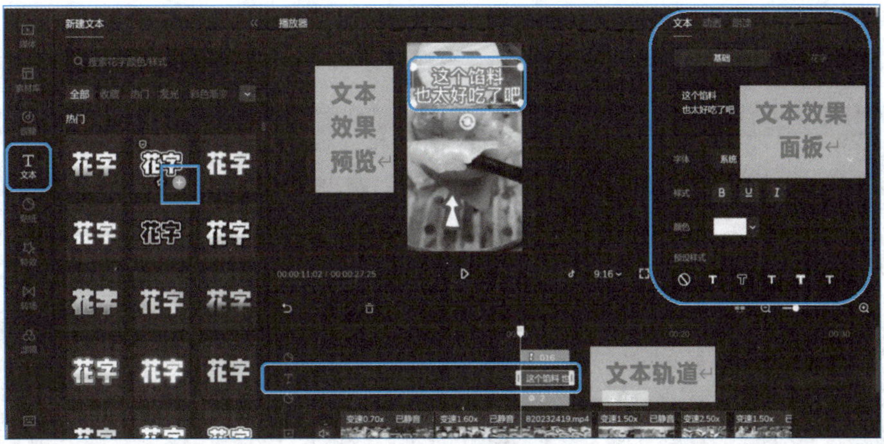

图 7-15　文本效果的添加

如所加文本为旁白，或没有收录到合适的音效，可直接单击“文本效果面板”中的“朗读”按钮，选择合适的声音，即可生成文本朗读，如图7-16所示。“我为家乡美食上大分”的主题短视频中，有特别想强调的画面，可以适当添加特效，强化视觉效果，如图7-17所示。

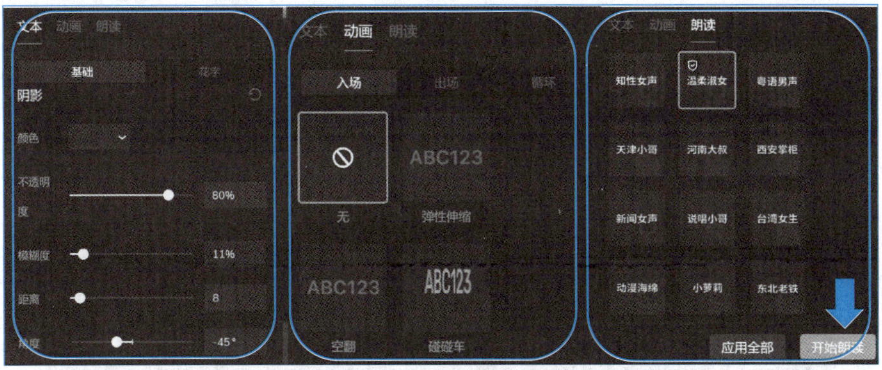

图 7-16　文本效果的属性编辑及文本朗读功能示例

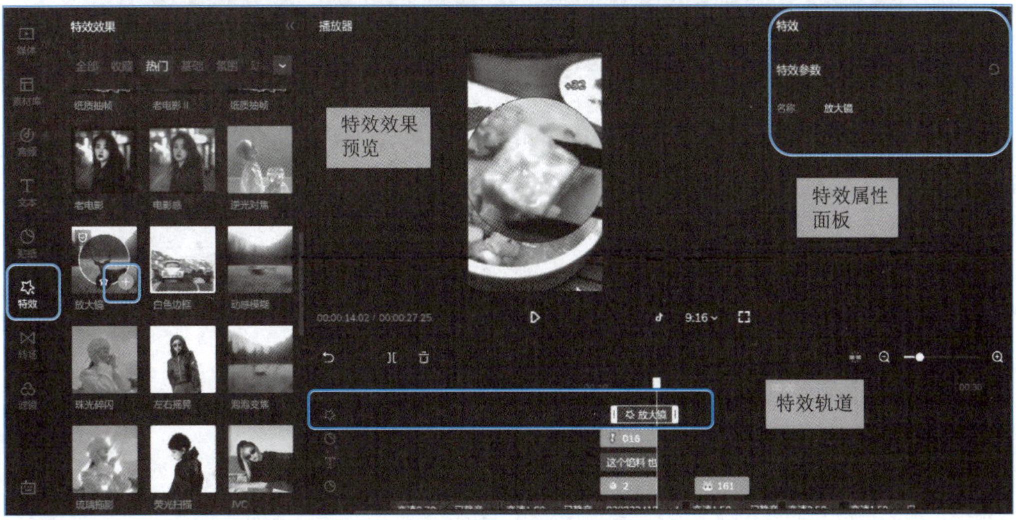

图 7-17　特效效果的添加

画面还比较单独或想突出重点，可适当加贴纸增加趣味性如图7-18所示。完成作品，调整好细节后，可直接导出短视频作品保存，抖音短视频发布的参考参数，如图7-19所示。

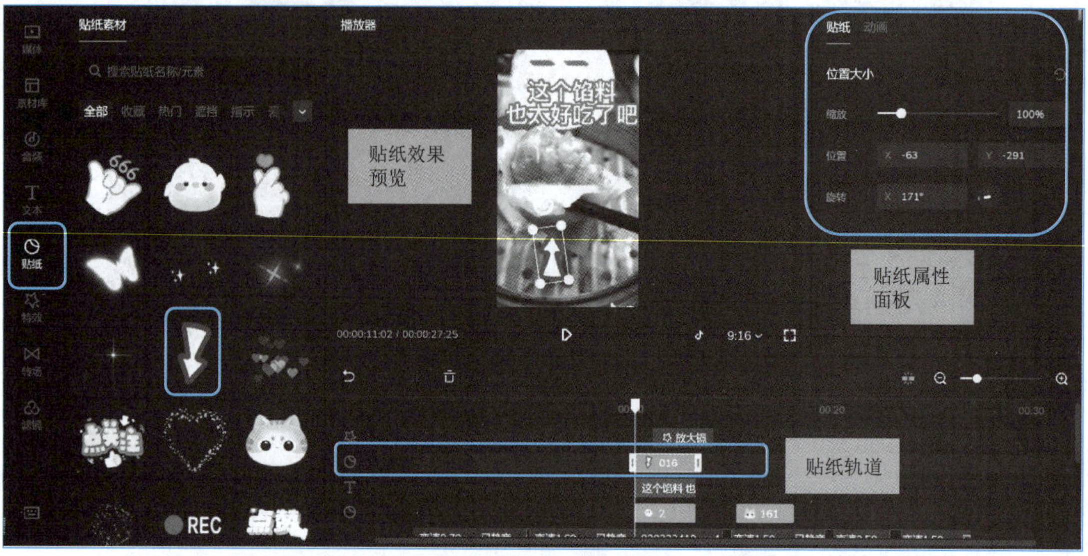

图 7-18　贴纸效果的添加

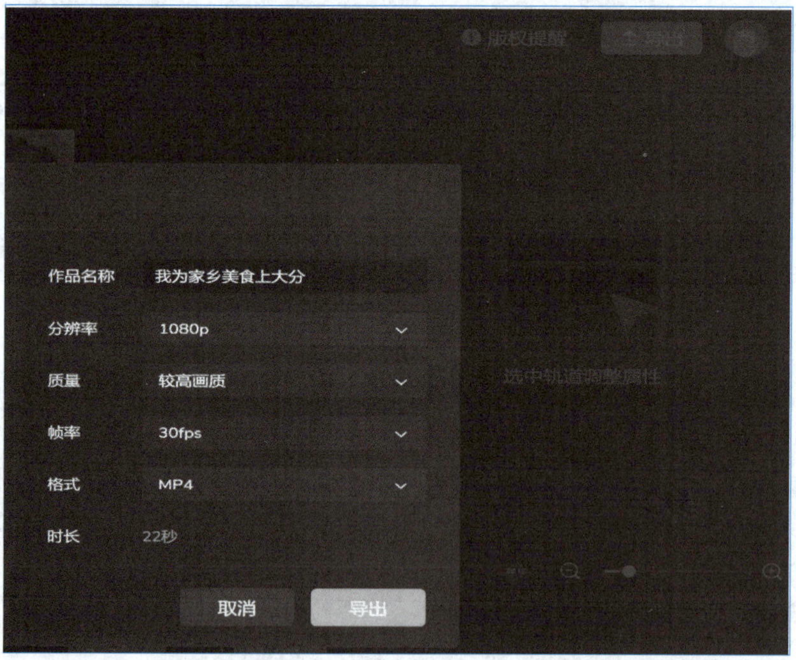

图 7-19　视频导出参数参考

四、技巧与提高

（一）剪映快捷键的使用

剪映快捷键如图7-20所示。

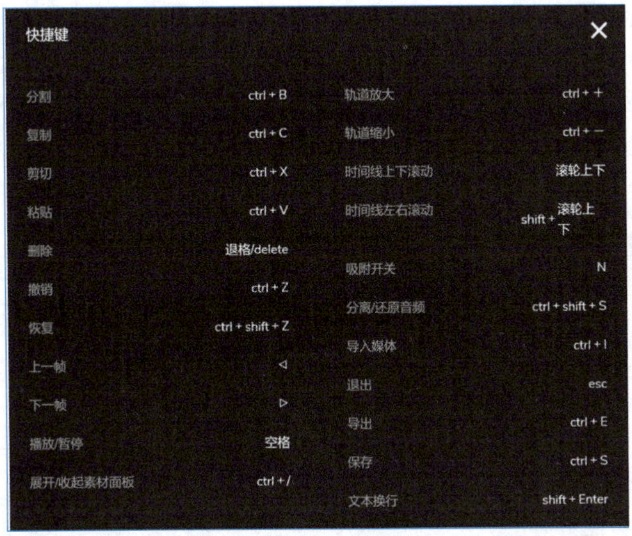

图 7-20 剪映快捷键

（二）除剪映外的其他剪辑软件推荐

（1）Adobe Premiere Pro（PR）：一款行业标准的视频编辑软件，适合专业人士和追求高质量视频制作的用户。它提供了丰富的编辑工具和特效，支持多种格式，与Adobe的其他产品如After Effects、Photoshop等有良好的兼容性。

（2）万兴喵影：使用AI功能和新的快捷方式进行创作，效率翻倍！基于AI升级了音频编辑功能，包含音频可视化、音频重组和人声分离等。此外，海量音乐和音效素材帮助创建更丰富的视频效果。

（3）Final Cut Pro X（Fcpx）：苹果公司开发的一款专业视频编辑软件，特别适合Mac用户。它拥有直观的界面和强大的媒体组织能力，以及HDR支持和先进的颜色校正工具。

（4）bilibili云剪辑：这是一个在线视频编辑工具，适合经常使用B站的用户。它提供了基础的剪辑功能，如视频裁剪、删除片段、旋转视频和调色等，操作简单，无需下载安装任何软件。

（5）会声会影：对于家庭影音制作和基础小型剪辑来说足够用。它提供了大量的模板，适合不想深入学习复杂软件的用户。

（三）剪辑技能提升

从单一的剪辑技能，通过素材库的积累和作品的不断丰富，逐步形成自己的剪辑风格，并通过“T型”成长，拓展为内容创作技能，让自己的信息素养不断提高。

熟练掌握相关剪辑软件：选择一款适合自己的视频编辑软件，如剪映、PR等，并且熟练掌握其功能和快捷键。

在B站或者相关在线平台，运用信息素养的技能学会筛选合适的博主，在线学习各类视频剪辑教程，这些可以是纯文字教程、视频教程或直播培训，不断提升自己的技能。

从记录自己的美好生活开始，实践操作，通过不断实践来积累经验。尝试不同类型的短视频项目，例如生活记录、旅游、美食等，为每种类型找到合适的剪辑风格，并开始尝试运营自己的自媒体账号，结合数据优化自己的运营策略和剪辑技能；

观看专业或优秀的短视频作品，并分析其剪辑方式，了解如何构建故事、转场效果、配乐和节奏等；学会通过剪辑来讲故事，包括确定视频主题、塑造情节和角色，以及控制叙事节奏。选择合适的背景音乐和声音效果，了解如何通过声音强调视觉内容。学习基本的色彩学原理，掌握视频色彩校正和调色的技巧，使视频画面更加生动和有情感。

将自己的作品大胆展示给他人，并且接受建议和批评，时刻关注最新的剪辑技术和流行趋势，不断学习和尝试新的工具和方法。

五、测评

（一）知识测评

1. 填空题

（1）剪辑的基本流程包括：视频的导入、________、________、________、添加字幕文本等。

（2）短视频素材库需要涵盖标题库、________、表情包库、________、________、图片库等。

（3）五种不同的剪辑思路包括有：________、________、________、________、________。

2. 简答题

（1）剪映的基础功能有哪些？

（2）如何根据脚本进行视频的粗剪编辑？

（二）能力测评

按表7-3中所列的操作要求，对自己完成的文档进行检查，根据实际情况自评。

表 7-3 能力测评表

序号	操作要求（具体见任务实现）	分值	完成情况	自评分
1	完成媒体导入及完成短视频粗剪编辑	25		
2	完成短视频转场和音频含音效、音乐、的添加	25		
3	完成短视频的字幕、效果、贴纸的应用	25		
4	能用剪辑完整完成“我为家乡上大分”美食短视频的剪辑	25		
总 分				

（三）素质测评

针对表7-4中所列出的素质与素养观察点，反思任务实现的过程，思考总结相关项目，做到即得分，未做到得0分，根据实际情况自评。

表 7-4 素质测评表

序号	素质与素养	分值	总结与反思	得分
1	终身学习意识——具备主动学习新的技能的意识	35		
2	创新意识——具备创新意识，在短视频的剪辑中，融合自我创新的想法	30		
3	工匠精神——具备在短视频的剪辑过程中，各类素材的耐心调整，不断提升工匠精神	35		
总 分				

六、拓展训练

本阶段要以小组为单位，结合项目一完成的“我为家乡美食上大分”短视频主题素材的收集和短视频方案的制作，应用剪映等剪辑工具实现“我为家乡美食上大分”主题短视频的内容制作。旨在展示家乡美食吸引人的风味特点，以及体现家乡风土人情。具体要求如下：

（1）视频长度：不超过1分钟。

（2）格式：MP4或MOV，比例为9:16（竖屏）。
（3）分辨率：至少为1080p。
（4）内容创意：展示家乡特色美食，最终成片需体现出该美食的诱人外观和可口的味道。
（5）风格统一：确保画面风格、色彩搭配、摆盘等细节符合美食主题。
（6）音乐、转场、字幕、特效、变速、文本朗读都需要在视频中有所体现。

项目三 “我为家乡美食上大分”主题短视频成果发布——信息社会责任的承担

在信息社会中承担社会责任是一个多方面的过程，信息技术在我们的生活中已经非常普遍，日常生活中，我们能够通过电子邮件、即时通信、社交媒体等方式进行实时交流和社交互动。这些工具不仅让我们能够轻松地与朋友、家人和同事保持联系，还能通过社交媒体平台共享和获取信息。一方面，在线课程、在线教育平台也为我们的学习和教育提供了更多的机会和资源；另一方面，我们可以通过电子游戏、在线视频和音乐平台获取娱乐内容，同时，信息技术也为数字艺术和虚拟现实等新的文化形式提供了支持。智能家居、智能硬件设备、自动存取款机、自助终端等，这些信息技术都让我们的日常生活变得更加便捷。

综上所述，信息技术已经深入到我们生活的每一个角落，从基本的通信方式到智能家居，再到自动驾驶汽车，无处不在。随着技术的不断进步和发展，未来的生活将更加智能化、高效化和便捷化。而在这个过程中，我们需要主动去承担起信息社会责任。让我们在享受数字化、信息化带来的便利的同时，确保社会责任得到有效的承担，促进信息社会的健康发展。

一、项目描述

通过项目一、项目二的积累，制作完成“我为家乡美食上大分”的主题短视频后，本阶段任务为信息社会责任的承担，了解发布主题短视频成果需要注意的事项，体现大学生的信息素养，并使用抖音、小红书、B站等新兴媒体平台发布“我为家乡美食上大分”主题短视频成果。

了解并熟悉互联网平台内容发布的规则和相关的法律法规，发布作品应负起社会责任，提供准确可靠的短视频作品，不弄虚作假。避免煽动性和偏颇内容的发布，维护公共信息环境的清洁。遵守网络礼仪，尊重他人的观点和隐私。在使用社交媒体和其他在线平台时，负责任地分享信息。批判性地接收信息，不传播未经验证的信息或谣言。

二、知识准备

（一）信息的展现形式

在信息社会中承担社会责任时，我们可以通过不同的内容展现形式来传达信息、情感和思想。

1. 文字

论文、新闻报告、小说、通知等都是通过文字来传递信息和故事的。例如，报纸上的新闻报道就是用文字描述事件的详情。日常生活中，我们发布的社群公告，班级通知、放假通知、各类声明等均是信息以文字的形式展现。同时，文字也是我们获取和搜索信息的较为便捷的方式之一。

2. 图片

摄影作品、各类图表、插图、动画以及各种视觉艺术作品都是以图片的形式来表达信息，比如，一张风景照片可以展示某个地点的自然美景，身份证上的证件照，可以展示我们的个人信息，让我们可以核对是否是本人。

3. 图文

公众号图文、公司官网的系列宣传、学校的招生简章、漫画、杂志中的图文搭配、广告设计、海报等结合了文本和图像的优势，也是常见的信息内容的展现形式，有助于我们对内容的解读。比如，一份旅游攻略，通常会包含景点的图片和描述性文字，帮助我们更好地获取旅行信息。

4. 表情包

在社交媒体中，比如微信或QQ等，我们经常在聊天记录中广泛使用表情包，通过幽默或夸张的图像配合文字，传达特定的情绪或反应，此类表情包往往以GIF的形式呈现也称为动图。比如，聊天应用中的笑脸表情包用来表示开心或笑的表情。

5. 音频

音乐、BGM、音效、播客、有声书以及广播节目等都是纯音频的内容呈现形式。比如，音乐APP中的歌曲播放列表提供了丰富的音频内容，在校园里，中午或傍晚经常能听到的校内广播电台、网络上的喜马拉雅FM、荔枝FM等都是我们更为丰富的音频信息获取方式。

6. 视频

不管是短视频还是中长视频，随着网络科技的发展，视频以比较轻松愉悦，以及更为直观的方式，把信息更为生动地展现给我们，因此，这也是当下，我们比较容易接收和理解信息的展现形式。比如短视频、电影、电视节目、教学视频、产品演示等利用动态画面和声音讲述故事或传达信息。比如，抖音上的一个教学视频展示了如何做一道菜。

7. 直播

直播是比短视频更加能让我们感受到信息的互动性和及时性的信息内容的展现形式之一，实时直播事件、在线实时课程、游戏直播等都是即时的直播内容传播方式。比如，一场足球比赛的现场直播让观众能够实时观看比赛过程、一个喜欢的博主的电商直播带货，能让我们实时和主播互动并让我们可以实时了解想要的商品信息。

8. 增强现实技术

增强现实技术（augmented reality, AR）是一种将虚拟信息与真实世界巧妙融合的技术，通过智能交互和传感等技术手段，将计算机生成的文字、图像、三维模型、音乐、视频等虚拟信息模拟仿真后应用到真实世界中。两种信息互为补充，实现对真实世界的“增强”。AR技术的核心在于它能让用户通过特定的设备如手机、平板电脑或头戴式设备，看到真实世界的同时，还能看到叠加在上面的虚拟信息。这种技术不仅提供了一种全新的视觉体验，而且还可以用于多种应用场景，如游戏、教育、医疗、工业设计等领域。例如，在医疗领域，医生可以利用AR技术来辅助手术，通过叠加患者体内的三维成像，更精确地进行操作；在教育领域，学生可以通过AR模型更直观地学习复杂的概念和过程。

总的来说，每种内容的展现形式都有其独特的优势和适用场景，选择合适的内容展现形式对于有效传递信息至关重要。在创作内容时，应考虑目标受众以及想要传达的信息的性质，以便选择最合适的展现形式。

（二）视频发布的平台

1. 抖音

以年轻人为主要用户群体，以流行音乐和创意内容著称。它的特色在于提供丰富的音乐库和编辑工具，使得创作短视频变得简单有趣，支持和鼓励用户进行二次创作，抖音——记录美好生活，其海外版本—TikTok，于2017年5月上线，使命是“激发创造，带来愉悦（Inspire Creativity and Bring Joy）”，更是深受全球人民的喜爱。

2. B站

B站（哔哩哔哩，bilibili）是国内知名的视频弹幕网站，有及时的动漫新番，活跃的ACG氛围，有创意的Up主。平台标语是：你感兴趣的视频都在B站！大家可以在这里找到许多欢乐，是中国年轻一代的标志性品牌及领先的视频社区，被网友们亲切地称为“B站”。虽然起初是以二次元文化起家，但现在已经成为一个综合性的视频平台，除了动漫、游戏内容外，也包含了生活、科技、教育等多个领域的视频内容。

3. 快手

快手被认为是国民级短视频应用，它鼓励用户分享真实的生活片段，平台上的内容多样，覆盖各种生活方式。允许用户记录和分享自己的生活，发现所需内容，发挥个人特长，还可以进行线上营销服务、电商、网络游戏和在线知识共享等，作为普惠的数字社区，快手不仅让数亿普通人记录和分享生活，更帮助人们发现所需、发挥所长。

4. 小红书

小红书是一款生活方式分享平台，平台标语是：小红书——你的生活指。发现真实、向上、多元的世界，找到潮流的生活方式，认识有趣的明星、创作者；在这里发现海量美妆穿搭教程、旅游攻略、美食健身日常，让我们可以搜索最新种草信息，查看收藏点赞优质内容，与他人更好地互动和交流。

5. 视频号

视频号是微信推出的一个短视频分享平台，旨在鼓励用户创作并分享内容。作为微信的一部分，允许用户发布短视频、图片、直播等内容，并且可以附带文字和公众号文章链接。用户可以在视频号上进行点赞、评论等互动，也可以将内容转发到朋友圈或聊天场景中，与好友分享，为用户提供了丰富的内容创作和社交互动方式。

6. 爱优腾等视频平台

爱优腾通常指的是中国三个主流的在线视频平台，即爱奇艺、优酷和腾讯视频。爱奇艺（iQIYI）：成立于2010年，是中国领先的在线视频平台之一，提供包括电视剧、电影、综艺、动漫等在内的丰富内容。优酷（Youku）：隶属于阿里巴巴集团，是中国较早的视频网站之一，同样提供多样化的视频内容和服务。腾讯视频（Tencent Video）：隶属于腾讯公司，提供丰富的视频内容，并且与腾讯的其他产品和服务有良好的整合。

（三）短视频发布的注意事项

（1）避免违规内容：确保视频内容不包含任何违反平台规则的元素，如logo、广告、敏感内容或相关词汇。

（2）本次项目以抖音发布为主，因此尽量发布竖屏视频，因为这是大多数抖音用户观看短视频的偏好格式。

（3）注重封面和话题：封面和话题对于吸引观众至关重要，它们可以影响视频的点击率和观看量。

（4）精心撰写文案：文案应简洁有力，能够吸引人一眼就能获取信息，同时激发用户的好奇心和兴趣。

（5）定时更新内容：保持一定的发布频率，找到最佳的发布时间，以提升用户黏性。

（6）避免重复发布：不要多次发布相同内容的视频，不仅无助于提升曝光率，反而可能受到平台的惩罚。

（7）与用户互动：积极与用户互动，回复评论，这有助于建立良好的观众关系，并可能提高视频的参与度。

（8）避免过度商业化：虽然短视频是品牌和个人推广自己的有效工具，但过度的商业化可能会导致观众反感。

（9）注意版权问题：确保所有使用的音乐、图片或其他媒体内容都是授权的，以避免侵权问题。

（10）优化标题和标签：使用吸引人的标题和相关的标签，这有助于视频在平台上被发现和推荐。

（11）关注数据分析：利用平台提供的分析工具来了解视频的表现，根据数据调整内容策略。

（12）适应平台特性：每个短视频平台都有自己的特点和受众，了解并适应这些特性可以帮助内容更好地达到目标观众。

遵循这些注意事项，可以提高短视频的质量和吸引力，从而增加观众的参与度和视频的传播范围。记住，内容的质量始终是最重要的，高质量的内容更有可能吸引和保留观众。

（四）信息社会责任的承担

在日常生活中，我们可以通过以下方式，进行信息社会责任的承担。

学习有关网络安全、隐私保护和信息道德的知识，提高对假新闻、网络欺诈和网络霸凌等问题的意识。遵守网络礼仪，尊重他人的观点和隐私，在使用社交媒体和其他在线平台时，不传播未经验证的信息或谣言，对自己分享的信息负责任。当自己需要收集用户信息时，提前制定和实施数据保护政策，确保用户信息安全，透明地处理用户数据，向用户明确说明数据的使用目的。主动加入或支持旨在提升数字素养和网络安全意识的组织，参与公共服务项目，帮助弱势群体适应信息社会。

在本项目中主题短视频“我为家乡美食上大分”的成果发布中，信息素养的体现是一个涉及个人责任、内容创作和社交互动的话题：

（1）确保自己发布的内容真实、准确，不传播虚假信息或误导性内容。提供有价值、有教育意义或具娱乐性的内容，避免无聊或低俗的视频。

（2）使用原创内容或确保已获得必要的授权和许可。尊重他人的知识产权，包括音乐、视频片段、图片等。

（3）遵守平台的使用条款和社区准则，不发布违法内容，如暴力、色情、仇恨言论等。

（4）保护个人隐私，不公开敏感个人信息。尊重他人隐私，不未经许可就拍摄或发布他人的形象或信息。

（5）对收到的信息进行批判性分析，不轻信未经验证的消息。

（6）在评论区和社交媒体上保持文明、尊重的交流，积极互动，回应粉丝和评论者的提问和意见。

（7）意识到一旦发布到互联网上，内容可能会永久存在，考虑长远影响，避免发布可能会后悔的内容。

（8）随着技术的发展和社会的变化，不断学习新的信息和媒体素养知识，接受反馈，不断改进自己的内容和交流方式。

通过上述行为，个人可以在短视频发布中展现出高水平的信息素养，不仅能够提升自己的声誉，还能为营造一个健康、积极的网络环境作出贡献。

三、项目实现

（一）下载或打开网页版抖音导入素材

计算机或者手机下载抖音软件并安装，或直接使用抖音网页版抖音扫码或手机号注册登录使用；单击“投稿”按钮，在弹出的页面中单击“发布视频”对话框，或直接单击创作者中心，如图7-21所示，选择项目二提前剪辑制作并导出的短视频成品导入，如图7-22所示，或直接在剪映中单击发布到抖音。

图 7-21　抖音视频投稿

图 7-22　抖音网页版上传素材操作示例

（二）添加#“我为家乡美食上大分”话题，并编辑文案及封面等信息

在发布视频前，先进入作品描述画面，如图7-23所示，注意：在作品描述中，需先填写30字以内的短视频标题，在正文内容中，需添加本次项目主题话题及抖音上的其他相关热门话题，并对短视频内容进行简单的概述，设置及编辑封面后，如图7-24所示，单击“立即发布”即可，主题相关话题必带：#我为家乡美食上大分；发布后可在抖音相关话题中检查是否添加话题成功，比如查看数字媒体专创融合工作坊创作的豆芽大创想话题下有什么视频作品，如图7-25所示。

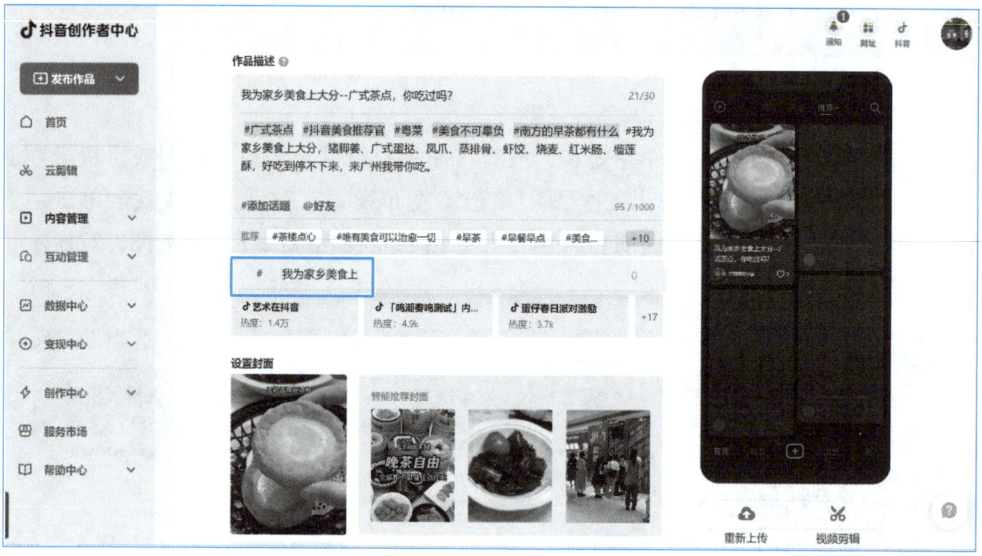

图 7-23 短视频作品发布

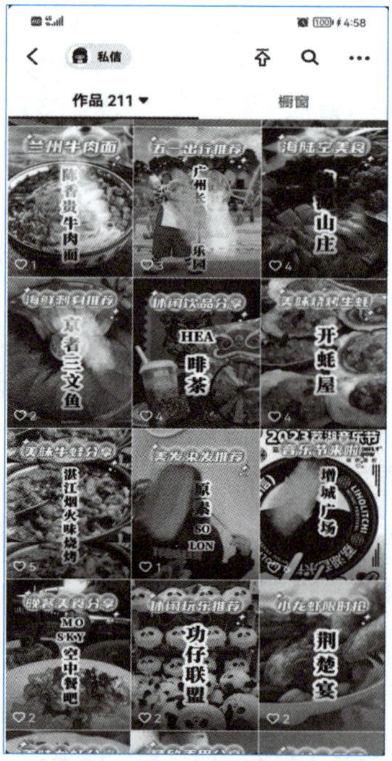

图 7-24 抖音封面页设置参考

图 7-25 抖音话题查看案例

四、技巧与提高

（一）短视频发布起标题技巧

一个好的标题能够快速抓住观众的注意力，并准确传达视频的内容，提高短视频的点击率。

（1）简洁明了：直接描述视频内容，例如："超满足！天鹅榴梿酥制作过程"。

（2）唤起好奇心：使用令人好奇的语句，例如："这个萝卜上面竟然放了？！"。

（3）行动号召：鼓励观众尝试或学习，例如："跟着大厨学做地道川菜麻辣火锅"。

（4）情感连接：利用共鸣，例如："那些让你回味无穷的家乡小吃"。

（5）创意与幽默：使用有趣的语言，例如："这个蛋糕太美了，我都不忍心吃它！"。

（6）数字和列表：提供具体信息，例如："10分钟快速制作美味煲仔饭"。

（7）提问式标题：提出一个问题，例如："你能猜出这是什么神秘甜品吗？"。

（8）使用趋势话题：结合热门话题或挑战，例如："#美食挑战 今天我要尝试制作最辣的鸡翅"。

（9）个性化：展示你的独特风格，例如："小厨房大味道，看我如何变魔术般地做出地道泰式绿咖喱"。

（10）教学与技巧：提供实用信息，例如："教你在家做星巴克同款摩卡冰沙"。

（11）参与感：让观众感觉自己也能轻易做到，例如："不用烤箱也能做的美味烤鸡秘诀揭秘"。

（12）视觉诱惑：强调视觉效果，例如："色泽诱人的红丝绒蛋糕，切开瞬间治愈所有不快"。

标题格式上也可做格式上的调整，达到更吸睛目的，提高短视频的点击率，如：

"这道菜竟然能这么美！学会宴客必备的摆盘技巧"

"【家乡风味】揭秘我童年记忆中的那碗地道牛肉面"

"#美食挑战 接受这个超级辣鸡翅的挑战，你敢吗？"

"【夜宵食谱】熬夜必备！制作简单又满足的宵夜串烧"

"一次吃个够！探店系列：京城最火爆的自助餐体验

【节日特辑】亲手做一份浪漫的端午特色给心爱的TA"

短视频的普及也带来了新的社会现象，新的身份构建和意识培养。因此，短视频创作者在发布内容时，不仅要追求个人表达和创意发挥，还要关注我们的作品在社会文化中的作用和影响，努力培养向善的意识，为社会的和谐发展作出贡献。短视频降低了我们获取知识的门槛，促进了社会知识信息的良性循环。但这种平民化和社交性的特点，具有双面性，做一个能承担信息社会责任的大学生，才能让短视频变成丰富我们的学习和娱乐的好工具。

五、测评

（一）知识测评

1. 填空题

（1）我们身边的信息技术具体有：智能家居、自动存取款机、________等，这些信息技术都让我们的日常生活变得更加便捷。

（2）信息的展现形式有：文字、表情包、图片、直播、VR、________等。

（3）可以对主题短视频成果进行内容分发的短视频平台有________________等。

2. 单选题

（1）在信息社会中，个人承担社会责任的做法包括（　　）。

A. 随意转载未经证实的信息，以增加自己的社交媒体影响力

B. 在线上进行人身攻击和网络欺凌，表达个人观点
C. 遵守网络道德和法律法规，不传播虚假消息
D. 忽视知识产权，分享他人的原创内容不作说明

（2）在短视频发布中，以下行为中，(　　)体现了高信息素养。
A. 制作含有敏感内容的短视频以吸引眼球；
B. 忽视观众的反馈，只发布自己感兴趣的内容；
C. 在不了解事实真相的情况下，分享一个可能含有误导性信息的短视频；
D. 回应粉丝和评论者的提问和意见，不泄露粉丝个人信息。

3. 简答题

在短视频成果的发布过程中，我们需要承担哪些信息社会责任？

（二）能力测评

按表7-5中所列的操作要求，对自己完成的文档进行检查，根据实际情况自评。

表 7-5　能力测评表

序号	操作要求（具体见任务实现）	分值	完成情况	自评分
1	完成抖音或其他平台的成果发布	50		
2	成功把作品添加到“我为家乡美食上大分”这一抖音话题中	25		
3	发布的短视频封面美观大方有主题	10		
4	有完整的标题和短视频简介	15		
总　分				

（三）素质测评

针对表7-6中所列出的素质与素养观察点，反思项目实现的过程，思考总结相关项目，做到即得分，未做到得0分，根据实际情况自评。

表 7-6　素质测评表

序号	素质与素养	分值	总结与反思	得分
1	内容创作素养—具备创意思维、故事叙述技巧和美学审美	35		
2	信息社会责任感——具备信息素养能力，尊重他人隐私和版权，同时传递积极健康的价值观	30		
3	爱国爱家乡意识——能合理运用信息化资源与工具，保护国家与家乡信息安全	35		
总　分				

六、拓展训练

本阶段要以小组为单位，结合项目2完成的“我为家乡美食上大分”主题短视频主题的制作，应用抖音等短视频内容分发平台发布“我为家乡美食上大分”主题短视频成果，发布过程中需做好信息社会责任的承担。具体要求如下：

（1）视频标题，不超过30个字。
（2）视频封面，美观大方有主题。
（3）须带话题，#豆芽大创想。
（4）作品描述视频简介，需展示家乡美食特色，不超过100字。
（5）短视频发布后，尝试做简单的数据复盘，并回复粉丝留言。